读客文化

迈尔斯
反内耗心理学

专治焦虑、敏感、过度在意别人的看法！

［美］戴维·迈尔斯 ［美］珍·特吉 著　　贾汇源 译　　谢晓非 审定

天津出版传媒集团

天津科学技术出版社

David Myers Jean Twenge
Exploring Social Psychology, 9e
1260254119
Copyright ©2020 by McGraw-Hill Education.

All Rights reserved. No part of this publication may be reproduced or transmitted in any form or by any means, electronic or mechanical, including without limitation photocopying, recording, taping, or any database, information or retrieval system, without the prior written permission of the publisher.

This authorized Chinese translation edition is published by Dook Media Group Limited, in arrangement with McGraw-Hill Education (Singapore) Pte. Ltd. This edition is authorized for sale in the People's Republic of China only, excluding Hong Kong, Macao SAR and Taiwan.

Translation Copyright © 2024 by McGraw-Hill Education (Singapre) Pte. Ltd and Dook Media Group Limited.

版权所有。未经出版人事先书面许可，对本出版物的任何部分不得以任何方式或途径复制传播，包括但不限于复印、录制、录音，或通过任何数据库、信息或可检索的系统。

此中文简体翻译版本经授权仅限在中华人民共和国境内（不包括香港特别行政区、澳门特别行政区和台湾地区）销售。

翻译版权 © 2024 由麦格劳-希尔教育（新加坡）有限公司与读客文化股份有限公司所有。

本书封面贴有McGraw Hill公司防伪标签，无标签者不得销售。
著作权合同登记号：图字02-2024-060号

图书在版编目（CIP）数据

迈尔斯反内耗心理学 /（美）戴维·迈尔斯,（美）珍·特吉著；贾汇源译. -- 天津：天津科学技术出版社, 2025. 2. -- ISBN 978-7-5742-2496-4
Ⅰ.B84-49
中国国家版本馆CIP数据核字第20248C0C28号

迈尔斯反内耗心理学
MAIERSI FANNEIHAO XINLIXUE
责任编辑：韩　涵
责任印制：赵宇伦

出　　版：	天津出版传媒集团
	天津科学技术出版社
地　　址：	天津市西康路35号
邮　　编：	300051
电　　话：	(022) 23332390
网　　址：	www.tjkjcbs.com.cn
发　　行：	新华书店经销
印　　刷：	三河市中晟雅豪印务有限公司

开本 880×1230　1/32　印张 18.75　字数 350 000
2025年6月第1版第2次印刷
定价：69.90元

迈尔斯清晰严谨的写作风格，优雅雄辩的文辞在整个心理学界无人比肩。

菲利普·津巴多
（美国心理学会前主席、斯坦福大学荣休教授）

目 录

推荐序 / 001
序　言 / 005

第一部分　社会心理学入门

第 1 章　开展社会心理学研究 / 011
第 2 章　我早就知道了 / 027

第二部分　社会思维

第 3 章　自我概念：我是谁？ / 037
第 4 章　自我服务偏差 / 055
第 5 章　自恋与自尊的界限 / 068
第 6 章　基本归因错误 / 078
第 7 章　直觉的力量和风险 / 089
第 8 章　不理性的原因 / 103
第 9 章　行为和信念 / 120
第 10 章　直觉在临床领域中的应用 / 137
第 11 章　临床治疗：社会认知的力量 / 146

第三部分　社会影响

第12章　生物和文化 / 167

第13章　性别的相似性和差异性 / 191

第14章　善良的人如何被腐化 / 206

第15章　说服的两种路径 / 226

第16章　教导和免疫 / 247

第17章　社会助长：他人在场的影响 / 256

第18章　社会懈怠：人多导致责任分散 / 265

第19章　去个性化：一起做独自不会做的事 / 272

第20章　群体如何强化决策？ / 281

第21章　个人的力量 / 305

第四部分　社会关系

第22章　偏见的影响范围 / 321

第23章　偏见的根源 / 338

第24章　攻击的本质和助长 / 374

第25章　媒体是否会影响社会行为 / 404

第26章　谁喜欢谁 / 420

第27章　爱的起伏 / 454

第28章　引发冲突的原因 / 482

第29章　和平的缔造者 / 504

第30章　人们何时会帮助他人？ / 529

第31章　社会心理学与可持续发展的未来 / 544

作者简介 / 578

人名索引 / 580

推荐序

你为什么选择翻开这本书？是因为无休止的内卷让你感到身心俱疲，还是生活中的种种挑战让你心烦意乱？也许，你只是一个心理学专业的学生或者心理学爱好者，渴望深入了解心理学这个略显深奥的领域。不管你是因为什么而翻开这本书，它都会为你揭开一个你一直在寻找的答案，帮助你走出内耗，找到更轻松平和的生活方式。

本书的作者是美国著名社会心理学家戴维·迈尔斯（David Myers）和珍·特吉（Jean M.Twenge）。迈尔斯是美国密歇根霍普学院的心理学教授，他所编写的《社会心理学》(*Social Psychology*) 是美国大学心理学课程中最常用的教材之一。而本书是在《社会心理学》的基础上，将原本冗长的章节拆分成了短小的部分，便于读者集中注意力，轻松阅读。

全书注重科学的严谨性，又不失有趣与生动。书中涉及大量的心理学实验和最新的社会心理学研究成果,并通过理论和实验将社会心理学知识应用到现实的心理调适中,直接回应了许多现代人在工作、生活、社交中的困扰。

本书的内容覆盖了社会心理学中几乎所有重要领域,包括以下几点:

1. 社会心理学的研究方法。这个部分重点介绍了社会心理学的基本概念和研究方法,希望读者认识到科学方法在心理学研究中的重要性,帮助人们理解如何在日常生活中应用科学思维,学会用批判性思维去解读内耗、内卷、焦虑等心理状态,用科学的方法探索身边的社会心理学问题。

2. 社会思维。作者在这个部分详细介绍了社会心理学中的重要概念——自我概念、自我服务偏差、归因错误、直觉、偏见等,强调了自我与文化、态度与行为的相互影响。当你看清这些隐藏的心理机制,你将学会如何用批判性和开放包容的态度看待自我与他人。

例如,自我概念的厘清,能让你摆脱对他人评价的焦虑;意识到人际互动中潜在的误解和偏见,能让你不再沉溺于失败的自责或成功的自满,也会以更平静的心态解读他人的行为。迈尔斯揭示的直觉和偏见,也在提醒我们那些"看似合理"的情绪判断背后,可能是固有偏见在作祟。迈尔斯的文化视角更让你了解到,**很多内耗其实来自内心需求与环境期望的冲突**。

3. 社会影响。这个部分揭示了社会影响因素如何潜移默化地塑造我们的行为和决策。本书剖析了那些影响我们的"隐形力量",

详细介绍了群体思维、群体极化等群体决策过程中的心理现象。

群体思维和群体极化更是常见的"内耗推手"。我们往往随波逐流，甚至偏离了自己的真实想法，背负一些毫无意义甚至和自己毫不相干的压力。正确识别和理解这些"内耗推手"能够帮助我们更清晰地听到自己心底的声音，做出自己真正想要的决策，从而摆脱内耗的循环，实现真正的内心自由。

迈尔斯对社会心理学的研究帮助定义和明确了"群体极化"这一概念。他在群体极化方面的研究，揭示了人在群体讨论中，观点往往会向更极端的方向发展，以致背离了原本真实的自我和价值观。**当你试图压抑内心真实的想法以迎合群体观点时，就会产生心理内耗。**

理解群体极化的机制有助于反内耗。当我们明白群体讨论可能使自己偏离初衷，就能在决策和表达时更加自我觉察，保持理性和独立。迈尔斯的观点提醒我们：不要盲目迎合群体观点，而应留意自己真实的价值和想法，减少因随波逐流而产生的心理矛盾，实现更加真实、轻松的内心状态。

4. 社会关系。迈尔斯对社会关系的探讨揭示了偏见、攻击、喜爱、爱情、冲突等人际互动中的心理机制。人际关系中的冲突、误解和不满往往会成为情绪内耗的主要来源，而亲密关系则是我们心灵的避风港。与其在误解和敌对中反复拉扯，不如学会理解、沟通和包容，缔造和平的关系，释放真实的内心感受，摆脱无谓的内耗。

5. 可持续发展与心理学。迈尔斯在本书的最后部分探讨了当前社会的热点话题，如气候变化、可持续生活方式，以及物质主义与财富对个人幸福的影响，**揭示了一个鲜有人提及的"心灵内耗"根源：物质主义和不健康的生活方式。**为什么我们总觉得不够快乐？为什么在拥有越来越多的物质之后，内心依旧空虚？迈尔斯揭示出，过度追求财富和消费让人陷入永无止境的比较与不满，内耗就是这个"欲望的旋涡"。而对于气候变化与可持续生活方式的关注，则让人看到一种更少内耗、充满意义的生活。

  这本书不仅从更深层次揭示了内耗的多重影响因素，还为我们提供了走出内耗的答案。我希望更多的读者能够通过这本书找到内心的安宁和平衡，将自己从内耗中解脱出来。我更希望越来越多的人真正了解心理学，并且借助心理学的知识排解生活中的困扰，减少内心的焦虑与疲惫，活出洒脱真实的人生！

谢晓非

（北京大学心理与认知科学学院教授、博士生导师
北京大学心理与认知科学学院党委书记）

序 言

这是一本我筹划已久的书。长期以来，我发现所有心理学教科书（包括我自己编写的教材）都存在一个共同问题，那就是章节过长。很少有人能够一口气读完一个长达40页的章节。这种过长的设计会让读者感觉疲惫，难以保持专注。那么为什么不把它们分成更易于理解的短小章节呢？比如说，将15个平均40页的章节拆分成40个平均15页的章节。这样一来，学生就能够连贯地阅读一个完整的章节，而且会有一种成就感。

所以，当麦格劳-希尔心理学编辑罗杰斯建议我将《社会心理学》做一些精简时，我的第一反应就是"太好了！"终于有一个出版商愿意打破常规，以最有利于维持学生注意力的方式来呈现信息。我们希望通过更小的篇幅来介绍概念和研究结论，让学生们不再被填鸭式地灌输信息。我们也希望老师们能够在精简版内容之外，使用其他阅读资料来丰富教学。

正如那些有趣的章节标题所示，我与合著者珍·特吉擅长打破常规，以散文的形式介绍社会心理学。我们一直秉持着罗素的名言："任何鲜活的事物都能够以通俗的语言轻松自然地表达出来。"在《社会心理学》这本书的基础上，我们坚持用科学的理性和温暖的人文情感来撰写，既确保了准确性和真实性，又具有启发性。我们希望像社会调查记者一样揭示社会心理学的真相，通过分析当前重要的社会现象，展示社会心理学家如何揭示和理解这些问题，以及社会心理学对人类的重要意义。

在选取资料时，我们专注于社会心理学领域中如何理解他人、影响他人以及与他人建立关系的科学研究。我们还强调了社会心理学与人文学科之间的联系。

文学、哲学和科学的通识教育，有助于拓展我们的思维界限，帮助我们摆脱现实的禁锢。社会心理学就是这样一门学科。许多社会心理学专业的本科生并不一定选择心理专业作为职业方向，他们可能会更多地进入其他领域。我们的目标是以一种能够激发所有学生兴趣的方式，关注诸如信念与错觉、独立与依赖、爱与恨等重要的人类议题，来教授社会心理学。

最新的第9版《探索社会心理学》[1]对全书进行了内容更新，其中包括以下改进：

○ 重新组织了基因、文化和性别的内容。

---

[1] 《探索社会心理学》为本书原书名。——编者注

序　言

- 新增了关于科技在社会互动中的作用的内容。
- 更新了统计资料。
- 新增了有关性别流动性和跨性别个体的内容。
- 新增了关于"谁更有可能提供帮助"的材料。
- 更新了气候变化与心理学以及可持续发展的社会心理学的内容。

我们要由衷感谢为我们提供指导和评审的学者们，没有他们的帮助，我们无法将这本书提升到当前的水平。

我们感激所有的支持者，与他们一起工作让我们拥有了一段令人兴奋和愉快的经历。

戴维·迈尔斯
珍·特吉

第一部分

社会心理学入门

小说家梅尔维尔曾说，"人活着不能只为了自己"，他强调"千万条隐形的关系让我们的生命彼此相连"。社会心理学家通过科学的方法研究这些关系，揭示我们如何看待他人，如何互相影响，以及如何与他人相互联系。

在前两个章节中，我们解释了如何开展社会心理学的研究——社会心理学的游戏。社会心理学家用科学的方法提出观点并加以验证，通过这种方式探索我们的生活，使我们在分析社会思维、社会影响和社会关系问题时更明智。

如果直觉和常识是完全值得信赖的，那我们就不需要科学研究和批判性思维了。然而，正如第二章的内容所述，无论是复盘研究结果还是反思日常事件，我们都很容易受到强大的后见之明偏差的影响，掉入"我早就知道了"的陷阱。

第1章
开展社会心理学研究

从前有一个人,他的第二任妻子和两个继女非常爱慕虚荣又自私自利,但这个男人的亲生女儿却是位可爱又善良的姑娘。众所周知,她就是灰姑娘。灰姑娘从一开始就明白,她应该按吩咐做事,默默忍受责骂,不做任何会抢风头的事。

后来多亏了仙女的帮助,灰姑娘才有机会从家里逃出去参加了一个盛大的舞会。恰恰是在那个舞会上,灰姑娘吸引了英俊王子的注意。再后来,王子来到了灰姑娘简陋的住所,却完全认不出她,尽管他已深深爱上了她。

很不可思议吧?这个童话故事让我们看到了环境的魔力。在盛气凌人的继母面前,灰姑娘显得懦弱而平凡;但在舞会上,她却显得格外的美丽出众。她的言谈举止、一颦一笑都与家中的自己判若两人。家中的她唯唯诺诺,舞会上的她自信大方。

法国哲学家萨特的观点与灰姑娘的故事不谋而合。他曾写道：我们人类"首先存在于环境之中，我们无法脱离环境，环境塑造了我们，决定了我们的各种可能"。

形成和验证理论

当我们这些社会心理学家努力探索人性的奥义时，我们会将自己的想法和发现形成理论。理论是一套解释和预测观察到的事件的完整的原理，也是一种科学的简要表达方式。

在日常情境中，理论通常意味着"与事实有一些出入"——在确信程度上，理论处于从猜测到事实的中间部位。因此，人们可能认为达尔文的进化论仅仅"只是一个理论"。美国科学促进会的会长艾伦·莱什纳指出，"进化论只是一种理论，地心引力论也只是一种理论"。人们通常认为地心引力论是事实。但真正的事实是，当钥匙掉下来的时候，它会落在地上。地心引力论是对这些可见现象的理论解释。

对科学家而言，事实和理论完全是两回事。事实是对我们所观察到的事物达成的共识。理论是总结和解释事实的观点。正如法国科学家庞加莱所言，"科学由事实构建，如同房子由石头搭建，但是堆砌的事实并非科学，就像堆砌的石头并非房子一样"。

理论不仅可以进行总结，它还隐含着可以验证的预测，这些预测被称为假设。假设有几种不同的功能。首先，我们可以通过证伪的方式来验证某个理论。其次，预测能为研究提供方向，假设可以让研究者发现从未关注过的问题。最后，好理论的预测性也令其具有实践性。例如，一个关于攻击的完整的理论体系可以预测攻击行为会在何时发生以及如何控制它。正如社会心理学先驱勒温所说，"没有什么能比一个好的理论更实用"。

思考一下这个问题：假设我们观察到那些抢劫或袭击他人的情况通常是群体作案。我们可能会因此推断，成为群体中的一员能够让个体感受到一种匿名感，从而降低自制力。那么，我们应该如何验证这个理论呢？我们可以让一群人对一个人实施惩罚性电击，而这个倒霉的"受害者"并不知道到底是谁在电击他/她。相比于只让一个人实施电击，当一群人一起实施电击时，每个人是否会对"受害者"施加更强的电击呢？

我们也能操纵匿名性这个变量。如果让人们戴上面罩，他们会实施更强的电击吗？假如我们的假设能够在实验中得到验证，就能给现实生活带来启示。如果让警察佩戴醒目的姓名标签，或是在警车上印上有辨识度的大数字，或者用记录仪录下执法过程，这些方法可能会减少警察的暴力执法行为。诚然，这些措施已经在很多城市中得到了普及。

但是，我们应该如何评价一个理论的好坏呢？一个好的理论能有效总结概括大量的观察结果，还能做出清晰的预测，以便我们确证或修正理论，激发新的探索，提供实际应用。

我们抛弃一个理论，通常并不是因为它被证明是错误的，而是因为它被迭代了，这就像旧车型总会被更新更好的车型所取代一样。

相关研究：探寻自然关联

让我们先从现象的背后了解一下社会心理学是如何进行研究的。对于研究方法的了解会帮助你理解随后将要讨论的一些研究结论。理解研究的逻辑也可以帮助你批判性地分析日常社会事件，更好地理解媒体上的研究。

社会心理学的研究既可以是实验室研究（一种控制条件），也可以是现场研究（日常生活场景）。并且，它也有不同的研究方法，相关研究（探寻两个或多个因素之间的自然关联），或是实验研究（通过操纵某个因素来考察它对其他因素的影响）。如果你想更好地理解媒体报道的心理学研究，区分相关研究和实验研究是十分必要的。

首先，我们来认识相关研究，它既有明显的优势（可用于研究自然场景中的重要变量），也有明显的劣势（难以确定因果关系）。为了验证财富和健康之间可能存在的联系，卡罗尔和他的同事进入苏格兰格拉斯哥的古老墓园中，记录了墓碑上843个人的寿命。他们还测量了每座墓碑的高度，因为墓碑的高度可以反映出它的造价，以及墓碑主人的富足程度。如图1-1所示，财富（更高的墓碑）预示着更长的寿命，而寿命是反映健康水平的关键指标。

其他研究的数据也证实了财富与健康的相关性：在人口密度最低且失业率最低（多为富足）的苏格兰地区，人的平均寿命也最长。在美国，收入与寿命相关（贫穷、底层的人更容易早逝）。另一项针对17 350名英国公务员的长达10年的追踪研究发现，与高级行政官员相比，基层行政人员的死亡率是前者的1.6倍。地位较

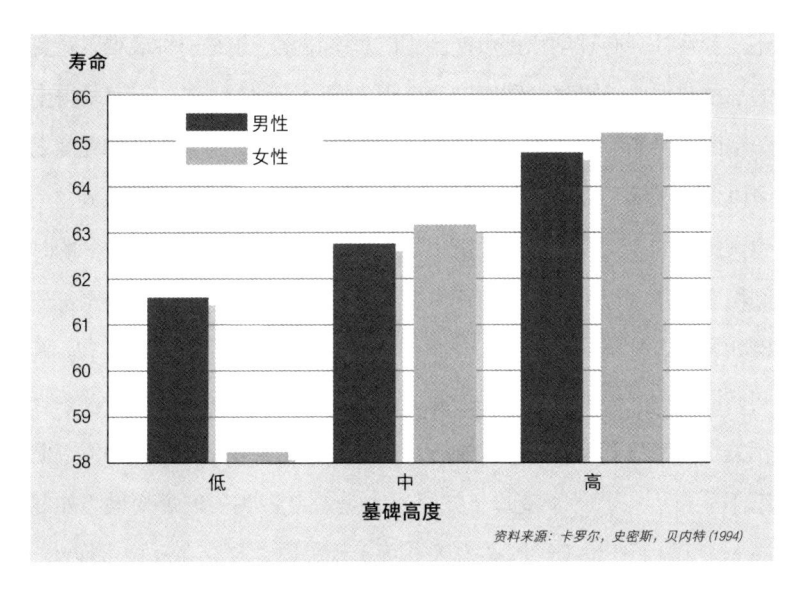

图 1-1 财富与长寿的相关性 [1]

低的文职人员和劳工的死亡率分别是前者的 2.2 倍和 2.7 倍。来自不同时间和地点的研究得出了相同的结论,这也证明财富与健康之间的相关关系是可信的。

相关性与因果关系

财富与健康的问题很好地说明了一个无论是心理学业余爱好者

---

[1] 高大的墓碑象征着财富,墓碑越高,代表墓碑的"主人"活得越长。

还是专业社会心理学家都可能会犯的思维错误，也是一种最难以避免的思维错误：当财富和健康这两个因素同时出现时，人们很容易得出一个因素会影响另一个因素的结论。我们会假设，财富在某种程度上可以保护某人不受疾病的威胁。但是，这个结论反过来也可能成立。也许健康的人更有可能在经济上取得成功，或者长寿的人有更多的时间积累财富。也可能存在第三个变量，它能同时影响健康和财富——例如，某个种族或教派的人身体更健康，并且更有可能变得富有。换句话说，相关表明的是一种关系，但这种关系并不一定是因果关系。相关研究使我们能够大致预测一个变量与另一个变量之间的关系，但它不能告诉我们一个变量（如财富）是否会影响另一个变量（如健康）。当两个变量（我们称为 X 和 Y）相关时，会存在三种可能性：X 影响 Y，Y 影响 X，或者第三个变量（Z）影响 X 和 Y。

相关和因果的混淆是导致大众心理学领域存在许多混乱结论的背后原因。再来看看另一个非常真实的关系——自尊和学习成绩。那些高自尊的孩子往往有较好的学习成绩。（与所有相关关系一样，我们也可以反过来说：学习成绩更好的孩子往往具有更高的自尊。）你赞同哪个结论？

有些人认为自尊会影响学习成绩。因此，增强孩子的自尊可能有助于提高他们的学习成绩。正因如此，美国 30 个州颁布了 170 多项增强学生自尊的条例。

但是还有一些人，其中包括心理学家威廉·戴蒙、罗宾·道斯、马克·利里、马丁·塞利格曼、罗伊·鲍迈斯特和约翰·蒂尔尼，以及我们团队中的珍·特吉，都质疑自尊是否真的是"保护孩子的盔甲"，使他们远离学业失败（或出现毒品滥用和犯罪）。或许，事实正好相反。表现好的学生更可能发展出高自尊。一些研究证实了这一观点，表现良好并因此受到表扬的孩子会发展出高水平的自尊。

还有一种可能是，自尊与成绩之所以相关，是因为二者都与潜在的智力水平、社会家庭地位或父母行为有关。在一项针对2000多人的研究中，当研究人员运用统计方法剔除了智力水平与社会家庭地位的影响效应后，自尊与学习成绩之间的相关性也随之消失了。在另一项研究中，在控制了父母滥用药物因素后，自尊与犯罪行为之间的相关性就消失了。换言之，低自尊和不良行为都是由同一个原因引起的：不幸的家庭环境。两者可能都是糟糕童年的后遗症，但并不是互相影响的。

相关性研究的主要优势在于，它通常发生在现实世界中。在这些真实场景中，我们可以研究诸如种族、性别和社会地位等难以在实验室中操控的因素。然而，相关性研究的主要劣势则在于其结果的模糊性。这一点非常重要，甚至如果别人强调了25次你都未留下深刻印象，我也要再重复第26次，那就是：发现两个变量之间的共变关系（相关）让我们可以用一个变量对另一个变量进行预测，但是相关并不能说明因果关系。

实验研究：探寻因果关系

由于相关性研究难以确定因果关系，这促使社会心理学家在可行且符合伦理标准的条件下创建了实验室情境，用来模拟日常生活场景。这种模拟类似于航空学中的风洞。航空工程师们并不是在各种自然环境中观察飞行物体的，因为大气条件与飞行物体的变化太复杂了。他们会构建一个虚拟的现实场景，在这个场景中操控风力条件和机翼结构。与相关性研究相比，采用虚拟现实的实验有两个主要优势：随机分配和控制。

随机分配：伟大的均衡器

研究发现，儿童观看的暴力类电视节目越多，就越可能表现出严重的攻击行为。然而，这是一个相关性研究，我们很难辨别到底是暴力类电视节目引发了孩子的攻击行为，还是具有攻击性的孩子更偏好暴力类电视节目，或者还有第三个变量影响了观看暴力类电视节目和攻击行为之间的关系。研究者会测量和控制一些可能产生影响的变量，并检验二者之间的相关性是否依然存在。但是，我们永远无法控制所有潜在的影响因素。也许观看暴力类电视节目的观众会在性格、智力、自我控制能力或者其他许多因素上有所差异。

随机分配可以消除所有无关因素的干扰。例如，研究者可以将实验参与者随机分配到观看暴力类电视节目组或观看非暴力类电视节目组，然后测量他们的攻击行为。通过随机分配的方式，每个人观看暴力类电视节目和非暴力类电视节目的机会是均等的。因此，两组人在每一种我们可以想到的因素上——家庭状况、智力水平、教育程度、初始的攻击倾向、发色等——都会大致相同。例如，攻击性强的人在两组中出现攻击行为的机会是相等的。由于随机分配

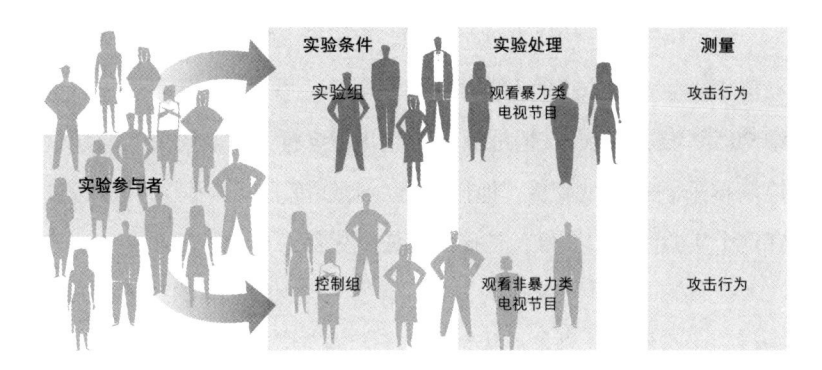

图 1-2 随机分配 [1]

创建了两个同质的组，之后两组间的攻击行为出现差异就可以归因于它们之间唯一的区别：是否观看了暴力类电视节目（见图 1-2）。

控制：操作变量

社会心理学家通过模拟我们日常生活中重要特征的社会情境来设计实验。通过一次只改变一个或两个因素，即所谓的自变量，实验者可以探究它们对结果的影响。正如航空工程师利用风洞发现空气动力学原理一样，社会心理学家利用实验的方法研究社会思维、社会影响以及社会关系的基本原则。

这是如何做到的呢？让我们继续以暴力类电视节目和攻击行为之间的研究为例。

---

[1] 将实验参与者随机分配到某种实验条件下，他们就成了经过实验处理的实验组和没经过实验处理的控制组。这样研究者们就可以确信，两组间的差异在某种程度上是由实验处理造成的。

为了用实验方法研究这个问题，克里斯·博亚特兹及其同事给一群小学生（而非其他人群）播放了一集《恐龙战队》，这是20世纪90年代最受欢迎，也是最暴力的儿童电视节目。研究人员通过控制孩子们来操纵变量，他们只让一部分孩子观看《恐龙战队》。在这个实验中，自变量就是孩子们是否观看了《恐龙战队》。

在看完一集《恐龙战队》后，看过《恐龙战队》的孩子们的暴力行为是没看过《恐龙战队》的孩子们的7倍。我们将那些被观察到的暴力行为称为因变量，因变量就是被测量的结果。这个实验表明，电视节目可能是导致儿童暴力行为的原因之一。

重复性：实验结果可重复吗？

有些研究结果是不可靠的，其中一些是由于研究者伪造数据进行舞弊所导致的，这引发了人们对医学和心理学研究的可重复性的担忧。虽然"简单重复"别人的研究对我们来说毫无吸引力，也难以成为焦点新闻，但是现在学术界更加重视重复性研究。研究人员必须精确地解释他们的实验启动方法与实验流程，以便其他人可以进行重复。现在，许多研究者会将他们的研究方法和详细数据存档在一个公开的线上"开放科学"（open science）平台上。

此外，一些研究者通过国际合作对已发表的研究进行复制。其中一项研究复制了发表在三个著名心理学期刊上的100项研究，大约一半的重复性研究得到了与原始研究相似的结果。另一项名为"Many labs"的项目开展了一系列重复性研究，最终的结果很令人欣慰，85%的研究是可以重复验证的。最新的研究成功重复验证了

54% 和 62% 的先前研究，这样的重复性研究是营造良好学术氛围的重要组成部分。任何独立的研究都能为我们提供信息，然而这些结论只是猜测。更好的结果是采用多个研究的汇总数据，因为可重复性就等于确认。

实验研究中的伦理道德

有关暴力类电视节目的实验说明了为什么有些实验会产生伦理道德问题。社会心理学家不会让一组儿童长时间观看暴力类电视节目。他们只能短暂地改变人们的社会经历，并记录其影响。有时，实验处理是无害的，甚至是相当愉悦的，人们会自愿参与。然而，参与者有时也会被置于无害和危险之间的灰色地带。

当社会心理学家设计那些激发个体强烈的思想与情感的实验时，他们常常会冒险游走在伦理道德的灰色地带中。实验并不一定要符合现世实在论。换言之，实验室行为不需要与日常行为一模一样，它是世俗化的，不过这并不那么重要。

但是，实验应该符合实验现实主义，也就是让参与者真实地投入实验中。研究者不希望参与者有意识地去表演或应付了事，他们希望引发参与者真实的心理过程。

举例来说，他们会在攻击行为实验中采用电击的方法。强迫参与者选择对他人施加强烈或轻微的电击，是一种衡量攻击性的现实标准。它模拟了真正攻击的作用，就像用风洞模拟大气风一样。

为了符合实验现实主义的原则，有时研究者需要编造一个可信的故事来欺骗参与者。例如在隔壁房间的人其实并没有受到电击，但研究者并不希望参与者知道这一点，否则实验就不符合实验现实主义的原则。因此，在过去的几十年里，大约有三分之一的社会心理学研究使用了欺骗的手段，就是为了让参与者不知道研究的真正目的。

研究者在设计那些会牵涉到伦理道德问题的实验时会非常小心谨慎。当你意识到自己正在伤害别人，或是受到强烈的社会压力时，都可能会引发暂时性的不适感。这类实验引发了一个老生常谈的问题：只要目的正当，就可以不择手段吗？实验风险是否超过了我们在日常生活中所经历的风险？与现实生活和一些电视真人秀中歪曲现实的行为相比，社会心理学家的欺骗通常是短暂且温和的。（一个名为《乔·百万富翁》的网络真人秀节目曾欺骗女性竞争一位英俊的百万富翁，后来人们发现这个所谓的"百万富翁"其实只是个普通工人。）

大学里的伦理道德委员会会对社会心理学研究进行评估，以确保研究者人道地对待参与者，并保证暂时性的欺骗或痛苦是基于实验目的。美国心理学会、加拿大心理学会和英国心理学会颁布的道德准则严格要求研究者必须做到以下几点：

- 尽可能告知参与者实验的相关信息，使其签署知情同意书。
- 保持真诚。仅在必要且有重要实验目的的情况下使用欺骗手段。不能出于"这会影响参与者的参与意愿"的考虑而使用欺骗手段。
- 保护参与者和旁观者免受伤害或引起重度不适。

- 对参与者的个人信息严格保密。
- 向参与者做出事后解释。充分解释实验，包括所采用的欺骗手段。这条规则的唯一例外情况是，如果事后解释会让参与者意识到自己曾表现得很愚蠢、很残忍，继而引发他们的痛苦感受，可以不做事后解释。

研究者应该提供充分的信息，并考虑周全，确保参与者至少在离开时对自己的感觉和进来时一样好。更好的结果是，参与者能够通过实验有所收获。在受到尊重的情况下，很少有参与者介意被欺骗。事实上，正如社会心理学的倡导者们所说，与研究者在实验中所引发的不良情绪相比，教授们组织的课堂测验更让学生们感到焦虑、痛苦。

从实验室推广到日常生活

正如对观看暴力类电视节目与攻击行为的研究所揭示的那样，社会心理学将日常生活的经历与实验室的研究融为一体。在本书中，我们也采用了同样的方法，从实验室获取数据，并选取日常生活中的经验。社会心理学揭示了实验室研究与现实生活之间的良性互动。来自日常生活经验的灵感会激发实验室研究，而实验室研究又加深了我们对自身经验的理解。

这种相互影响在儿童观看暴力类电视节目的实验中已有所体现。人们在日常生活中的经验为相关研究提供了思路，而相关研究又进一步指引了实验室研究的方向。媒体和政府部门也意识到了电视节目的影响力。在许多研究中，实验室研究的效应在现场研究中得到了验证，其中包括助人行为、领导风格、抑郁以及自我效能感的研究。尤其是在实验室研究的效应很强时，二者之间的一致性也更强。克雷格·安德森及其同事指出："一般来说，心理学实验室得到的是真实的心理过程，而绝非表象。"

然而，在将实验室的研究结论推广到现实生活的过程中，我们仍然需要保持谨慎的态度。虽然实验室揭示了人类存在的基本动力系统，但它仍然是一个简化的、受控制的环境。它揭示了在其他条件相同的情况下，变量 X 会产生怎样的效应；但在现实生活中，这个前提是不存在的。除此之外，正如你所知道的那样，许多实验室研究的参与者都是大学生。尽管这可能有助于我们了解这个群体，但是大学生群体并不是整个人类的随机样本。此外，大多数实验参与者的背景都具有这些共性：西方文化背景、受教育水平高、工业化社会、富裕、民主，而拥有这一文化背景的群体仅占全人类的12%。如果选取不同年龄、不同教育水平以及不同文化背景的人，我们还会得到同样的结果吗？这始终是一个待解决的问题。

尽管如此，我们还是可以区分人类思维和行为的内容（例如，态度）与过程（例如，态度与行为如何相互影响）。在不同的文化背景下，思维与行为的内容比其过程要更具多样性。来自不同文化背景的人可能持有不同的观点，但这些观点的形成过程却很相似。

虽然我们的行为可能千差万别，但我们受到相同的社会力量的影响。在表面的多样性之下，我们的相似性大于差异。

专有名词

- **社会心理学**
  研究人们如何看待他人，如何互相影响，以及如何与他人相互联系的学科。

- **理论**
  解释和预测观察到的事件的一套完整的原理。

- **假设**
  描述事件之间可能存在关系的可检验的命题。

- **现场研究**
  在实验室之外自然、真实的现实生活场景中开展的研究。

- **相关性研究**
  对变量之间自然关系的研究。

- **实验研究**
  通过操纵一个或多个因素（自变量）控制其他因素，以寻找因果关系线索的研究。

- **随机分配**
  将参与者分配到不同的实验条件中，确保每个人有相同的机会处于特定条件中。（注意实验中的随机分配和调查中的随机抽样之间的区别。随机分配帮助我们推断因果关系；随机抽样帮助我们对总体进行归纳。）

- **自变量**
  研究者操纵的实验因素。

- **因变量**
  被测量的变量，依赖于自变量的操纵。

- **重复性研究**
  重复某项研究，通常是选取不同的参与者和环境，以确定某项研究结果是否可以复制。

- **现世实在论**
  实验表面上与日常情境相似的程度。

- **实验现实主义**
  实验给参与者带来的沉浸感和参与程度。

- **知情同意**
  一种伦理原则，要求研究者向参与者告知足够的信息，使他们能够自愿选择是否参与实验。

第2章
我早就知道了

一旦解释清楚,一切似乎都司空见惯。

——华生致福尔摩斯

　　社会心理学与每一个人都息息相关。几个世纪以来,哲学家、小说家和诗人一直在观察和评论社会行为。人们每天也都在观察、解释和影响他人的行为。因此,本书中的许多结论早已被人们所熟知,这并不奇怪。那么,社会心理学是否就只是简单地把大多数人已经知道的东西用正式的方式表述出来呢?作家卡伦·墨菲的观点是:"社会科学家们日复一日地探索着这个世界,然后在日复一日的研究中发现人们的行为和预想中基本没有差别。"半个世纪之前,历史学家小阿瑟·施莱辛格就社会科学家对美国二战士兵的研究做出了类似的嘲讽。社会学家拉扎斯菲尔德回顾了那些研究,并提供了一份带有解释性评论的样例，例如：

1. 受过良好教育的士兵比受教育水平低的士兵的适应能力差。（比起那些"社会大学"的毕业生，知识分子更不适应战斗带来的焦虑。）
2. 南方士兵比北方士兵更能适应炎热的岛屿气候。（南方人更习惯于炎热的天气。）
3. 白人士兵比黑人士兵更渴望晋升。（多年的种族压迫降低了黑人的成就动机。）
4. 相比于北方的白人长官，南方的黑人士兵更喜欢南方的白人长官。（南方的白人长官更擅于与黑人打交道，也更有技巧性。）

当你阅读以上结论时，你是否觉得这些都是显而易见的常识？如果是这样的话，你可能会惊讶于拉扎斯菲尔德接下来说的话："这些陈述与实际情况完全相反。"事实上，研究发现，受教育程度较低的士兵适应能力更差，南方人并不比北方人更容易适应热带气候，黑人比白人更渴望升职。"如果我们一开始就给出真正的调查结果（就像施莱辛格所感觉的那样），读者也会认为这些结果'显而易见'。"

我们总是在了解了事实之后才意识到常识的存在。"事后诸葛亮"比先见之明更容易。当人们了解实验的结果时，这个结果就突然变得不足为奇——至少相对于那些仅仅被告知实验过程和可能结果的人而言，这个结论并没有那么让人惊讶。研究者们对这种事后调整事前预期的倾向进行了800多项研究，因此事后聪明偏差（也被称为"我早就知道了"现象）也成为心理学中最明确的现象之一。

同样，在日常生活中，我们常常不会预料到某事会发生。然而，当事情真实发生后，我们突然清楚地意识到了事发的原因，并且觉得它理所当然。不仅如此，我们还可能记错自己之前的观点。对未来可预见性的错误判断和对过去的错误记忆共同导致了后见之明偏差。

因此，在选举或股市动荡后，大多数评论员都会觉得事态的转变并非意料之外，他们会说："市场早晚会有所调整。""2016年是一场'变革性的选举'，所以唐纳德·特朗普在选举中获胜是情理之中的事。"正如丹麦哲学家、神学家克尔恺郭尔说的："生活就是正着向前走，但是倒着去理解。"

如果后见之明偏差普遍存在，那么你现在可能会觉得你早就知道这个现象了。事实上，在知道实验结果之后，几乎任何的心理学实验结果看起来都像是常识。

你可以尝试自己证明某种现象。找一群人，告诉其中一半的人一个心理学的发现，告诉另一半人相反的结果。例如：

> 告诉一半的人：社会心理学家发现，无论是择友还是恋爱，我们都更容易被与自己性格不同的人所吸引。古话说得好："异性相吸。"
>
> 而告知另一半人：社会心理学家发现，无论是择友还是恋爱，我们都更容易被与自己性格相似的人所吸引。古话说得好："物以类聚，人以群分。"

先让人们解释这个结论，然后询问他们这个结果是否在意料之外。无论被告知哪一种结论，几乎所有人都能很好地解释自己所听到的那个结论，并且感到不足为奇。

事实上，谚语可以使任何结论都看起来合乎情理。如果一个社会心理学家提出分离会加深爱意，人们会说："你就靠这种结论混饭吃？谁都知道'小别胜新婚'。"如果研究发现分离会减少爱意，人们又会说："这道理连我祖母都知道，'人走茶凉'。"

卡尔·泰根曾要求英国莱斯特大学的学生评价一些谚语和它们相反的表达，实验结果让人啼笑皆非。当听到"畏惧比爱更强大"这句谚语时，大多数人都认为这是对的。但对于"爱比畏惧更强大"这种相反的说法，学生们也同样认为是对的。同样，人们对真正的谚语"泥菩萨过江，自身难保"的评价很高，对其反面"淋过雨的人也会为别人撑伞"同样给予了很高的评价。不过，我们最喜欢的是两句获得很高评价的谚语：真正的谚语"智者造箴言，愚者重复之"和杜撰的谚语"愚者造箴言，智者重复之"。

后见之明偏差给许多心理系学生带来困扰。然而，有些研究结果却出乎意料（例如，奥运会铜牌获得者比起银牌获得者更开心）。更常见的情况是，教科书中的研究结论似乎很简单，甚至显而易见。但是在考试的选择题中，当你面对几个看似都合理的选项时，就非常难以做出选择。学生会感到迷惑不解，他们抱怨说："我也不知道为什么会这样，我还以为自己都懂了。"

"我早就知道了"这一现象甚至可能会带来严重的后果。它会让我们变得傲慢，高估自己的智慧。此外，由于结果看起来似乎是可以预测的，我们就更有可能因为事后看来"显而易见"的错误决策而责备决策者，却不会因为那些同样"显而易见"的正确决策而赞扬他们。

从"9·11"恐怖袭击事件发生的那天早晨开始回溯，我们会发现指向灾难即将来临的信号似乎非常明显。美国参议院的一份调查报告列出了被遗漏或错误解读的线索，其中包括美国中央情报局已经获得了基地组织成员潜入了境内的情报。一名联邦调查局特工向总部发送了一份备忘录，这份备忘录在开头就警告道："联邦调查局和纽约市：本·拉登可能会派遣学生到美国就读民航飞行学院。"然而，联邦调查局忽略了这份重要的情报，没有及时将它与恐怖分子计划将飞机用作武器的报告联系起来。总统在度假期间收到一份名为"本·拉登决定在美国境内发动袭击"的每日简报后，却依然继续度假。"这些愚蠢的人！"批评者事后说，"为什么他们不能把这些线索串联起来呢？"

但事后看来显而易见的事情，在事前可能并没有那么清晰。情报机关充斥着海量的"噪声"，点滴有用的信息往往会淹没在成堆的无用信息中。因此，分析人员必须从中选择哪条线索值得调查，而只有关注到这条线索时，它才有机会与其他相关线索联系起来。在"9·11"事件发生之前的6年里，联邦调查局的反恐部门收到了6.8万条线索，但是他们根本不可能一一调查。而事后看来，其中极少的几条有用的信息是如此显而易见。

我们不仅会责怪他人，有时也会因为"愚蠢的错误"而自责。例如，没能更好地与人相处，或者没能更好地应对某事。事后再回头看，我们就知道当初到底应该怎么做了。"我早该想到期末的时候会有多忙，我应该早一点开始写那篇论文。""我应该早点意识到他不值得信任。"有时我们会对自己过分苛刻。我们忘记了现在对我们来说显而易见的事情，其实在当时并不那么明显。

当医生们通过尸检得知患者的真实死因时，有时会觉得难以置信，为什么自己当初会做出明显错误的诊断呢？而在其他只知道患者症状的医生眼中，他们的错误判断可能并不是那么明显。如果陪审团从前瞻视角而非事后视角出发，他们对医疗过失的判断是否会更慎重呢？

因此，我们会得出这样的结论：难道常识是错误的？有时的确如此。有些常识是正确的，或者说正反两面都有道理。例如，幸福是来自了解真相，还是保持幻想？幸福是与他人在一起，还是平静地独自生活？每个人都有自己的见解。但是不论我们发现什么结论，总会有人事先预见到它。（马克·吐温开玩笑说，《圣经》中被创造出的第一个人类亚当是唯一一个敢保证他说的话之前没有人说过的人。）但是，在众多互相矛盾的观点中，哪一个最符合现实呢？科学研究可以解释一个看似荒谬的真理在什么情况下是有用的。

关键在于，常识并不总是错误的。更准确地说，常识总在事后被证明是对的。因此，我们会很容易误以为自己知道的比实际知道的要多，自己做过的比实际做过的要多。而这正是我们需要科学的原因：科学能够帮助我们区分现实与幻想，区分真正的预测与虚假的后见之明。

专有名词

○ **事后聪明偏差**

在事后看待结果时,夸大自己能够预见事物结果的倾向,也被称为"我早就知道了"现象。

第二部分

社会思维

本书围绕社会心理学的定义展开：研究人们如何看待他人（第二部分），如何影响他人（第三部分），以及如何与他人相互联系（第四部分）。

这些关于社会思维的章节探讨了我们的自我意识与社会环境之间的相互作用，例如展示自我利益会影响我们的社会判断。第二部分探索了我们建构社会信念时令人惊讶甚至可笑的方式。我们具有相当出色的直觉（或者社会心理学家所说的自动化信息处理），然而直觉至少在六个方面常常让我们失望。了解这些知识不仅可以让我们变得谦卑，还可以帮助我们提高思维水平，让我们的思维更贴近现实。

我们将探讨态度和行为之间的关联：我们的态度决定行为吗？还是行为决定了态度？或者是双方互相影响？

最后，我们把这些概念和发现应用到临床心理学中，展示直觉可能带来的偏差，以及社会心理学家如何帮助临床医生解释和治疗抑郁、孤独和焦虑。

第3章
自我概念：我是谁？

在当今的心理学领域，最受重视的研究主题就是自我。2016年，心理学研究在数据库（PsycINFO）中有26 016本书和文摘中出现"自我"一词。这个数据是1970年的25倍。

我们世界的中心：自我感知

试试用5种不同的方式造句"我是 ＿＿＿＿＿＿"，把这些答案整合起来，就是你的自我概念。

一个人最重要的部分就是自我。你的自我概念构成要素，以及定义你的自我的特殊信念就是你的自我图式。图式是我们组织自己所处世界的心理模板。自我图式是对自己的认识，比如身强力壮的、超重的、聪明的等。自我图式对我们的社会信息加工方式有着重要影响，影响我们如何感知、回忆以及评价他人和自己。如果成为一名运动员是你的自我图式之一，那么你就更关注别人的身体和能力，你可能会快速回忆出与运动有关的经历，而且你会特意记住与自我图式一致的信息。生日通常是自我图式中的中心信息，如果朋友的生日与你的生日接近，你会更容易记住。自我图式构成了我们的自我概念，它可以帮我们对经验进行分类和提取。

  自我意识是我们生活的核心，因此我们会倾向于把自己置于舞台的中心。由于这种聚光灯效应，我们的直觉会高估了别人对我们的关注程度。

  蒂莫西·劳森对聚光灯效应进行了研究。他招募了一群大学生被试，让他们穿上印有"美国之鹰"字样的运动衫去见同学。近40%的被试确信同学会记得自己衣服上的字，但实际上只有10%的人真的记得。大多数同学甚至没有注意到对方在中途离开房间几分钟后，再回来时换了衣服。在另一项实验中，即使被试身着令人尴尬的衣服，也只引起了23%的人的关注。这一数据远低于被试对自己的猜测，他们认为至少有50%的同学会注意到自己的衣服。

  这些发生在另类的服饰和糟糕的发型上的现象，也同样会发生在我们的情绪上，包括我们的焦虑、愤怒、厌恶、欺骗或对他人的吸引力，实际注意到我们的人要远比我们想象的少。由于我们总能敏锐地察觉到自己的情绪，就常常产生一种错觉，认为这些情绪对别人来说也是显而易见的。我们还会高估自己的社交失误和公众心理疏忽带来的影响。研究表明，我们为之煎熬的事情，他人可能毫无觉察,即使注意到了也可能很快就会抛之脑后。我们的自我意识越强,就越相信这种透明度错觉。

自我与文化

你是如何完成前文中"我是 ＿＿＿＿"这个句子的呢?你是否提供了个人特质的信息,比如"我是诚实的人""我很高"或"我很外向"?或者你是否描述了自己的社会身份,例如"我是双鱼座"或"我是麦当劳的忠实爱好者"?

对于某些群体而言,特别是生长在西方工业化文化下的人,个体主义十分盛行。个人的身份是独立的。成年意味着与父母分离,变得独立自主,并开始定义独立的自我。一个人的特征会保持相对稳定,包括他/她作为一个独特的个体,具有特定的能力、特质、价值观和梦想。

在西方文化中相信你的自我控制能力会让你的生活变得富足。从《伊利亚特》到《哈克贝利·费恩历险记》,西方文学大都赞美那些依靠自己成功的人。电影情节也会专门描写那些勇于挑战权威的英雄。歌词中则常常宣称"我就是我",并且推崇"最伟大的爱就是爱自己"。随着经济发展、社会地位攀升、城市化和媒体宣传,个体主义开始迅速发展起来。这些变化正在全球范围内发生,正如我们所预期的那样,个体主义者正在全球范围内增加。

而亚洲、非洲和中南美地区的本土文化则更看重集体主义,他们更加尊重和认同集体。这种文化让人们更倾向于进行自我批评，却更少的关注积极的自我。例如，相比澳大利亚人、美国人和英国人，马来西亚人、印度人、韩国人、日本人和肯尼亚土著（例如马赛人）更可能用群体属性来为"我是＿＿＿＿＿＿＿"造句。在集体主义文化下，人们聊天时很少使用"我"这个代词。与美国的教会网站相比，韩国的教会网站更强调社会关系和参与性，而较少强调个人的心灵成长和自我完善。

当然，直接把文化分为个体主义和集体主义似乎过于简单，因为在不同文化中，个体主义和集体主义也会因人而异。中国人也会有个体主义，而美国人也会有集体主义。大多数人有时表现得更具集体主义，有时又更具个体主义。一个国家的政治观点和地域之间也会存在这种差异。保守派的经济策略更倾向于个体主义（"不要征税或管制"），而在道德上则更偏向于集体主义（"制定法律来约束不道德行为"）；自由主义者偏向于集体主义的经济思想（"我们要通过全民医保法案"）和道德上的个体主义（"别拿法律来约束我"）。在美国，夏威夷人和美国南部的居民要比那些西部山区如俄勒冈州和蒙大拿州的人表现得更具集体主义。富人的个体主义比穷人强，男性的个体主义比女性强，白种人的个体主义比其他人种强，旧金山人的个体主义比波士顿人强。在中国，生活在水稻种植区（需要更多集体合作）的人比小麦种植区的人更具有集体主义。但是，尽管存在很多个体差异和亚文化差异，个体主义和集体主义依然是研究文化的重要变量。

文化中日益增长的个体主义

文化会随着时间的推移而改变，而且许多文化似乎都更趋于个体主义。通过使用谷歌图书语料库（Google Ngram Viewer）可以看到这个现象，该工具显示了自19世纪以来500万本图书中的单词和短语的使用情况（您可以自己尝试一下，它是在线免费的）。与前几十年相比，21世纪初美国出版的书籍使用"get"（得到）一词的次数更多，使用"give"（给予）一词的次数更少，使用"I"（我）、"me"（我）和"you"（你）的次数更多，使用"we"（我们）和"us"（我们）的次数略少（见图3-1）。这种个体主义日益增长的趋势在世界其他八种主要语言的书籍中也同样存在。

从1980年到2007年间，流行歌曲的歌词中"我"出现得越来越多，而"我们"出现的频率则降低了，曲风也从20世纪80年代多愁善感的情歌（如1981年的《爱无止境》）转为21世纪歌颂自我的歌曲（如2006年贾斯汀·汀布莱克的单曲《性感回归》）。

我们甚至从名字里都能够看出这种日益增长的个体主义文化：美国父母现在越来越不愿意给孩子起常见的名字，他们更偏好给孩子取与众不同的名字，让孩子脱颖而出。在1990年出生的男孩中，将近20%的人取了十大最常用的名字。而到了2016年，这一比例只有8%，女孩的情况也类似。像North、Suri、Apple这样独特的名字，如今不仅名人会用，普通人也会选择。

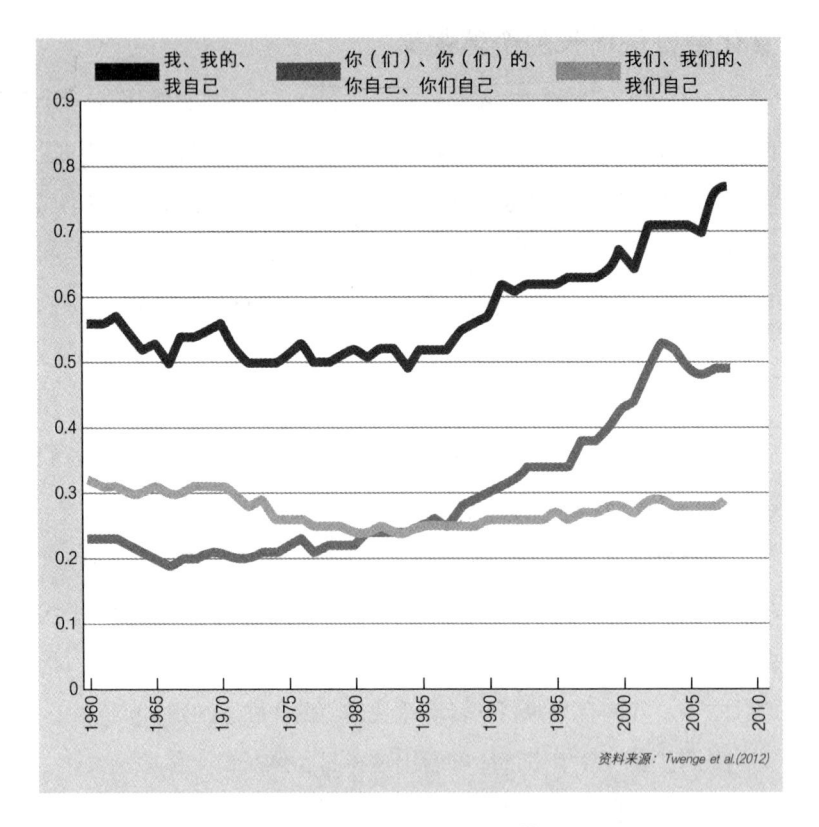

图 3-1 增长的个体主义 [1]

大多数美国人和澳大利亚人都是移民后裔，他们比欧洲人更愿意给孩子起与众不同的名字。在美国西部和加拿大的居民，都是独立先锋的后代，他们也比居住在稳定的东部地区的居民更愿意给孩

---

[1] 在谷歌图书语料库中，21世纪初的美国图书（与20世纪60年代和70年代相比）更频繁地使用我、我的、我自己和你（们）、你（们）的、你自己和你们自己。

子起不同寻常的名字。所处的时代和生活的地域越是强调个体主义，父母就越倾向于给孩子取独特的名字。

这些变化体现了一个比名字更深层次的原则：个体与社会之间的相互作用。究竟是关注独特性的文化因素影响了父母对孩子名字的选择，还是带有个体主义观念的父母希望孩子与众不同的想法塑造了文化？歌词中也同样存在这个"先有鸡，还是先有蛋"的问题。究竟是人们更关注自我，所以喜欢听关注自我主题的歌，还是听多了关注自我主题的歌，让人们也变得更加关注自我？对于这个问题，我们尚不能给出完整的答案，可能是二者兼有吧。

如果你生长在西方文化下，别人会告诉你，你可以通过自己的文字、所做的决定、购买的商品甚至纹身和给身体穿孔来"展现自己"。当被问及语言的作用时，美国学生更可能提及它的自我表达功能，而韩国学生却关注语言如何促进自己与他人的交流。美国学生更倾向于把他们的选择视作展现自己的方式，并且会对自己的选择有更加积极的评价。金希贞和马库斯发现，在北美咖啡店里很常见的个性化咖啡定制——例如低咖啡因、单份咖啡豆、脱脂奶、高热量——在首尔就很少见。在韩国，人们不太重视表达自己的独特性，而更重视传统文化和分享。韩国的广告往往会表现出众人在一起的场景，而美国的广告则更强调个人选择和自由。

集体主义文化也促进了更强烈的归属感和自我与他人之间的融合。当实验者要求中国被试回想自己的母亲时，与自我有关的脑区就会被激活，而西方被试只有在想到自己的时候才会激活这个脑区。相互依存型的自我不是仅有一个自我，而是多个自我的组合：

为人子女的自我、职场中的自我，以及与朋友一起的自我等。如图 3-2 和表 3-1 所示，相互依存型的自我嵌入在社会成员身份中。他们更少在交流中袒露心声，大多是礼貌性地交谈，并渴望获取社会认同。在集体主义文化中，社会生活的目标是与自己所属的群体和谐相处并给予支持，而在个体主义文化中，社交是为了提升自我并做出独立的选择。

独立的自我观点　　　　　　　　相互依存的自我观点

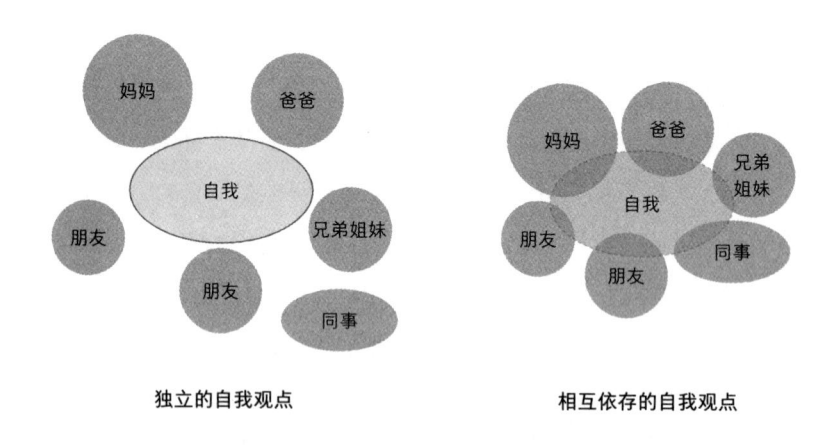

图 3-2　作为独立或相互依存的自我建构 [1]

---

[1] 独立的自我承认自我与他人的关系，而相互依存的自我更深入地融入群体。

表 3-1 自我概念：独立的或相互依存的

	独立的（个体主义的）	相互依存的（集体主义的）
同一性	个人的，由个体特质和个人目标定义	社会的，由与他人的关系定义
看重	我——个人的成就和满足感；我的权利和自由	我们——群体的目标和团结；我们的社会责任和关系
反对	从众	自我中心
典型座右铭	"忠于自己"	"没有人是孤岛"
支持的文化	个体主义的西方国家	集体主义的亚洲和发展中国家

文化与自尊

在集体主义文化中，自尊往往是可塑的（与特定情境相关），而不是稳定的（跨情境的持久性）。在一项研究中，有 80% 的加拿大学生认为自己基本上可以在不同的情境中保持相同的个性，而在中国与日本的学生中这一比例仅为 33%。

在个体主义文化中，个体的自尊更加个人化而不是关系化。如果西方人的个人身份受到威胁，会比集体身份受到威胁更让他们感到愤怒和悲伤。

那么，你认为集体主义文化中的日本大学生和个体主义文化中的美国大学生相比，谁的积极情绪（如高兴和得意）更多？研究发现，对于日本学生来说，幸福主要来自积极的社交体验——感到亲密、友好和被尊重。而对于美国学生来说，幸福通常伴随着不受约束的感觉——效能感、地位和骄傲。在集体主义文化中，冲突通常发生在群体之间；而个体主义文化中的冲突往往是个体之间的争斗，如犯罪或离婚。

北山忍在美国进行了10年的教学和研究工作后访问了他的日本母校——京都大学。当他介绍西方的个体主义自我概念时，日本的研究生们感到"惊讶不已"。"我详细介绍了西方的自我概念观点（我的美国学生直观理解的观点）并最终说服他们相信，很多美国人都认为自我是与他人隔绝的。尽管如此，最后还是有一个学生深深地叹了口气，质疑'真的是这样吗？'"

自我认知

希腊哲学家苏格拉底告诫我们："认识你自己。"我们应当努力了解自己。我们很容易形成对自己的信念，而且在西方文化背景下，我们也可以毫不迟疑地解释自己的感受和行为。但是我们究竟有多了解自己呢？

作家刘易斯写道："在整个宇宙中，有一件事，也只有一件事，我们对它的了解超过了我们从外部观察中所能学到的东西，那就是'我们自己'。我们可以说，我们拥有内部信息，我们是内行。"然而，有时候我们以为自己知道，但实际上我们的内部信息是错误的。这就是一些看似吸引人的研究所无法避免的结论。

预测我们的行为

我们来看两个关于错误的自我预测的例子。

看电影。网飞公司曾邀请用户预测他们未来想观看的电影。然而，他们发现，用户后来实际观看的电影与他们的预期并不相符。因此，网飞公司不再询问人们想看什么，而是尝试根据其他类似用户的喜好来预测他们的偏好。这种方法奏效了，用户观看的电影量显著增多了。

约会和浪漫的未来。麦克唐纳和罗斯的研究发现，约会中的情侣往往对他们的关系能持续多久过于乐观，而朋友和家人通常能更准确地看清情况。在滑铁卢大学的研究中发现，室友比自己更能准确预测浪漫关系能否持久。因此，如果你恋爱了，又很渴望知道这段感情能持续多久，不要问自己，不妨去问问你的室友吧。一些研究也表明，住院医师们一般不太擅长预测自己在外科技能测试中的表现，而同组的同事对彼此表现的预测却出奇地精确。对于心理学专业的学生来说，旁观者对他们考试成绩的预测要比学生自己的预测更准确，这主要是因为旁观者的预测依赖于过去的表现，而学生自己则可能对考试抱有过于乐观的期望。

行为预测中最常见的错误之一是规划谬误，指的是我们会低估自己完成一项任务的时间。波士顿的中心隧道工程项目原计划需要 10 年完成，实际上用了 20 年。悉尼歌剧院原计划在 6 年内完工，实际却建了 16 年。只有不到三分之一的情侣会在订婚后按计划完成婚礼筹备工作。每10对情侣中，只有4对能在节日之前按计划准备好礼物。让正在写毕业论文的大学生预计自己多久能写完，实际结果是他们会比预计的"最早可能完成的时间"晚三周，比他们预计的"最糟糕的情况"晚一周。然而，他们的朋友和老师却能准确预测这些论文会拖延多久。

就像你应该问问朋友你的感情可能会持续多久一样，如果你想知道自己什么时候能完成论文，那就去问问你的室友或者妈妈吧。你也可以效仿微软的做法：经理们会在软件开发者对完成时间的估计上自动增加30%，而如果项目中涉及新的操作系统，就可能要增加50%的时间。

那么，如何提高自己的自我预测能力呢？最好的方法就是参考过去在相似情境下的行为。很显然，人们之所以会低估完成某事需要的时间，是因为他们对之前完成任务所用时间的记忆是错误的，并且比实际时间更短。另一个有用的策略是：分别估算项目中每个步骤需要多长时间。订婚情侣对于婚礼筹备步骤的描述越详细，对整个筹备过程所需时间的预测就越准确。

预测我们的感受

我们在做人生中的许多重大决定时，都会考虑到未来的感受。与这个人结婚会带来终身幸福吗？这是一份令人满意的职业吗？度假会带来愉悦的体验吗？还是最终面临的是离婚、失业和令人失望的假期呢？

有时候我们知道自己会有怎样的感觉，例如考试不及格、在大型比赛中获胜或者通过半小时的慢跑缓解紧张情绪。我们知道什么会让自己愉快，什么会让自己焦虑或厌倦，但我们有时可能会错误地预测自己的反应。在伍德茨卡和拉弗朗斯的研究中，他们询问女性如果在求职面试中被问及性骚扰问题时会有什么感受。大多数女性的回答是她们会感到愤怒。然而，当她们在实际中真的被问到这样的问题时，女性体验到更多的感受是害怕。

"情感预测"的研究显示，人们很难预测自己未来情绪的强度和持续时间。对于谈恋爱、收到礼物、输掉选举、赢得比赛和被羞辱后的感受，人们的预测往往是错误的。下面是一些例子：

- 向年轻男性呈现引发性唤起的图片，然后让他们进入一个充满激情的约会情境。在约会中要求他们"停止"，他们承认自己可能无法停下来。如果事先没有向他们呈现过引发性唤起的图片，他们更倾向于否定自己有性侵犯的可能性。当没有性唤起时，个体很容易错误地预测自己在被性唤起时的感觉和行为——这也就是为什么人们性欲强烈时可能会有意想不到的表白，可能会意外怀孕，甚至性侵犯者可能会再次犯罪，尽管他们曾发誓要痛改前非。
- 饥饿的消费者更容易冲动购物，他们会觉得"那些甜甜圈看起来很美味！"，而刚吃过100克蓝莓松饼的消费者则不太可能如此。在饥饿的状态下，个体会错误地预测自己对甜甜圈的渴望。而吃饱了以后，个体又会低估这些甜甜圈有多美味，所以吃了一两个后，你就吃不下了。
- 当发生自然灾害时，比如飓风，人们会觉得死亡人数越多，他们会越难过。实际上，研究者发现，在2005年卡特里娜飓风来袭之后，学生们对 50 人丧生和 1000 人丧生的悲伤程度几乎没有差异。到底是什么影响了人们的悲伤感？是看到受害者的图片，难怪电视上的灾难画面会对我们有如此大的影响。

- 人们会高估坏事（例如恋爱分手，没能达到运动目标）和好事（例如暖冬、减肥成功、电视频道增加、获得更多空闲时间）对幸福感的影响。即使是极端事件，比如中了彩票或者意外瘫痪，对长期幸福感的影响也没有大多数人所预期的那么大。

我们的直觉似乎是：得偿所愿，我们就会快乐。如果真的如此，这一章的内容就会少很多。实际上，吉尔伯特和威尔逊指出我们常常"错误地想要得到某些东西"。那些想象着在阳光、冲浪、沙滩和宜人的岛屿度假的人们，当他们发现"在度假中还需要劳心劳力，吃的也没什么特别"时，就会很失望。我们常常以为如果我们的候选人或小组获胜，我们会高兴很久。但一项又一项的研究表明，这些好消息的兴奋期消退得比我们预期的要快得多。

在负面事件之后，我们特别容易受到影响。举一个更具体的例子，吉尔伯特和威尔逊让我们想象：如果我们失去了不常用的那只手，一年之后你可能会有怎样的感觉？与现在相比，你会有多快乐？

你可能已经意识到这种不幸意味着：不能鼓掌，不能系鞋带，不能打篮球，无法流畅地使用键盘。尽管你可能会永远为失去一只手而遗憾，但实际上事件发生后的一段时间你的总体幸福感会受到两种事情的影响：这个事件和其他所有事情。在关注负面事件时，我们低估了其他所有事件对幸福感的影响，从而高估了痛苦的持久度。斯卡迪和卡尼曼通过研究发现，"你所关注的任何事都不会带来你所认为的那么大的改变"。

此外，威尔逊和吉尔伯特还指出，人们往往会忽视自己应对机制的速度和强度。这些应对机制包括合理化策略，看淡、宽恕和限制情绪创伤。我们会低估自己应对机制的速度和强度，实际上，我们比预期的更容易适应残疾、恋爱分手、考试失败、失业以及个人和团队的失败等挫折。很出乎意料的是，重大负面事件（激活我们的心理防御机制）引发的痛苦感受可能比较小的刺激（不激活我们的心理防御机制）持续的时间更短暂。在大多数情况下，我们都能表现出惊人的适应能力。

自我分析的智慧与错觉

值得注意的是，我们的直觉往往会误解那些影响我们的因素，以及我们的感受和行为，但我们不用过分在意这一点。当我们的行为有明确的原因，并且合理的解释又与我们的直觉相一致时，这种自我觉知将是准确的。当行为的原因对观察者来说显而易见时，那么它往往对我们所有人而言也都是很明显的。总体上，预测的感觉和实际的感受之间的相关性是 0.28——这是一个显著但远非完美的关联。

我们对大部分心理事件都没有觉知。有关知觉和记忆的研究表明，我们对自己的思维结果比思维过程了解得更多。富有创造力的科学家和艺术家常常不知该如何报告其产生灵感的思维过程，尽管他们很了解结果。

威尔逊提出一个大胆的设想，他想要分析为什么按照感觉做事会让我们的判断变得不准确。他和同事通过9个实验发现，人们对事物或人有意识表达出的态度，通常可以相当准确地预测其随后的行为。然而，如果参与者在评价自己的感受之前，事先对这些感受进行分析，他们的态度就失去了原有的预测性。例如，约会的情侣对他们的关系满意度的评价可以准确地预测几个月后他们是否仍在约会。但是，如果让被试在评估关系满意度之前，先分析其关系好坏的原因，这些参与者就会被误导，他们的关系满意度评分在预测未来关系时就会变得毫无用处！

显然，对关系进行分析的过程会引导个体关注更多非语言的影响因素。威尔逊发现，我们常常是"自己最熟悉的陌生人"。

威尔逊等人认为，这说明我们有双重态度系统。我们关于人或事的自发的内隐态度通常与受意识控制的外显态度不同。当有人说他们通过"相信自己的直觉"来做决定时，他们指的是自己内隐的态度。威尔逊指出，改变外显态度可能相对容易一些，"内隐态度就像习惯一样，改变起来非常缓慢"。然而，通过重复练习来形成新的习惯，新的态度就能够代替旧的态度。

这些自我认识的局限性具有两种应用价值。首先是对于心理调查而言，自我报告通常是靠不住的，自我认识中的错误限制了主观自我报告的科学性。

其次，在我们的日常生活中，即使人们在报告和解释自己的经验时表现得极其真诚,也无法保证这些报告的有效性。虽然法庭上个人的证言具有极大的说服力,但也有可能是假的。牢记这种潜在错误,可以帮助我们少受他人胁迫或者避免被骗。

专有名词

- **自我概念**
  我们对自己的了解和信念。

- **自我图式**
  组织和指导个体加工与自我相关的信息的信念。自我概念构成要素以及定义你的自我的那些特殊信念。

- **聚光灯效应**
  相信别人比实际上更关注自己的外表和行为。

- **个体主义**
  个人目标优先于群体目标,根据个人属性而非群体认同来定义身份。

- **集体主义**
  优先考虑所处群体(通常是一个人的大家庭或工作小组)的目标,并相应地定义一个人的身份。

- **规划谬误**

  一种低估完成一项任务所花费时间的倾向。

- **双重态度系统**

  对同一对象的内隐（自动的）和外显（有意识控制的）态度。口头上的外显态度可能会随着接受教育和他人说服而改变；内隐态度改变缓慢，可以通过练习形成新的习惯。

第4章
自我服务偏差

我们大多数人都倾向于拥有良好的自我感觉。在自尊的研究中，即使是那些自尊得分最低的人，也倾向于给自己的评价打出中等分数。（一个低自尊的人也会用"有时"或"某种程度上"这种修饰形容词来描述诸如"我会想到好主意"这样的句子。）在一项覆盖 53 个国家的自尊研究中，每个国家的自尊平均分都在中位数之上。自我服务偏差是社会心理学领域最引人注目且证据确凿的结论之一，这是一种以有利于自身的方式来看待自己的倾向。

对积极和消极事件的解释

许多实验证明，当人们取得成功时，他们倾向于欣然接受成功的荣誉。他们会将成功归因于自己的才智和努力，将失败归咎于外部原因，比如"运气不佳""问题本身就无法解决"等。当运动员解释获胜的原因时，他们通常会将胜利归因于自己；但在失败时，他们会将责任推卸给其他因素，诸如运气不好、裁判糟糕的判罚、对手实力过强或者比赛中存在的不公平。同样，你认为汽车司机愿意为自己的交通事故承担多少责任？在事故报告单上，司机们往往这样描述事故经过："突然间，一辆车不知从哪里就冒出来了，撞上了我的车，然后逃离了现场""我刚刚驶入十字路口，一道障碍物突然出现，挡住了我的视线，以至于我没看见另一辆车"，以及"一个行人撞到了我的车，然后就钻到我的车下面去了"。

　　自我服务偏差会导致婚姻不和、员工不满和谈判陷入僵局。这也解释了为什么离婚的人往往将婚姻破裂的责任归咎于对方。管理者们会将业绩不佳归咎于员工能力不足或不够努力，而员工则认为业绩差是由于其他外部的因素，例如工作超负荷或者同事关系复杂。同样，当人们得到的奖金比其他同事多时，他们更可能认为这个奖金是公平的。

　　为了维护积极的自我形象，我们通常会将成功和自己联系起来，而刻意回避失败与自己的关系。例如，"我的经济学原理考试得了 A"与"历史教授给了我 C"。承认自己的不足往往比将失败或挫折归咎于外部因素甚至他人的偏见更加令人沮丧。然而，安妮·威尔逊和罗斯的研究发现，大多数人更乐意承认自己在很久以前的失败经历，因为那是"过去的自己"所导致的。例如，滑铁卢大学的学生们在描述上大学前的自己时，提到的负面陈述几乎和积极陈述一样多。但是，当他们描述现在的自己时，积极陈述却是消极陈述的 3 倍之多。大多数人都认为："我比以前进步了，我获得了个人成长，我现在是一个更好的自己。"过去的自己是失败者，今天的自己是胜利者。

令人意外的是，我们的偏见会让我们忽视自己的偏见。人们常常声称自己能够避免自我服务偏差，但却容易认为别人存在这种偏见。这种"偏见盲点"可能会在冲突中带来严重的后果。假如你正在和你的室友讨论谁来负责打扫卫生，当你感觉室友存在自我服务偏差时，你可能会变得更加愤怒。显然，我们常常认为自己站在客观的立场，而他人则都带有偏见。

我们都高于平均水平吗？

我们在将自己与他人进行比较时，也会出现自我服务偏差。如果中国古代哲学家老子的名言"是以圣人去甚、去奢、去泰"是正确的，那么大多数人可能会感到自己不够明智。在许多主观和社会认可的方面，大多数人都倾向于认为自己在道德上更高尚，在工作上更能干、更友善、更聪明、更漂亮、更没有偏见、更健康，甚至在自我评价中更敏锐、客观。即使是有过暴力犯罪记录的男性，也可能自认为比大多数人更道德、更善良、更值得信赖。

聚焦：
我如何爱自己的表现形式

专栏作家戴夫·巴里指出："有一件事是所有人共有的，不分年龄、性别、种族、经济地位或宗教背景，那就是在每个人的内心深处，我们都相信自己比一般人要强。"我们也相信自己在大多数主观的和重要的特质上都高于平均水平。自我服务偏差表现在以下方面：

- **伦理道德**。大多数商人认为自己比普通商人更有道德。一项全国性调查问道："在 1 到 100 分（100 分为完美）的范围内，你如何评价自己的道德水平和价值观？" 50% 的受访者对自己的评分都在 90 分以上，只有 11% 的人自评低于 74 分。

- **专业能力**。在一项调查中，90% 的企业经理评价自己表现卓越。在澳大利亚，86% 的人认为自己的工作表现高于平均水平，只有 1% 的人认为自己的工作表现低于平均水平。大多数外科医生认为他们接诊的患者的死亡率低于平均水平。

- **美德**。在荷兰，大多数高中生认为与平均水平相比，自己更诚实、更执着、更具独创性、更友好、更可靠。大多数人还认为自己比其他人更有可能献血、捐赠慈善事业，以及把自己的座位让给孕妇。

- **投票**。当被问及是否会在即将到来的选举中投票时，90% 的学生表示自己会，同时猜测只有 75% 的同龄人会投票。实际结果是什么？只有 69% 的人投票。相比预测自己，我们更善于预测他人的社会期望行为。

> - **智力。**大多数人认为自己比同龄人更聪明、更漂亮、偏见更小。他们认为如果自己被人超越,那是因为对方是个天才。
> - **健康。**洛杉矶人普遍认为自己比大多数邻居更健康,而大多数大学生则相信自己的寿命将比人均预期寿命长 10 年。
> - **吸引力。**你是否和我有相同的经历,认为大多数照片没有真实反映出你的吸引力?在一个实验中,研究人员向被试展示了一组面孔——其中一个是他们本来的自己,其他的则是经过变形以增加或者降低吸引力的自我面孔。当被问及哪一个是他们的真实面孔时,人们更倾向于选择吸引力增强版的面孔。
> - **驾驶技能。**大多数司机都认为自己的驾驶水平高于平均水平,自己开车更安全、更熟练,甚至那些因事故而住院的司机也有这种想法。

每个群体似乎都像小说《沃伯根湖》里描绘的那样,"所有的女人都很坚强,所有的男人都很英俊,所有的孩子都很优秀"。许多人相信自己将来会变得更好。他们认为如果自己的现状不错,那未来会更好。这一现象还潜藏在弗洛伊德的一个笑话中:"一个丈夫告诉妻子:'如果我们其中一个人先去世,我就搬到巴黎去住。'"

自我服务偏差在婚姻中很常见。2008 年的一项调查发现,49% 的已婚男性认为自己承担了一半或大部分的育儿工作,但只有 31% 的妻子认可这一点。这项调查还发现,70% 的女性表示家里的饭大都是自己做的,而 56% 的男性认为自己才是做饭的主力。

我和妻子常常会把脏衣服扔在卧室的衣物篮旁边的地板上。

每天早上，我们两个中的一个人会把衣物捡进篮子里。当她建议我应该对此负更多责任时，我不禁想："嗯？75%的时候都是我在做的呀！"于是，我问她认为自己平均多久捡一次衣服，而她的回答是："大概有75%的时间都是我在做的。"

一般情况下，如果让小组成员对他们在共同任务中的贡献值进行估计，那么估计值的总和往往会超过100%。

在更主观或难以衡量的特质上，自我服务偏差更为明显。例如，2016年的一项研究发现，76%的大学生认为他们在"获得成功的动力"（一种很主观的属性）方面高于平均水平，但只有48%的人认为他们在更可量化的数学能力领域表现出色。这些主观特质让我们在定义自己的成功时有更多的回旋余地。举例来说，当我评价自己的运动能力时，我会更关注自己的游泳技能，并选择性忽略自己在垒球场上的窘境。在一项大学入学考试委员会对82.9万名高中生进行的调查中，没有一个人认为自己"与他人相处的能力"（一种主观的、理想的特质）低于平均水平，60%的人认为自己排在前10%，25%的人认为自己排在前1%！在2013年英国的一项调查中，98%的17岁至25岁的年轻人认为自己是好司机，尽管其中20%的人在通过驾驶考试后的6个月内就发生了事故。

研究人员一直怀疑：人们是否真的相信自己高于自我评估的平均值？自我服务偏差的产生是否在某种程度上取决于提问的方式？因此，威廉姆斯和基罗维奇进行了一项实验，让被试用金钱做赌注来评估自己的表现，结果发现，"人们确实相信他们对其自我提升的自我评估"。

第 4 章 自我服务偏差

盲目的乐观主义

乐观主义让人们更积极地对待生活。杰克逊·布朗写道:"那些乐观主义者每天早晨都会跑到窗前说'早晨好呀,新的一天!',那些悲观者则会站在窗前说'又到早晨了,又是一天'。"

一项涵盖了来自 22 个国家的 9 万多人的研究表明,大多数人更倾向于乐观主义而非悲观主义。事实上,我们中的大多数人都像研究者尼尔·温斯坦所描述的那样:"对未来生活盲目乐观。"在 2006 年至 2008 年的一项全球调查中,大多数人预计自己未来 5 年的生活会比过去 5 年更好,考虑到随后发生的全球性经济衰退,这一预期显得尤其引人注目。部分原因在于人们通常对他人的命运表现得相对悲观,学生们往往认为自己比其他同学更有可能找到好工作、获得更高薪水、拥有自己的房子等。他们还认为,相比于其他同学,自己经历负面事件的可能性要小得多,比如酗酒、40 岁前突发心脏病或被裁员等。成年女性对患乳腺癌的相对风险更倾向于过度乐观而不是悲观。球迷们普遍认为,他们支持的球队有 70% 的机会赢得下一场比赛。

然而,盲目乐观也可能会让我们更加脆弱。由于相信自己总能幸免于难,我们往往不采取明智的预防措施。性活动频繁但不愿避孕的女大学生认为,与其他女大学生相比,自己不太可能意外怀孕。那些相信自己的驾驶技术在"平均水平之上"的老司机在驾驶测试中被判定为"不安全驾驶"的可能性是谦逊司机们的 4 倍。甚至 17 世纪的人类经济理性的捍卫者、经济学家亚当·斯密也预见到，人类会高估自己盈利的可能性。他认为这种"觉得自己更好运的荒谬推断"源自于"大多数人对自身能力的过分自负"。

乐观主义者确实会在提高自我效能、促进健康和提升幸福感方面胜过悲观主义者。作为天生的乐观主义者，大多数人相信自己的未来生活会更幸福，这种信念有利于他们当下获得的幸福感。悲观主义者的寿命甚至可能更短，因为他们更有可能遭受不幸的事故。我们乐观派的祖先比悲观派的祖先更有可能克服困难而生存下来，所以也难怪我们会更倾向于乐观主义。

然而，保有一些现实主义或者朱莉·诺姆提出的防御性悲观主义可以让我们免受盲目乐观的危害。防御性悲观主义者会预见问题的发生并且采取有效的应对方式，正如中国成语所说的"居安思危"。自我怀疑可以激发学生的学习动机，尤其是对那些成绩本来不好又过分乐观的学生。那些过分自信的学生往往准备不足，而那些与他们能力相当但又没有他们那么自负的同学通常会更努力地学习，最后获得更好的成绩。在一项研究中，学生们被要求预测考试成绩。如果这个考试是想象的，他们对考试结果的预测往往会超乎寻常的乐观；但是一旦考试真的来临，他们对自己成绩的预测又出人意料的准确。没有考试的时候，他们可能对自己的成绩盲目乐观，一旦考试真的来临，他们就会变得更谨慎。

此外，能够听取批评也很重要。邓宁曾说："我经常告诫学生们这样一条人生法则，如果两个不同的人给你的负面反馈一模一样，你就应该反思一下自己是不是真的在这方面有不足之处。"因此，悲观主义的思维和乐观主义的思维都各有利弊。要记住这句格言：

学业上的成就既需要足够的乐观精神支撑希望，也需要有足够的防御悲观主义思想，才能居安思危。

虚假普遍性和独特性

我们有一种奇特的倾向，我们会高估或低估他人在多大程度上会像我们一样思考和行事，以此来增强自我形象。我们通过高估他人对我们观点的赞成度来支持自己的立场，这种现象被称为虚假普遍性效应。例如，脸书（Facebook）用户在估计他们在政治和其他问题上是否与朋友意见一致时，准确率达到 90%，但是在估计不一致性时，准确率只有 41%。也就是说，他们认为朋友和他们的观点在大多数情况下都是一致的，而实际上并非如此。除了政治观点以外，在对名人的喜好问题上也是如此。加利福尼亚州的大学生在评价自己最喜爱的名人时，会明显低估其他人对他们偶像的厌恶程度。我们对世界的理解似乎都是基于常识。

如果我们在任务中失误或者失败，就会安慰自己"胜败乃兵家常事"。说谎的人会认为对方也不诚实。如果我们对另一个人有好感，我们可能会高估对方对我们的好感。我们总是认为别人的想法和行为与我们相同。"我是撒谎了，但难道不是每个人都这样吗？"如果我们自己偷税漏税、抽烟或医美，我们很可能会觉得其他人也在这样做。有句谚语说得好："我们看到的并非世界本身，而是自己内心世界的映射。"

道斯认为这种虚假普遍性之所以会发生，是因为我们的归纳性结论只是来自一个有限的样本，当然这个样本还包括我们自己。由于信息不全，我们就会参考自己内心的投射。我们会把自己的认识推及别人，用我们自己的反应作为线索来推断别人的反应。此外，我们更愿意和那些在态度和行为上与我们相似的人交往，因此我们更习惯从自己熟悉的角度来评判周围的世界。难怪德国人往往认为典型的欧洲人应该看起来像德国人，而葡萄牙人则认为典型的欧洲人应该更像葡萄牙人。

然而在能力方面，当我们表现出色或获得成功时，就容易产生虚假独特性效应。我们会认为自己的才智和品德超乎寻常，以满足自己的自我形象。荷兰大学生更喜欢在政治观点上支持主流（虚假普遍性），而在音乐偏好上选择小众（虚假独特性）。毕竟，粉丝太多的乐队就显得不那么酷了。

总之，自我服务偏差的归因方式、自我恭维的比较方式、盲目的乐观主义以及虚假普遍性，这些倾向都是自我服务偏差的表现（见图4-1）。

自尊的动机

为什么人们会以自我强化的方式看待自己？这种自我服务偏差可能是由于我们在处理信息和记忆信息时出现错误。在与他人进行比较时，我们需要注意、评估和回忆自己与他人的行为。这就可能

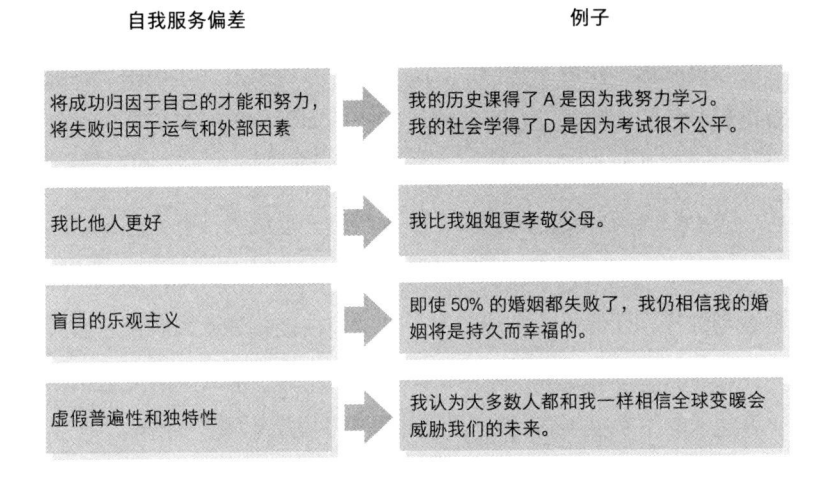

自我服务偏差	例子
将成功归因于自己的才能和努力，将失败归因于运气和外部因素	我的历史课得了 A 是因为我努力学习。我的社会学得了 D 是因为考试很不公平。
我比他人更好	我比我姐姐更孝敬父母。
盲目的乐观主义	即使 50% 的婚姻都失败了，我仍相信我的婚姻将是持久而幸福的。
虚假普遍性和独特性	我认为大多数人都和我一样相信全球变暖会威胁我们的未来。

图 4-1　自我服务偏差如何起作用

　　导致我们在信息处理的过程中存在不足。为什么已婚的夫妇认为自己在家务方面做得比配偶更多？这可能是因为我们只记得自己做了什么，而记不清对方做过什么。我很容易想起自己捡起了扔在地板上的衣物，但是我其实并不太清楚我妻子这样做了多少次。

　　那么，这种有偏差的知觉是否仅仅是一种知觉错误呢？是因为我们在处理信息的过程中缺少情感，还是出于自我服务的动机呢？现有的研究告诉我们，可能有多种动机。为了追求自我认识，我们有评估自己能力的动机；为了寻求自我确认，我们有验证自我概念的动机；为了追求自我肯定，我们有提升自我形象的动机。由此可见，为了提升自尊水平，我们就产生了自我服务偏差。正如社会心理学家丹尼尔·巴特森所说："头脑是心脏的延伸。"

大多数人都会极力维持自己的自尊。有研究发现，相比享受美食、和最好的朋友见面、喝酒或发工资，大学生更渴望提升自己的自尊。这似乎有点难以置信，自尊居然比美食和啤酒更重要！

当我们的自尊受到威胁时，例如经历失败或者被别人超越，你会有什么样的反应？当两个兄弟之间能力悬殊时，例如其中一个人是运动健将，而另一人则能力平平，他们往往相处不太融洽。当看到一个年轻女性在试镜中唱歌走调时，有些人可能会感到幸灾乐祸（为他人的不幸感到高兴）。苦痛的人喜欢嘲笑别人的痛苦。

在朋友之间也存在自尊威胁的情况，朋友的成功甚至可能比陌生人的成功更具威胁性。同时，个人的自尊水平也扮演着重要角色。当自尊受到威胁时，高自尊水平的人通常会做出补偿性反应（责怪他人或决定下次更努力）。这些反应有助于他们保持积极的自我感觉。然而，低自尊水平的人则更容易自责或选择放弃。

维持或增强自尊的动机的意义是什么呢？马克·利里认为，我们的自尊就像汽车上的油量表一样重要。人际关系对于我们的生存和发展至关重要，而自尊则充当着提醒器，警示我们社交排斥的威胁，使我们对他人的期望更敏感。研究表明，社会排斥会降低自尊水平，也会让人们更渴望得到认可。当我们感到被孤立或者被排斥时，就会觉得自己缺乏吸引力。就像汽车仪表盘上闪烁的油箱故障灯一样，这种痛苦会促使我们行动起来，进行自我提升，或者从其他方面获得接纳和认同。

专有名词

- **自我服务偏差**
  一种以有利于自身的方式来看待自己的倾向。

- **虚假普遍性效应**
  高估自己观点的普遍性，以及高估自己不受欢迎或不成功行为的普遍性。

- **虚假独特性效应**
  低估自己能力的普遍性，以及低估自己令人欣赏或成功行为的普遍性。

第5章
自恋与自尊的界限

在前一章，我们已经深入探讨了自我服务偏差。当大多数人倾向于认为自己在道德层面上更胜一筹，并且应该享有更多好处时，这种偏差常常会导致人与人之间的冲突，甚至是国家之间的摩擦。自我服务偏差的研究为我们揭示了一种普遍存在的人性真理。然而，我们所处的世界是复杂多样的，单凭一个理论显然不足以解释所有问题。自尊既带来了益处，也伴随着代价。

低自尊心与高自尊心之间的较量

低自尊的人更容易产生焦虑、孤独和饮食障碍的问题。当低自尊的人感觉不适或受到威胁时，他们往往会对周围的一切事物持负面看法，他们会关注并记住别人的不良行为，甚至认为伴侣不喜欢自己。然而，通过反复使用肯定性短语（比如"我是一个可爱的人"）来提高自尊水平的方法，实际上可能适得其反，让低自尊的人感觉更糟糕。低自尊的人也不太愿意接受与负面经历有关的积极信息（比如"至少你学到了一些东西"）。相反，他们更倾向于接受理解性的安慰，即使是负面的，比如"果然很糟糕"。

此外，低自尊的人在生活中也可能会遭遇更多问题，例如收入较低、滥用药物的可能性较大、更容易抑郁，以及更容易出现自残行为。一项纵向研究发现，随着年龄增长，青少年时自尊水平较低的人在成年后更容易出现抑郁，这表明自尊影响了抑郁风险，而不是与之相反。然而，两个变量之间的相关性可能是由第三个变量引起的，比如低自尊的人在童年时期遭遇的贫穷、虐待或父母滥用药物等经历，可能才是导致他们日后痛苦的根本原因。一项研究验证了这一结论，在控制了其他因素之后，研究者发现自尊和消极的人生结果之间的关联消失了。因此，低自尊可能是导致心理问题的潜在因素，其根源可能与童年时期的不幸经历有关。

当好事发生时，具有高自尊的人更有可能沉浸其中，并且维持良好的状态。正如对抑郁和焦虑的研究所示，自我服务的认知方式对心理健康是有益的。相信自己比实际更聪明、更强大、更善于社交，这些信念可能是一种有效的策略。相信自己优秀的人还能创造出一种自我实现的预期，这有助于他们获得成功，并在面对挫折时保持积极的希望。

高自尊确实具有很多优势，包括培养主动性、增强韧性，以及提升幸福感。然而，一些极端群体，如青少年帮派头目、极端种族主义者、恐怖分子以及有暴力犯罪记录的人，通常具有高于平均水平的自尊。鲍迈斯特及其合作者曾指出，"希特勒的自尊水平非常高"。

而且，自尊也不一定是成功的关键：自尊不一定会带来更好的学业成就和工作表现。你能猜出美国哪个种族的人自尊水平最低吗？答案是亚裔美国人。但是，在学生时期，亚裔美国人的学业成就通常是最好的，而成年之后的收入水平也往往高于中位数。众所周知，亚洲文化更注重个人的自我提升，而不是维护自尊。这种文化价值观鼓励人们在各方面表现出色。正如鲍迈斯特所言："对于自尊的过度强调都是空想和废话。"他怀疑自己在自尊方面的研究比其他任何人都多。然而，他认为自尊的影响很小，很有限，而且并非都是积极的。他指出，高自尊的人更有可能引起他人的反感，更容易干扰他人，更喜欢对他人发号施令（这与那些害羞、谦逊的低自尊者形成鲜明对比）。他总结说："我的结论是，自我控制的价值是自尊的 10 倍。"

此外，积极地追求自尊可能会适得其反。克罗克和他的同事们发现，与那些自我价值源于内在因素（如个人美德）的学生相比，那些依赖外部因素（如成绩或他人意见）来建立自我价值的学生更容易产生压力、愤怒、人际关系冲突、药物滥用、酗酒以及进食障碍等问题。

克罗克和帕克指出，令人意外的是，那些试图通过变得更漂亮、更富有或者更受人欢迎的方式来寻求自尊的人，往往会忽视真正能够提高他们自尊的因素。如果一个大学生试图通过突出自己的优点并掩盖自己的缺点来给室友留下深刻的印象,结果可能导致室友更不喜欢他,从而进一步削弱他的自尊。克罗克解释说,追求自尊就像把手伸进桶里拿苹果,如果你握得太紧,手就会被卡住。我们越是渴望提高自尊,就越不愿意接受批评,也就越不能与他人共情,而且过分关注结果会让我们失去成功所带来的喜悦。

因此,克罗克认为,与其去抓拿不到的苹果,不如效仿约翰尼·查普曼。他无私地播种苹果树,让别人都能吃到苹果,而不是只为了自己。例如,通过与室友共情("我想支持室友")建立更好的关系,你就会获得更高的自尊。类似的方法也适用于我们对自己的看法。克里斯汀·内夫称之为自我关怀,即放弃与他人比较,善待自己。正如一句印度谚语所说:"比他人优越并无任何高贵之处,真正的高贵在于超越过去的自我。"

自恋:自尊心的自负姐妹

高自尊如果演变成自恋或产生一种过分夸大的自我感觉,就会特别棘手。如果自尊是自信,那么自恋就是过度自信——是一种对自己的优秀程度不切实际的信念。自尊和自恋之间的另一个关键区别在于对他人的关注程度。大多数高自尊的人既注重个人成就,也关心他人的需求,而自恋的人通常缺乏对他人的关心和共情能力。高自尊的人相信自己是优秀的,而自恋的人则不仅拥有非常高的自尊水平,还认为自己比其他人更优越。尽管在关系初期,自恋者可能表现得外向且具有吸引力,但是从长远来看,他们以自我为中心的特质往往会导致许多关系问题。

在一系列实验中，布什曼和鲍迈斯特让大学生志愿者写一篇短文，然后给他们反馈一些嘲讽的评价（"这是我读过的最糟糕的文章"）。结果显示，那些自恋的人更有可能进行报复，他们会在耳机中给那些批评自己的人制造噪声。然而，他们不会攻击那些称赞他们（"这是一篇好文章！"）的人。被侮辱会激怒他们。但是这是否与自尊水平有关呢？是不是只有因自尊水平低而缺乏安全感的自恋者才会爆发愤怒呢？实际情况并非如此。相反，那些自尊水平高且自恋的人最具有攻击性。在课堂中也是如此，那些自尊水平高又自恋的学生往往更容易与同学发生肢体冲突（见图5-1）。在公开场合受到侮辱会引发自恋者的极大愤怒，因为这会刺破他们精心打造的优越感。为此，对方必须要付出代价。自恋者可能是迷人且风趣的，但正如一位智者所言："一旦越界，苍天都帮不了你。"

那么，过分夸大的自我是否只是为了掩盖内心深处的不安全感呢？自恋的外表下是否隐藏着低自尊和对自己的厌恶呢？研究表明，答案是否定的。在自恋人格特质量表中得分高的人通常也在自尊量表中得分较高。为了验证自恋者是否只是为了炫耀而表现出很高的自尊水平，研究者们设计了一个实验——让大学生们玩一个电脑游戏，他们需要尽可能快地按键，将单词"me"（我）与正面词汇（如好、美好、伟大和正确）匹配，以及将其与负面词汇（如坏、可怕、糟糕和错误）匹配。结果发现，自恋的人会更快地将自己与正面词汇联系起来，并更慢地将自己与负面词汇联系在一起。自恋者甚至能更快地将自己与诸如"直言不讳""支配"和"果断"

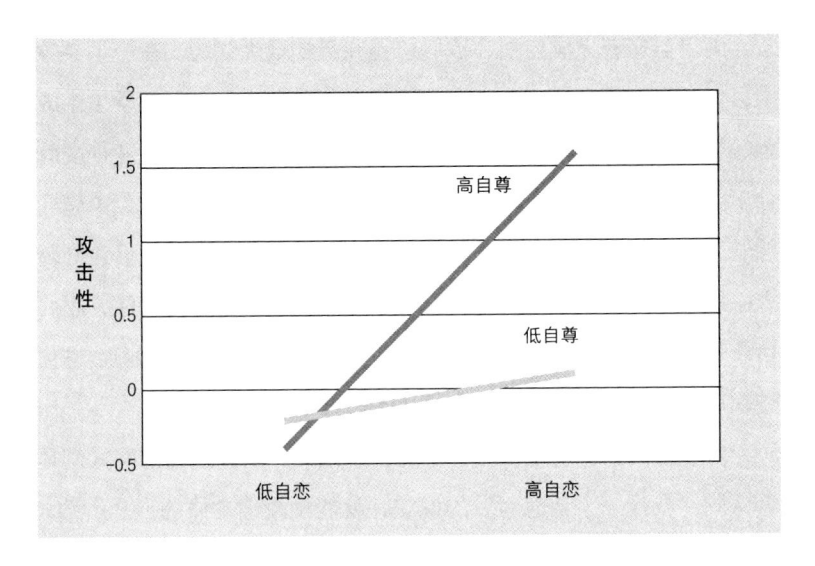

图 5-1 自恋、自尊和攻击性 [1]

等词语联系在一起。因此，我们可能以为某个同学的傲慢和自恋只是为了掩饰他的不安全感，但实际上在他的内心深处，他可能真的认为自己非常出类拔萃。

这种根深蒂固的优越感可能源自童年时期。在一项纵向研究中，如果父母觉得自己的孩子应该得到特殊关照，那么该孩子在 6 个月后的自恋水平就会更高。相反，父母对孩子的爱和善意与自恋没有关系。这项研究为父母提出了一个明确的建议：与其告诉你的孩子他们很特别，不如告诉他们你很爱他们。

---

[1] 自恋和自尊的交互作用会影响攻击性。布什曼等人的实验发现，对吹毛求疵的同学反击的秘诀就是，既要自恋又要有高自尊。

由于自恋者充满自信，他们总是在最初很受欢迎。在一项实验中，那些自恋程度较高的人更有可能在一群从未见过面的学生中成为领导者。然而，一旦相处时间增加，自恋领导者的受欢迎程度就会下降，因为其他人开始意识到这个领导者并未真正为他们着想。随着时间的推移，自恋者对他人的敌意和攻击性会导致他们在同龄人中越来越不受欢迎。这个情况在社交媒体上尤为值得关注，因为自恋者在社交媒体上更活跃（发布更多的状态更新和推文），也更受欢迎（有更多的朋友和关注者）。

自恋者似乎也能意识到自己的自恋倾向。仅仅通过询问人们是否认同"我是一个自恋者"的说法，就能预测出个体的自恋行为，其效果几乎与标准的自恋量表一样。自恋者认识到他们对自己的看法比别人对他们的看法更积极，并承认自己的傲慢，还会夸大自己的能力。他们还意识到，自己给他人留下的第一印象通常是好的，但是这种好感会随着时间慢慢消减，时间一长他们就不再受欢迎。弗兰克·赖特说："年轻的时候，我不得不在诚实的傲慢和虚伪的谦卑之间做出选择，我选择了诚实的傲慢，并且再也改变不了。"

很多人认为自恋是成功的必要条件，因为人善被人欺，你需要靠吹嘘自己来获得成功。其实这种想法也有一定道理。每当有人关注自己，自恋者就会表现得更好，这让他们更容易成为焦点或者获得发言权。然而，在大多数其他情境中，自恋者并不比其他人更成功。事实上，他们往往更不成功。自恋的大学生成绩更差，更有可能辍学；自恋者的工作表现通常也不佳，其中部分原因是他们会疏远其他人。自恋的人可能认为他们不需要努力工作，因为自己已经很完美了；他们也可能会冒不必要的风险，因为他们相信自己总会一帆风顺。尽管人们钦佩自恋者作为领导时展现出的权威性，但是他们领导的团队表现更差，因为他们与成员之间会存在沟通障碍。总体而言，自恋并不是成功的秘诀。

自我效能感

积极的自我看法实际上更为有益。斯坦福大学的心理学家班杜拉在他的研究中发现了积极思维的力量，并提出了自我效能感理论，即我们对自己能够完成某项任务的信心。相信自己的能力和效率会带来很大的回报。自我效能感较高的儿童和成人会更坚毅，焦虑和抑郁情绪更少。他们的生活方式更健康，并且有更高的学业成就。

在日常生活中，自我效能感能指引我们制订有挑战性的目标，并且在困难面前不轻言放弃。100多项研究表明，自我效能感可以预测工作者的生产力。另外，根据241项研究的结果显示，自我效能感是预测大学生绩点的最有效的因素之一。在困境中，较高的自我效能感有助于人们保持冷静，并积极寻求解决方案，而不是沉浸在自我怀疑之中。实际能力加上坚韧不拔的毅力就能产生卓越的成就。事实上，越是有成就，自信心就会越强。自我效能感就如同自尊一般，努力获得的成就越多，自我效能感就越高。

自我效能感和自尊听起来很相似，但它们是不同的概念。如果你相信自己能做某事，那就是自我效能感。如果你由衷地喜欢自己，那就是自尊。当你还是个孩子的时候，你的父母可能会用一些话来鼓励你，比如：

"你是独一无二的！"（目的是建立自尊）
"我知道你能行！"（目的是建立自我效能感）

一项研究显示，自我效能感的反馈比自尊的反馈更有益。

你真的很**努力**！√
你真的很**聪明**！×

跟孩子说他很聪明，他可能会害怕下一次尝试，因为下次自己可能就没有那么聪明了。然而，因为努力工作而受到表扬的人知道他们下次还能付出更多的努力。如果你想要鼓励别人，那就努力提升他们的自我效能感，而不是自尊。

专有名词

- **纵向研究**
  对同一群体的人进行的跨越较长一段时间的研究。

- **自恋**
  对自我的过分夸大,包括过度自信。

- **自我效能感**
  一种对自己的能力和效率的感知,与自尊不同,自尊是对自我价值的感知。

第6章
基本归因错误

心理学家的一个重要研究课题就是我们在多大程度上受到社会环境的影响。我们每时每刻的心理活动和由此表现出的言语和行为，都取决于我们所处的情境以及情境给我们带来的影响。研究表明，两种情境之间的细微差异有时会极大地影响我们的反应。以我自己的经验为例，作为一名大学教授，我曾在早上 8:30 和晚上 7:00 教授同一门课，但这两个时间段的课堂氛围差异巨大。早上 8:30 的课堂通常安静无声，而晚上 7:00 的课堂充满了热烈的讨论。尽管每个情境中都会有一些比其他人更健谈的学生，但这两个时间段的环境差异不仅仅是个体差异所能解释的。

归因理论的研究者发现，人们在归因时存在一个普遍性的问题。当我们要解释他人的行为时，我们通常会低估环境因素的影响，而高估个人特质和态度的作用。因此，即使我知道上课时间会影响课堂活跃度,我还是会错误地认为晚上 7:00 上课的学生比上午 8:30 上课的学生更活跃。同样,我们可能会错误地推断一个人跌倒是因为他自身笨拙,而不是因为他被绊倒了;我们可能认为人们微笑是因为他们快乐,而不是假装友善;在高速路上超车的司机一定好斗,而不是为了赶着去参加重要的会议。

这种对情境因素作用的忽视被称为基本归因错误,这种错误在实验中很常见。在第一个涉及这一领域的研究中,琼斯和哈里斯让杜克大学的学生阅读辩论赛中辩手支持或者反对古巴领导人菲德尔·卡斯特罗的演讲稿。当学生被告知辩手自己选择了立场时,学生们有充分的理由认为这是辩手个人态度的反映。然而,当学生被告知辩论的立场是由教练分配时,结果又如何呢?令人惊讶的是,学生们仍然倾向于认为辩手真心支持自己所辩护的观点(见图 6-1)。学生们似乎认为:"我知道他是被分配到这一方的,但是我仍然觉得他真心支持这个观点。"

当我们尝试解读他人的行为时,我们常常会犯基本归因错误。我们经常用情境来解释自己的行为。例如,伊恩可能会把自己的行为归因于当时的情境("我很生气,因为全都是错的"),而罗萨可能会认为,"伊恩充满敌意,因为他是个易怒的人"。在谈论自己时,我们通常使用动词来描述我们的行为和反应("当时……我很生气")。然而,在谈论他人时,我们则更倾向于用形容词来描述他们("他很讨厌")。例如,那些将妻子的批评归因于"她是个刻薄而冷漠的人"的丈夫,更有可能变得暴力。当她表达对他们关系的不满时,他听到的是最糟糕的话,然后就感到很愤怒。

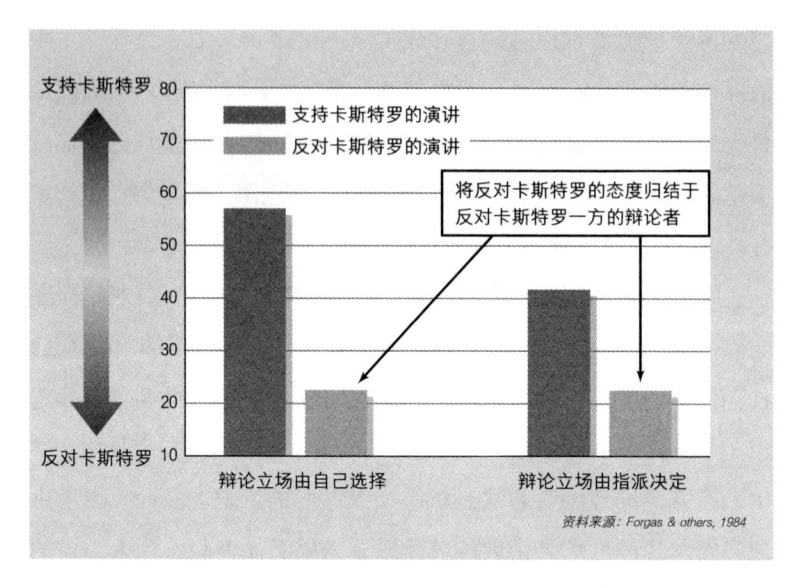

图 6-1 基本归因错误 [1]

日常生活中的基本归因错误

当你发现一个收银员说"谢谢您,祝您有愉快的一天"只是出于工作要求,你是否仍然会认为这个收银员是一个友善且懂感恩的人呢?事实上,有时我们会忽略某些别有用心的行为。纳波利塔和戈瑟尔斯设计了一个实验,他们让威廉姆斯学院的学生被试与一个临床心理学研究生进行交流。她会表现出两种不同的态度,热

---

[1] 当人们读到支持或反对菲德尔·卡斯特罗的辩论演讲稿时,他们通常将辩论方的立场归结于辩手本人的态度,即使辩手的立场是由辩论教练指派的。

情友好和冷漠挑剔。研究者事先告诉其中一半的被试她的行为是自发的，另一半人则被告知她是出于实验目的而假装友好（或不友好）。结果发现，这些信息对被试的判断毫无影响。如果她表现得友好，被试们就会认为她真的是一个友好的人；如果她表现得不友好，他们就会认为她是一个不友好的人。这就像我们看待腹语师的傀儡或电影演员扮演的"好人"或"坏人"的角色一样，明明知道是虚构的，但很难不受角色设定所产生的错觉影响。

罗斯用一个实验重新演绎了他从博士生转变为教师的亲身经历，他提出了"基本归因错误"这个概念。当罗斯在进行博士毕业论文答辩时，他感到极为尴尬，因为那些知名教授提出的问题都是他们自己擅长的专业领域问题。6个月后，罗斯自己也成了一名考官。他也会在自己擅长的领域里提一些刁钻的问题。这些倒霉的学生感到羞愧，因为他们在面试中表现出无知，同时考官的智慧给他们留下了深刻印象。这种经历和罗斯半年前的经历一模一样。

罗斯在一个实验中模拟了他从博士生转变为教师的经历。他将一些斯坦福大学的学生随机分配成考官、学生和旁观者。研究者要求那些扮演考官的被试编一些能够展示他们知识渊博的难题。我们可以想象在自己擅长的专业领域给别人提问会是什么样。他们列出的问题有"班布里奇岛在哪里？""苏格兰玛丽女王是怎么死的？""欧洲和非洲哪个海岸线更长？"仅仅这几个问题可能就足以让你感到自己的无知，这也说明了这个实验的结果。

众所周知，提问者通常处于更有优势地位的位置。然而，有趣的是，考生和旁观者（不是提问者）经常会错误地认为那些担任考

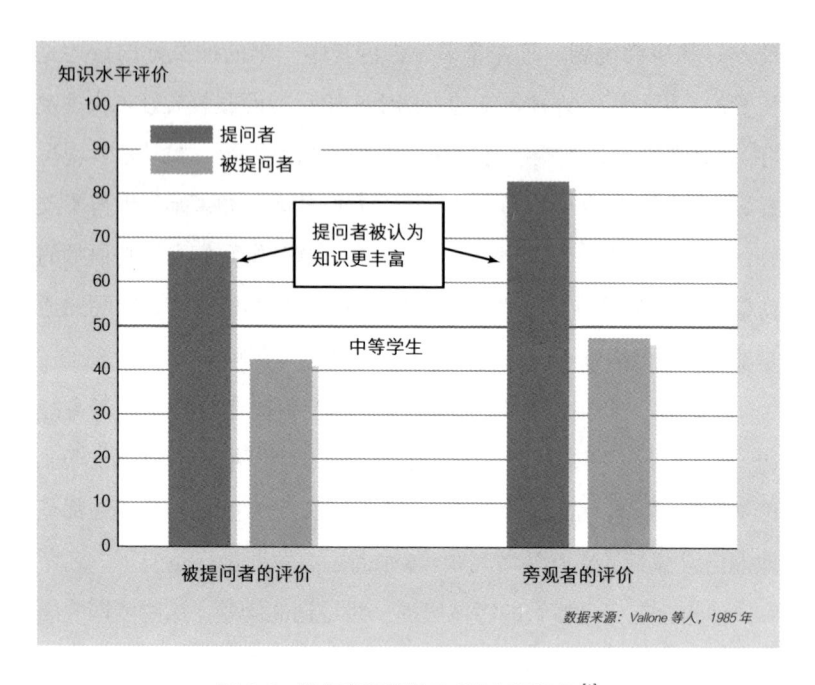

图 6-2 提问者和被提问者的知识评级 [1]

官的人确实比考生更有智慧（见图 6-2）。后续的研究表明，这种错误的印象并不是由于社会智力低所导致的。相反，越是聪明且社交能力越强的人，越容易出现这种归因错误。

在现实生活中，那些拥有社会权力的人通常是谈话的发起者和控制者，这往往导致下属高估这些权威人士的知识和智力水平。

---

[1] 在一场模拟的问答游戏中，被提问者和旁观者都认为，被随机分配为提问者的人比被提问者的知识更丰富。实际上，提问者和被提问者的角色是随机安排的，只不过提问者显得更有知识。这种错误的认知就是基本归因错误。

例如，医学博士通常被认为在与医学无关的其他领域也是专家。同样，学生经常高估他们老师的智商。（就像上述实验所示，老师在他们所熟悉的领域扮演提问者的角色。）然而，当一些学生长大后也成为老师，他们就会惊讶地发现，原来自己的老师并没有他们想象的那么聪明。

为了进一步说明基本归因错误，我们可以回顾自己的经历。妮可想要交一些新朋友，于是她强装笑脸，小心翼翼地想要融入一场聚会。在聚会上，每个人看起来都很轻松愉快，大家谈笑风生。妮可在心中不禁问道："为什么每个人都能如此轻松自在，只有我感到害羞紧张呢？"而事实是，聚会上的每个人都感到紧张，并且大家都有相同的基本归因错误，错误地认为妮可和其他人一样自信愉悦。

我们为什么会犯基本归因错误？

现在我们明白了在解释他人行为方式时，我们会存在偏见，那就是我们通常会忽略情境因素的重要作用。然而，为什么情境因素似乎不会影响我们对自己行为的判断，却会导致我们低估情境因素对他人行为的影响呢？

视角和情境意识

归因理论学家指出，我们观察他人与观察自己的视角是不同的。当我们作为行动者时，环境会影响我们的关注点；而当我们作为旁观者时，我们更关注观察对象，而环境则变得相对不那么明显。例如，如果我感到生气，可能是因为当前的情境让我生气。但是当我看到别人生气时，我可能会认为他是个脾气暴躁的人。

伯特伦·马莱通过分析173项实验的结论总结出：行动者与观察者之间的差异通常很小。当我们感觉一个行为是有意而为并且值得赞赏时，我们就倾向于将其归因于自身的优势，而不是情境。而当我们表现不好的时候，我们会倾向于排除自身的成分，将我们的行为归因于外部情境。与此同时，观察我们的旁观者会自然而然地从我们的行为中推断我们的特质。

研究者让被试观看一段警察审讯时嫌疑人认罪的录像。如果摄像头对准的是嫌疑人，被试通常会认为嫌疑人是真诚认罪的；而如果摄像头对准的是审讯的警察，被试则通常认为嫌疑人是被迫认罪的。即使法官提醒大家尽量避免这种被误导的情况发生，摄像头的视角仍然会影响陪审团对嫌疑人是否有罪的认定。同样，相比从行车记录仪的视角看现场，警察随身佩戴的摄像头的视角会让人们更加同情警察。

在法庭上，大多数认罪录像都是聚焦在嫌疑人身上的。莱西特和达德利提到，当检察官在法庭上播放以嫌疑人为视角的认罪录像后，陪审团几乎无一例外地认为该嫌疑人有罪。因此，根据莱西特等人对录像视角偏差的上述研究，新西兰、加拿大和美国的一些地区现在要求警察的审讯录像必须平等地关注警察和嫌疑人，不能采用单一视角拍摄。

视角随时间变化

请思考：你是天生就安静或健谈，还是取决于周围的情境呢？人们通常会说"这取决于情境"。但是，如果让你描述一个朋友，或者描述他／她 5 年前的样子，你会更倾向于对他／她的性格特质进行描述。当我们回忆自己的过去时，我们就变成了旁观者。对于大多数人来说，"过去的自己"并不等同于今天的"现实中的你"。我们会把过去的自己（以及遥远未来的自己）视为占据我们身体的另一个人。

这些实验揭示了一个导致归因错误的原因：我们从自己关注的方面寻找原因。你可以结合自己的个人经历思考这样一个问题：你认为一个社会心理学老师应该是一个沉默寡言的人还是一个开朗健谈的人？

我猜你一定认为老师应该是一个开朗健谈的人。但是请仔细考虑一下：你的关注点可能仅仅聚焦于老师在公众场合的行为，而这种情境要求老师必须开朗健谈。然而，老师本人会在许多不同情境中观察自己的行为——在教室，在会议室，在家里。你的老师也许会说："我很开朗健谈吗？嗯，那取决于环境。当我在课堂上或者和好朋友在一起时，我确实相当健谈。但是当我参加会议或者进入一个陌生的环境中时，我也会感到害羞。"我们总能敏锐地意识到自己的行为如何随着情境的变化而改变，所以总觉得自己比别人更加多面化。在我们眼中，"奈杰尔很紧张，菲奥娜很放松，而我是随情境而变的"。

文化差异

文化差异也会影响归因错误。个体主义的西方世界观使人们更倾向于认为影响事件的因素归因于个体本身，而不是情境。在这种文化背景下，社会普遍更认可用内在原因解释人的行为。积极的西方思维让我们相信自己，坚信"你可以做到！"。在这个文化中，人们常常认为他们所遇皆所求，所得皆所愿。

在西方文化下成长起来的孩子更倾向于用个人特质来解释个体的行为。例如，我儿子在一年级的时候做一个排词成句的任务，将"gate the sleeve caught Tom on his"排列成了"The gate caught Tom on his sleeve"（那扇门夹住了汤姆的袖子）。他的老师从西方文化的角度来看，认为这句话是错误的。老师认为汤姆才是这句话的"主角"，所以"正确"答案应该是 Tom caught his sleeve on the gate（汤姆的袖子被门夹住了）。

尽管基本归因错误在所有文化中普遍存在，但在东亚文化中，人们对情境的重要性相对更加敏感。因此，当感知到社会环境信息时，他们不太倾向于把他人的行为与其个人特质联系起来。

某些语言也会鼓励外部归因。例如，西班牙语中的表达可以将"我迟到了"解释为"闹钟害我起晚了"。在集体主义的文化下，人们较少从个人特质的角度看待他人。他们不认为一个人的行为就是其内在特质的投射。当谈及某人的行为时，印度人更倾向于提及情境信息（"她的朋友和她在一起"），而美国人则更倾向于强调个人特质（"她是友好的"）。

基本归因错误有多常见？

之所以称为"基本归因错误"，是因为它在我们解释行为时扮演了基础性的重要作用。来自英国、印度、澳大利亚和美国的研究者发现，人们的归因倾向可以预测他们对穷人和失业人员的看法，那些将贫穷和失业归因为个人特质（"他们就是太懒、太不努力了"）的人倾向于支持不同情这些人的政治立场。这种特质归因将行为归因于个人的性格和特质。而那些做出情境归因的人（"如果你我也生活在那样杂乱的环境中，得不到良好的教育，还经常受到歧视，我们能比他们过得好吗？"）则倾向于支持给予穷人更多直接帮助的政治立场。所以，如果你告诉我你对贫困的归因，我就可以猜出你的政治立场。

意识到基本归因错误能给我们带来什么帮助呢？我曾经参加过一些招聘面试。我们6个人一起面试一位候选人。每个面试官都会提2至3个问题。面试结束后，我对候选人的印象是："这个人太拘谨木讷了。"第二个应聘者是我在休息时间单独面试的，很快我就发现我们竟然有一位共同好友。通过交谈，我对她的印象越来越深，觉得她是一个"热情、有魅力、开朗的人"。后来我意识到自己犯了基本归因错误，于是我重新评估了我的分析。我把第一个候选人的拘谨和第二个候选人的热情都归结于他们的个人特质，而事实上这是由于他们所处的面试环境不同所造成的。

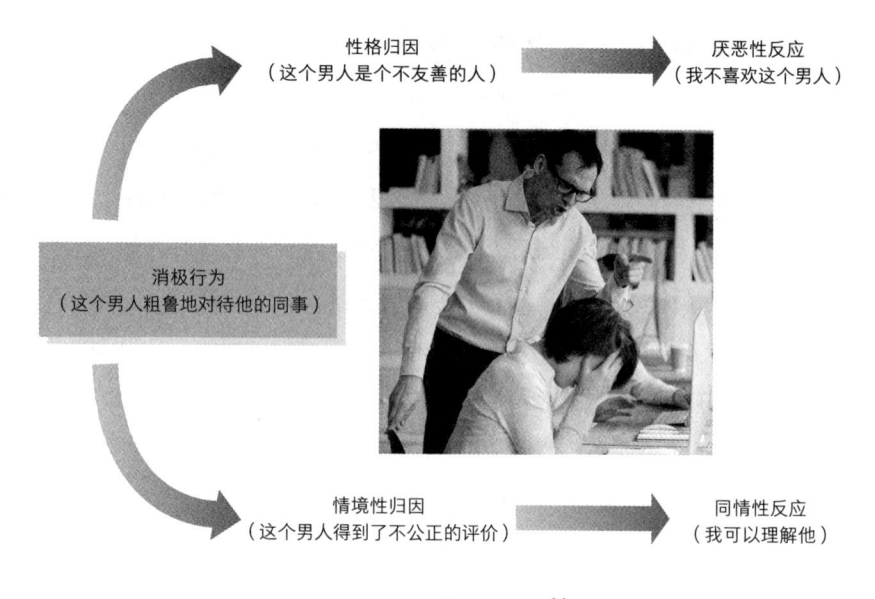

图 6-3 归因和反应 [1]

专有名词

○ **基本归因错误**

观察者低估情境对他人行为的影响,并且高估性格因素的作用。

---

[1] 我们对他人消极行为的解释决定了我们对这种消极行为的感受。

第7章
直觉的力量和风险

诺贝尔奖得主丹尼尔·卡尼曼在《思考，快与慢》中提出，我们拥有两套大脑系统。系统 1 在我们的意识之外自动运作，通常被称作"直觉"或"直觉感觉"，而系统 2 需要我们有意识地注意和控制。最新研究揭示，系统 1 对我们的行为产生的影响远比我们所意识到的要广泛。

那么，什么是直觉的力量？这意味着无须推理和分析，就能迅速洞察问题的本质吗？"直觉管理"的拥护者认为，我们应该依赖系统 1，激发我们的直觉力量。他们主张，在评价他人的时候，我们应该依靠右脑的非逻辑思维。在招聘和解雇员工或者做出投资决策时，我们应该听从内心的直觉。在做出判断的过程中，我们应该相信自身的内在力量。

直觉主义者相信，我们不需要有意识地分析就可以立即获得关键信息。而怀疑主义者则认为，直觉不过是"不顾实际，我自以为是正确的"的一种表现。这两种截然不同的观点，究竟哪一种更为准确？研究者发现，那些自诩为"直觉主义者"的人在评估直觉任务时，并没有显现出超越常人的能力。

直觉的力量

17 世纪的哲学家、数理学家帕斯卡曾言："心有其理，理所不知。"三个世纪后，科学家们证实了帕斯卡的观点是正确的。我们知道的远远超出了我们自以为知道的范围。对于无意识信息处理过程的研究进一步证实了这一点，揭示了我们对大脑活动的认识之不足。我们的思维分为两部分，一部分是无意识的（冲动的、毫不费力的、无意识的系统 1），另一部分是受控制的（深思熟虑的、反思的、有意识的系统 2）。自动化的直觉思维并非"不切实际"，而是真实存在的，只是我们没有意识到它的存在，也无法完全解释。让我们来思考一些自动化思维的例子：

- 图式是自发地引导我们感知和解释的心理概念。当我们听到某人说"sect"（宗教教派）或"sex"（性）时，我们的自动解释决定了我们对听到的声音的理解。
- 情绪反应通常是即时性的，发生在我们进一步思考之前。在与思维活动相关的大脑皮层开始工作之前，神经通路就已经将信息从我们的眼睛或耳朵传递到大脑的感觉中枢（丘脑），再传递到情绪控制中枢（杏仁核）。我们的祖先对灌木丛中的声音会产生直觉性的恐惧并非毫无缘由。因为，如果他们的判断是正确的，声音的确是由危险的捕食者发出的，他们就有更大的机会幸存下来，并将这种基因传递给后代。

○ 如果积累了足够的专业知识，人们就能凭直觉获得问题的答案。无论是弹钢琴还是打高尔夫，都是由一个有意识控制的过程开始，逐渐演变成自动化的直觉过程。国际象棋大师凭直觉便可以识别棋形，这是新手所意识不到的。因为他们对棋局中的线索信息已经了如指掌，所以只需瞥一眼棋盘，就能迅速想出下一步棋的走法。同样，在与朋友通话时，仅凭听到的第一个词，我们便能够判断对方是谁。

○ 仅仅通过观察一个人或一张照片，我们就能够凭借直觉进行看图识人，推测这个人是外向还是内向，而且这种直觉猜测的准确度要比盲猜高得多。

我们会依靠系统 2 有意识地记住一些事物，例如事实、名字和过去经验。但是系统 1 也会让我们无意识地记住一些事物，例如技能和条件反射。这一点在无法形成新记忆的大脑损伤患者身上表现得尤为明显。其中一个女性患者因为无法记住她的主治医生，每次见面都要重新介绍自己。有一次，医生在手上藏了一颗图钉。当这位患者和医生握手时，她就感受到了刺痛。到下一次再见面时，她依然无法认出这个医生。但是她有了内隐记忆，她不愿意再和这位医生握手。

有关盲视的案例也同样值得关注。有些患者会因为手术或者中风而失去一部分视觉皮层，导致视野中出现盲区。在他们的盲区里呈现一根棍子，他们会报告说什么都看不到。但是如果让他们猜测棍子是水平的还是竖直的，他们的猜测却是完全正确的。就像那位记住了"握手会疼"的失忆症患者一样，这些视野有盲区的人潜意识中知道的远比自己意识到的要多。

思考一下我们的面孔识别能力，这是一项常常被视为理所当然的认知技能。当我们注视一张脸时，我们的大脑会将视觉信息细分为各种子维度，包括眼睛的形状、嘴巴的颜色等，并同时对这些信息进行处理和整合。最终，我们的大脑以某种方式将当前感知到的图像与先前存储的图像进行自动比较。瞬息之间，我们轻松地识别出了那个熟悉的面孔，比如我们的祖母。如果直觉是在没有明确推理和分析的情况下迅速理解某事的能力，那么面孔识别便可视为升级版的直觉。

因此，许多日常认知功能都是自发的、无目的的无意识活动。我们可以将大脑比喻成一家大型企业。我们的控制意识就像企业的一把手，负责处理最重要、最复杂和最新的问题，而日常事务则由不同的子系统负责。我们的意识就像一把手一样，会设定目标和优先事项，但通常对底层运营的具体细节了解有限。这种资源分配方式使我们能够快速高效地应对各种情况。总之，我们的大脑所知远远超过了它会明确告诉我们的事情。

直觉的局限性

我们已经了解到自动化直觉思维可以"使我们变聪明"。然而，以洛夫特斯和克林格为代表的一部分认知心理学家对直觉的智慧程度表示质疑。他们提出"学术界的普遍共识是潜意识可能并不像先前研究者所认为的那样敏锐"。例如，尽管潜意识刺激可以激发个体做出微弱而短暂的反应，这足以影响我们的感觉，但我们并不自觉。然而，并没有证据表明潜意识记录可以成功改写你的潜意识。实际上，大量研究证明这是无法实现的。

社会心理学家不仅研究我们易于出错的事后判断，还探讨了我们产生错觉的能力，包括知觉的错误解释、幻想和构建的信仰。加扎尼加的研究表明，在手术中断开左右脑连接的患者往往会迅速虚构对自己行为困惑的解释，并坚信这一解释。例如，屏幕上出现"行走"的指示会刺激他们的非言语性右脑，他们会走几步，然后控制语言的左脑会迅速为他们的行为提供一个合理的解释（比如说"我想找点喝的"）。

错觉性知觉也会出现在我们接收、存储和检索社会信息的方式中。正如研究者通过视觉错觉现象揭示基本的知觉机制一样，社会心理学家也试图通过错觉性直觉来揭示基本的信息加工过程。这些研究人员希望为我们提供日常社会思维的地图，并清晰地标出其中的风险。

在我们审视这些高效思维模式时，请记住：尽管人们会形成错误的信念，但这并不意味着所有信念都是错误的。（尽管如此，对错误信念的理解有助于我们弄清楚它们是如何形成的。）

我们高估了自己判断的准确性

现在我们知道了我们的认知系统能够高效地自动处理大量信息，但是这种高效性是有代价的。当我们解释经历和构建记忆时，自动化系统1的直觉有时会出错，而且我们通常没有意识到这些错误——换句话说，我们会表现得过度自信。

卡尼曼和特沃斯基曾给被试提供一些描述，让他们填写句子中的空白："我有98%的把握确信，新德里到北京的空中航线距离要大于 _____ 公里，但是小于 _____ 公里。"大部分被试都表现出了过度自信：他们自认为有98%正确性的预估区间，实际上有近30%未能涵盖正确答案。

令人意外的是，能力不足会增加过度自信。克鲁格和邓宁指出，对能力的认识也需要一定的能力。那些在语法和逻辑测验中得分最低的学生反而最有可能高估他们在这方面的才能。越是不懂什么是好的逻辑和语法的人，越不会意识到自己在这方面的不足。如果你可以用"**psychology**"这个单词中所包含的所有字母分别组成一个单词，你可能会觉得自己很聪明。但是当朋友说出你漏掉的单词时，你就会感到自己有些愚蠢。卡普托和邓宁在实验中验证了这一现象，证实了我们对自己无能的无知会维护我们的自信心。后续研究发现，这种"对自己无能的无知"主要出现在相对简单的任务上。在明显困难的任务上表现不佳的人，反而更容易意识到自己的不足。

瓦洛内等人进行了一项研究，让大学生在 9 月开学的时候预测自己在新学年是否会退课、确定专业、选择到校外居住等。尽管学生们对自己预测的确定性平均达到 84%，但他们的实际错误率几乎是预测率的 2 倍。即使那些对自己的预测有 100% 的确定性的学生，也只有 85% 的正确率。这种认为自己无能的无知有助于解释邓宁的研究结论。在一项员工评估实验中，他发现："别人眼中看到的我们往往与客观结果更相关，而不是我们自己看到的。"那么你可能会问，我们通常无法察觉的缺陷到底有哪些？

在估计自己完成某项任务的可能性时，例如重要的考试，人们往往信心满满。然而，随着考试日期临近，失败的可能性逐渐显露，人们对自己的确信程度明显下降。这并不是个别现象：

○ 股票经纪人的过度自信。由投资分析师精选的基金组合的实际回报表现与随机选择的股票差不多。分析师们可能相信自己能够挑选出最佳的股票，但其他人也同样如此。然而，投资市场是一个信心游戏。令人不安的是，即使在不利情况下，人们也会兴高采烈地不断增加投资，最终陷入困境。

○ 政治上的过度自信。过度自信的决策者有时会引发灾难性后果。自信满满的希特勒在 1939 年到 1945 年引发了整个欧洲的战争。充满自信的约翰逊总统在 20 世纪 60 年代将美国的武器和士兵带入越南。2003 年，信心十足的布什总统断言伊拉克拥有大规模杀伤性武器，但从未找到。

○ 学生的过度自信。在一项研究中,学生需要为了考试而记忆心理学术语,并预估自己的成绩。那些过度自信的学生可能会认为自己比别人记得更准确,但实际上他们在考试中表现较差,这主要是因为他们提前停止了复习。

人们往往不愿意接受那些有悖于自己信念的信息。我们渴望验证自己的信念,而不愿意主动寻找能够推翻它们的证据,这种现象被称为验证性偏差。例如,在各种政治和社会问题上,自由派和保守派都不太愿意深入了解对方的观点。因此,人们通常会选择符合自己观点的信息来源和与自己意见相符的脸书好友,这种现象被称为"意识形态回音室"。

验证性偏差似乎是系统1的快速判断,我们的默认反应是寻找与我们的预设观点相一致的信息。停下来再想想——调动系统2——会使我们更有可能避免这个错误。例如,埃尔南德斯和普雷斯顿让大学生们阅读一篇为死刑辩护的文章。那些阅读用黑色标准字体呈现文章的人并没有改变他们的观点。但当文字是浅灰色斜体时,许多人就会改变自己的观点——这可能是因为努力阅读文字会导致被试的思维变慢,从而让他们有时间充分考虑双方的观点。所以,深思熟虑可以使坚定的信念动摇。

矫正过度自信的方法

我们可以从对过度自信的研究中得到什么启示呢?其中一个启示是谨慎对待他人的独断专行,即便他们看起来十分确信自己的观点,他们也可能是错的。自信和能力之间并没有必然联系。

有两种方法可以成功减少过度自信。第一种是即时反馈。在日常生活中,气象预报员和设定赌马赔率的人每天都会得到明确的反馈信息。或许正因如此,这些人在估计自身准确性时表现得相当出色。

当人们开始思考一个观点可能是正确的原因时,这个观点就开始看起来像是合理的了。因此,第二种减少过度自信的方法是让人们设想自己判断可能出错的原因,迫使他们去思考如何推翻自己的观点。管理者们可以坚持要求所有的提案和建议必须包含可能行不通的原因,这样就能获得更多合理、现实的判断。

尽管如此,我们应该避免破坏人们合理的自信和做决策的果断性。因为缺乏自信的人可能会回避发表意见或者做决策,这时我们就需要那些自信的人的智慧和胆识。虽然过度自信会让我们付出代价,但基于现实的自信具有积极的适应意义。

构建我们和世界的记忆

你是否赞同下面的这段话?

记忆就好比大脑中的一个储物箱,我们可以将各种信息存入其中,需要时再取出。储物箱偶尔会丢失一些东西,然后我们就会说是自己忘记了。

在一项调查中，85% 的大学生表示同意这种说法。正如一则广告所说："科学证明，你一生中积累的经验都会在大脑中完整地保存下来。"

然而，事实上，心理学研究却得出了相反的结论。我们的记忆并不是存储在记忆库中的信息副本。相反，我们是在提取信息的同时构建记忆。就像古生物学家根据化石碎片推断出恐龙的实际外观那样，我们也是用自身当前的感受和期望来整合信息碎片，以此重构我们的过去。因此，我们可以轻易地（虽然无意识地）修改自己的记忆，以使其更符合我们当前的认识。我的儿子曾经对我们抱怨道："6 月份的《蟋蟀》（*Cricket*）杂志怎么还没到？"然后当别人告诉他已经到了并且放在哪里时，他高兴地回应道："对哦！我就知道我已经收到了。"

重构我们过去的态度

五年前，对于移民问题，你怎么看？你如何评价你们国家的总统或者首相？你会怎样评价自己的父母？如果现在你的态度变了，有多大程度的变化？

研究者们对上述问题进行了探讨，得出了一些意料之外的结论。他们发现，那些信仰或态度发生改变的人常常坚持认为自己一直以来的感觉都和现在一样。研究者让卡内基梅隆大学的学生回答了一份非常详细的调查问卷，问卷中包括大学生是否应该拥有课程控制权的问题。一周后，这些学生被要求写一篇主题是反对学生控制课程的短文。写完文章之后，这些被试的态度发生了转变，他们开始极力反对学生拥有课程控制权。然后,研究者要求他们回忆自己在写文章之前对课程控制权的看法,结果被试们普遍表示"记得"自己当时的观点和现在相同,并否认受到了实验的影响。

研究者发现,学生们也倾向于否认自己先前的态度。因此,研究者威尔森和莱尔德认为,学生们改变自己过去态度的"速度、程度和确定性"都非常"令人难以置信"。正如瓦利恩特在对一些成年人进行追踪研究后得出的结论,"毛毛虫在化茧成蝶后会坚信自己小时候就是小蝴蝶,这种情况太常见了,成长教会了我们说谎"。

积极的记忆建构会美化我们的回忆。米切尔和汤普森指出,人们经常美化过去的回忆,他们对一些温暖愉悦的小事的回忆比实际经历要美好得多。无论是正在开展为期三周的自行车骑行的大学生,还是奥地利旅行团里的中老年游客,或是正在度假的本科生,他们都认为自己的经历很愉快。然而,当他们回忆起这些经历时,他们的评价往往会更高,还会忽略一些不愉快的或者无聊的事情,只把最快乐的记忆留在了脑海中。因此,对于我在苏格兰逗留的那段快乐时光,现在(回归工作后,我眼前是一大堆截止日期和打岔的事情)我对它的回忆已经被美化成了纯粹的幸福。阴雨天气和讨厌的小蚊子已经变成模糊的记忆,而壮丽的景观、清新的海风和我最爱的茶馆却还历历在目。对于任何积极的经历,我们的愉悦有一部分来自期待,有一部分在于实际体验,还有一部分是被美化的回忆。

麦克法兰和罗斯的研究发现,随着我们和他人之间关系的变化,我们也会修改对其他人的回忆。研究者让大学生评价他们的恋人。2个月后，让他们再次评价自己的恋人。结果发现，那些仍然相爱的学生倾向于高估他们对恋人的第一印象，认为那是"一见钟情"。而那些已经分手的学生则更可能低估他们最初对另一半的好感，把前任描述成自私或坏脾气的人。

霍姆伯格和霍姆斯在373对新婚夫妇的调查中也发现了相似的结果。当时，绝大多数新婚夫妇认为自己很幸福。然而，两年后那些已经婚姻破裂的人回忆起他们的婚姻，会认为他们的婚姻从开始就很糟糕。研究者指出："这种结果令人'心有余悸'，这种偏见可能会导致一个危险的恶性循环。你对伴侣现在的看法越糟糕，你记忆中的他/她也就越糟糕。这只会进一步坚定你的负面态度。"

虽然我们并不是不知道自己过去的感受，但是在记忆模糊或不确定时，我们的记忆就会被当前的情绪感受所影响。例如，让丧偶的人回忆5年前配偶离世时自己的悲伤感受，他们现在的情感状态会影响他们的记忆。同样，当患者回忆前一天头痛的情况时，他们当前的感觉也会影响他们的回忆。

重构我们过去的行为

记忆重构让我们有可能修改自己的过去。在一项研究中，研究者让滑铁卢大学的学生阅读一条关于刷牙好处的信息。之后，在另一个与之无关的实验中，研究者让学生们回忆过去两周刷牙的次数。结果发现，阅读过刷牙有益的信息的学生刷牙次数比没有阅读过信息的学生要多。同样，美国人报告他们吸烟的数量比实际上销售的香烟数量要少得多。人们回忆自己投票的次数比实际记录的要多。

社会心理学家格林沃尔德认为我们都有一个"极权主义的自我"，它会修改我们的过去以适应我们现在的想法。因此，我们会低估那些不好的行为，高估那些好的行为。

我们现在有些时候的观点是经过改良的，这可能导致我们错误地回忆过去与现在之间的差异。这种倾向可以解释一系列令人困惑的一致性发现：那些参加心理治疗和自我改变项目的人，例如减肥、戒烟和锻炼，通常只会有细微的变化。然而，他们却普遍声称自己取得了显著的成果。康韦和罗斯解释了这一现象背后的原因：人们在改变自己的事情上花费了那么多的时间、精力和金钱之后，可能会安慰自己，"虽然现在的我不完美，但是以前的我更糟糕，所以这些努力对我来说是非常有价值的"。

专有名词

- **系统1**
  直觉的、自动的、无意识的、速度较快的思维方式。

- **系统2**
  深思熟虑的、受控的、有意识的、速度较慢的思维方式。

- **自动思维**

  "内隐"思维是毫不费力的、习惯性的、无意识的,大致相当于"直觉"。也被称为系统1。

- **控制思维**

  "外显"思维是深思熟虑的、反思性的、有意识的。也被称为系统2。

- **过度自信现象**

  不切实际地相信自己的倾向——高估自己想法的准确性。

- **验证性偏差**

  一种寻找能证实自己先入之见信息的倾向。

第8章
不理性的原因

哪个物种更配得上智人这个称呼？在识别模式、处理语言和处理抽象信息方面，我们的认知能力超过了最顶级的计算机。我们的信息处理也非常高效。面对如此复杂的信息，在时间有限的情况下，我们擅长寻找心理捷径。科学家们惊叹于我们可以如此快速且轻松地形成印象、做出判断和解释。在许多情况下，我们能够迅速得出"这很危险！"的结论。这体现了我们适应性强的一面。这种高效性有利于我们的生存。

但我们的适应效率也存在问题，快速的概括有时会出错。这种帮助我们简化复杂信息的有益策略也可能会使我们误入歧途。为了提高批判性思维能力，让我们来了解四种形成或坚持错误信念的常见原因：

1. 先入之见的观念控制着我们的解释。
2. 我们常常受到奇闻逸事的影响，而不相信统计事实。
3. 我们错误理解了相关性和控制。
4. 我们的信念可以自我验证。

先入为主的观念控制着我们的解释

先入为主的观念会影响我们对信息的知觉和解释，让我们戴着"有色眼镜"去观察和解释世界。我们都知道先入为主很重要，但可能没有意识到它的影响会有那么大。

瓦洛内、罗斯和莱珀的实验深刻地阐释了先入为主的重要性。他们让支持以色列和支持阿拉伯的学生分别观看六个从网络上下载的关于1982年在黎巴嫩贝鲁特两所难民营屠杀难民的新闻片段。如图8-1所示，每组被试都认为这些新闻报道的立场与他们相反。

这种现象非常普遍：球迷们总是认为裁判偏袒对方球队。政治候选人及其支持者总是认为新闻媒体和他们"唱反调"。当皮尤研究中心询问美国民众："你认为你所支持的一方赢得更多还是输得更多？"两党中的大多数人都认为他们的一方输得更多。

这种现象不仅仅局限于体育和政治领域。世界各地的人们都认为媒体和调解人偏向另一方。一位媒体评论员曾说："没有比客观性更不客观的东西了。"事实上，我们可以利用人们对偏见的知觉

第 8 章 不理性的原因

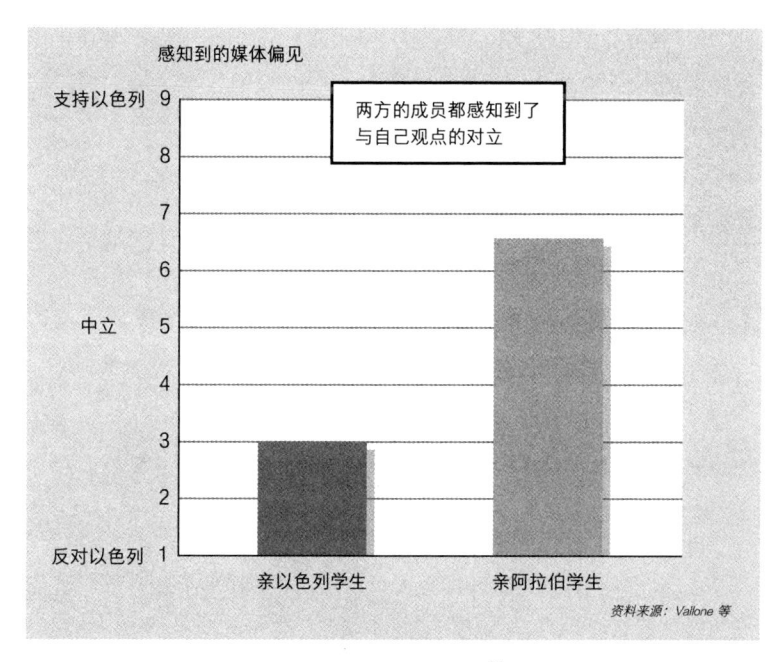

图 8-1 媒体偏见的对比 [1]

来推断他们的态度。只需告诉我你觉得哪方存在偏见，我就能知道你的态度。

这不就是为什么政治、宗教和科学中经常因为模糊的信息而引发冲突的原因吗？在美国总统竞选的电视辩论中，辩论观点往往会加强支持者的立场。约有十分之一的明确支持某一候选人的人在观

---

[1] 亲以色列和亲阿拉伯的学生在看了网络上描述"贝鲁特大屠杀"的新闻后，都认为该报道是在支持反对自己的观点。

看辩论后会认为自己支持的候选人已经赢得了竞选。芒罗与其合作者们发现，在观看总统辩论后，双方的支持者都会更加支持自己的候选人。

最重要的是，我们会通过自己的信仰、态度和价值观的视角看待周围的世界。我们的信仰之所以重要，一个重要的原因就是它形成了我们对其他一切事物的解释。

记忆深刻的事件对我们的影响大于事实

思考一下：伊拉克和坦桑尼亚，哪个国家的人口更多？

你很可能根据信息在记忆中容易提取的程度来进行回答。某些信息在我们脑海中是现成可得的，我们可能会误以为类似的情况很普遍。通常情况下，这种做法是正确的，我们常常依赖这一认知规则来做出判断，我们称之为易得性启发式判断。简而言之，如果我们能够轻松回忆某一信息，那么我们可能更容易认为它是真实的。

假如我们让被试听到一系列同一性别的名人的名字（例如，詹妮弗·洛佩茨，维纳斯·威廉姆斯，希拉里·克林顿，她们都是女性）和另一性别的随意组合的名字（唐纳德·斯卡尔，威廉·伍德，梅尔·贾斯珀），由于那些名人的名字很容易识别，人们会错误地认为他们听到了更多女性的名字。

请你尝试按照犯罪率的高低对以下四个城市排序：亚特兰大、洛杉矶、纽约和圣路易斯。如果你的脑海中有犯罪类电视剧的记忆，你可能会认为纽约和洛杉矶的犯罪率更高，但实际上这两个城市的犯罪率都只有亚特兰大和圣路易斯的三分之一。

易得性启发式判断的应用凸显了一个社会思维的基本原则：通过普遍法则去推断具体例证是一个缓慢的过程，但是从一个具体例证归纳出普遍法则的过程则是非常迅速的。在听到和阅读有关强奸、抢劫和殴打的故事后，绝大多数加拿大人会高估——通常是相当大的差距——涉及暴力犯罪的百分比。

易得性启发式判断解释了为什么生动、容易想象的事件或症状容易想象的疾病，比如鲨鱼袭击，似乎比难以想象的事件更有可能发生。同样，引人关注的奇闻逸事通常会比统计数据更容易引起关注。我们常常忽视给孩子系安全带，却过分担心孩子被拐卖这种极小概率的事件；我们害怕恐怖主义，却对全球气候变化——一个"缓慢走向世界末日"的问题——不以为然；特别是在2011年日本海啸和核污染事件发生之后，我们对核污染非常恐惧，却对由煤炭采掘和燃烧引起的更多死亡不以为意。简而言之，我们往往过于担忧小概率事件，而忽略了更可能发生的大概率事件。这就是社会科学家所谓的"概率性忽视"现象。

由于飞机坠毁的新闻画面很容易让我们记忆深刻，所以我们常常错误地认为航空旅行的风险要比开车高。实际上，在2010年到2014年之间，美国旅行者死于车祸的可能性是相同距离的航空旅行的近2000倍。而在2017年，全球根本没有发生任何商业飞机坠毁的致命事件。对大多数乘坐飞机的人来说，旅行中最危险的部分往往发生在乘车去机场的路上。

在"9·11"事件发生之后不久,许多人由航空旅行改为陆路旅行。我曾估计如果美国人的航空飞行数量减少20%,接下来的一年里将有额外的800人在交通事故中丧生。一位德国研究者将我的预测与实际事故数据进行对比,结果证实在那一年里有额外的1595人死于交通事故。"9·11"事件的恐怖袭击者似乎在不为人知的情况下,在美国公路上造成的死亡人数是劫持那4架飞机上死亡人数(265)的6倍。

易得性启发式判断也会增加我们对不公平的敏感性。因为冲突比胜利更令人难忘。民主党和共和党都认为,美国的选举地图对他们不利。学生们普遍觉得父母对自己比对兄弟姐妹更严厉。学者们认为他们遇到的期刊文章审稿人更严格。

显然我们天真的统计直觉以及对统计结果的恐惧并不是建立在计算和推理的基础上,而是受易得性启发式判断所带来的情绪的影响。在本书出版后,可能还会发生一些不可思议的自然灾害或恐怖事件,而这些事件将会再次引发我们的恐惧、警觉以及易得性启发的反应。在媒体的强化下,恐怖主义者将会再次达到他们的目的,他们会引起我们的关注,耗尽我们的资源,让我们无视那些日常的、普通的、潜伏的危险。然而那些危险是会随着时间的推移摧毁生命的,比如每天被肠道感染夺去生命的儿童可以坐满一架波音747飞机。

引人注目的事件也同样可以唤醒我们对真实风险的认识。一些科学家称,极端天气事件引发了人们对全球气候变化的关注,如海平面升高和极端天气,这是大自然给人类带来的大规模杀伤性武器。在澳大利亚和美国，偶尔出现的高温天气都会让人们更加坚信全球变暖，甚至在室内感到炎热也会让人们更加确信全球气候正在变暖。

△ 生动且令人难忘的认知易得性事件会影响我们对社会世界的感知。由此产生的概率忽视经常导致人们对错误的事物产生恐惧，比如对于飞行和恐怖主义的担忧超过了吸烟、驾驶或气候变化所带来的危害。如果告诉人们，每天因轮状病毒导致腹泻夭折的儿童数量，相当于每天都有一架载满儿童的巨型喷气式飞机坠毁，那么就会引起大家的重视。

图 8-2

我们错误地理解相关性和控制

另一种影响我们日常生活的思维方式是我们试图在随机事件中寻找规律，这种倾向会令我们误入歧途。

虚幻的相关性

在没有相关性的地方看到相关关系其实很容易。当我们期待发现某种重要的联系时，我们很容易将一些随机事件联系起来，从而感知到一种虚幻的相关性。沃德和詹金斯向人们展示了一个虚构的50天人工增雨实验的结果。他们告诉被试在这50天里，哪几天会人工增雨，哪几天会下雨。实际上，这些信息只是一系列随机的结果：有时先增雨后下雨，有时则没有。尽管如此，被试仍然确信他们真的观察到了人工增雨和降雨之间的关系，因为这符合他们对人工增雨效应的看法。

其他一些实验也证实了：人们很容易误认为随机事件证实了他们的观点。如果我们相信存在相关性，我们更有可能注意到和记住某些支持性的证据。如果我们相信前兆与事件相关，我们会注意到并记住前兆和稍后出现的一些事件。如果我们相信超重的女性更不快乐，我们会认为自己看到了这样的联系，即使事实并非如此。我们会忽略或忘记所有和我们的想法不一致的情况。当我想到一个朋友时，这个朋友刚好给我打来电话，我们就会注意并记住这个巧合。实际上，我们并没有意识到自己之前也很多次想起这个朋友，但是随后朋友并未打来电话，或者接到朋友打来的电话，但是在这之前自己并未想到朋友。

赌博

与被分配彩票号码的人相比，自己选择号码的人，在被问及是否愿意卖掉自己的彩票时，提出的要价是前者的4倍。当与一个笨拙紧张的人玩运气游戏时，人们的赌注要比与一个衣冠楚楚、自信满满的对手玩时多得多。亲自掷骰子或旋转轮盘会增加人们获胜的信心。通过这些和其他许多实验，研究者们数十次证实，人们会表现出一种可以预测或控制偶然事件的行为。

对现实中赌博行为的观察验证了这一实验发现。掷骰子的人希望掷出小点时，出手会相对轻柔，而希望掷出大点时，用力会相对较大。赌博业正是靠这种赌徒错觉为生。赌徒们将胜利归因于自己的技巧和预见力。然而一旦输了，他们会认为"差一点就能赢了"或者"倒霉"。对于体育赛事中的赌徒来说，输了是因为裁判的判罚不利或者足球的一次奇怪的反弹所致。

股票交易者同样喜欢由自己选择和控制股票交易而带来的"权力感"，就好像他们的控制比一个"有效率的市场"做得还要好。例如，某广告宣称网上投资"与控制有关"。控制错觉会导致人们过度自信，给人们带来本金之外的损失。

我们都渴望拥有控制感。因此，当缺乏控制感时，我们会设法创造某种预测感。实验表明，缺乏控制感会让人们陷入股市信息的虚幻的相关性之中，臆想出并不存在的阴谋，还会变得迷信。

趋均数回归

特沃斯基和卡尼曼发现了另外一种可能产生控制错觉的原因，这是一种常被忽视的统计现象，被称为趋均数回归。由于测验分数在一定范围内会上下随机波动，因此大多数学生如果在一次考试中获得很高的分数，下一次考试的分数通常会略有下降。这是因为一旦他们达到自己的分数天花板，下一次的分数就更可能回归到自己的平均水平，而不是继续保持在最高分的状态。这就是为什么一个成绩不错的学生，即使成绩不是最好的，偶尔也可能成为第一名。相反，如果让考试中得分最低的学生去上辅导课，下一次考试的成绩很可能会有所提高。然而，老师可能会错误地认为这是自己辅导的功劳，尽管实际上辅导可能对学生并没有产生实质影响。

事实上，当事情达到最低点时，我们通常会尝试各种方式去改善情况。而无论我们做什么，例如做心理咨询、节食健身、阅读自助类书籍，这些都可能产生一定的效果，使得情况不会再变得更糟。我们会认识到，人生不可能永远处于低谷，也不可能永远保持在巅峰。当我们处于极高或极低的状态时，我们最终都会回归到正常的平均水平。

我们的信念可以产生自我验证

我们的直觉信念让我们不理性的另一个原因是：信念有时会引导我们用证实自己的方式行动。我们对他人的信念可能会成为自我实现预言的方式。

罗森塔尔在其著名的实验者偏见研究中发现，参与者有时会为了符合实验者的预期而采取行动。在一项研究中，实验者要求参与者评价照片中的人的成功程度。实验者向所有参与者宣读了相同的实验说明并且展示了相同的照片。然而，相比那些期望参与者把照片中的人评价为失败者的实验者,那些期望参与者给出较高评价的实验者所负责的参与者给出的平均评价更高。一个类似的问题备受争议,那就是老师对学生的信念是否也会导致自我实现预言。如果老师相信某个学生的数学很好,那么这个学生是否真的会表现出色呢?让我们通过实验来验证这个问题。

教师的期望是否影响学生的表现?

老师对某些学生的期望确实高于其他学生。如果你在学校有一个成绩很好的兄弟姐妹,或者被老师视为"优等生"或"差生",或者你被分到了尖子班,你可能就会对这个问题深有体会。也许是因为与老师在办公室的谈话让你在学校名声大振,或者是因为你的新老师仔细翻阅了你的学籍档案,或者注意到你的出色家庭背景。

然而,这种期望的影响有多大呢?根据罗森塔尔对于近500项已发表的研究进行的统计,只有40%的研究结论验证了期望对于行为的影响。较低的期望并不会毁掉一个有能力的孩子,同样,较高的期望也不会奇迹般地将一个学渣变成学霸。人的天性并不是那么容易被改变的。

然而,高期望的确可以对成就低的人产生积极影响。对他们而言,老师的积极态度会让他们如沐春风。那么期望是如何传递的呢?罗森塔尔和其他研究者指出,老师会与那些有潜力的学生进行更多的目光交流,并且对他们微笑和点头。老师还可能花更多的时间教导那些有才华的学生,给他们设定更高的目标,给他们更多的课堂提问,并且回答他们的问题更有耐心。

学生对老师的期望又会产生什么影响呢？毫无疑问，在上课之前，你可能已经听过"史密斯教授很有趣"和"琼斯教授的课很无聊"之类的说法。费尔德曼等人发现，这种期望会对学生和老师产生双重影响。那些对教自己的老师抱有高期望（老师并不知情）的学生会认为他们的老师更出色、更有趣。因此，这些学生实际上学到了更多。在随后的另一个实验中，如果告知老师有性别歧视的倾向，女生们会报告自己和这位男老师相处得并不愉快，而且后来的表现也较差。她们对这位老师能力的评价也低于那些没有将男老师预期为性别歧视者的女生们。

这些研究结果全都是学生个人感知所导致的，还是老师也受到了自我实现预言的影响呢？在后续的实验中，费尔德曼和普罗哈斯卡录制了一些老师上课的视频，并让观看者评价老师的表现。当学生对老师表现出积极的高期望时，这个老师就会获得较高的评价。

为了验证这种效应是否在课堂上也存在，戴维·贾米森的研究小组对加拿大安大略省的四个高中班进行了实验研究，这四个班的同一门课程由同一位新老师教授。他们事先告诉其中两个班的学生，其他所有学生和研究团队都对这个老师给予了很高的评价。研究结果发现，与其他两个班相比，这两个班的高期望学生在上课时更为专心。在期末测验中，这两个班的学生获得了更好的成绩，并且他们对老师的教学评价也更高。由此可见，学生对老师的态度和老师对学生的态度同样重要。

我们是否能从他人那里得到我们所期望的?

虽然研究者和教师的期望通常是相当准确的,但这种期望偶尔也会表现为自我实现预言。总体上,我们对他人的感知相对准确,而不是充满偏见。自我实现预言虽然并非全能,但在某些情况下确实能够发挥作用,例如在工作环境中(抱有高期望/低期望的管理人员)、在法庭上(引导陪审团的法官),以及在模拟的警务情境中(认为嫌疑犯有罪或无辜的审讯者)。研究发现,被父母错误认为曾经尝试抽烟的青少年(尽管事实并非如此)后来更有可能真正尝试抽烟。

自我实现预言是否会影响我们的人际关系?有时,我们可能会因为对某人的负面期望而特意讨好对方,而这种友好态度也会引来他们的善意回应,这种回应会推翻我们原本的预期。然而在一项社会互动研究中,研究者发现我们确实可以在某种程度上实现我们预期的结果。

在实验室游戏中,一方的敌意几乎总是引发对方的敌意。如果有人认为对手不合作,那么对手通常也会以不合作的方式回应。如果团队中的双方都认为对方具有攻击性和报复性,并且充满怨气,就会激发对方的自我防御,从而形成一个自我维持的恶性循环。同样,在亲密关系中,你对伴侣情绪状态的期望可能会影响你们之间的关系质量,引导对方以某些行为验证你的信念。

那么,在亲密关系中将对方理想化是否会促进关系的发展呢?对于伴侣人品的积极错觉会引发自我实现吗?还是会因为创造了不切实际的高期望,最终导致信念破灭?桑德拉·默里等人对滑铁卢大学的恋人进行了一项追踪研究，他们发现对伴侣持有积极的想法是好的预兆。理想化有助于缓解冲突，保持满意度，有助于将自我知觉的"青蛙"变为真实的"王子"或"公主"。他人对你的爱慕，有助于你成为其想象中的那个人。

在面对情侣之间的冲突时，充满希望的乐观主义者和他们的伴侣倾向于认为双方都在实质性的努力。和那些持有悲观期望的人相比，他们会感觉到更多的相互支持，对冲突处理结果的满意度也更高。已婚夫妇之间同样如此。那些担心伴侣不爱自己或者不接受自己的人，往往会将微小的伤害理解为拒绝，导致他们对伴侣的误解和疏远。那些对伴侣的爱充满信心，并且积极接受回应的人，则较少表现出自我防御，与伴侣的关系也更亲密。爱的确有助于创造出想象中的现实。

马克·斯奈德在明尼苏达大学进行的一系列实验发现，人们一旦形成错误的社会信念，就会通过某些行为反应去印证这些信念，这种现象叫作行为验证。例如，让男学生与他们认为有吸引力或没有吸引力（通过照片展示吸引力）的女性通电话。他们会认为有吸引力的女性在交流中说话更温柔。这些男生的错误信念会引导他们的行动，进而导致女性印证了他们对于"美丽的女人悦人心意"的刻板印象，从而形成了自我实现的预言。

期望也会影响儿童的行为。米勒观察了三个教室乱扔垃圾的情况，然后他让老师和其他人反复在某一个班级宣传教室应该保持整洁。宣传的结果是，被扔进垃圾桶的垃圾增加了15%～45%，但这种情况只是暂时的。另一个班级虽然只有15%的垃圾被扔进垃圾桶，但是老师会反复表扬同学们不乱扔垃圾的行为，称赞他们保持得很整洁和干净。这样的情况总共持续了8天。两周后，研究者发现，这些孩子符合了他们的期望，这两个班都有80%的垃圾被扔进了垃圾桶。所以，告诉孩子们他们是勤劳和善良的（而不是批评他们的懒惰和自私），他们就会实现你的期望。

总体而言，这些实验有助于我们理解社会信念，例如，对于残疾人或某一种族的刻板印象会如何导致个体的自我验证。别人对待我们的方式可以反映出我们对待他们的方式。

结论

在这一章，我们回顾了人们形成错误信念的原因。请不要小看这些实验，大部分实验参与者都是顶尖大学的学生，是高智商人群。此外，智力水平与思维偏见的敏感性之间没有显著相关。因此，一个人非常聪明也会出现严重的错误判断。

努力也不能消除思维偏见。即使通过报酬奖励正确的作答，以激励被试尽可能以最理想化的方式思考，仍然无法避免某些偏见。正如斯洛维奇总结的那样，这类错觉"有一种与知觉错觉相似的持久性"。

社会认知心理学的研究反映了文学、哲学和宗教中对人性的各种不同的反思。许多心理学研究者终其一生都在探索人类心理的惊人力量。我们有足够的智慧去破解自身的遗传基因密码，我们发明了能交流的计算机,我们还将人类送上了月球。让我们为人类的理性欢呼!

然而,在这欢呼声背后,是因为心智对于高效判断的追求所导致的预料之外的错误判断。我们很容易形成和维持错误的信念。在先入为主的引导下,我们会过度自信,会被奇闻逸事所干扰,会被虚幻的相关性和控制错觉所影响,我们建构起自己的社会信念,并且试图去验证它们。正如小说家马德琳·恩格尔所言:"赤裸的智力是一种非常不准确的工具。"

专有名词

○ **易得性启发式**

一种认知规则,根据记忆中的信息的可获得性来判断事件发生的可能性。如果我们很容易想到某事,我们就认为它很普遍。

○ **虚幻的相关性**

对一种不存在的相关关系的感知,或者感知的关联比实际存在的关系更强。

○ **控制错觉**

将不可控制的事件视为可以控制的,或者认为其控制性比实际情况更强。

- **趋均数回归**
  极端分数或极端行为有向平均值回归的统计趋势。

- **自我实现预言**
  一种能实现自己的信念的预期。

- **行为验证**
  一种自我实现的预言，人们的社会期望引导他们以某种行为方式验证这些期望。

第9章
行为和信念

信念与行为,哪个为先?是先有内在的态度,还是先有外在的行动?是先有特征,还是先有结果?我是什么(内在)和我做什么(外在)之间的关系是什么?

对于这种"先有鸡还是先有蛋"的问题,人们的看法各不相同。美国散文家爱默生在 1841 年写道:"每个行为都源于一种想法。"相反,英国前首相迪斯雷利却持有完全不同的观点,他坚信"思想是行为的产物"。大多数人更倾向于爱默生的观点。在教育和咨询领域中有一个共识,我们个人的信念和感受决定了我们公开的行为。如果想改变人们的行为,就需要改变他们的内心和想法。

态度是否影响行为？

态度可以影响我们的反应的信念和感觉。如果我们认为某人会给我们构成威胁，我们可能就会感到不悦，因此采取不友好的行为。假设态度指导行为，社会心理学家在 20 世纪 40 年代和 50 年代广泛研究了影响态度的因素。让人难以置信的是，20 世纪 60 年代的数十项研究表明，人们自我报告的想法和感觉往往与他们的实际行为关系不大。在这些研究中，学生对作弊的态度与他们实际作弊的可能性几乎没有关联。人们对教堂的态度与任何一个礼拜日的教堂出席率只有微弱的相关。自我描述的对种族的态度几乎无法预测真实情境中的行为。人们似乎做不到言行一致。

这一认识在 20 世纪 70 年代和 80 年代引发了更多的研究，这些研究揭示了态度确实会影响行为，尤其是在满足以下三个条件时：

1. **外界因素对行为的影响降到最小。** 在报告中，我们可能会为了取悦听众而改变自己的态度。这一点在美国众议院的一次不记名投票中得到了体现，众议院曾以压倒性的优势通过了加薪法案，但不久之后又以压倒性的优势在实名表决中否决了该法案。有时社会压力会扭曲我们的行为（即使是善良的人也会伤害他们并不讨厌的人）。如果没有外部压力干扰我们的态度和行动之间的联系，我们就能更清晰地看到这种关系。
2. **态度针对特定的行为。** 人们可能会在偷税漏税时宣称自己是诚实的，在乱扔垃圾时表示要爱护环境，在吸烟和不锻炼时却想要健康。事实上，他们对慢跑的真实态度更能预测他们是否真的会去慢跑，他们对垃圾回收的态度确实能预测他们是否乱扔垃圾，他们对避孕的态度也的确可以预测他们是否采用避孕措施。

3. 当我们意识到自己的态度时。当我们依习惯行事或随波逐流时，态度可能会处于休眠状态。为了让我们的态度指导行动，我们必须停下来思考它们。因此，当我们有自我意识的时候，例如在照镜子之后或者在回想自己的感受之后，我们的行为就会更符合自己的态度。此外，通过重要经历形成的态度也更容易被记住并付诸行动。

在这些条件下，态度将会影响我们的行为。如果其他影响很小，如果态度与行为有明确的关联，或者如果态度非常强烈，也许是因为某件事引起了我们的共鸣。在这些条件下，我们会坚持自己的信念。

行为是否影响态度？

我们是否相信我们坚持的东西？事实的确如此。社会心理学给我们的一个重要启示：我们不仅可能通过思想来指导自己的行为，而且可能通过行为来引导自己的思维。许多证据表明，态度还会随着行为的变化而改变。

角色扮演

"角色"这个词来源于戏剧,正如在戏剧中一样,它指的是那些处于特定社会位置的人被期望表现出的行为。当我们扮演一个新的社会角色时,起初我们可能觉得很虚假,但我们很快就会适应。回想一下你进入某个新角色的经历,比如第一天上班或者第一天上大学。进入大学校园后的第一周,你可能会对新的社会环境非常敏感,你会努力表现得成熟,并避免让自己看起来像个高中生。这时的你可能有强烈的自我意识。你会留意自己的言行举止,因为这对你来说很不自然。慢慢地你就会发现,自己对伪装出来的言行不再感到陌生,你逐渐适应了新的方式。这个新角色就像是穿旧了的牛仔裤和 T 恤一样舒适合身了。

斯坦福大学心理系教授津巴多设计了一个具有争议性的模拟监狱实验。在实验中,实验者要求大学生志愿者在模拟监狱中待一段时间。津巴多想要探讨为什么监狱里会有暴力行为。到底是邪恶的囚犯和恶毒的狱警让监狱变得残酷,还是因为囚犯和狱警的角色让那些本身有同情心的人变得刻薄冷漠?到底是人们让监狱环境变得暴力,还是监狱环境让人们变得暴力?

津巴多用抛硬币的方式,将学生随机分配成囚犯和狱警两种角色。他们给扮演狱警角色的学生分发了制服、警棍和哨子,并告诉他们要按规则行事。其他的学生则扮演囚犯,他们被"警察"从家中逮捕,随后被锁进监狱,穿着让人耻辱的、类似于医院长袍的衣服。在经过了第一天愉快的角色扮演之后,狱警和囚犯,甚至研究者都逐渐进入角色。狱警开始贬低囚犯,他们设计了残酷且有侮辱性的规则。囚犯们感到崩溃，有些人开始反抗，有些人变得漠然。津巴多在报告中提到："人们逐渐分不清现实和虚拟、混淆了角色扮演和自我的身份……我们创造的这个监狱正症状化我们，使我们沉浸其中，难以自拔。"在观察到不断出现的社会病理学现象之后，津巴多不得不在第6天叫停了这个原计划为期两周的实验。

批评者对津巴多的观察结果的自发性和可靠性提出了疑问。有人认为，津巴多通过实验获得了他想要的结果。此外，个体之间的反应也有所不同。有些人"出淤泥而不染"，有些人则"近墨者黑"。在阿布格莱布监狱（美国士兵虐待伊拉克战俘的地方）和其他有暴力行为的环境中，有些人变成了虐待狂，而有些人则没有。行为是个人和情境的共同产物，监狱研究吸引来的志愿者们可能本身就有潜在的攻击性倾向。

津巴多和他的批评者实际上在这一点上达成了一致：与其说实验模拟了真实的监狱情境，不如说它创造了一种有害的环境。角色扮演的研究不是为了证明我们是毫无自主性的机器，而是给我们带来更深层次的启示。它关注的是不真实的事物（是人为设定的角色）如何逐渐变得更真实。我们在新的职业（比如教师、军人或商人）中扮演的角色会塑造我们的态度。例如，一项研究发现，军事训练会使德国男性的性格变得更加坚韧。即使在退役5年后，在军队服役过的男性的亲和力依然低于对照组。而在一项美国范围内的青少年调查中，频繁参与"美化风险"的角色扮演电子游戏，会增加青少年在现实生活中的冒险和偏差行为。这个研究给我们的启示是，当我们扮演一个角色时，我们会在某种程度上改变自己，以适应当前的角色要求。

第 9 章 行为和信念

△ 在美国士兵虐待伊拉克战俘的事件曝光后,津巴多指出这种行为与"斯坦福监狱实验"中"狱警"的行为有着"直接而令人悲伤"的相似性。他把这样的行为归因于有害的环境,是环境将善良的人变成了暴徒。他说:"不是我们把坏苹果放入好桶里,而是把好苹果放进了有毒的桶里。这个桶会腐蚀一切它触碰到的东西。"

图 9-1

言行一致

人们会为了取悦听众而调整自己的措辞。他们更倾向于传达积极消息而忽略不利的信息,并且会根据听众的观点来调整他们的言辞。如果他们在被诱导的情况下说出或者写下一些与他们观念相悖的话,他们可能会为自己的不忠感到不安与内疚。但即使没有被贿赂或者强迫,他们也可能逐渐开始相信自己的话。当一个人的言语缺乏明确的外部解释时，他说出的话可能会变成他的信念。

希金斯及其同事验证了言语如何转化为信念。他们先让一些大学生阅读有关某人性格的描述（让我们称她为埃米莉），然后让他们为另一个人（海伦）总结他们阅读到的描述，并且明确告知他们海伦喜欢或者不喜欢埃米莉。当得知海伦喜欢埃米莉时，这些学生会总结出一个更积极的评价。在表达了这些积极描述后，他们自己也会更喜欢埃米莉。实验者还要求他们回忆自己阅读的内容，他们记起的内容比实际内容要更积极。由此可见，人们倾向于调整自己的信息以适应听众的喜好，并且这种调整会进一步让他们相信那些被歪曲的信息。

恶行与态度

行为决定态度的定律也会引发不道德的行为。有时罪恶是承诺升级的结果。一个不起眼的恶行会侵蚀人的道德感，继而引发更恶劣的行为。用《箴言集》(*Rochefoucauld*)中的话来说，找到一个从未向诱惑低头的人不难，但是想找到一个只向诱惑屈服过一次的人却难上加难。当你说了一个善意的谎言后会觉得："嗯，那并不是很糟糕。"那么之后你可能就会说更大的谎言。

有害的行为也会以其他方式改变我们。我们不仅会去伤害那些我们不喜欢的人，同时也不喜欢那些被我们伤害的人。当人们用伤人的言论或者电击刺激伤害无辜的人时，他们会故意贬损受害者，以此为自己的行为辩护。尤其是当我们被诱导做某事，而不是被强迫的时候，这种现象尤为突出，因为我们要对自己的行为负责。

在战争时期，态度会随着行为改变。集中营的守卫在开始几天还能善待被俘者，但是时间并不会长久。被指派去给战俘执行死刑的士兵也会在最开始厌恶自己的行为，甚至感觉生理不适，但是这种状态也不会持久。很快他们就会把自己的敌人当成畜生一样对待。

在和平年代，态度也会随着行为而变化。一个奴役别人的群体很可能认为受奴役者生来就有受压迫的特质。参与执行死刑的监狱工作人员会经历一种"道德分离"，他们会认为被执行死刑的人应该接受命运的制裁。行为和态度相互影响，有时甚至到了道德麻木的程度。人们越是善于在伤害他人的时候调整自己的态度，就越容易伤害别人。他们的良心会逐渐被腐蚀。

模拟"杀戮引发杀戮"的过程中，马滕斯和同事要求亚利桑那大学的学生去杀死一些虫子。他们想知道：在练习阶段杀死一些虫子会增加学生在随后的时间内杀死更多虫子的意愿吗？为了找到答案，他们让一部分学生看着容器中的一只小虫子，然后把它扔进磨咖啡的机器（见图9-2），再按下"开始"按钮研磨3秒钟。（实际上虫子没有被杀死，在装置旁边有个隐藏的小管，虫子可以从那里逃走，研究者只是用了碎纸的声音来模仿研磨虫子的声音。）与这部分学生相比，另一部分在练习中杀死了5只虫子的学生，会在接下来的20秒内"杀死"更多的虫子。

恶行能够塑造自我，但是幸好道德的行为也能塑造自我。在没有他人在场的时候，我们的所作所为会反映出自己真实的性格。研究者让儿童觉得周围无人旁观，然后用物品诱惑他们，以此来测试他们的性格。请想象一下，当儿童抗拒诱惑的时候会发生什么。在

图 9-2 杀戮引发杀戮

一个戏剧化的实验中，弗里德曼向小学生介绍一个非常吸引人的电动机器人，并告诉他们不要在他离开房间的期间玩这个玩具。弗里德曼严厉地威胁了其中一半的孩子，而对另一半孩子则是温柔地告诫。这两种方法都有效阻止了孩子们玩电动机器人。

几周后，另一个与先前的事件没有明显关联的研究者，让每个孩子到相同的房间里玩相同的玩具。在早先被严厉威胁过的孩子中，有 75% 的孩子会自由地摆弄机器人；而在早先被温柔地告诫过的孩子中，只有 33% 的孩子会去碰触机器人玩具。显然，严厉的手段可以制止行为，温柔的规劝也可以，因为这留给他们选择的权利。这些被温柔告诫的孩子显然是有意识地不玩这个玩具,他们的行为内化了自己的决定。道德行为会影响道德思维,特别是在自愿而非强迫的情况下。

此外,积极行为能增加对他人的好感。帮助实验者或者其他参与者,或者辅导学生,都会增加我们对受助者的好感。在为恋人祈祷(即使仅仅是在受控制的实验情境下)后,人们会对恋人表现出更多的承诺和忠诚。所以你要牢记:如果你想要更爱某人,就先表现得好像已经爱上他了。

> 1793年,富兰克林证实了为他人提供帮助会增强对其好感的观点。作为宾夕法尼亚州议会的秘书,富兰克林因为受到了另一个重要立法者的反对而感到焦虑。于是,富兰克林想设法拉拢他:我并不打算卑躬屈膝地讨好他。我采取另一种方式。当我听说他收藏了一本非常稀有且有趣的书后,我给他写了封信,表达了我十分渴望阅读那本书的愿望,并且恳求他借给我几天。他很快就把书寄给我了,而我也在一周之内归还给他,并强烈地表达了我的谢意和感激之情。等我们再次在议会厅碰面的时候,他主动和我打招呼(以前从未发生过),并且彬彬有礼。随后他甚至表示有任何需求都可以向他寻求帮助。就这样我们成了很好的朋友,我们的友谊一直持续到他去世。

种族间互动与种族态度

如果道德行为能影响道德态度,那么不同种族之间的积极互动是否会减少种族歧视呢?就像强制系安全带会促使更多人赞成使用安全带那样吗?这是社会科学家在美国最高法院于1954年决定取消种族隔离学校时的部分证词。他们这样辩驳：如果我们要通过教育改变人们的内心，我们需要等待很长时间才能迎来种族平等。如果我们将道德行为立法，我们就能在目前的情况下间接地影响人们的态度。

这个想法与"你无法为道德立法"的假设相冲突。然而，正如社会心理学家所预测的那样，态度变化随着种族隔离的取消而发生。请思考下列研究发现：

- 由于最高法院的裁定，美国白人对种族混合学校的支持率增加了1倍多，现在几乎人人都支持这项决定。
- 在1964年颁布人权法案后的十年里，美国白人认为自己的邻居、朋友、同事或同学等每个群体中的白人比例下降了大概20%。种族间的交流正在增加。与此同时，认为黑人应该有自由居住权的美国白人比例由65%提高到87%。态度也正在改变。
- 通过减少不同宗教信仰、不同阶层和不同地域的种族态度差异，更多全国性的反歧视法得以执行。在美国人的行动越来越一致的同时，他们的态度也越来越一致了。

从这些关于角色扮演、道德和不道德行为和跨种族行为的影响来看，我们得到了一个强有力的实践启示：如果我们想在某些重要方面改变自己，最好不要等待洞察力或灵感。我们需要开始行动——开始写论文，打电话，去见想见的人，即使我们并不想做这些。行动有助于加强我们的信念。这样看来，信仰和爱很相似。如果我们把它们留给自己，它们就会枯萎；如果我们表达出来、付诸行动，它们就会增长。

在继续阅读之前，你来扮演一位理论家，问问自己：

在这些研究和现实例子中，为什么态度会随着行为而改变？为什么扮演角色或演讲可能影响你的态度？

为什么我们的行为会影响态度？

社会心理学家一致认为：我们的行为会影响态度。有时会将敌人变成朋友，俘虏变成合作者，怀疑者变成追随者。然而对于为什么会这样，社会心理学家之间存在着争议。

其中一种观点是，为了给人留下良好的印象，人们可能只是表达那些看起来与他们的行为一致的态度。让我们诚实地面对自己。我们确实在乎外表——否则我们为什么要在衣服、化妆品和体重控制上花费这么多钱呢？为了管理我们所创造的形象，我们可以调整我们说话的方式和内容来取悦别人，而不是冒犯他人。为了表现得言行一致，我们有时可能会装作自己的态度和行为相一致。

但这并不是全部。实验表明，一些真正的态度变化是由我们的行为承诺引起的。认知失调理论和自我知觉理论提供了两种解释。

认知失调理论是由已故的心理学家费斯廷格提出，当两种想法或信念（"认知"）不一致时，我们就会感到紧张或"认知失调"。费斯廷格认为，为了减少由不一致引起的不愉快，我们经常调整自己的思维。这一简单的理论以及由此推导出的假设已经引发了2000多项研究。

费斯廷格认为，减少认知失调的另一种方式是选择性注意，即选择查看与自己观点一致的信息。研究者事先询问被试关于一些问题的看法，然后让他们选择查看支持还是反对自己观点的信息。结果表明，人们更偏好支持自己观点的信息，对这种信息的偏好程度是反对自己观点的信息的2倍。我们更喜欢看到那些能证实我们观点的新闻，而不是反对我们观点的新闻。

人们非常热衷于阅读那些支持他们的政治、宗教和伦理观点的信息——我们大多数人都可以从自己喜欢的新闻和媒体中体验到这个现象。此外，对于某些问题有强烈看法的人，比如枪支管制、气候变化或经济政策，可能表现出一种"身份保护性"思维。为了减少认知失调，他们的信仰可能会影响他们的推理和对数据的评估。当向人们展示关于人类引起的气候变化的数据，他们可能会根据自己先前已有的观点进行不同的解读。在一些实际与价值观无关的问题上，"准确性动机"更可能发挥作用。因此，在购房前多次看房或在手术前寻求第二个意见都是常见的做法。失调理论主要用来解释行为和态度之间的差异。我们通常会意识到这两者之间的不一致。因此，如果我们感到不一致，就会想要有所改变。这就解释了为什么与不吸烟的人相比，吸烟者更有可能怀疑吸烟是否有害。

2003年伊拉克战争之后，国际政策态度项目组指出，一些美国人正在努力减少他们的"认知失调"。这场战争主要起因于美国政府推测萨达姆（不同于大多数残暴的独裁者）可能拥有大规模杀伤性武器。战争伊始，只有38%的美国人表示，即使伊拉克没有大规模杀伤性武器，战争也是正当的。大约80%的美国人相信美军会找到那些武器，同样大约80%的美国人支持这场刚刚发动的战争。

然而，美国人最终并没有在伊拉克找到那些武器，大多数战争的支持者出现了认知失调。尤其是当他们意识到战争所带来的经济和人力损失时，当他们看到伊拉克战后的混乱，欧洲和穆斯林国家汹涌的反美浪潮，以及疯狂的恐怖主义后，他们的这种感觉更加强烈了。为了减少这种失调体验，国际政策态度项目组指出，一些美国人修改了对他们的政府发动战争的主要原因的记忆。现在的理由变成了战争是为了解放受压迫的人民，让他们免受暴政和种族灭绝的统治，并且为中东地区的和平与民主建立更坚实的基础。战争爆发三个月后，曾经是少数派的观点成了多数派：58%的美国人表示，即使没有找到所宣称的大规模杀伤性武器，他们仍然支持这场战争。共和党民调专家弗兰克·伦茨解释说："是否发现大规模杀伤性武器已经不再重要了。因为战争的根本原因已经被改变了。"

在《错不在我：人们为什么会为自己愚蠢的看法、糟糕的决策和伤害性行为辩护？》(*Mistakes Were Made But Not By Me: Why We Justify Foolish Beliefs*)一书里，社会心理学家塔夫里斯和阿伦森指出，各党派的领导人在面对能够证明他们的决策或行为有误的明确证据时，他们会努力减少认知失调。塔夫里斯和阿伦森发现，这种现象在政治领域是普遍存在的："一个总统只要为自己的行为辩护，认为他掌握真理，那他就会拒绝自我修正。"例如，民主党总统林登·约翰逊的传记作者描述他如何坚持自己的信念，即使在越南战争陷入困境时，他仍然无视事实。而共和党总统乔治·布什在发动伊拉克战争后说："根据我今天所了解到的信息，我依然会做这个决定。我比任何时候都更加坚信，这是个正确的决定，这场战争已经付出了高昂的生命和财产代价，但这些代价是必要的。"

认知失调理论假定我们需要维护一个一致且积极的自我形象，这激励我们采取能够合理化我们行为的态度。在没有这样的动机的情况下，自我知觉理论认为，当我们的态度不明确时，我们会观察自己的行为，然后从中推断出我们的态度。正如安妮·弗兰克在《安妮日记》(The Diary of a Young Girl)中所写的那样，"我可以像一个局外人一样观察自己的行为"。当我们观察自己在有人敲门时的反应，就可以了解我们对门外人的态度。

认知失调理论完美诠释了我们公开的行为与明确的态度不一致时的表现。例如，当我们伤害了自己喜欢的人时，我们会感到紧张不安。接着，为了减轻这种紧张感，我们可能会把对方视为坏人。自我知觉理论完美诠释了我们对自己的态度感到不确定时的现象：我们通过观察自己的行为来推断我们的态度。举个例子，如果借给一个我们原本不喜欢也不讨厌的新邻居一碗糖，那么我们的助人行为会让我们得出结论，我们对这个新邻居有好感。

在提出自我知觉理论时，贝姆假设，当我们对自己的态度感到不确定时，会像推断他人的态度一样，对自己的态度进行推断。因此，我们会观察自己的行为。我们随口说出的话和无意间的行为可能会导致自我表露。套用一句老话："如果没有听到自己说的话或看到自己做的事情，我怎么知道自己在想什么？"

关于如何解释态度和行为之间的相互作用的争论激发了数百个研究，这些实验揭示了认知失调和自我知觉的过程。正如科学研究中经常发生的情况一样，每种理论都为复杂的现实提供了部分解释。如果人性是简单的，那么一个简单的理论就足以描述它。然而，值得庆幸的是，我们不是简单的生物，这就是为什么心理学的研究还有很长的路要走。

专有名词

- **态度**
  一种影响我们对某事或某人的反应的信念和感觉。

- **角色**
  一套定义处于特定社会位置的人应该如何表现的规范。

- **认知失调**
  当一个人同时意识到两个不一致的认知时所产生的紧张感。例如，当我们意识到我们毫无缘由地做出了与自己态度相反的行为，或者明明支持一种选择，却做出了有利于另一种选择的决定时，就会产生认知失调。

- **选择性注意**

  寻求与自己观点一致的信息和媒体,并拒绝不一致信息的倾向。

- **自我知觉理论**

  当我们对自己的态度感到不确定时,我们会像他人观察我们一样,通过观察我们的行为和发生行为的环境来推断自己的态度。

第10章
直觉在临床领域中的应用

埃米莉有自杀倾向吗？约翰应该被送进精神病院吗？如果汤姆被释放，他是否会构成杀人风险？面对这些问题，临床心理学家努力进行准确的判断、建议和预测。这种临床判断也属于社会判断，因此容易受到相关错觉、事后聪明、过度自信和自我确认诊断的影响。心理健康工作者需要注意人们是如何形成错误印象的，这有助于避免严重的误判。

相关错觉

人们倾向于从没有实际关联的情况下发现相关关系。如果我们预期两件事情有关联，例如，如果我们相信预感可以预测事情的发生，那么就容易出现相关错觉。即使向我们随机呈现一组数据，我们可能也关注那些预感与事件有联系的巧合，却忽略那些预感未被证实的情况。

像我们所有人一样，临床医生也可能会出现相关错觉。想象一下，心理咨询师玛丽预期性功能障碍患者会在罗夏墨迹[1]测验中表现出特定的反应。在分析病人的实际情况时，她可能会认为这种联系确实存在——但她可能会忽略那些不符合她期望的情况。

为了探索这种知觉何时会成为相关错觉，心理学为我们提供了一种简单的方法：让一位临床心理医生主持并解释测验，而另一位临床心理医生对同一个病人的特征和症状进行评估。用多个被试重复这个过程。实际的测验结果与报告的症状相关吗？实验结果表明，一些测验确实有很强的预测性。然而，另一些测验的结果与症状之间的相关性远低于预期，如罗夏墨迹测验和画人测验。

那么，为什么临床心理医生会相信这种无法提供准确信息的模糊测验？查普曼等人进行的开创性实验帮助我们找到了其中的原因。他们邀请了大学生和临床心理医生对测验成绩和诊断结果进行分析。如果学生或临床心理医生期望得到某种特定关联，那么，他们通常最终会察觉到这种相关。例如，有些临床心理医生预期，多疑的人会在画人测验中画出奇异的眼睛，那么他们就真的找到了这种相关。尽管实际上他们看到的例子中，不多疑的人比多疑的人画出了更多奇异的眼睛。这是因为，如果他们相信存在某种关联，他

---

[1] 非常著名的人格测验，由瑞士精神病学家罗夏（Rorschach）创立。通过让你看几张图片，挖掘出你的潜意识里最真实的思想、动机、态度等。

们就可能更多地去找证据证实自己的猜想。所以，眼见为实。

事后聪明

假如我们认识的人自杀了，我们会有什么反应？最常见的一种反应是，我们或者他/她的亲人觉得自己本应预料到这个悲剧，并且有机会阻止其自杀。人们会说："我们早该知道！"在事后聪明的情况下，我们能发现他/她自杀的迹象和向我们寻求帮助的信号。一项实验给参与者提供了一份抑郁症患者的描述。被试被随机分为两组，一组被试事先知道该患者随后自杀了，而另一组被试则没有被告知此信息。与事先不知道该患者自杀的被试相比，那些事先知道患者自杀的被试更倾向于报告他们"已经预见到了"他会自杀的结果。而且，如果被试事先知道该患者自杀，他们会对这位患者的家人有更负面的看法。悲剧过后，一种"我早该知道"的想法会让逝者的家人、朋友和治疗师都陷入无限的负罪感之中。

罗森汉恩和同事用一个令人瞠目结舌的例子解释验证事后聪明的现象。为了测试心理健康工作者的临床洞察力，他们每个人分别预约了不同的精神病院的住院部并报告说自己有"耳鸣"的现象。除了姓名和职业是假的，他们如实报告了自己的生活史和情感状况，并且没有表现出其他症状。结果，他们中的大部分人被诊断为患有精神分裂症，并且被留在医院治疗了两到三周。医院的临床心理医生从这些假病人的生活事件和住院表现中找到了"确认"和"解释"诊断结果的证据。罗森汉恩讲述了一个假病人对医生描述的细节。这个假病人告诉医生，幼年时他与母亲的关系很亲密，但是与父亲相对疏远。然而，随着时间推移，他与父亲的关系变得亲密，和母亲却逐渐疏远了。现在，他和妻子的关系非常亲密和融洽，两人除了偶尔会生气，很少有矛盾。他也很少对孩子们动手。

在采访中，一位"确诊"此人患有精神分裂症的访谈者这样解释道：

> 这个39岁的白人男性，从童年时期开始表现出对亲密关系的矛盾态度，并一直持续到现在。与母亲的亲密关系在青少年时期变冷。而他和父亲原本疏远的关系后来被他自述为非常亲密。他的感情缺乏稳定性。他努力想控制自己对孩子和妻子的情绪，但仍伴有不可避免的争吵和动手。虽然他提及几个好朋友，但可以感觉到在这些关系中他也很矛盾。

一些医院的同行得知了实验结论后，认为这种错误不会发生在他们的医院。于是，罗森汉恩说，在接下来的三个月，将会有一个或更多的假病人申请住院治疗。三个月后，罗森汉恩问这些同行，在这三个月间住院的193名病人中有多少人是假病人，结果有41人被至少一位医生认为是假病人。而事实上，没有一个病人是真正的"假病人"。

自我确认的诊断

到目前为止，我们已经看到临床心理医生有时会因为相关错觉和事后聪明的解释而出现误判。第三个与临床判断相关的问题是,病人可能会提供符合临床心理医生期望的信息,以证明他们的判断。为了在实验情境中检验上述假设,想象你与一个未曾谋面的人相亲,而对方事先得知你是一个开放外向的人。为了确定这是否属实,你的相亲对象会在谈话中悄悄加入一些问题,比如"你有没有当众做过很疯狂的事?"如果对方事先得知你是一个保守害羞的人,你对这个问题的回答会有所不同吗?

在明尼苏达大学,斯奈德开展了一系列巧妙的实验。他给学生被试提供了一系列关于个体特质的假设。他们发现,人们通常会通过寻找能够验证某一特质的信息来对其加以验证。例如,同样是在上述相亲的例子中,如果人们试图了解对方是否外向,就会问一些与外向有关的问题("如果你想在聚会中活跃气氛,你会怎么做?")。如果想验证一个人是否内向,人们则会问:"是什么原因让你很难真正敞开心扉?"这些提问方式会使得被预期外向的人表现得似乎更加喜欢社交,而使被预期内向的人表现得更加羞涩。我们对他人的假设能引导对方做出我们所期望的行为。

在印第安纳大学,法齐奥和同事发现,那些被问及"外向"问题的人不仅给谈话对象留下更外向的印象,甚至认为自己比那些被问及内向问题的人更外向。即使在谈话结束后,实验者的同伴也有70%的概率能够猜出这些被试被分配的是哪个条件(外向或内向)。

通过这些实验,你应该理解为什么接受心理治疗的人,其行为会逐渐符合治疗师的理论假设了。雷诺和埃斯蒂斯对100位健康、成功的成年男性进行了访谈,内容是他们的个人生活史。他们惊讶地发现，这些受访者的童年都充斥着"创伤性事件"、与某些人关系紧张以及父母的错误决定——这些因素通常被用来解释精神问题。如果治疗师想从你的童年经历中寻找创伤，他们通常都能找到。

19世纪的诗人勃朗宁预言了斯奈德的结论："你想要找的东西和你的思想一样，你期待什么，就会得到什么。"

临床领域的直觉与统计预测

受到事后聪明和自我确认的影响，大多数临床心理医生对自己直觉诊断的信心比对统计数据的信心更大（比如使用过去的成绩和能力评分来预测在研究生阶段或职业学校的表现）。然而，当研究者将统计预测和直觉预测相比较时，统计预测的结果往往更准确。虽然统计预测也有不够精确的时候，但是人类的直觉——甚至是专家的直觉——更加不可靠。在对36项临床心理医生诊断研究的分析中，他们对自己诊断的信心和实际准确度之间只存在微弱的相关性。

在证明统计预测比直觉预测更可靠的30年后，米尔找到了比以往更为有力的证据：

在社会科学领域，如果绝大多数研究在同一个方向上能够得出一致的结论，那就不应该再有争议了。比如，当你进行了

90项调查，从预测足球比赛结果到预测肝病的诊断结果，你几乎无法找出证据支持临床心理学家的直觉诊断，那么是时候得出一个切实可行的结论。

丹尼尔指出，我们现在大约有200项比较临床诊断和统计预测的研究，其中大多数支持统计预测，其余则是认为两者没有差异。其中包括预测以下内容：

○ 医疗结果——癌症患者的寿命、住院时间、心脏病诊断，婴儿对突发性婴儿猝死综合征的易感性。
○ 经济结果——新业务的成功概率、信用风险、职业满意度。
○ 政府机构结果——寄养父母评估，青少年罪犯的再犯率、暴力行为。
○ 其他结果——足球比赛冠军，波尔多葡萄酒价格。

然而，为什么还有那么多的临床心理医生在继续使用罗夏墨迹测验和直觉来预测假释犯、自杀风险和儿童虐待的可能性？米尔认为，一部分原因是纯粹的无知，另一部分则是"对伦理的错误认识"。

假如我们用效率较低的手段预测大学生、罪犯或抑郁症患者的重要问题，同时向当事人或纳税人收取10倍于实际所需的费用。这就不是一种合理的伦理手段。预测者会宣称这种方法会让人感觉更舒适、更有人情味、更受欢迎，这只不过是个低劣的借口罢了。

这样的结果令人震惊。米尔（他并没有完全摒弃临床专业知识）是否低估了专家的直觉呢？为了进一步验证米尔的研究结果，我们可以思考一下研究生招生中的面试官对人的潜能的评价。道斯解释了为什么在预测某些结果（如研究生的学业成就）时，统计预测通常比面试者的直觉更准确：

> 为什么我们会认为半小时的面试会比综合考虑诸如 GPA、GRE 成绩和推荐信等标准化的评价变量的方法更有利于筛选出合适的候选人？我认为最合理的解释就是人们高估了自己的认知能力。这实际上是认知的自负。例如，思考一下 GPA 成绩的意义是什么？对于大多数研究生申请者来说，GPA 成绩是一个覆盖了三年半的本科成绩，包括 28~50 门课程的复合衡量标准。而考官只有半个小时的面试，我们却认为这种评价方式比三年半以来累积的 20~40 位教授的评估更准确。最后，如果一定要忽略 GPA，那么唯一可能的理由就是这个申请者特别优秀，只是他的成绩并没有显示出这一点。除了精心设计的能力测验，我们还有什么更好的方法证明一个人的才能吗？我们真的认为自己比教育考试服务中心更专业吗？

30 年来，道斯始终坚持自己的观点，他坚持认为，在缺乏证据的情况下，在临床上使用直觉诊断而不是统计预测"简直是不道德的"。

对更好的临床实践的启示

对于心理健康工作者来说，本章提出四个启示：

1. 为了减少被相关错觉误导的风险，要避免因为自己的期望而建立实际上不存在的关联，或者仅用记忆中的几个引人注意的事件验证这种相关。
2. 为了减少被事后聪明偏差误导的风险，要意识到事后聪明偏差会让你过度自信，有时还会因为没有提前预见到结果而过于严厉地苛责自己。
3. 为了减少被自我确认的诊断误导的风险，要避免在提问中受到先入为主的信息的影响；记住，虽然来访者赞同你的说法，但实际上并不意味着你的话就是正确的。防止自己只问那些支持自己假设的问题，试着从相反的方向来思考和验证问题。
4. 发挥统计预测的作用。

第11章
临床治疗：社会认知的力量

如果你是一个大学生，你可能偶尔会感到轻微的沮丧。也许你有时会对生活感到不满意，对未来感到迷茫，感到悲伤，食欲不振、精力不足，无法集中注意力，甚至可能怀疑人生。这是很多大学生的典型表现。也许令人失望的成绩已经危及了你的职业目标。也许一段关系的破裂让你感到沮丧。在这种时候，你可能会陷入以自我为中心的思考，这只会让你的感觉更糟。在一项针对美国大学生的调查中，41%的人表示，他们在上个学年感到某种程度上"沮丧到难以正常生活"，而在另一项调查中，41%的人表示，他们"感到被所有的事情压垮了"。这两项数值都明显高于2010年，说明越来越多的大学生正在经历焦虑和抑郁。对于13%的美国成年男性和22%的美国成年女性来说，生活中的低谷期不是对不良事件的暂时性抑郁，而是持续数周的、没有任何明显原因的重度抑郁发作,这被诊断为抑郁症。

伴随心理障碍的认知过程是心理学中最值得关注的研究领域之一。抑郁、孤独、害羞或易患病的人的记忆、归因和期望是什么?以研究最多的心理疾病抑郁症为例,数十项研究给我们提供了答案。

社会认知与抑郁

就我们的经验而言,抑郁症患者倾向于用消极的方式思考问题。他们透过低自尊的滤镜看待生活。对于那些严重抑郁的人(感到没有价值、浑浑噩噩、对朋友和家庭不感兴趣、饮食和作息不规律)来说,他们极端消极的思维模式使他们夸大每一次不好的经历,淡化每一次愉悦的体验。他们可能认为"想想幸福的事情"或"看看光明的一面"根本不现实。正如一位年轻的抑郁症患者所说:"真实的我一无是处。我变得冷漠和多疑,这让我的工作毫无进展。"

扭曲事实还是现实主义?

是否所有抑郁症患者都不切实际地消极悲观呢?为了找出答案,阿洛伊和艾布拉姆森等人研究了一些轻度抑郁的大学生和正常的大学生。他们让学生按键并观察这个按钮能否控制随后的灯光。令人惊讶的是,抑郁的学生在估计他们的控制程度时相当准确。而那些正常的大学生的判断却是扭曲的，他们夸大了自己的控制程度。这表明，尽管轻度抑郁的人会自我专注，但是他们也更关注他人的感受，并且在记忆和判断方面通常更准确。

这种令人惊讶的抑郁现实主义，又被称为"悲观而明智效应"，存在于一个人对自己的控制或技能的各种判断之中。泰勒这样解释道：

> 正常人往往夸大自己的能力和受欢迎程度。抑郁的人不会。正常人对过去的行为怀着一种乐观的态度。抑郁的人（除非严重抑郁）在回忆他们的成功和失败时更加公正客观。正常人主要从积极的方面描述自己。抑郁的人则同时描述他们的积极和消极品质。正常人倾向于把成功归因于自己的能力，把失败的责任推给别人。而无论成功或失败，抑郁的人都将原因归结于自己。正常人会夸大自己对于周围所发生的事情的控制能力。抑郁的人则不太容易受这种控制错觉的影响。正常人会过度乐观地认为未来会赐予他们很多美好的东西，而糟糕的事情会很少。抑郁的人则对未来有更现实的认识。事实上，几乎所有正常人都会表现出高自我关注、控制错觉和对未来不切实际的幻想，唯独抑郁的人不存在这些偏差。"悲观而明智效应"确实很适用于抑郁症患者。

抑郁的人也更有可能认为自己对负面事件负有责任。例如，如果你因为考试失利而责备自己，你可能会将原因归结为你自己不够聪明或者太懒惰，你可能会因此感到沮丧。如果你将失败原因归结为考试不公平或其他你无法控制的情况，你可能会感到愤怒。在对

15 000 名参与者进行的 100 多项研究中，抑郁症患者比正常人更多地表现出消极解释风格。如图 11-1 所示，他们更倾向于将失败和挫折归因于稳定的（"它将会一直持续下去"）、普遍的（"它会影响我做的每件事情"）和内在的（"这全是我的错"）因素。艾布拉姆森和同事认为，这种消极的、过度泛化的和自我责备的思维方式会导致一种令人抑郁的绝望感。

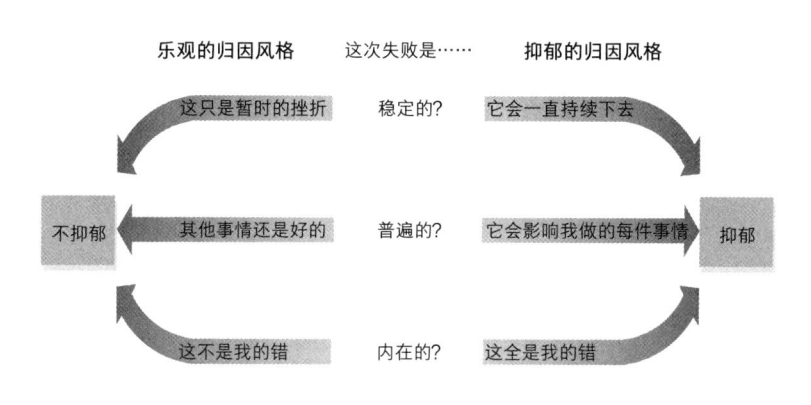

图 11-1 抑郁的解释风格 [1]

消极思维是抑郁的原因还是结果？

抑郁症患者的认知向我们提出了一个"鸡与蛋"的问题：究竟是抑郁的心境导致了消极思维，还是消极思维导致了抑郁？

---

[1] 抑郁与一种消极的、悲观的失败归因方式相关联。

抑郁心境导致消极思维

我们的心境影响我们的思维方式。当我们感到快乐时，我们的思维也是积极的。我们看见的和回忆的都是美好的事情。当我们的情绪变得沮丧，我们的思维就会进入另外一种模式。我们会摘去粉红色的幸福滤镜，换上暗黑的抑郁滤镜。于是，坏心情就引起我们对负面事件的回忆。我们与他人的关系恶化，自我形象变差，感觉希望渺茫，甚至觉得身边都是坏人。

当抑郁症状减轻时，我们的思维也变得明朗起来。因此，抑郁的人回忆起父母时更多地认为自己受到了忽视和惩罚。但抑郁症状缓解之后他们会像正常人一样用积极的方式回忆父母。因此，当你听到抑郁症患者贬低他们的父母时，请记住：心境扭曲了他们的记忆。

伊尔特和同事在对印第安纳大学开展的研究中发现，即使是短暂的消极心境也可以使我们的思维变得消极。研究者让球迷们观看自己的球队失利或者获胜的视频，以此启动消极或积极的情绪。然后，他们要预测球队未来的表现以及他们自己的表现。在失利后，人们不仅对球队未来的预期变得消极，还对自己在投标枪、猜字谜游戏和约会等方面的表现也都产生更消极的预期。当事情不顺利的时候，它似乎永远也不会好转了。

抑郁的心境也会影响行为。当我们抑郁时，我们倾向于回避退缩、情绪低落，怨天尤人。抑郁的人认为别人不欣赏他们的行为，而在一定程度上确实如此，他们的悲观和不良情绪会引发社会排斥。

一个人的抑郁行为也会引发他人的抑郁，有抑郁症患者舍友的大学生往往也会变得有些抑郁。在约会的情侣中，抑郁也经常会互相传染。不过一项对马萨诸塞州近5000名居民开展的为期20年的追踪研究表明，快乐也会传染。当你身边围绕着快乐的人时，你也会变得更快乐。

消极思维导致抑郁心境

面对诸如失业、离婚、遭受拒绝，以及让我们产生自我怀疑或者丧失自我价值的打击，抑郁是自然而然的反应。这种短时的抑郁和反思是有适应性的，就像恶心和疼痛可以保护我们的身体免受毒素的伤害一样，抑郁也可以保护我们，让我们放慢脚步，重新评价自己，然后以新的方式积聚能量。在整个抑郁的静止状态获得的洞察力，会使我们找到与周围世界互动的更好策略。

尽管我们所有人都可能因为不良事件而暂时感到抑郁，但有些人却更持久地感到抑郁。容易抑郁的人对消极事件总是过分反思和自责，他们的自尊水平波动很大，因成功而提升，又会因威胁而下降。

为什么有些人对细微的压力如此敏感呢？有证据表明，压力会让我们采用消极解释风格看待问题，久而久之会导致抑郁。萨克斯和布根塔尔让一些年轻女性接触一个陌生人，这个人时常会表现得冷漠且不友好，制造尴尬的社交情境。与乐观的女性不同，那些有消极解释风格的女性（把不好的事情归因于稳定的、普遍的、内在的原因），会因社交的失败而感到抑郁。此外，她们对接下来遇到的人也会表现出更多的敌对行为。她们的消极思维导致了消极的情绪，从而导致了消极的行为。

霍克西玛报告称，这种抑郁思维在女性中更为普遍。当遇到困难时，男性倾向于采取行动，女性则倾向于思考。这也有助于解释为什么从青春期开始，女性患抑郁症的风险比男性几乎翻了一番。

关于儿童、青少年和成人的非实验室研究都证实，那些具有消极解释风格的人在遇到消极事件时更容易变得抑郁。一项为期两年半的研究对大学生进行了每六周一次的观察。那些有悲观解释风格的人中有17%患上了抑郁症，而有乐观思维风格的人只有1%患上了抑郁症。塞利格曼说过："严重的抑郁，都是天生的悲观遇到了失败。"

研究者卢因森和同事把这些发现整合为一种清晰的理解抑郁的心理学框架。在他们看来，抑郁症患者的负性自我形象、归因和期望是一个由负面经历触发的恶性循环，这些负性体验也许是学业或事业的失败，也许是家庭冲突或社会排斥（见图11-2）。这种想法会催生出一种能极大地改变人们的思维和行为方式的抑郁心境，而这种心境又进一步激发之后的消极体验、自责和抑郁情绪。实验表明，当轻度抑郁的人将注意力转移到一些外部任务上时，他们的心境就会明显好转。因此，抑郁既是消极认知的原因，也是结果。它们二者互为因果。

塞利格曼认为，自我关注和自责能解释为什么现在西方社会抑郁流行的现象。他认为，宗教信仰和家庭观念的淡化，加上个人主义的滋长，导致了现在的年轻人面对挫折时的绝望和自责。当我们孤独无助时，失败的学业、事业和婚姻会让我们越发绝望。正如《财富》杂志上一篇文章所说的，"成功靠自己"，靠的是"你自己的冲劲、勇气、能量和野心"来实现。那么如果没有成功，又是谁的错呢？在其他文化中，重视关系与合作是常态，严重的抑郁就不那么普遍，人们也很少将个人失败与内疚感和自责联系在一起。例如，在日本，抑郁症患者更倾向于报告他们因为使家人或合作者失望而感到羞愧。

这些关于思维风格与抑郁关系的见解，促使心理学家们试图研究思维风格与其他心理问题的关系。那些被极度孤独、害羞或药物滥用困扰的人，是如何看待自己的？他们如何回忆自己的成功和失败？他们对自己的成功与失败是如何归因的？

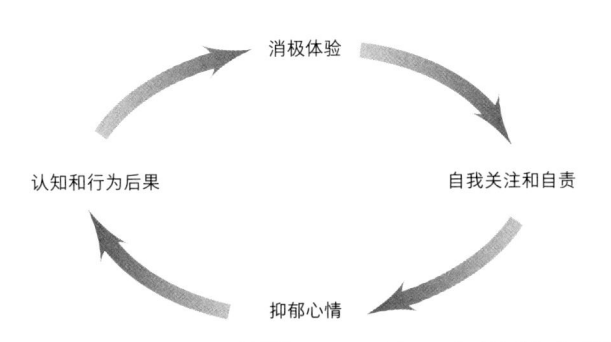

资料来源：Lewinsohn, P.M., Hoberman, H., Teri, L., & Hautziner, M.(1985)

图 11-2　抑郁的恶性循环

社会认知与孤独

如果把抑郁比作心理障碍中的感冒，那么孤独就是头痛。

孤独是发现社会关系不如想象中的那么丰富多彩和富有意义的一种痛苦体验。随着所爱之人的相继离去，孤独感在我们的余生逐渐增加。但是在成年早期，孤独感在情感上更痛苦。

社会联系和身份认同有助于保护人们免受抑郁症的影响。然而，在现代文化中，亲密的社会关系并不多。我们的世界充满了犹豫不决、不敢前进的孤独者。一项全国性的调查显示，在过去的 20 年中，美国人认为值得与其谈论"重要的事情"的人平均减少了三分之一。此外，美国的独居者数量从 20 世纪 20 年代的 5% 增加到 2013 年的 27%。加拿大、澳大利亚和欧洲国家的独居者数量也出现倍增现象。2018 年，英国首相回应了一份关于 900 万孤独英国人的报告，特意任命了一名政府"孤独大臣"。

然而，孤独和独处不是一个概念。在聚会中，人们也可能感到孤独。皮弗感慨道："在美国，只有孤独，但没有独处；只有拥挤的人群，却没有可归属的团体。"她在洛杉矶的女儿发现，"我周围有 1000 万人，但却没有一个人认识我"。当缺乏社会联系或体验到情感孤独（或者用实验启动孤独感）时，人们可能通过物品、动物和超自然世界中类似的人类特质来进行补偿。

一个人完全可以独处，但并不会感到孤独。就像我此刻正在离家 5000 公里远的英国大学的办公室里独自写下这些文字，现在的我并不感到孤独。孤独感是感到被某一群体排斥、感到身边的人不

第11章 临床治疗：社会认知的力量

喜欢你、无法与人分享你的内心世界，感到自己与周围的人有距离，与周围环境格格不入。如果你的熟人中有人感到孤独，那么你感到孤独的可能性也会增加。正因如此，孤独会增加患抑郁症、疼痛和疲劳的风险。

孤独会增加健康风险。孤独会对应激激素和免疫功能造成影响。因此，孤独不仅会增加抑郁和自杀的风险，还会增加患高血压、心脏病、认知退化和睡眠障碍等疾病的风险。从148项研究超过30万人的数据中可以看到，社交孤立对死亡率的影响接近于吸烟，甚至超过了肥胖或缺乏运动带来的不良影响。

面对面的社交互动似乎比社交媒体上的联系更能缓解孤独感，后者实际上可能会增加孤独感。人们在脸书上的时间越多，就会有越强的社交孤立和孤独感。一项纵向研究发现，使用脸书会导致孤独，而不是相反。在面对面交流时，朋友间会感觉比通过电子方式交流更亲密。从2010年以来，随着高中生面对面交往的时间越来越少，在社交媒体上花的时间越来越多，他们的孤独感急剧上升。

和抑郁症患者一样，长期孤独的人似乎陷入了一种自我挫败的社会思维和行为的恶性循环。像抑郁症患者一样，他们也具有消极解释风格：他们认为自己和他人的互动会给对方留下不好的印象，他们会因为社会关系不好而自责，并且认为绝大多数事情都超出了他们的控制。此外，他们还会用消极的方式来看待他人。研究表明，与同性别的陌生人或大学室友搭档时，孤独的学生更容易对搭档形成负面印象。具有讽刺意味的是，斯廷森和同事发现，缺乏社交安全感的人，越是害怕被社会排斥，越是采用在社交中会导致社会排斥的方式与人交往。如图 11-3 所示，害羞、孤独和抑郁有时会彼此互相强化。

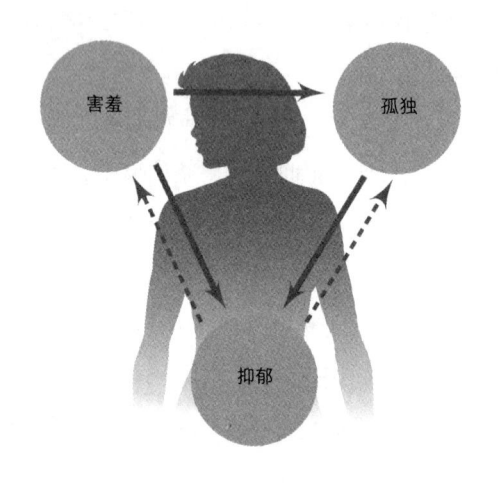

图 11-3　长期的害羞、孤独和抑郁之间的相互作用 [1]

这些负性的观点既反映了孤独者的感受，也加重了他们的孤独。觉得自己不具有社会价值，对他人抱有消极看法，这些都会阻碍孤独者采取行动来减少他们的孤独。孤独者经常感觉在做自我介绍、打电话、参与团队活动时很困难。一旦一个人开始感到孤独，它就会变成一个螺旋，孤独的人对社交互动更加焦虑，因此更有可能在社交场合"窒息"。然而，与轻度抑郁症患者一样，孤独者对他人更敏感，并且善于辨识不同的情绪表达。

---

[1]　由迪尔和安德森（Dill & Anderson, 1999）总结提出：实线箭头表示主要的因果关系，虚线表示额外的影响。

第 11 章　临床治疗：社会认知的力量

社会认知与焦虑

害羞是一种社会焦虑形式，其特征是过度的自我意识以及过度担心他人的想法。去应聘一份梦寐以求的工作，第一次约会，走进一个满是陌生人的房间，在重要的观众面前表演或是演讲（最常见的恐惧之一），几乎每个人都会对这些事情感到焦虑。但是，某些人，尤其是那些害羞或极易尴尬的人，几乎在任何自己可能会被评价的情境中都会感到焦虑。对这些人而言，焦虑更像是一种特质，而非一种即时的状态。

为什么我们会在社会情境中感到焦虑？为什么有些人受困于自己的社会焦虑中？施伦克尔和利里以及科瓦尔斯基用自我表露理论对这些问题做出了解答。自我表露理论假设：我们渴望以一种给人留下良好印象的方式展现自己，因此当我们想要给他人留下好印象但又怀疑自己能否做到时，我们就会感到焦虑。这个简单的理论有助于解释很多研究结果，每个结果可能都是你真实体验过的。我们在下列情况下最容易感到焦虑：

- 在权威、地位高的人面前——他们对我们的印象对我们来说非常重要。
- 在评估情境中，比如初次面试。
- 自我意识（正如害羞的人经常经历的那样），我们的注意力集中在自己和自己的行为上。
- 关注对我们的自我形象有重要影响的事情，例如专业会议

157

上，一位大学教授在向同行阐述自己的观点。
○ 身处一种新颖的或非结构化的情境中，例如第一次参加学校舞会或者第一次参加正式宴会，我们并不熟悉这些场合的社交规则。

大多数人在这些情境中会倾向于谨慎地保护自己：少说话，避开那些自己不懂的话题；言行谨慎；不要过分自信，保持友善和微笑。

与外向的人相比，害羞、过分敏感的人（包括很多青少年）会将偶发事件视为与自己相关的事件。害羞、焦虑的人还会过于把情境个人化，这种倾向会导致焦虑的产生，在极端情况下可能会产生偏执症。他们特别容易受到聚光灯效应的影响——他们常常会高估他人对自己的关注和评价。如果他们的头发没有梳理好或是脸上有痘痘，他们会认为每个人都会注意到并据此评价他们。害羞的人甚至可能意识到他们的自我意识。他们希望能够不再担心脸红，不再为别人的想法和如何接话而焦虑。

为了缓解社会焦虑，有些人会借助酒精来麻痹自己。酒精能通过降低自我意识而达到缓解焦虑的效果。因此，长期自我意识过度的人特别容易在遭受挫败时酗酒——因为失败往往会产生焦虑和自我意识。然而，戒掉酗酒的习惯之后，当他们再次经历压力或失败时，他们比自我意识较低的人更有可能再次酗酒。

焦虑和酗酒等症状可以发挥一种自我妨碍的功能。给自己贴上焦虑、害羞、抑郁或受酒精影响的标签，就能为失败提供借口。在这些症状的防御机制下，个体的自我能够被很安全地保护起来。"为什么我没有赴约？因为我是个害羞的人，所以人们不容易了解真实的我。"这类症状是一种用来解释负性结果的无意识的策略。

假如我们能为他们的焦虑和失败提供另外一种更为方便的替代解释，他们是否就能放弃使用上一种策略呢？害羞的人可以因此而不再害羞吗？这正是布罗特和津巴多在对女大学生的研究中得出的结论。他们将一些害羞的女大学生带到实验室，让她们和一位英俊的男士谈话。该男子假扮成另一名参与者。在谈话开始前，这些女性被试被集中在一间屋子里，并听到很大的噪声。实验者告诉其中一些害羞的女生（实验组），这种强烈的噪声将会使她们的心跳加速（这是社交焦虑的常见症状）并持续一段时间（另一些害羞的女生没有被告知这条信息）。因此，这些害羞的女生在后来和那位男士谈话的时候，可以把自己心跳加剧和任何谈话过程中出现的困难都归咎于之前出现的噪声，而不是她们的害羞或是社交能力不足。与那些没有事先被提供噪声的害羞女生相比，实验组的女生不再显得那么害羞。一旦谈话开始，她们就能流利地交谈并主动向对方提问。事实上，与其他害羞女性（这位男士很容易辨认出她们是害羞的）不同，这位男性很难将她们与不害羞的女生区分开来。

社会心理学的治疗方法

我们认识了从严重抑郁到极度害羞等问题相关的思维模式。这些适应障碍的思维模式有什么治疗方法吗？不存在所谓的社会心理治疗法。但治疗是一种社会交往的过程，社会心理学家提出了如何将他们的理论整合到现有的治疗技术中的建议，包括以下两种方法。

通过外部行为引发内在变化

我们的行为影响着我们的态度。我们扮演的角色、我们的言行和我们的决定都对"我是谁"有着重要的影响。

与这种"态度追随行为"原则相一致，一些心理治疗技术使用了行为疗法。

- 行为治疗师试图通过塑造行为来改变客户的内在性格，理论上认为在行为改变后患者的内在性格也会发生变化。
- 在自信训练中，个体首先在支持性的情境中通过角色扮演来练习自信，反复训练之后个体会逐渐在日常生活中表现出自信的行为。
- 理性情绪治疗法假设我们自己是产生情绪的根源。因此，治疗师给患者布置"家庭作业"任务，让他们以新的方式交谈和行动，从而生成新的情绪：挑战那个蛮不讲理的亲戚，或者摒弃"我没有魅力"这一想法，主动去和他人交往。
- 自助小组巧妙地引导参与者，让他们在小组成员面前以全新的方式行事，例如，表达愤怒、哭泣，展现高自尊，表达积极情感。

所有这些技术都有一个共同的假设：如果我们无法通过纯粹的意志力直接控制自己的感觉，那么我们可以通过我们的行为间接地影响它。

实验证明，我们对自己的评价会影响我们的感觉。那些在一个月内参与过慈善活动的人会更快乐。被引导以自我提升（而不是自我贬低）的方式表现自己的人，后来会对自己感觉更好。同样，公开的自我表露——无论是乐观还是悲观——都会影响个体的自尊水平。言必信，当我们评价自己时也是如此。

打破恶性循环

如果抑郁、孤独和社会焦虑是消极体验、消极思维模式和自我挫败行为所形成的恶性循环，那么应该可以在任何一个环节打破这种循环。例如，通过改变环境，培养个体采用更积极的行为方式，或者扭转消极思维等。事实证明，这些方法的确有效。下面是几种有助于人们打破抑郁的恶性循环的疗法。

社会技能训练

抑郁、孤独和害羞不仅仅是个体的心理问题。在抑郁症患者身边也可能会让人感到不愉快和压抑。正如孤独者和害羞的人认为的那样，他们在社会情境中确实表现不佳。这多么讽刺，自我关注的人越是想给别人留下好印象，他们的努力就越可能适得其反。而那些专注于支持他人的人往往会得到更多的关注。

针对这些问题，社会技能训练可能会有所帮助。通过观察并在安全情境中练习新的行为，人们可能会在其他情境行事时表现得更自信。随着他们开始享受行为改变带来的积极结果时，他们会形成更积极的自我认知。黑默利和蒙哥马利的研究证明了这一点。他们以害羞、焦虑的大学生为研究对象，那些没有异性交往经验且感到紧张的大学生可能会对自己说："我没有约会过，我肯定是有社交障碍，所以我不应该去尝试追求别人。"为了扭转这种消极信念和行为，他们引导这些学生与异性进行愉快的交流。

在一项实验中，实验参与者首先填写社会焦虑问卷，然后两天后再次回到实验室。在这期间，他们每天要与6名年轻女性依次进行12分钟的对话。这些实验参与者认为这些女性也是实验参与者。事实上，这些女性是实验者的合作者，她们会以一种自然、积极、友好的方式与每个男性参与者交谈。

实验证明，这两个半小时的谈话效果非常显著。一位参与者事后写道："我从未遇见过这么多能够愉快交流的女孩。在与几个女孩聊天以后，我的自信心提高了，我不再像之前那样紧张了。"这些评价与其他测量结果一致。与控制组的男性参与者不同，那些经历过交谈实验的男性参与者在一周后和6个月后的重测中与女性有关的焦虑明显地降低了。当被安排在与陌生异性同处一个房间时，他们同样会更加自信地开始与其交谈。事实上，实验结束以后，他们开始偶尔约会。

黑默利和蒙哥马利指出，所有这些都是在没有任何咨询的情况下发生的，而且很可能是因为没有咨询才发生的。在看到自己的成功之后，这些人现在可以将自己视为社交能力强的人。虽然7个月后，研究者向这些实验参与者做出了事后解释，但在那时，足够多的正性强化已足以使这些参与者将成功归因于自己的内在特质。黑默利总结道："只要你不再拿外在因素当借口，一事成，则事事成！"

解释风格疗法

抑郁、孤独和害羞的恶性循环可以通过社会技能训练、改变自我知觉和改变消极的思维方式来打破。但是，有些人本来具有良好的社交技能，但与过于挑剔的朋友和家人相处的经历让他们相信了相反的观点。对于这些人，具有针对性的方法是帮助他们转变对于自己和未来的消极信念。在具有这一目标的认知疗法中，社会心理学家提出了解释风格疗法。

莱登开展了一个项目，教导抑郁的大学生改变他们典型的归因方式。研究者首先向抑郁的大学生解释了非抑郁者归因方式的好处（通过接受成功的功劳，并看到环境如何导致事情出错）。在分配各种任务之后，研究者帮助学生观察他们通常是如何解释成功和失败的。接下来是治疗阶段：莱登指导他们记录下每天的成功与失败，并格外留意原因。在进行了一个月的这种归因训练后，再与未经治疗的对照组进行比较，实验组学生的自尊心显著提高了，他们的归因风格变得更加积极。他们的解释风格改善得越多，他们的抑郁就消失得越多。通过改变归因，他们改变了自己的情绪。

在强调改变行为和思维模式的积极影响之后，我们也要提醒大家它们的局限性。社会技能训练和积极的思维方式不能让我们成为一直被人爱戴和钦佩的一贯赢家。糟糕的事情仍然会发生，暂时抑郁、孤独和害羞是消极事件的合理反应。只有当这些感觉在没有任何明确原因的情况下长期持续存在时，我们才需要去关注它们，并在必要之时去改变这些恶性循环式的思维和行为。

专有名词

- **抑郁现实主义**
  轻度抑郁的人倾向于做出准确而非自我服务的判断、归因和预测。

- **解释风格**
  一个人解释生活事件的惯用方式。消极、悲观、抑郁的解释风格将失败归因于稳定的、普遍的、内在的原因。

- **自我表露理论**
  一种假设我们渴望以给人留下好印象的方式展现自己的理论。

第三部分

社会影响

社会心理学研究不仅关注我们如何看待彼此，还关注我们如何相互影响和相互关联。在第12章到第21章，我们将探讨社会心理学的核心问题：社会影响的力量。

是怎样看不见的社会力量在影响我们？它们有多强大？对于社会影响的研究有助于揭示那些在社会世界中影响我们的细微线索。本部分揭示了这些微妙的力量，特别是性别态度的文化来源、社会从众的力量、说服的原理，以及群体参与的结果。

当我们看到这些影响因素在日常生活中是如何运作的，我们就能更好地理解人们的想法和行为。同时，我们也可以免受不必要的干扰，并且更好地掌控自己的行为。

第12章
生物和文化

人类的差异从而何来？人与人之间又有哪些相同之处？理解这些问题对多元化的现代社会非常重要。正如历史学家施莱辛格所说，"社会多样化是我们这个时代的一个爆炸性问题"。在一个充斥着种族、文化和性别差异的世界中，我们能否学会接纳自己的多样性，学会尊重我们的文化认同，并认识到人类之间的彼此联系？我相信我们可以。要了解原因，先让我们思考一下人类的进化和文化根源，以及这些因素如何塑造性别的差异。

进化和行为

在许多重要的方面，我们的相似性远远大于差异化。我们拥有共同的人类祖先，因此我们有着相同的生物学特性，以及共同的行为倾向。我们每个人都会睡觉和醒来，我们会感到饥饿和口渴，并通过相同的机制发展出语言。相比酸味，我们更喜欢甜味；相比麻雀，我们更害怕蛇。我们有着全球通用的皱眉和微笑。

世界各地的人都有很强的社会性。我们融入群体，遵循规范，认可社会地位的差异。我们知恩图报，惩罚过错，为挚爱之人的离世而悲痛。在婴幼儿时期，我们会在 8 个月时开始表现出对陌生人的恐惧。长大后，我们更喜欢自己所属群体的成员。我们会以戒备或消极的态度对待与自己态度或特性不一致的人。人类学家布朗识别出了数百种这样普遍的行为和语言模式。仅就那些以字母"v"开头的单词为例，所有的人类社会都有动词（verbs）、暴力行为（violence）、探访行为（visiting）和元音（vowels）。

甚至我们的很多道德观都存在跨文化和跨时代的一致性。婴儿在学会走路之前就会表现出道德感，他们不喜欢错误或淘气的行为。无论男女老少，无论生活在东京、德黑兰还是托莱多，当被问及"如果一种致命的气体正从一个通风口向一个有 7 个人的房间泄漏，是否可以将某人推入通风管道堵塞毒气，杀死一个人拯救其他人"时，所有人的答案都是否定的。如果改变问法："如果有人自愿牺牲，你是否会眼看着这个人跳进通风口？"人们更倾向于给出肯定的回答。

人性的普遍性行为源于我们的生物相似性。我们可能会说，"我的祖先来自爱尔兰"或"我的根在中国"或"我是意大利人"，但如果追溯到 10 万年前或更早之前，我们的祖先都是非洲人。为

第 12 章 生物和文化

了应对气候变化和寻觅食物,早期的古人类跨越非洲迁徙到亚洲、欧洲、大洋洲,最终到达美洲。在适应新环境的过程中,早期人类发展出了人类学意义上的差异,这些差异是新近的变异。那些留在非洲的人皮肤色素较深,他们较深的肤色——哈佛大学心理学家平克称之为"热带防晒霜",而那些远离赤道的人则进化出较浅的肤色,以便能够在较少的阳光直射下合成维生素 D。

平克指出,人类还没有足够的时间来积累更多新基因,所以目前只能认定所有人都起源于非洲。事实上,研究人类基因的生物学家发现,我们人类是惊人的相似,就像一个部落的不同成员。尽管人类的数量比黑猩猩多得多,但黑猩猩的基因变异却比人类更多。

为了解释人类这个物种以及所有物种的特征,英国博物学家达尔文提出了一个进化过程:遵循基因。哲学家丹尼特高度赞赏达尔文的观点,即自然选择促成了进化。

这个观点可以概括为:

- 生物体有许多不同的后代。
- 这些后代在他们的环境中为生存而竞争。
- 某些生物和行为变异会增加他们在该环境中生存和繁衍的机会。
- 那些存活下来、有繁衍能力的生物更有可能将其基因传递给后代。
- 因此,随着时间的推移,种群的特征可能会发生变化。

自然选择意味着能够增加物种生存和繁衍概率的基因会变得更加丰富。在白雪皑皑的北极地区，负责编码浓密的白色毛皮的基因在熊类的基因竞争中获胜。

长期以来，自然选择是生物学研究的基本原则，现在也是心理学的重要原则。进化心理学研究的是自然选择如何影响那些有利于基因保存和延续的心理特质和社会行为。进化心理学家表示，我们人类之所以成为现在这样，是因为自然选择了那些具有有利特征的人——喜欢营养丰富、高能量的甜食，讨厌有毒食物的酸苦味。缺乏这种偏好的祖先则不太可能存活下来并繁衍后代。

作为活动的基因机器，我们不仅携带着祖先为了适应环境而形成的生理遗产，而且还继承了具有适应性的心理遗产。我们渴望拥有任何有利于祖先存活、繁衍和养育后代的东西，以此保证我们自己的生存和繁衍。即使是负面情绪，如焦虑、孤独、抑郁、愤怒，也是大自然激励我们应对生存挑战的方式。进化心理学家巴拉什指出，"心脏的作用是泵血，而大脑的作用是指导我们的器官和行为，使我们的进化取得最大的成功"。这就是进化的真谛。

进化的观点强调了我们人类的共同属性。我们不仅分享相似的事物偏好，对一些社会问题也有着共同的答案，例如：我应该信任谁？我应该帮助谁？我应该在什么时候以及与谁结婚？谁可以支配我？我又可以控制谁？进化心理学家认为，我们对这些问题的情感反应和行为表现与我们祖先有着相同的结果。

那么我们应该害怕什么呢？大多数情况下，我们害怕的事情就是我们的祖先所面临的危险。我们害怕敌人、陌生的面孔和高处——因此也害怕恐怖分子、其他种族的人和飞行。比起较新的威胁（如吸烟或气候变化），我们更担心那些直接和突然的危害，即使前者带来的危害更严重。

由于这些社会性的任务对全人类来说是共同的，所以世界各地的人会对这些问题给出一致的答案。例如，所有的人类都按权威和地位给他人划分等级，每个人都相信经济公正。进化心理学家强调这些普遍的特征是通过自然选择进化而来。然而，文化则为我们提供了实现这些基本社会生活的具体规则。

生物和性别

在课间休息时，观察一下小学操场上男孩和女孩的行为。男孩大多在跑跳，甚至可能在老师不注意的时候打架。而女孩则大多会组成小组聊天。

你可能会好奇：这些差异是由生物学因素（因此与我们的进化史有关）导致的吗？还是抚养和文化的产物（因此是因地区和时代而异）？性别差异是自然与后天养育之争中研究最多、也是争议最多的领域之一，因此我们将主要以它们为例来说明生物学和文化之间如何相互作用，使我们成为现在的自己。我们将首先讨论生物学，因为它与性别差异相关。

研究性和性别的术语

首先，让我们来定义一些术语。许多人交替使用性和性别这两个术语，但在心理学上它们指的是不同的东西。性指的是男性和女性是基于染色体、生殖器和第二性征的两个生物类别，如男性较高的肌肉含量和女性的乳房。

性别是指与男性和女性相关联的特征，这些特征可以源于生物学、文化或两者兼有，如穿裙子、喜欢运动、长头发、想要更多的性伴侣、更具攻击性或喜欢购物。小学操场上的行为差异是性别化的行为。每个孩子在生物学上是男性还是女性就是他们的性别。

不久前，性别和性被视为相当固定的——只有两种性别，如果某人出生时是女性，她就一直是女性，要履行女性的性别角色。然而现在，所有观点都受到了这样那样的挑战。直到最近，大多数文化都传递了一个强烈的信息：每个人都必须被指定一个性别。当一个兼具男性和女性生殖器的孩子出生时，医生和家长会认为必须通过手术来减少这种模糊性，为孩子保留一个性别。在白天和黑夜之间有黄昏的存在；在冷与热之间有温暖的状态；但在男性和女性之间，从社会角度来讲，基本上没有其他选择。现在有些人认同无性别或非二元性别，希望被认同为既不是男性也非女性。

此外，还有一些是跨性别者，这些人的男性或女性意识与其出生时的性别不同。跨性别者可能会觉得自己男性的身体里是一个女人，或者女性的身体里是个男人。跨性别者并不等同于具有非典型的性别角色——例如，有些女性留短发，不喜欢购物，喜欢运动，但仍然坚信自己的性别是女性。相反，一个生来就是女性的跨性别者可能会有一系列的性别角色，但却有一个基本的意识，就是她实际上是男性。当她（他）准备好变性时，她（他）可能会开始以一个男人的身份生活。一些跨性别者选择通过手术的方式改变自己的性别，以符合他们的身份；但另一些人并不愿改变他们的身体，而是在社交媒体上选择自己想要的性别。据估计，目前大约有0.4%的美国人是跨性别者，约100万人。

接下来，我们将探讨男女差异的生物学解释（我们将稍后分析这些差异实际上是什么）。现在，请思考这个经过充分研究的男女差异结论：男性思考得更多，自慰得更多，并渴望有更多的性伴侣。

问题是为什么？

图12-1 凯特琳·詹纳（乔－西尔/图）[1]

---

[1] 原名为布鲁斯·詹纳，在2015年变性为女性之前，大部分时间都是以男性身份生活。

性别和择偶偏好

进化心理学对这个问题给出了一个相当直接的答案：男人有更强的性欲，因为性对男人来说是一种廉价的投资，而对女人来说是一种巨大的承诺。进化心理学家指出，男性和女性在性与生育方面面临着不同的适应性。（这些观点存在争议，在本章的后半部分，我们将探讨对这种观点的反思。）

因此，进化心理学家说，女性谨慎地投资她们的生育机会，重视资源和承诺。而男性则与其他男性竞争以获得传播基因的机会，因此男性寻找的是健康、肥沃的土壤来播种他们的基因种子。女性希望找到能够帮助她们照料花园的男人——资源丰富且感情专一的父亲，而不是花花公子。女性择偶精挑细选，男性则广撒网。至少理论上是这样的。

进化心理学也提示，那些在操场上打架的男孩，可能是为了一场更严肃的游戏而进行的演练。在人类历史的大部分时间里，身体更强壮的男性在获得女性配偶的机会方面表现更出色，这在几代人中增强了男性的攻击性和支配性，因为攻击性较弱的男性繁衍后代的机会更少。蒙特祖玛二世借助他后宫中的 4000 名女性将那些助力他成为阿兹特克国王的基因特性传递给了他的后代。所有这些假设的基础都有一个原则：自然会选择那些有助于基因遗传的特性。

这个过程几乎都是无意识的。很少有人在激情中停下来想"我想把我的基因留给后人"。进化心理学家说，我们天生渴望那种能增加基因遗传性的生活。情绪负责执行这种进化机制，就像饥饿促使人体摄取食物一样。

第 12 章　生物和文化

　　进化心理学还预测，女性更喜欢资源丰富的男性，因为抚育子女成年需要密集的劳动力投入和巨大的资源消耗。因此，男性会努力提供女性所渴望的东西——外部资源和身体保护。雄性孔雀炫耀它们的羽毛；男性人类炫耀他们的腹肌、豪车和资产。在一个实验中，当男性青少年被要求在一个房间与女性独处后，他们会评价"有很多钱"更重要。在卡迪夫的一项研究中，无论女性是坐在简陋的二手车里还是豪华的宾利车里，男性认为她的吸引力差别不大；但是女性会觉得坐在豪车里的男性更具有吸引力。威尔逊说："男性的成就最终成为求爱的资本。"

　　那么男人想要什么呢？进化心理学家认为，男人偏爱女性的生育能力，通常表现为年轻、健康的外表。他们发现，具有这些偏好的男性最有可能拥有更多后代。这可能不是今天大多数男人有意识的选择，但进化的过程在不知不觉中促使他们更偏好这些特征。进化心理学家指出，与大多数其他心理上的性别差异相比，择偶偏好的性别差异非常大。它们在不同文化中也相当普遍。从澳大利亚到赞比亚的 37 个文化中进行的研究表明，男性都会被生殖力旺盛的女性外表（如年轻的面孔和身材）所吸引，而女性则觉得拥有财富、权力和雄心的男性更有吸引力，因为这些是男性保护和培育后代的资源保证。但两性也存在一些相似之处：无论是居住在印度尼西亚的岛屿上，还是在圣保罗的城市里，女性和男性都渴望善良、爱和相互吸引。

　　月经周期也很重要。女性的行为、气味和声音为她们的排卵提供了微妙的线索，而男性可以察觉到这些线索。当处于最佳受孕期时，女性更警惕有潜在威胁的男性，并且更擅长察觉男性的性取向。她们也会对那些自信和有社会优势的男人表现出更多的调情行为。

在回顾这些发现时，巴斯报告说，他感到有些惊讶，"世界各地的男性和女性在择偶偏好上的差异，恰恰是进化论者所预测的方式。透过我们对蛇、高处和蜘蛛的恐惧，我们可以观察到进化过程中祖先遭遇的生存危险。同样，择偶偏好也为我们打开了一扇窗，让我们了解祖先繁殖所需的资源。今天的我们身上都携带着祖先们的偏好"。

性别和荷尔蒙

进化心理学可以解释为什么性别差异根植于生物学过程，但不能解释差异是如何产生的。生物学影响性别差异的方式是通过荷尔蒙，这是我们体内可以影响行为和情绪的化学物质。例如，男性有较高水平的睾丸激素，这是一种与支配性和攻击性有关的激素。

荷尔蒙很重要，因为基因本身不能成为性别差异的来源：从基因上讲，男性和女性在46条染色体中只有一条染色体不同，而Y（男性）染色体主要由一个基因来区分。该基因指导着睾丸的形成，睾丸会分泌睾丸激素。在胎儿发育过程中睾丸激素过量的女孩往往表现出更像男孩的行为，并且在职业偏好上与男性更相似，对事物的兴趣大于对人的兴趣。当被要求旋转物体时（一项男性和女性处理方式不同的认知任务），那些对睾丸激素不敏感的具有男性染色体（遗传学特征为男性）的人显示出更典型的女性大脑活动，因为他们的大脑在胎儿时期没有接触到足够多的睾丸激素。总体而言，在子宫内接触到更多睾丸激素的儿童会表现出更典型的男性心理模式，包括较少的眼神接触、较低的语言能力和较少的同理心。其他案例研究追踪了出生时没有阴茎的男性，他们被作为女孩抚养。尽管他们穿上了裙子，被当作女孩对待，但大多数人都表现出男性化的行为，并最终——在大多数情况下，伴随着一些情感上的困扰——选择了男性的身份。

攻击性方面的性别差距似乎也受到睾丸激素的影响。在各种动物中，注射睾丸激素会提高攻击性。在人类中，暴力犯罪的男性的睾丸激素水平高于正常水平；美国国家橄榄球联盟的球员和参与体育运动的大学生也是如此。此外，对于人类和猴子来说，攻击性的性别差异似乎在生命早期（在文化产生较大影响之前）就出现了，并随着成年后睾丸激素水平的下降而减弱。

进化心理学的反思

批评者并非反驳自然选择——自然选择生理和行为特征以提高基因存活率的过程——而是看到了进化论解释可能存在的问题。进化心理学家有时会从一个发现（如男女在性主动性方面的差异）出发，从结果倒推到行为从而提出相应的解释。正如生物学家埃利希和费尔德曼所指出的，进化论心理学家在采用事后推测的方法时几乎不会出错。这些批评者认为，当今的进化论心理学就如同过去的弗洛伊德心理学派：无论发生什么，任何理论都可以进行修正更新。

克服事后聪明偏差的方法是假设事情的结果并非如此。试想一下，如果女性比男性更强壮、更有攻击性，有人可能会说："当然啦！这样对保护她们的孩子更有利。"如果人类的男性从来没有婚外情，也许我们就看不到其忠诚背后的进化智慧。因为养育后代远比播种受精更重要，所以男性和女性会通过共同投资于他们的孩子而受益。那些对配偶和后代忠诚的男性会更容易确保后代的生存和繁衍，以保证自己的基因得到延续。一夫一妻制有助于增强男性对父亲身份的确定性。（为什么人类和其他一些幼年需要投入大量精力进行养育的物种都倾向于配对生活并实行一夫一妻制？进化论的事后推测对此提供了解释。）

进化心理学家认为，事后推测在文化解释中发挥的作用不小：为什么女性和男性会有差异？因为文化促使他们的行为社会化！当人们的角色随着不同的时间和地点发生变化时，"文化"对这些角色的描述胜过对它们的解释。进化心理学家说，他们的领域远不止事后的猜想，这是一门利用动物行为、跨文化观察、荷尔蒙和基因研究来检验进化学假设的实证性科学。与许多学科一样，人们通过观察获得理论，从而产生可以检验的新预测。这些预测不仅提醒我们关注未被注意的现象，还有助于我们确认、反驳或修正理论。

进化心理学的批评者承认，进化有助于解释我们的共性和差异（一定程度的多样性有利于生存）。但他们强调仅凭人类共同的进化遗产本身并不能预测人类婚姻模式中巨大的文化差异（从一夫一妻到一夫多妻再到一妻多夫，以及交换夫妻的行为）。它也不能解释为什么文化能在短短几十年内影响人们的行为模式。大自然赋予我们最重要的特征是适应能力——学习和改变。进化论的捍卫者说，进化论不是基因决定论，因为进化让我们能够适应多变的环境。

文化与行为

也许人类最重要的共同点（或者说人类的标志）就是我们有学习和适应的能力。我们的基因使大脑具有适应性——就像一个装载文化软件的大脑硬盘。进化使我们有能力在不断变化的世界中创造性地生活，无论是在赤道丛林还是北极冰原，都能生机勃勃。与蜜蜂、鸟类和斗牛犬相比，大自然对人类的基因控制更宽松。然而，正是人类共有的生理基础使我们具有文化上的多样性。它使一种文化中的人强调守时，弘扬诚信，或接受婚前性行为，而另一种文化中的人则不然。正如社会心理学家鲍迈斯特所说，"进化产生了我们的文化"。

需要注意的是，生物学和文化并不是两个完全独立的影响因素。它们很多时候会相互作用，从而产生了我们周围看到的行为多样性。基因不是固定的模型；它们的表达依赖于环境，就像茶的味道在遇到热水环境时才会"表达"出来一样。一些新西兰年轻人的基因变异增加了他们患抑郁症的风险，但前提是他们经历过重大的生活压力，如父母离异。压力和基因的单独作用都不会产生抑郁症，两者相互作用才会导致抑郁症。

我们人类能在自然选择中胜出，不仅是靠大脑和强壮的肌肉，还有文化的作用。在我们来到这个世界时，就已经准备好了学习语言，并为了获得食物、照顾小孩和保护自己而与他人交往和合作。因此，自然使我们更容易习得我们所处的文化背景。文化观点强调人的适应性。孔子说："性相近也，习相远也。"世界文化研究者英格尔哈特和韦尔策尔指出，我们现在仍然"习相远"。尽管教育水平在不断提高，"但我们并没有走向统一的全球文化：文化整合并没有发生。一个社会的文化继承是非常持久的"。

文化多样性

人类的语言、习俗和表达行为的多样性证实了我们的大部分行为是受社会的影响，而不是天生的。基因的影响是长期的。正如社会学家罗伯逊所言：

> 美国人吃牡蛎，但不吃蜗牛；法国人吃蜗牛，但不吃蝗虫。祖鲁人吃蝗虫，但不吃鱼；犹太人吃鱼，但不吃猪肉；印度人吃猪肉，但不吃牛肉；俄罗斯人吃牛肉，但不吃蛇。

如果我们都是同质化的种族群体，生活在世界不同的地区，那么文化多样性与我们的日常生活就没有什么关系了。日本98.5%的居民是日本人，内部的文化差异很小。相比之下，纽约的文化差异极大，纽约900万居民中有30%以上不是在美国出生的。

越来越多的文化多样性包围着我们。越来越多的人生活在同一个地球村，通过电子社交网络、跨国航班和国际贸易等方式与同伴联系。

面对不同文化，有时是一种令人诧异的经历。当中东国家元首以亲吻面颊的方式与美国总统互相问候时，美国男性可能会感到不自在。一位习惯于只有在极少数情况下才与"大学教授"交谈的德国学生，认为大多数美国教师办公室的门都是开着的，学生们可以自由进出，这很奇怪。一个伊朗学生第一次去美国麦当劳餐厅时，在她的纸袋里摸索着寻找餐具，直到她看到其他顾客都直接用手吃薯条。在全球许多地区，最好的行为都可能是严重违反礼仪的。到访日本的外国人往往很难掌握社交规则——何时脱鞋，如何倒茶，何时赠送和打开礼物，如何对待上级或者下级。

移民和难民的迁徙往往带来更多的文化融合。19世纪的英国作家吉卜林写道："东方是东方，西方是西方，双方永远不会相遇。"但今天，东方和西方，北方和南方，一直在相遇。意大利是阿尔巴尼亚人的家乡，德国是土耳其人的家乡，英国是巴基斯坦人的家乡，因为在那里，各种拼法的"穆罕默德"是现在最常见的男孩名，其结果是友谊和冲突并存。每五个加拿大人和每八个美国人中就有一个是移民。当我们与来自不同文化背景的人一起工作、休闲和生活时，我们会更容易理解文化的差异和影响力。在一个充满冲突的世界里，实现和平需要求同存异。

正如礼仪规则所说明的那样，所有文化都有自己公认的得体行为。我们经常把这些社会期望或规范看作是一种消极的力量，它将人们禁锢在盲目的延续传统中。社会规范确实约束和控制了我们——如此成功，如此微妙，以至于我们几乎没有感觉到它们的存在。就像海洋中的鱼一样，我们都沉浸在自己的文化中，以至于我们必须从中跳出来才能真正了解它们的影响。荷兰心理学家库门和迪耶克说："当我们观察其他荷兰人以外国人所说的'荷兰方式'时，我们通常没有意识到这些就是典型的荷兰人的行为。"

了解本土文化规范的最好方法就是观察另一种文化，以及两种文化处事风格的差异和共同点。在苏格兰生活时，我告诉孩子们，欧洲人吃肉时是左手拿着叉子。"但我们美国人认为应该先把肉切下来，再把叉子换到右手，这才是礼貌的做法。我承认这么做缺乏效率，但这就是我们的方式。"

对于那些不接受某种社会规范的人来说，这些规范可能显得过于专横和束缚。对大多数西方人而言，穆斯林女性的头巾似乎是专制和限制性的代表，但对穆斯林文化中的大多数人来说并非如此。我班上的穆斯林女学生认为，头巾鼓励男人将她们视为人，而不是性对象。正如演员需要知道自己的台词，演出才能顺利进行，人们同样要知道社会对自己的期待，社会行为才会顺利发生。社会规范是社会机制正常运转的润滑剂。身处陌生的环境中，如果不了解社会规范，我们就会观察他人的行为，并对自己的行为做出相应调整。

文化在表现力、守时性、打破规则和私人空间的规范上有所不同。思考以下内容：

个人选择

文化在强调个人自我（个体主义文化）与强调他人和社会（集体主义文化）的程度上有所不同。因此，西方（通常是个体主义）国家允许人们在给自己做决策的时候有更大的自由度。在我上大学的时候，我的巴基斯坦裔美国朋友想去研究生院学习拉丁文。她的父母坚持让她去读医学院，否则，他们就会切断她的经济来源。在美国长大的我很震惊她的父母居然告诉她应该从事什么职业，但在集体主义文化中，这种对父母的顺从被广泛接受。

守时性

对一个来自相对正规的北欧文化的人来说，一个深受富有表现力的拉美文化影响的人看起来可能"温暖、迷人、低效且虚度光阴"。对拉丁美洲人来说，北欧人看起来可能"高效、冷漠、过度关注时间"。而且他们可能是对的：北欧人在街上走路的速度比拉丁美洲人快，而且北欧银行的时钟更精准。在日本的北美游客可能会对路人之间缺少眼神交流感到困惑。拉丁美洲的企业主管如果在晚宴上迟到，可能会让那些时间至上的北美同行感到烦躁且困惑。

打破规范

在传统的集体主义文化中，社会规范尤为重要。在一项研究中，韩国人（与美国人相比）更有可能避开素食主义者的同事，因为他们认为素食主义是一种违背社会规范的选择。对大多数美国人来说，成为素食主义者是一种个人选择；对韩国人来说，这意味着与众不同，与群体格格不入，因此是不受欢迎的。许多集体主义文化提倡这样的信念：人类的痛苦是由违反社会规范造成的（比如感染疾病）。集体主义文化更有可能羞辱被视为与众不同的人，包括身份不同和行为不同。

私人空间

私人空间是我们想要与他人之间保持的一种可移动的安全区或缓冲区。随着情境改变，安全区的大小也随之变化。对于陌生人，大多数美国人保持相当大的私人空间，至少是四英尺以上的距离。在不拥挤的公共汽车上，在洗手间或图书馆，我们会保护自己的空间并尊重他人的空间。我们允许朋友走得更近些。

个体之间存在差异。有些人比其他人喜欢更大的私人空间。群体之间也存在差异。成年人比儿童保持更远的距离。男人彼此间的距离比女人之间的距离更远。由于未知的原因，赤道附近的文化喜欢更小的空间和更多的触摸和拥抱。因此，英国人和斯堪的纳维亚人比法国人和阿拉伯人更喜欢保持较远的社交距离；北美人比拉丁美洲人更喜欢大的私人空间。

如果想了解侵犯他人私人空间的后果，你可以尝试突破他人的空间。你可以站在或坐在一个距离朋友 30 厘米左右的地方与其聊天，观察他/她是否会感到不安、眼睛转向别处、身体后退或者表现出其他不舒服的迹象？这些都是研究者考察空间入侵的唤醒信号。

文化不仅在这些行为的规范上有所不同，也在规范的强度上有差异。一项涉及 33 个国家的研究要求人们对不同情境中（比如在银行或聚会上）的各类行为（如吃饭或哭泣）的恰当程度进行评分。结果显示，具有严格的、强制性高的行为规范的社会更倾向于"严苛"文化，更有可能面临如领土冲突或资源匮乏等威胁。

文化相似性

由于人类的适应性，文化出现了多样化。然而，在文化差异的表象下，跨文化心理学家看到了"一种基本的普遍性"。作为人类的成员，无论在哪里，差异行为背后的机制都是相同的。

世界各地的人们对友谊有一些共同的规范。在英国、意大利、和日本等国进行的研究中，研究人员阿盖尔和亨德森注意到在定义朋友角色的社会规范方面有一些文化差异。例如，在日本，不以公开批评的方式让朋友难堪非常重要。但也有一些明显的普遍性的规范：尊重朋友的隐私，交谈时要有眼神接触，不要泄露彼此的秘密。在全球 75 个国家中，最受重视的品质是诚实、公平、善良、良好的判断力和好奇心——这些都是友谊和关系的重要品质。

无论人们在哪个等级层次，他们对地位较高的人说话都会像对陌生人说话一样尊重，而对地位较低的人则以对朋友说话时的更熟悉的、直呼其名的方式交谈。病人称他们的医生为"某某医生"；医生则直呼病人的名字。学生和教授通常以类似的不对等的方式相互称呼。

英语代词 you 在大多数语言中有两种形式：一种是尊敬的形

式，另一种是非正式的形式（例如，德语中的 sie 和 du，法语中的 vous 和 tu，西班牙语中的 usted 和 tu，汉语中的你和您）。人们通常对亲密的人和下属、亲密的朋友和家庭成员使用非正式的形式，对孩子和宠物说话时也是如此。当陌生人开始用"sie"而不是"du"来称呼一个德国小孩时，这个小孩会受到极大的鼓舞。

文化与性别

在本章的第一部分，我们讨论了生物学和进化，以解释男女差异的根源。然而，生物学并不能解释所有问题：作为一个男人或女人，男孩或女孩，在不同的文化中意味着什么？

我们可以从关于男性和女性应该如何行事的观念中看到文化的塑造力。我们可以从男性和女性违反社会期望时所遭受的谴责中找到文化的身影。在世界各个国家中，女孩会花更多的时间帮助做家务和照顾孩子，而男孩则把时间花在自由的游戏中。即使在现代的北美双职工家庭中，男性会承担家里大部分的修理工作，而女性则负责照看孩子。这种对男性和女性的行为期望——谁应该做饭、洗碗、打猎，以及领导公司和国家——定义了性别角色。

文化是否建构了这些性别角色？还是性别角色反映了男女的自然行为倾向？随着时间的推移和文化的差异，性别角色的多样性表明了文化确实有助于我们的性别角色的建构。

尽管性别角色存在不平等，但全球大多数人都希望男性和女性角色更平等。2010 年皮尤全球态度调查询问了 2.5 万人一个问题，即夫妻双方都工作并共同抚养孩子和"女主内，男主外"（女性留在家里照顾孩子而丈夫在外赚钱），这两种生活方式哪种更令人满意？在 22 个国家中，有 21 个国家的大多数人选择第一种生活方式。

然而，国家与国家之间存在着巨大的差异。当工作机会稀缺时，男性是否应该优先获得工作？在英国、西班牙和美国，大约 12.5% 的人表示同意，在印度尼西亚、巴基斯坦和尼日利亚，80% 的人都表示赞同。

总体而言，伍德和伊格里观察到，文化往往强化了源自生物需求的性别角色。女人必须要留在离家近的地方，所以她们更倾向于聚集在一起；而男人不需要留在离家近的地方，所以他们会去狩猎。文化差异也可能从男女之间的一个差异开始，扩展到其他更多差异。男性强大的体力可能是导致了父权制成为最常见的制度的原因。几乎所有的社会都是男性处于社会权威的地位，并且男性和女性分工不同。因此，不同文化之间的相似性可能代表了男性的社会权力，而不是进化导致的差异。

在过去的半个世纪里，性别角色已经发生了巨大的变化。1938 年，只有 20% 的美国人赞成"即使一个已婚妇女的丈夫有能力支持她，她也可以去工作赚钱"，到了 1996 年，已经有 80% 的人赞成。在 20 世纪 70 年代末的美国 12 年级学生中，59% 的人同意"如果母亲工作，学龄前儿童可能会遭受痛苦"，但到了 2015 年，只有 20% 的人赞同。在 20 世纪 60 年代和 70 年代，美国书籍中使用的男性代词是女性代词的 4 倍，但到了 2008 年，这个比例已经缩减到 50%。

这种态度的转变也伴随着行为的变化。1965年，哈佛商学院从未向女性颁发过学位。在哈佛商学院的2016届学生中，41%的学生是女性。从1960年到2016年，美国医学院的女生比例从6%上升到47%，法学院的女生比例从3%上升到51%。因此，现在律师大多数是女性。

在20世纪60年代中期，美国已婚妇女用于家务劳动的时间是丈夫的7倍。到2013年，性别差距已经缩小，但仍然存在。22%的男性和50%的女性平时都做家务，他们平均每天做家务的时间分别为1.4小时和2.3小时。2011年，母亲在照顾孩子方面花费的时间仍然是男性的2倍。母亲从事有偿工作的时间是1965年的3倍，但有偿工作的时间仍然只有男性的一半。

在许多文化中都出现了性别平等的趋势——例如，大多数国家的议会中都有越来越多的女性代表。这种变化发生在不同的文化和非常短的时间内，表明进化和生物学并不能固化性别角色，时间也会使性别发生变化。

总体而言，性别角色在几十年来已经发生了巨大的转变，但许多性别差异仍然存在。生物学和文化的相互作用将继续存在下去，在未来的几十年里，性别角色可能会继续发生演变。

专有名词

- **自然选择**
  把最能使生物体在特定环境中生存和繁育的可遗传特征传递给后代的进化过程。

- **进化心理学**
  利用自然选择的原则研究认知和行为的进化。

- **性**
  男性和女性的生物类别。

- **性别**
  在心理学中,人们对男性和女性特征的界定,包括生理特征和社会特征。

- **跨性别者**
  在心理上认为自己是男性或女性的人,与他或她的出生时的性别不同。

- **睾丸激素**
  一种在男性身上更普遍的荷尔蒙,与支配性和攻击性有关。

- **文化**
  由一大群人共享并代代相传的持久的行为、思想、态度和传统。

- **规范**

  被接受和预期的行为标准。规范规定了"适当的"行为。(从另一种意义上讲,规范也描述了大多数人的行为——什么是正常的。)

- **个人空间**

  我们喜欢在身体周围保持的缓冲区。它的大小取决于我们对身边人的熟悉程度。

- **性别角色**

  对男性和女性的一套行为期望(规范)。

第13章
性别的相似性和差异性

正如我们所看到的，生物学和文化的相互作用在男女差异问题上最为突显。那么，除了简单的概念或刻板印象，研究还发现了哪些实际差异呢？男性和女性之间有哪些相似之处和不同之处？

首先，我们先来认识男性和女性之间的相似之处。哈里斯指出，"人类基因组的46条染色体中，有45条是不分性别的"。因此，在婴儿期，女性和男性的许多身体特征和发育阶段都是相似的，比如何时能坐起来、出牙的时间和学会走路的年龄。他们在许多心理特征方面也很相似，比如整体词汇量、创造力、智力、外向性和幸福感。女性和男性还有着同样的情感和渴望，都很疼爱自己的孩子，而且他们的大脑看起来也是相似的。事实上，泽尔和同事在对106项元分析（每一个都是数十项研究的统计摘要）的综述中指出，大多数研究变量的普遍结果是性别相似性。在大多数心理属性上，两性之间的重叠程度大于差异。你的"异性"实际上是你的同性。

当然，男女之间也有明显的性别差异。与男性相比，女性：

- 脂肪含量高出 70%，肌肉量少 40%，身高矮 13 厘米，体重轻 18 公斤。
- 对气味和声音更敏感。
- 患有焦虑症或抑郁症的概率是男性的 2 倍。

与女性相比，男性：

- 进入青春期的年龄更晚（约晚 2 年），但寿命更短（全球男性平均寿命比女性短 4 年）。
- 注意力缺陷 / 多动障碍（ADHD）的发病率是女性的 3 倍，自杀率是女性的 4 倍，被雷击致死的概率是女性的 5 倍。
- 更擅长耸动耳朵。

在 20 世纪 70 年代，许多学者对这种性别差异的研究表示担忧，认为这些研究结论可能会强化刻板印象。性别差异是否会被解读为女性的缺陷？尽管研究结果证实了对女性的一些刻板印象——比如肢体冲突更少、更有教养、对社会关系更敏感——这些绝大多数人所欣赏的特质，不管是男性还是女性。因此，许多人对女性的看法和感觉比男性更积极——研究者将这种现象称为"女性美好效应"。

当我们讨论研究中发现的性别差异时，请记住它们是基于平均值的差异——并不适用于群体中的每个成员。许多差异可能与你的个人经验相符，也可能不符，但这并不一定意味着它们不正确。例如，尽管我是女性，但我对购物不是特别感兴趣。因此，如果一项研究发现女性对购物更感兴趣，我将是一个例外。我年轻的时候不喜欢阅读关于性别差异的文章（比如在购物方面），因为它们让女性显得很轻浮。慢慢地，我开始意识到，某些事情对大多数女性来说是准确的，并不意味着我也必须如此。对于男性来说，相应的情况可能是关于攻击性和暴力等不良行为的差异；即使在平均水平上是准确的，也不一定代表就适用于你。请在阅读时记住这一点。

独立性与联系性

男性对于激烈的竞争和养育关怀等方面的观点和行为会存在个体差异，女性也是如此。在不否认这一点的前提下，20世纪末的一些女权主义心理学家认为，女性比男性更重视亲密的关系。证据如下。

游戏

根据麦科比对性别发展的问题进行的数十年研究发现，与男孩相比，女孩愿意进行更亲密的交谈，更少参与攻击性游戏。她们更偏向于在较小的群体中玩耍，并且喜欢和一个固定朋友聊天。男孩则更喜欢参与大范围群体活动。当男孩女孩和同性朋友玩耍时，性别差异就会逐渐显现出来。青少年在游戏中表现出来的性别差异也出现在猴子等非人类的灵长类动物身上，说明这种差异是普遍存在的，也许是由生物学上的原因所产生的。

友谊和同伴关系

作为成年人，女性比男性更经常使用与人际关系相关的词汇来描述自己（至少在个体主义文化中），她们更乐于接受别人的帮助，更常体验到与关系相关的情感，更努力地融洽自己与他人的关系。在脸书上，女性也更多地使用与关系相关的词汇（如朋友、家人、姐妹），而男性则更多地使用与具体活动和想法相关的词汇（如政治、足球、战争）；总体而言，女性在脸书上的语言更温暖、更有同情心、更有礼貌，而男性的语言则更冷淡、更有敌对性、更生硬。总体而言，女性更清楚自己的行为如何影响他人，而且她们对朋友的依恋感更强。贝内森及其同事指出，"也许是因为她们对亲密关系的渴望更强烈，在大学第一年，女性更换室友的概率是男性的2倍"。

女性通话时间更长，并且发送短信的数量是男性的2倍。当目标是与他人建立联系时，女性会表达得更多；而当目标是坚持自己的观点和提供信息时，男性实际上表达得更全面。女性会花更多的时间发送电子邮件来表达情感，并且她们花在社交网站的时间也多于男性。相反，男孩和男人都会花更多的时间在网络游戏上。

处于群体中时，女性更多地分享自己的生活，为他人提供更多的支持。面临压力时，男性倾向于采用"战斗或逃跑"的策略；他们通常以战斗的方式回应威胁。泰勒指出，几乎在所有的研究中，

第 13 章 性别的相似性和差异性

处于压力下的女性都更加需要照顾和帮助,她们会向朋友和家人寻求支持。在大学新生中,72% 的男生和 82% 的女生认为"帮助有困难的人"非常重要。

研究者使用一个计算机程序,通过机器学习的方式识别单词用法和句子结构中的性别差异,并成功地分析了 920 部英国小说和非小说作品中 80% 的作者性别。结果发现,在写作过程中,女性更倾向于使用公共介词(例如,和),她们使用的数量词更少,并且更多采用现在时。

在谈话中,男性的风格反映了他们更关注独立性,女性则关注联系性。男性更有可能表现出强势的感觉——自信地说话、打断别人、喜欢用手触摸、更多地凝视、更少地微笑。例如,在美国最高法院,女性在说话时被男性同事打断的比例高于男性被女性打断的比例。从女性的角度来看,女性的风格往往更间接——更少打断别人、更敏感、更有礼貌、很少傲慢、胜任力更强、更谨慎。

那么,"男人来自火星,女人来自金星"是正确的吗?事实上,迪奥克斯和拉弗朗斯指出,男性和女性的谈话风格会随着社会背景而变化。我们所认为的男性的许多风格其实是有权力和地位的人(不论男女)的典型风格。例如,学生在与教授交谈时会比与同龄人交谈时点头次数更多,女性比男性的点头次数更多。男性以及地位较高的人往往说话声音更高,打断别人的次数也更多。此外,个体差异也是存在的。有些男性犹豫不决,有些女人果断自信,所以直接将男性和女性划归于两个不同的星球未免过于简单了。

职业

一般来说，女性对处理人际关系的工作（如教师、医生）更感兴趣，而男性对处理事务的工作（如卡车司机、工程师）更感兴趣。在对数学要求较高的职业上，女性的兴趣明显低于男性，即使是数学成绩很好的女性也是如此。另一个差异是：男性更倾向于从事增强性别不平等的工作（如检察官、企业广告策划）；女性则倾向于选择减少性别不平等的工作（如公诉辩护人、慈善机构的广告策划工作）。在一项针对 64 万人工作偏好的调查中，男性比女性更重视收入、晋升、工作挑战性和权力；女性比男性更重视合理的工作时间、人际关系和帮助他人的机会。事实上，在北美大部分看护职业（如社会工作者、教师和护士）中，女性的数量都超过了男性。

家庭关系

拥有母亲、女儿、姐妹和祖母身份的女性可以更好地维系家庭关系。在孩子出生后，父母（尤其是女性）在与性别相关的态度和行为上变得更加传统。女性照顾孩子的时间大约是男性的 2 倍。女性购买的礼物和贺卡是男性的 3 倍，书写私人信件的数量是男性的 2 倍到 4 倍，给朋友和家人打长途电话的次数要多出 10% 到 20%。在全球 500 个随机选择的脸书页面中，女性展示了更多的家庭照片，并表达了更多的情感，而男性更有可能展示自己的地位或冒险经历。

同理心

在调查中,女性更有可能用"同理心"描述自己,即能够与他人感同身受——与高兴的人一起高兴,与哭泣的人一起哭泣。同理心的性别差异虽然不是很大,但在实验室研究中确实存在:

- 在观看图片或听故事后,女孩会有更多的同理心反应。
- 在实验室或现实生活中遭遇不愉快的经历后,女性会更多地对其他遭受类似经历的人表示同情。
- 观察某人接受虚假的电击时,女性与同理心相关的脑区会显著激活,而男性则没有。

这些差异有助于解释为什么男性和女性都认为与女性的友谊更亲密、更愉快且更容易维持。当你需要别人的共情和理解时,当你想要向别人倾诉自己的喜怒哀乐时,你会向谁求助?大多数男性和女性都会选择求助于女性。

有一种对两性同理心差异的解释是,女性在解读他人的情绪方面往往比男性表现得更出色。霍尔分析了 125 项关于男性和女性对非语言线索敏感性的研究,发现女性通常更善于解读他人的情绪信息。例如,播放一段 2 秒钟的无声电影片段,里面是一张心烦意乱的女人的脸,女性能更准确地猜出她是在批评别人还是在讨论自己的离婚问题。女性还常常比男性更善于回忆别人的外貌。

霍尔还提到女性更善于用非语言的方式表达情感。科茨和费尔德曼指出,这一特征在表达积极情绪时尤为明显。研究者让人们谈论令自己感到快乐、悲伤和愤怒的时刻。然后，播放 5 秒钟的静音视频。结果发现，观察者可以在视频中更准确地辨别女性快乐的情绪。然而，男性似乎更善于用非语言的方式表达愤怒。

社会支配性

想象一下有这样两个人：一个"大胆、专断、粗鲁、强势、有力量、独立、强壮"，另一个"深情、依赖人、爱幻想、感性、顺从、柔弱"。威廉斯和贝斯特指出，如果你觉得第一个人听起来更像一个男人，第二个人听起来更像一个女人，那么你和很多人的想法一样。从亚洲到非洲，从欧洲到澳洲，人们都认为男性更占主导地位、更上进、更有攻击性。此外，对 70 个国家近 8 万人的研究表明，男性比女性更重视权力和成就。

这些看法和期望与现实相关。男性几乎在所有的社会中都具有社会主导地位。正如赫加蒂和同事所观察到的那样，随着时间的推移，男性的头衔和名字都是排在第一位："国王和王后""他和她的""丈夫和妻子""比尔和希拉里"。莎士比亚从来没有写过诸如《朱丽叶与罗密欧》或《克莉奥佩特拉与安东尼》等标题的戏剧。

性别差异在不同的文化中差异很大。在许多工业化社会中，随着越来越多的女性开始担任管理和领导岗位，性别差异正在缩小。然而，请关注以下情况：

○ 2019 年，女性立法者不超过 24%。
○ 男性比女性更关注社会支配地位，更有可能支持保守的政治候选人和维持群体不平等的方案。
- 虽然男性只占陪审团的一半，但绝大多数都是陪审团的领导人；大多数实验室的小组负责人也是男性。
- 在英国前 100 强的企业中，男性占据了 74% 的董事会席位。

在许多研究中，人们认为领导者具有更多文化上的男性特征——更自信、更有力、更独立、更直言不讳。在写推荐信时，人们在描述男性候选人时更多地使用"与表现和地位相关的"形容词，而在描述女性候选人时更多地使用"与群体相关的"形容词（如乐于助人、善良、有同理心、有修养、机智）。这种差异可能使女性在申请领导职位时处于不利地位。当女性以主导的方式行事时，人们通常觉得她们不讨人喜欢，这又给女性的职业发展带来了另一个阻碍。

男性的沟通方式可以巩固他们的社会权力。在领导角色中，男性往往擅长指令性、以任务为中心的领导方式；女性则更擅长变革型领导和关系型领导风格。这两种领导风格越来越受到组织的青睐，因为它们具有鼓舞人心的社交技能，能够塑造团队精神。男性比女性更重视成功、领先和支配他人。这也许可以解释为什么在群体间的竞争中，比如当国家处于战争状态时，人们对男性领导者的偏好更大，而在群体内部发生冲突时则不会如此。

男性也更容易冲动，并且更喜欢冒险，也许是因为他们试图证明自己的男子气概。一项针对 3.5 万个股票经纪人账户的数据研究发现，"男性比女性更自负"，因为他们比女性的交易次数多 45%。

然而，由于交易是有成本的，所以实际上男性的交易并不比女性更成功，他们的业绩比股市低 2.65%，而女性的业绩则比股市低 1.72%。由此可见，男性的交易风险更大，因此他们有更多的财产损失。

攻击性

心理学家所说的攻击性，是指意图伤害他人的行为。在世界各地，狩猎、打斗和战争等活动主要是男性参与。在调查中，男性承认自己比女性更具攻击性。在实验室研究中，男性确实表现出更多的身体攻击。例如，在加拿大和美国，因谋杀被捕的男性是女性的 8 倍。几乎所有的自杀式恐怖分子都是年轻男子。几乎所有死于战场的人和死刑犯都是男性。

但同样，攻击性的性别差异会随着环境而发生变化。当人们被激怒时，攻击性的性别差距会缩小。在伤害性较小的攻击形式中，女性的攻击性并不比男性差，甚至可能更强。例如对家人扇耳光、摔东西或对别人进行语言攻击。女性也更有可能实施间接的攻击性行为，如散播恶意的流言蜚语。但在全世界范围内，男性在任何年龄段都会更多地以身体攻击的方式伤害他人。

性特征

在对性刺激的生理和主观反应上，女性和男性大同小异，不同之处在于事先发生了什么。请思考以下情况：

○ 想象一下，有一天你正走在校园里，一个有魅力的异性走近你。他或她问道："嗨，我最近在校园里注意到你，我觉得你很有魅力。今晚你愿意和我做爱吗？"你会怎么做？一项研究的结果显示，没有一个女性会答应，但是 75% 的男性都同意了。然而，当被问及是否愿意约会时，大约一半的男性和女性都会答应。

○ 在澳大利亚的一项调查中，对于"我可以想象自己与不同的伴侣进行开放的性关系，并感到很舒适和愉快"的表述，48% 的男性和 12% 的女性表示赞同。一项覆盖 48 个国家和地区的研究发现，从性关系开放的芬兰到强调一夫一妻制的中国，人们对开放性关系的接受程度不同。但是在每个被调查的国家中，男人对开放性关系表现出更多的向往。

○ 在一项随机抽取 3400 名 18 岁至 59 岁的美国人的调查中，有 25% 的男性和 48% 的女性认为对另一半的情感是他们发生第一次性关系的原因。在一个 18 岁到 25 岁的大学生样本中，男生平均每一个小时会想到性，女性平均每两个小时会想到性。

性态度上的性别差异会延续到行为上。跨文化心理学家西格尔和同事指出："在世界各地，几乎毫无例外，男性比女性更有可能发起性行为。"

事实上，男性不仅有更多的性幻想，对性的态度也更开放，会寻找更多的性伴侣，而且他们也更容易被性唤起、渴望更频繁的性生活、更频繁地手淫、使用更多的色情制品、更不擅长禁欲、更少地拒绝性行为、更冒险、花费更多的资源来获得性行为，并喜欢更多的性爱种类。

另一项研究调查了来自52个国家的16 288人，询问他们下个月希望与多少性伴侣发生性关系。在单身人群中，29%的男性和6%的女性希望拥有不止一个性伴侣。这个情况在异性恋和同性恋中是相同的（29%的男同性恋者和6%的女同性恋者渴望不止一个性伴侣）。

人类学家西蒙斯说："在任何地方，性都被理解为是女性拥有而男性想要的东西。"鲍迈斯特和福斯说，难怪各种文化都认为女性的性行为比男性的性行为更有价值，正如卖淫和求爱中的性别不对称所表明的那样，男性通常会用金钱、礼物、赞美或承诺，含蓄地换取女性的性顺从。在人类性经济学中，女性很少甚至从未为性行为买单。就像工会反对"不罢工的工人"会损害他们自身的工作价值一样，大多数妇女反对其他妇女提供"廉价的性"，因为这削弱了她们自身性行为的价值。在185个国家中，适龄的男性越少，青少年女性的怀孕率就越高——因为当男性稀缺时，"女性会通过低价提供性的方式来相互竞争"。如今，在许多大学校园里，男性是稀缺的（仅占学生总数的43%）。相反，当女性稀缺时，她们性行为的市场价值就会升高，并且她们能够要求更高的承诺。

男性和女性的性幻想也是不同的。在以男性为受众的色情作品中，女性通常未婚且充满欲望；在以女性为受众的言情小说中，强壮的男主角深深着迷于魅力四射的女主角。社会科学家并不是唯一注意到这一现象的人。幽默大师巴里指出："女人可以被一部长达4小时的电影所吸引，尽管整个电影都是关于一对男女试图发展出一段恋情，但最终却没有结果。男人却很讨厌这样的情节。男人的激情一般只能持续 45 秒。

我们能从生物、文化和性别中得出什么结论？

我们不应把进化和文化视为竞争关系。文化规范对我们的态度和行为有着微妙而有力的影响，但它们并不能独立于生物因素而起作用。所有的社会和心理因素，归根结底仍然是生物因素。如果他人的期望能影响我们，那其实也是我们生物程序的一部分。此外，人类的生物遗传所引发的结果，文化能使之增强。如果基因和激素预先设定男性比女性更具有攻击性，那么文化会借助社会规范期望的力量使男性更坚强刚毅，女性更温柔善良，从而放大男女之间的性别差异。（在解释性别差异时，女性比男性更多地受到这种社会影响）。

生物学和文化也存在交互作用。遗传科学的进展表明，经历能够利用基因改变大脑的发育过程。环境刺激可以激活产生新的脑细胞分支受体的基因。视觉体验激活了发展大脑视觉区域的基因。父母的爱抚能激活帮助后代应对未来压力事件的基因。基因不是一成不变的；它们会对我们的经历做出适应性反应。

当生物特征会影响环境的反应时，生物因素和经历因素也会相互作用。男性的平均身高比女性高 13 厘米，且平均肌肉含量几乎是女性的 2 倍，他们的生活经历必然与女性不同。思考一下这个问题：一条强硬的文化规范决定了男性应该比他们的女性伴侣高，因此在大部分夫妇中，男性比女性高的情况远多于预期。从事后推断我们可以推测出一种心理学上的解释：也许身高优势有利于男性延续他们对女性的社会权力。但我们也可以推测这种文化规范背后的进化智慧：如果人们偏好与自己身高相当的伴侣，那么高大的男性和矮小的女性就可能找不到合适的伴侣。事实上，进化决定了男性往往比女性高，文化也产生了类似的规范。因此，身高规范很可能是生物学和文化的共同结果。

伊格里和伍德从理论上阐述了生物学和文化如何相互作用（见图13-1）。他们认为，各种因素，包括生物影响和童年期社会化，导致了两性之间不同的劳动分工。成年之后，反映这种性别分工

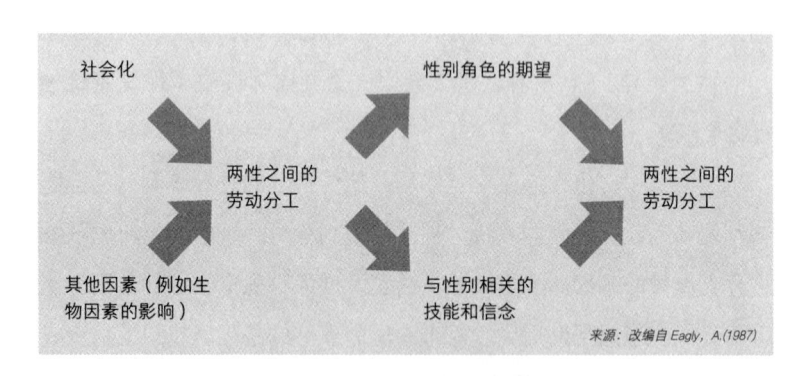

图13-1 研究社会行为中性别差异的社会角色理论 [1]

---

[1] 各种影响因素（包括童年经历）使男女两性具有不同的角色。正是这些不同角色的期望、技能和信念导致了男女之间的行为差异。

的社会角色是社会行为中存在性别差异的直接原因。男性由于生理上的力量和速度优势，更适合从事需要体力的社会角色；而女性由于先天的分娩和哺乳能力，更适合扮演养育子女的社会角色。因此，每个性别都倾向于表现出那些符合角色期望的行为，并相应地塑造自己的技能和信念。所以说，天性和培养是一张"彼此交织的网"。伊格里预测，随着角色分配变得更加平等，性别差异"将逐渐缩小"。

专有名词

○ **同理心**
对他人感受的代入体验；设身处地地理解他人的感受。

○ **攻击性**
意图伤害他人的行为或语言。在实验室研究中，这可能意味着施加电击或说一些可能伤害他人感情的话。

○ **相互作用**
一个因素（如生物因素）的效果取决于另一个因素（如环境）的关系。

第14章
善良的人如何被腐化

音乐会落下帷幕时,坐在前排的粉丝们一跃而起,掌声雷动。后排的粉丝也纷纷效仿,集体起立鼓掌。在站立的人潮中,还有一些端坐着的人,礼貌性鼓掌致意。即使现场大部分人都站起来了,总有一部分人会选择继续坐着。因为在他们眼中,这不过是一场一般水准的音乐会而已。如果是你,你会怎么做呢?当大部分人都纷纷起立鼓掌时,你还会继续坐着吗?做与众不同的少数派可并非易事。所以,你或许也会跟随大多数人的行为,哪怕只是短暂地站起来一下。

研究者们在实验室中构建了一个微型社会环境,通过简化和模拟社会影响因素的方式,对从众的行为进行了一系列研究。每个实验都提供了一种研究从众的方法。这些实验给我们带来了一些惊人的发现。

第 14 章 善良的人如何被腐化

阿施的从众研究

阿施回忆起自己的童年经历,在一个传统犹太晚餐上:

> 我问坐在我旁边的叔叔:"为什么要打开门?"他回答说:"先知以利亚会在今晚拜访每个犹太人的家,并且从为他专门准备的杯子中喝一口酒。"
>
> 我对这个回答感到非常惊讶,又问道:"他真的会来吗?他真的会喝一口酒吗?"
>
> 叔叔说:"你仔细盯着那个杯子。当门被打开时,如果你认真观察,就会发现杯子里的酒会变少一点。"
>
> 事实真的如此。我的眼睛始终紧盯着那杯酒。我决定要看看它是否会有变化。后来我发现,杯子的边缘似乎真的发生了一些变化,酒的确少了。

多年以后,阿施在实验室里重现了自己的童年经历。想象你就是实验被试之一。在一排七个人的座位中,你坐在第六个位置。实验者向你们解释,这是一项关于知觉判断的研究,然后要求你说出图 14-1 中的三条线,哪一条与标准线一致。你会很容易地找到答案,是第 2 条。因此,当你前面的五个人都回答"第 2 条"的时候,这并不奇怪。

在轻松完成下一组比较之后,你觉得这个实验应该很简单。但是,第三项测试就会让你感到震惊。虽然正确的答案显而易见,但第一个人却给出了错误的答案——"第 1 条线"。当第二个人也给

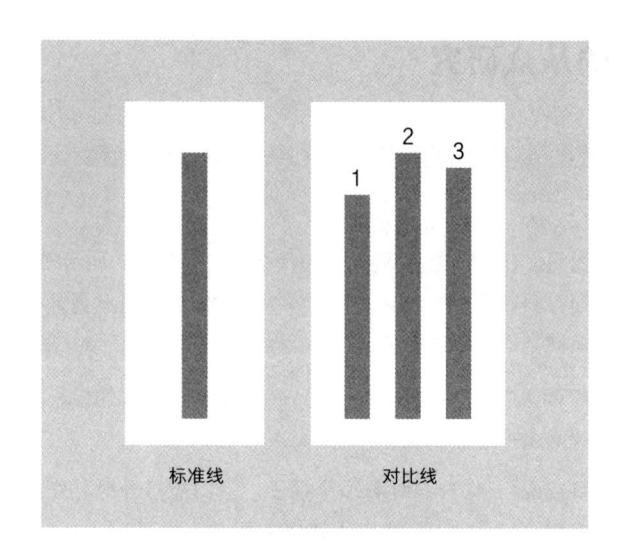

图 14-1　来自阿施的一致性程序的样本比较

出同样的错误答案时，你就开始紧张起来，紧盯着眼前的卡片。然后，第三个人也赞同前两人的观点。你目瞪口呆，甚至开始冒汗。"这是怎么回事？"你问自己，"他们瞎了吗？还是我瞎了？"第四个人和第五个人也都同意其他人的答案。然后实验者看向你。此时，你正在经历一个认识困境："到底什么才是真实的？我应该相信我的同伴，还是我的眼睛？"

数十名大学生在阿施的实验中经历了这种矛盾。控制组的被试需要独立给出自己的答案，最终他们的正确率达到 99% 以上。阿施想研究的是，如果实验助手也给出了相同的错误答案，人们会不会公布自己原本否认的事实？虽然有些人从未因他人给出的错误答案而从众，但 75% 的人至少有一次从众行为。总体上，37% 的人是从众的（或者从另一个角度来说，人们选择"信任他人"）。

当然，这意味着 63% 的人没有从众。霍奇斯和盖耶指出，实验表明了大多数人"在别人不说实话的时候，自己还是会说实话"。但阿施认为，尽管许多实验参与者都表现出了自己的独立性，但从众也是显而易见的。为什么聪明善良的年轻人会颠倒黑白？这是一个值得关注的问题。它让我们质疑自己的教育方式和价值观引导。

阿施的实验是在 20 世纪 50 年代进行的，这一时期通常被认为是美国文化高度从众的时期。果然，在 20 世纪 70 年代和 80 年代的个人主义时代，在类似阿施的实验中，愿意遵从群体判断的学生相对较少。此外，集体主义国家的人比个人主义国家的人更愿意从众，相对稳定的非边境地区的居民比边境地区的人更愿意从众，女性比男性更愿意从众。正如我们预期的一样，文化和性别会决定从众性。研究发现，个体主义文化和男性气质会促进个体的自主性；集体主义和女性特征会鼓励个体融入群体。然而，即使是常年沉浸于互联网的现代人，也难免会从众。罗桑德和埃里克松向网民们提出一些问题并提供一张图表。例如问题是"好莱坞在哪个城市？"，图表显示大多数用户认为是旧金山（其实是洛杉矶）。53% 的人至少在一个问题上选择了从众，遵从了不正确的"多数"答案。但是，这个结果比 20 世纪 50 年代阿施的直线实验中的从众比例（75%）少了很多，但从众的人仍然占大多数。

虽然阿施及其他类似的实验室情境并不能完全复制现实生活，

但是这些实验都具有"实验现实主义"。参与者们的确在情感上体验到了从众的感觉。阿施从众实验的结果之所以令人惊讶，是因为参与者们在实验中并没有明显的从众压力，他们既不会因为顺从团队而获得奖励，也不会因为特立独行而被惩罚，实际影响他们的只是逐渐发现自己越来越与众不同。

其他实验探索了日常情境中的从众。在许多体育赛事中，无论是花样滑冰还是足球，裁判员都需要在观众的喧闹声中做出即时的决定。尤其是在对方球队（而非主队）犯规时，观众爆发的喧闹声更大。翁克尔巴赫和梅莫特研究了德国超级联赛五个赛季的1530场足球比赛。平均而言，主队获得了1.89次点球机会，而对手则获得了2.35次。此外，在噪声越大的足球场，两队的点球次数差异越大。在一项实验室研究中，专业裁判员需要对拍摄的犯规场景进行评判。当一个场景伴随着高分贝的噪声时，这些专业裁判员就会给出更多的点球判罚。

如果人们在如此微小的压力下就能如此从众，那么当他们直接被胁迫时会有多从众呢？北美或欧洲的普通人能被说服去做出残忍的行为吗？我们本以为不会：他们的人道、民主和个体主义价值观会让他们抵制这种压力。此外，那些实验中简单的口头陈述与实际伤害某人的情境相去甚远；我们绝不会屈服于胁迫我们伤害他人的压力。或者我们会吗？米尔格拉姆对此提出了疑问。

第14章 善良的人如何被腐化

米尔格拉姆的服从实验

米尔格拉姆的研究被誉为"心理学史上最具争议的研究"。他的研究考察了权威和道德的冲突。罗斯如此评论道:"相比社会科学史上其他经验主义的贡献,米尔格拉姆的从众研究是人类社会共同的智慧遗产(如历史事件、圣经寓言和古典文学)的一部分,伟大的思想家们探讨人类本性和思考人类历史时可以自由地借鉴。"

米尔格拉姆如同一位颇有创意的艺术家,他亲自撰写了剧本并设计了场景。他通过不断试错的方法改进演出的效果,具体剧情是:两个男人来到耶鲁大学的心理学实验室参加一项关于学习和记忆的研究。一位穿着实验室大褂的实验者严肃地解释说,这是一项关于惩罚对学习影响的开创性研究。实验要求其中一个人(老师)教另一个人(学习者)学习配对出现的单词,并通过施加强度越来越大的电击来惩罚学习者的错误。为了分配角色,他们从帽子里随机抽出一张纸条。其中一个男人(一个开朗的47岁会计师,实际上是实验者的助手)说他的纸条上写着"学习者"。另一个人(一个通过广告招募而来的志愿者)被分配到"老师"的角色。老师先体验了一次轻微的电击,然后目睹实验者把学习者绑在椅子上,并在他的手腕上绑上电极。

然后老师和实验者去另一个房间,老师站在一个"电击启动器"前,这个"电击启动器"带有从15伏到450伏、以15伏递增的开关。开关上标有"轻微电击""非常强烈的电击""危险:严重的电击"等字样。在435伏和450伏的开关下有"高危致命"字样。

实验者告诉老师，每当学习者给出错误答案时，"就在电击启动器上提高一个档次的电击"。每次只要按下开关，灯光就会闪烁，继电器开关会发出"咔嗒"声，电动蜂鸣器就会响起。

如果参与者遵从了实验者的要求，他会听到学习者在75伏、90伏和105伏的电压下发出的呻吟声。在120伏的电压下，学习者大喊电击很痛。他高喊道："让我出去！我不想再参加这个实验了！我拒绝继续做下去！"到了270伏，他的抗议变成了痛苦的尖叫，他继续恳求要出去。在300伏和315伏的电压下，他尖叫着拒绝回答。电压达到330伏后，他沉默了。面对老师的询问和请求结束实验的恳求，实验者表示，不回答应该被视为错误的答案。为了让参与者坚持下去，他用了四种方式催促：

提醒1：请继续。

提醒2：实验要求你继续进行下去。

提醒3：继续下去是绝对必须的。

提醒4：你别无选择，必须继续。

你会进行到什么程度？米尔格拉姆向110名精神病学家、大学生和中产阶级描述了这项研究。三组人都认为自己会在135伏左右不服从指令，没有人预计自己进行到300伏以上。意识到自我评估可能会受自我服务偏差的影响，米尔格拉姆还让他们估计别人会进行到什么程度。没有一个人预期他人会进行到"高危致命"以上的程度。精神病学家们猜测，大约只有千分之一的人会这样做。

第 14 章 善良的人如何被腐化

但当米尔格拉姆对 40 名年龄在 20 岁到 50 岁之间、从事不同工作的男性进行测试时,其中 26 人(65%)一直进行到 450 伏。换句话说,他们会听从命令去伤害别人。中途停止的人一般会停在 150 伏,此时学习者的抗议听起来很强烈。

我们想知道今天的人们是否同样如此服从,伯格复制了米尔格拉姆的研究——尽管只进行到 150 伏。伯格发现,2000 名参与者中有 70% 仍然会服从,虽然这个比率低于米尔格拉姆的 84%。(在米尔格拉姆的研究中,大多数在 150 伏仍会服从的人都坚持到了最后。)然而,在伯格的研究中,不服从命令的男性(33%)几乎是 1962 年(18%)的 2 倍。个体主义文化的盛行可能降低了人们的服从意识,但远没有消除。即使在 54 年后,米尔格拉姆的服从范式仍然很强大——只是略微减弱了一些。

米尔格拉姆原本预期服从率不会太高,但实际结果却让他颇为不安。他决定让学习者的抗议更强烈。当学习者被绑在椅子上时,老师会听到他提及自己"有轻微的心脏病",并听到实验者的保证"尽管电击可能会很痛,但不会造成永久性的组织损伤"。结果发现,学习者痛苦的抗议仍然无济于事;在这项新的研究中,40 名男性中有 25 名(63%)完全服从了实验者的要求(见图 14-2)。后来 10 项包括女性在内的研究发现,女性的服从率与男性相似。

值得注意的是,米尔格拉姆实验的参与者并没有自动服从实验者——几乎所有的人都停下来,对学习者表示担忧,这时实验者就会提示他们继续下去("你别无选择,必须继续下去。")。许多人与实验者反复争论了几次。因此,一些人认为米尔格拉姆的研究显示

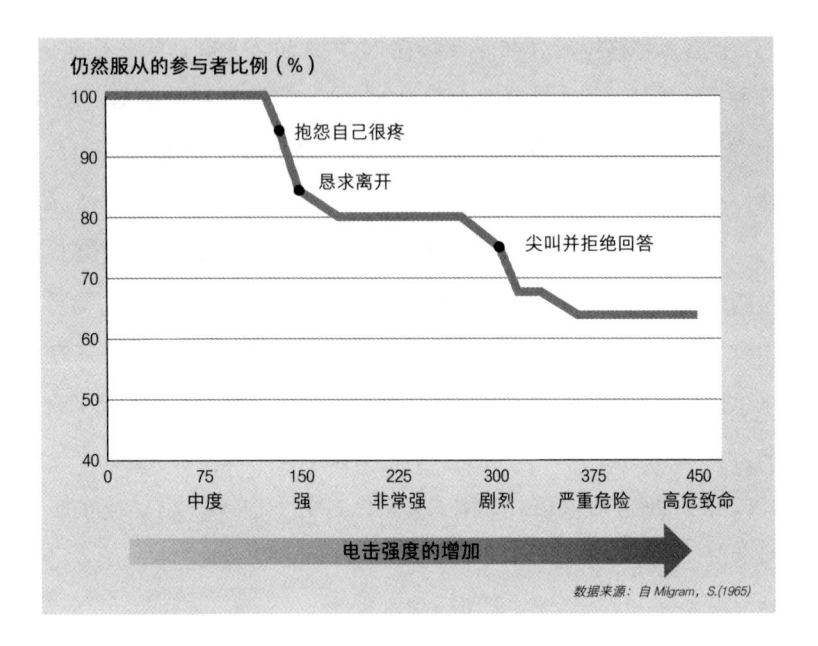

图 14-2　米尔格拉姆的服从实验[1]

了这不仅仅是简单的服从（服从直接命令），它挑战了参与者的控制感。事实上，许多参与者在确定他们可以选择是否继续之后就停止了。

此外，伯格指出，米尔格拉姆的结果并不像最初看起来的那样令人震惊。他认为，米尔格拉姆研究设计的 4 个特点反映了众所周知的心理效应：

---

[1]　尽管学习者大声抗议和没有做出回应，参与者仍然会百分之百地服从。

第 14 章 善良的人如何被腐化

○ 小要求升级为大要求的"滑坡效应"。
○ 将实施电击的行为设置为该情境的社会规范。
○ 否认责任的机会。
○ 反思决定的时间有限。

这些因素在米尔格拉姆的研究和其他研究中增加了从众和服从性。

参与者的服从让米尔格拉姆感到不安。他采用的程序则让许多社会心理学家感到不安。这些研究中的"学习者"实际上并没有受到电击（他只是离开电椅，打开录音机，播放抗议的声音）。然而，一些批评人士认为，米尔格拉姆对他的参与者所做的就像参与者对受害者所做的一样：他强迫参与者违背自己的意愿。许多"老师"确实经历了这种痛苦。他们会出汗、颤抖、结巴、咬嘴唇、呻吟，甚至不自觉地发出神经质的大笑。《纽约时报》的一位评论家指责道，这些研究"对那些毫不知情的研究对象施加的残忍行为，使他们只好去引发别人的痛苦，才能解脱自己"。其他人认为，米尔格拉姆的研究是不道德的，因为参与者被他们的真实目的欺骗了，因此无法真正满足他们的知情权。批评者还认为，参与者的自我概念可能会因此而改变。

在为自己辩护时，米尔格拉姆总结了他从近 20 项研究（涉及 1000 多名参与者）中获得的重要经验教训。他还提醒批评者，在向参与者揭露欺骗行为并解释实验目的后，他得到了参与者的支持。在事后的调查中，84% 的参与者表示他们很高兴参与了实验，只有

1%的人后悔参加实验。一年后,一位精神病学家采访了40位体验感最强烈的参与者,并得出结论:尽管他们体验到了暂时的精神压力,但却没有人因此受到伤害。

米尔格拉姆认为,道德争议"被严重夸大了":

> 从对自尊的影响来看,这个实验对参与者的影响比在考试中没有获得预想的分数时的影响要小得多。我们似乎对考试失败带来的压力、紧张和自尊威胁早有了心理准备,而对于产生新知识的过程,我们的容忍度却很低。

引起服从的原因

米尔格拉姆不仅揭示了人们服从权威的程度,还考察了引起服从的条件。当他改变社会条件时,完全服从的比例从0到93%不等。决定服从的4个因素包括:与受害者的情感距离、权威的接近性和正当性、机构的权威性和群体影响的释放效应。

与受害者的情感距离

在参与者和学习者互相看不到对方的情况下,参与者的服从性最高,同情心最低。当受害者距离较远,且"老师"没有听到抱怨时,几乎所有人都平静地服从到最后。但当参与者与学习者在同一个房间时,只有40%的人会服从450伏的电压。当"老师"被要求把学习者的手强制按在电击板上时,完全服从的比例降到了30%。在一项米尔格拉姆的复制实验中,录像中的演员在电脑屏幕显现或隐藏。当参与者能够看到对方正在承受痛苦时，服从性会显著降低。亲密关系也很重要：在米尔格拉姆一项从未发表的研究中，只有15%的参与者接受了对亲戚、朋友或邻居施加电击的要求。相比未知和不可见的受害者，我们更难去伤害熟悉和可见的受害者。

在日常生活中，虐待一个与自己无关或没有个性的人是最容易的。那些可能永远不会当面对别人残忍的人，在网上或社交媒体上发表评论时可能会很刻薄。历史上，行刑者往往通过将头套放在被执行者头上使他们去个性化。战争的伦理允许士兵从约12 000米的高空轰炸一个无辜的村庄，但不允许射杀一个同样无辜的村民。在与看得见的敌人作战时，许多士兵要么不开火，要么不瞄准。在那些被命令用远距离的火炮或飞机武器杀敌的士兵中，这种不服从命令的情况却很罕见。对于核战争来说可能也是如此。近年来，随着可以投掷炸弹的无人驾驶飞行器的使用，操控者坐在控制台，离地面上的打击目标相隔很远，与受害者的距离进一步延长了。

权威的接近性和正当性

实验者在场是影响服从性的因素。当米尔格拉姆的实验者通过电话下达命令时，参与者完全服从的比例下降到21%（尽管许多人撒谎说他们在服从）。其他研究也证实，在空间上靠近下达命令的人（权威者），会导致服从性的增加。轻轻触碰手臂，会使人们更愿意捐出一个硬币、在请愿书上签名或品尝新研发的比萨。

然而，这种权威必须是正当合理的。在米尔格拉姆基础研究的另一个变式中，实验者假装接到一个电话，要他离开实验室。

实验者说，设备可以自动记录数据，所以请"老师"继续实验。实验者离开后，一个助手（实际上是第二个实验者）接管了指挥权。这位助手私自决定加大一点电击的力度，并命令"老师"这样做。结果，80%的"老师"拒绝完全顺从。助理假装很反感参与者的违抗，他亲自走到电击器前，试图取代"老师"的角色。这时，大多数不满的参与者会提出抗议。一些人还试图拔掉电击器的插头。一个高大的男性参与者甚至把研究助手从椅子上拎了起来，推到了房间的另一边。参与者们对这种不正当权威的反抗与先前在实验者面前的恭敬礼貌形成了鲜明的对比。

在另一项研究中，一些护士接到了一位不认识的医生的电话，要求她们给病人使用明显过量的药物。一部分护士被告知这是个实验，每一位护士都表示她们不会服从这个命令。另外的22名护士实际上真的接到了电话通知。除了一个人之外，其余护士全都毫不迟疑地服从了（直到在去找病人的路上被拦住为止）。虽然不是所有的护士都如此顺从，但这些护士遵循着同一个规范：医生（正当的权威）下达命令，护士服从。

"直肠耳朵痛"这个奇怪的案例也反映出明显的对合法权威的顺从。医生给一个右耳感染的病人开了滴耳液。在处方上，医生将"Right ear"（右耳）缩写为"R ear"（屁股）[1]。顺从的护士在阅读处方后，将所需的药水从肛门滴入病人的直肠，病人也没有反抗。

---

[1] Rear 的意思是屁股。值班护士将 R ear 错看成 Rear，但丝毫没有质疑医生的处方，而是直接将滴耳液滴入患者的肛门。

机构的权威性

如果权威的声望如此重要,那么耶鲁大学的声望也可能使米尔格拉姆的实验指令变得合理化了。在实验后的访谈中,许多参与者表示如果不是因为耶鲁大学的声望,他们坚决不会服从。为了验证这一说法是否真实,米尔格拉姆将研究地点转移到了名气较小的康涅狄格州的布里奇波特市。他在一栋并不豪华的商业大楼里成立了"布里奇波特研究会"。他们用同一批实验者来实施那个"学习者有心脏病"的实验,你认为完全服从的人占多大比例?虽然服从率(48%)仍然很高,但明显低于在耶鲁大学实验的服从率(65%)。

群体影响的释放效应

这些经典的实验让我们感觉从众都是消极的,但是从众也可以是积极有益的。社会心理学家菲斯克和同事指出,在"9·11"事件中,那些在熊熊大火中冲进世贸中心大楼的消防员表现出了"令人难以置信的勇敢",但他们也只是"或是出于服从上级命令,或是遵从极端的群体忠诚"。我们还可以思考一下从众带来的释放效应。也许你会回忆起,当一个不公正的老师让你感到愤怒时,你完全有理由指责他,但你还是犹豫不决,不敢反抗。后来,有一两个同学站出来说了不公平的事实,你就跟着他们一起指责起来,这就是释放效应。米尔格拉姆通过让"老师"和两个帮助执行程序的助手一起参与实验,验证了这种从众的释放效应。在实验过程中,两个助手都违抗了实验者,然后实验者命令真正的参与者"老师"继续单独进行。他会继续吗? 90% 的参与者会选择和反抗的助手一样违抗命令，从众让他们释放了自我。

对经典研究的思考

米尔格拉姆服从研究与其他从众研究的不同之处在于社会压力的强度：服从实验的命令非常明确。然而，阿施和米尔格拉姆的研究有 4 个相似之处：

- 都表明了对权威的服从可以战胜道德。
- 成功地迫使人们违背自己的良知。
- 提醒我们注意现实生活中的道德冲突。
- 证实了两个广为人知的社会心理学原理：行为和态度之间的联系以及情境的力量。

行为与态度

当外部影响凌驾于内在信念之上时，态度便无法决定行为。这些实验生动地证实了这一原则。当一个人单独回答问题时，阿施实验中的参与者几乎全都能给出正确答案。但是，当实验中有一个人反对一群人时，则是另一回事了。

在服从实验中，强大的社会压力（实验者的命令）战胜了力量较弱的因素（远处受害者的恳求）。在受害者的恳求和实验者的命令之间，在避免伤害的渴望和成为合格的参与者的期望之间，令人惊讶的是，绝大多数人选择了服从。

为什么参与者无法解脱自己？假设你是米尔格拉姆实验中的"老师"。当"学生"给出第一个错误答案时，实验者要求你用330伏电压电击他。按下开关后，你听到"学生"尖叫，说他心脏不适，并恳求怜悯。你还会继续吗？

也许不会。在米尔格拉姆的真实实验中，他们第一次电击使用的是温和的15伏，并且没有引起"学生"的抗议。当他们输送75伏电压并听到"学生"的第一声呻吟时，他们已经顺从了5次，下一个要求只是稍微增加一点电压。当他们输送330伏的电压时，参与者已经顺从了22次，并减少了一些认知失调。因此，他们此时此刻的心理状态与实验开始时已经完全不同。

外在的行为和内在的性格也会相互影响，有时会形成逐渐升级的螺旋。因此，米尔格拉姆报告说：

许多参与者苛刻地贬低着受害者的自我价值，以此作为伤害对方的借口。像他这么愚蠢和固执，活该受到电击，这样的言论很常见。一旦对受害者采取了电击，参与者必然会认为对方是一个毫无价值的人，他的智力和性格的缺陷让他不可避免地要接受惩罚。

20世纪70年代初，希腊军政府利用这种"谴责受害者"的方法训练拷问官。在那里，就像纳粹德国培训党卫军军官时一样，军方根据候选人对权威的尊重和服从来挑选候选人。但仅凭这点还不足以成为一名拷问官。因此，他们首先会指派受训者去看守囚犯，然后让他们参加逮捕队，接着殴打囚犯，再观看整个拷问过程，最后亲自动手拷问。一步一步地，一个服从但正派的人逐渐变成了施暴的机器。顺从滋生了接纳。如果我们把注意力集中在施加450伏电击的酷刑这一结果上，我们会对这种罪恶的行为感到震惊。但如果我们了解一个人是如何走到那一步的，我们就能够理解了。

作为一名大屠杀幸存者，马萨诸塞大学的社会心理学家欧文·斯托布非常了解这种把好人转变为刽子手的力量。斯托布从他对世界各地人类种族灭绝的研究中，揭示了逐渐增加的侵略性可能导致的后果。批评往往产生轻蔑，轻蔑授权施行残忍，当这种行为被合理化时，它会导致暴行，然后是杀戮，最终是大规模的屠杀。态度的演变既伴随着行动，也为行动辩护。斯托布的结论令人不安："人类竟能对屠杀他人的行为不以为意。"

但人类也有英雄主义的能力。在纳粹大屠杀期间，法国的勒尚邦村收容了5000名犹太人和其他要被驱逐到德国的难民。村民们大多是新教徒，他们的权威者，也就是他们的牧师，曾教导他们"任何时候我们的敌人要求我们服从违背福音的命令，都要进行抵抗"。在被要求透露藏匿犹太人的位置时，这位牧师领袖做出了不服从的榜样："我不知道犹太人，我只知道人类。"在不知道战争会有多可怕的情况下，抵抗者们从1940年开始就做出了最初的承诺，然后在他们信仰的指引下，在权威者的领导下，在彼此的支持下，他们一直坚持反抗，直到1944年村庄解放。由此可见，对纳粹占领军的抵抗其实很早就出现了。他们最初的帮助行为强化了忠诚的态度，而忠诚带来了更多的助人行为。

第 14 章　善良的人如何被腐化

社会规范的力量

想象一下违反一些小规范的情境：在课堂上站起来，在餐馆里大声唱歌或者穿着西装打高尔夫球。在试图打破社会规范的过程中，我们才突然意识到它们的强大。

在一项由宾夕法尼亚州立大学斯威姆和赫尔斯领导的实验中发现，学生们即使在被彻底激怒的情况下，他们也很难违反"友善"而不是"对抗"的社会规范。参与者想象要与三个人讨论选择和谁一起去荒岛上生活的问题。他们要想象其中的一个男生说三句带有性暗示的评论，比如，"我认为我们的岛上需要更多的女人来让男人满意"。参与者会对这种暗示的言论作何反应？只有 5% 的人觉得自己会对这种言论置之不理，或者等着观察别人的反应。但是，当其他学生真的在这种情况下听到一个男性发表这些评论时，55%（而不是 5%）的学生什么也没说。同样地，尽管人们预测自己看到别人有种族歧视的行为时会感到厌烦，并且给予拒绝。但真正经历过这种事件的人通常表现得无动于衷——可能是因为他们不想违反礼貌的社会规范。这些实验证实了社会规范的力量，并揭示出预测行为（甚至是我们自己的行为）有多么困难。

2011 年，在宾夕法尼亚州立大学的公开辩论中，人类对抗性冲突的斗争体现得淋漓尽致。辩论的主题是关于本校应如何回应某足球教练性虐待男童。（据报道，教练确实向上级提交了辞职报告，但学校却允许施虐者继续留在学校。）评论人士愤怒了，他们认为学校应该采取更强硬的行动。这些实验提醒我们，在假设情境中"说"往往比在实际情境中"做"容易得多，正所谓"知易行难"。

米尔格拉姆的研究也引起人们对邪恶的思考。在恐怖电影和悬疑小说中，邪恶源于几个毒苹果、几个堕落的杀手。在现实生活中，我们想到希特勒对犹太人的种族灭绝或本·拉登的恐怖主义阴谋。但是，邪恶也来自社会力量——来自使一整桶苹果腐烂的强大的环境。社会情境和强烈的信念会诱使普通人向残忍屈服。

最可怕的暴行是由一系列的小恶行积累而来，这一点在大型社会中尤为明显。在实验中，米尔格拉姆通过让40名男性间接地参与电击来研究这种邪恶的分割效应。他们只需要负责学习测试，而其他人会触发电击。结果发现，40人中有37人完全服从了。

在日常生活中也是如此：尽管我们并非有意作恶，但是对小恶的纵容最终会积累成大恶。拖延同样是对小恶的无意识放任，最终伤害的却是我们自己。有个学生提前几周就知道学期论文的截止日期。写论文过程中的每一次拖延——一会儿玩电子游戏，一会儿看电视——看起来都是无害的。然而，这个学生会逐渐转向不写论文，尽管他原本并没有这个想法。

在邪恶力量的支配下，即使是好人有时也会变坏，他们会对不道德的行为进行合理化归因。因此，普通士兵最终可能会听从命令射杀无辜的平民；受人敬仰的政治家可能会让他们的百姓卷入不幸的战争中；普通员工可能遵照指示生产和销售有害产品；而普通员工也可能会听从命令戏弄新人。

专有名词

○ **从众**

由于真实的或想象的群体压力而导致的行为或信仰的改变。

○ **服从**

按照直接命令行事。

第15章
说服的两种路径

无论是教育还是宣传，说服无处不在——它是政治、营销、约会、育儿、谈判、宗教和庭审决策的核心。因此，社会心理学家试图探讨什么因素会导致态度有效和持久的改变。哪些因素会影响说服？作为说服者，我们如何才能最有效地"教育"他人？

想象一下，如果你是一个营销主管或广告经理；或者你想要减少气候变化、鼓励母乳喂养；或者为竞选拉票。为了使你自己和你的信息具有说服力，你会怎么做？相反，如果你不想被这些人或事影响，你又会采取什么策略？

为了回答这些问题，社会心理学家像地质学家研究风化作用一样研究说服——通过简短和可控的对照实验来观察各种因素的作用。

说服的路径

在选择策略时，你首先需要决定：是应该主要关注构建强有力的中心论据呢？还是通过将信息与有利的外围线索联系起来，如性吸引力，使你的信息具有吸引力？研究说服的学者佩蒂、恰肯等发现，说服可能通过中心或外周路径发生。当人们积极主动，并且能全面系统地思考问题时，他们就可能接受中心路径说服，也就是关注论据。如果这些论据是强有力的且令人信服的，那么就有可能说服。如果只提供了苍白无力的论据，思维缜密的人很快会注意到这些论据不是很有说服力，从而就会反驳它们。

然而，当我们不积极思考或者心不在焉时，论据有力与否可能就不重要了。如果我们不能集中精力、置身事外或者只是过于忙碌，就可能根本不会花时间去思考信息的内容。我们会接受外周路径说服，也就是关注那些能令人不假思索就接受的外部线索，而不会注意论据是否有说服力。

精明的广告商会根据消费者的思维调整广告。他们这样做是有原因的。许多消费者的行为——比如决定购买某个品牌的冰激凌，是未经思索而做出的决定。商店里的德国音乐可能会引导顾客购买德国葡萄酒，而那些听到法国音乐的人则更可能会去买法国葡萄酒。在消费者面前一闪而过的广告牌和电视广告——通常使用外周路径，以视觉图像作为外围线索。烟草广告不能提供支持吸烟的论据，而是将产品与魅力和消遣的形象联系在一起。饮料广告也是如此，配有快乐的人和有趣的户外活动的图像。杂志上的非处方药广告（有兴趣的、合乎逻辑的消费者可能会仔细阅读一段时间）很少由明星或知名运动员代言。相反，他们只向客户提供有关药物作用和副作用的信息。

这两条说服路径——一条是外显的、反思的，另一条是内隐的、自动的——是人类思维"双加工"模型的前兆。中心路径的加工往往能迅速改变人们外显的态度。而外周路径的加工则通过态度和情绪之间的反复关联，更缓慢地建立内隐的态度。

我们没有时间对所有问题都深思熟虑。我们通常采取外周路径，通过使用简单而具有启发性的经验法则，如"相信专家"或"长信息是可信的"。我所在的社区里，居民们曾经就一个涉及我们当地医院复杂的法律所有权的问题进行投票。我没有时间也没有兴趣去研究这个问题（我忙着写这本书）。但我注意到，投票中的支持者都是我喜欢的人，或者被认为是专家的人。因此，我使用了一个简单的启发式规则——朋友和专家是可以信任的——并据此投票。我们都会使用这种启发式规则做出快速判断：如果一个演讲者善于表达、有感染力、有好的动机，并且有几个论点（或者更好的是，不同的论据来源不同），我们通常会采取轻松的外周路径，不加思索地接受这些信息。

近年来，中心路径的吸引力似乎有所减弱，很可能是因为广告商发现，在各种产品中，基于情感的外周吸引力对消费者更有效。在一项研究中，研究人员记录了观众在观看电视广告时的面部表情。这些面部表情——尤其是那些表示快乐的表情——比调查问卷（例如广告的关键信息有多大的说服力、广告与品牌的联系有多紧密、广告如何传达品牌）更能预测产品的销量。卖出商品的是情感，而非理性。

说服的要素

社会心理学家发现说服的主要要素包括以下四个：说服者、信息内容、说服渠道、以及说服对象。换言之，说服就是什么人用什么方法将什么信息传递给了谁。

由谁来说？说服者

一对虔诚的同卵双胞胎阿尔斯泰尔和安格斯，在伦敦街头听到一个演讲者说："去变卖你所有的，分给穷人。共有一切，并把所得分配给每一个有需要的人。"

阿尔斯泰尔认为这些话出自英国自由民主党的纲领，他摇头表示失望。与此同时，安格斯准确识别出这些话几乎是《圣经》的原文，他便点头同意这种慷慨的精神。

阿尔斯泰尔和安格斯的反应说明了社会心理学家提出的一个常见现象——影响观众反应的不仅是信息的内容，还有信息的来源。

在一项实验中，当荷兰议会中的社会党和自由党领导人用同样的言论表达相同的观点时，每个人都认为自己支持的政党更有说服力。总体而言，人们更愿意赞同他们所认同的政党领导人的言论。在调查中，人们对提议碳税的看法，取决于他们的党派是否支持提议，而不是其内容。当共和党人被告知特朗普（共和党）支持全民医疗法案时，他们也更有可能支持这个提议，而当被告知这是奥巴马（民主党）的提议时则不然；当民主党人被告知这是特朗普（共和党）的想法时，他们则不太可能支持。

可信度

众所周知，如果英国皇家科学院或美国国家科学院提出运动有益于健康，人们会觉得比小报可信得多。但是，信息来源的可信性——即人们对其专业性和可靠性的感知——在大约一个月后往往会逐渐减弱。一个可靠的人所传达的信息起初可能颇具说服力，但随着时间推移，人们可能会忘记信息的来源，或者信息源与内容之间的联系变得模糊，这将导致信息的影响力逐渐降低。然而，如果人们仅记住了信息本身而忽略了那些贬低信息价值的因素，那么一个不可信的人所传递的信息，其影响力反而可能随着时间的推移而增长。这种因人们在忘记信息来源或混淆信息与来源之间的联系后，所经历的延迟性说服，被称为"睡眠者效应"。

吸引力和喜好

我们大多数人都会否认明星运动员和艺人的代言对我们有影响。因为我们知道这些明星很少对他们所代言的产品有深入了解。此外，我们知道他们的目的是说服我们；我们不是偶然听到歌手碧昂斯讨论衣服和香水。这样的广告利用了有效说服者的另一个特征：吸引力。

我们可能认为自己不会受到吸引力或好感度的影响，但研究人员发现事实并非如此。我们更有可能对喜欢的人做出反应，这是慈善组织和糖果店老板所熟知的现象。当然，女童子军卖的饼干很好吃，但如果卖饼干的不是可爱的小女孩，而是相貌平平的中年男人，那么买饼干的人就会少得多。即使是与某人短暂的交谈，也足以增加我们对这个人的喜爱和对他或她的影响的反应。我们的喜好可能会让我们接受说服者的论点（中心路径说服），也可能在我们看到产品时引发积极的联想（外周路径说服）。

吸引力有多种形式。外表的吸引力就是其中一种。我们往往认为外表有吸引力的人表达的论点（尤其是感情方面的论点）更有影响力。吸引力和名气最容易让人们在做判断时变得肤浅。在 Instagram 上的广告中，与非名人相比，名人代言的电子烟广告对年轻人的影响力更大。

相似性也具有吸引力。我们往往喜欢那些和我们相似的人。这就是消费者自创广告——由普通人自创，而不是广告公司制作的广告——更具有说服力的原因之一。一项实验发现，当参与者认为广告创作者与他们相似时，消费者自创广告更有效。与我们行为相似或者不经意模仿我们姿势的人，对我们来说似乎更有影响力。因此，销售人员有时会被要求"模仿顾客"：如果顾客的双臂或双腿交叉着，你也交叉着；如果她对你微笑，你也对她微笑。

说什么？信息内容

不仅说服者很重要，信息内容也同样重要。如果你要帮助某个组织呼吁人们投票支持学区税、禁烟或者捐款救济世界饥饿问题，你可能很想知道如何才能更好地说服别人。

- 纯逻辑的信息和饱含情感的信息，哪个更有说服力？
- 你应该如何表达你的信息？
- 只表达自己的观点，还是承认并反驳对方的观点？
- 如果双方都要发言——先发言和后发言，哪个更有优势？
- 你需要提供多少背景信息？

让我们逐一解答这些问题。

理性与情感

假设你正在为世界饥饿救济活动做宣传。你是应该列出你的论点并引用一系列令人印象深刻的统计数据，还是用富有感染力的情感方法更有效——也许是一个饥饿儿童的动人故事？当然，一个论点可以既理性又感性。你可以将激情与逻辑结合。但是，哪个更有影响力——理性还是情感？莎士比亚笔下的莱桑德说："人的意愿会被他的理性所支配。"切斯特菲尔德说："要关注别人的感觉、内心和人性的弱点，不要诉诸理智。"他们的话，哪个更正确呢？

答案是：这取决于说服的对象。

受过良好的教育或善于分析思辨的人更容易接受理性的说服。那些有时间且擅于思考的听众也是如此。因此，有思想和积极参与的说服对象通常会选择中心路径，他们对理性的论点反应更积极。

而不感兴趣的观众往往会选择外周路径，他们更容易受自己对说服者的偏好所影响。

态度形成的过程也很重要。当人们最初的态度主要通过外周路径形成时，他们更容易被外周的情感诉求所说服；当他们最初的态度主要通过中心路径形成时，他们更容易被基于信息的中心路径论点所说服。例如，许多不信任疫苗的人通过感性的想法形成了他们的态度，比如他们的孩子可能会因接种疫苗受到伤害。如果告知他们"这是错误的，疫苗不会伤害儿童"，这对改变他们的态度没有什么作用。但是，如果让他们阅读一位母亲由于没有给孩子接种疫苗，导致孩子感染麻疹的情感故事，并展示患有麻疹的儿童的照片，他们对疫苗的态度就会明显变得更加积极。新的情绪可能会动摇一个基于情绪的态度。但要改变基于信息的态度，可能就需要提供更多的信息。

好心情效应

说服信息通过与好心情（比如吃东西或听到悦耳的音乐时的感觉）联系在一起也会变得更有说服力。收到钱或免费样品往往会诱使人们捐款或购物。这可能就是为什么许多慈善机构会在他们的邮件中包含地址标签、贴纸甚至硬币的原因。

好心情能增强说服力，一方面是因为好心情能促进积极的思考，另一方面是将好心情与信息联系起来。心情好的人总是带着快乐的滤镜看世界，但他们也会做出更快、更冲动的决定；他们更多地依赖于外周线索。不快乐的人在做出反应之前会深思熟虑，所以

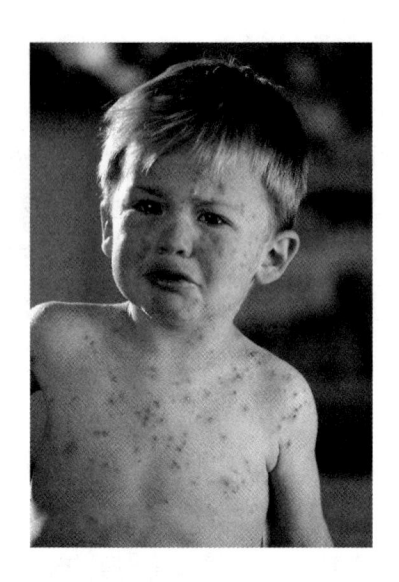

△ **态度匹配。**为了说服担心疫苗安全性的父母给他们的孩子接种疫苗，提供未接种疫苗的孩子生病的生动例子，采用与他们最初不信任态度相同的外周路径。

图 15-1

他们不容易被没有说服力的论证所动摇（他们也会产生更有说服力的信息）。因此，如果你不能提出一个强有力的理由，你最好让你的听众有好心情，希望他们对你的信息有好感，而不会过多思考。

知道幽默可以让人有好心情之后，由斯特里克领导的荷兰研究小组进行了实验。他们邀请参与者分别观看配有滑稽漫画和无趣漫画的广告，结果发现：与幽默有关的产品更受喜爱，也被更多人选择。

唤起恐惧效应

说服信息也可以通过唤起负面情绪来产生效果。在说服人们少吸烟、注射破伤风疫苗、小心驾驶时，呈现能唤起恐惧情绪的信息非常有说服力。2012 年，当澳大利亚在香烟包装上印上了与生病和垂死的吸烟者相关的图示后，吸烟率下降了近 5%。世界上已有几十个国家，包括加拿大、埃及和孟加拉国，都在香烟包装上印上了令人恐惧的图像。2012 年，一名法官禁止了在美国香烟包装上放置图示警告的行为，截至 2017 年，美国的香烟包装上仍只带有文字警告。

但是，说服信息应该唤醒多大程度的恐惧情绪呢？是否应该只唤起一点恐惧，以免人们因为过于害怕而回避这些令人痛苦的信息？或者应该试着把他们吓得胆战心惊？实验表明，通常情况下，人们的恐惧程度越高，感觉越脆弱，说服效果就越好。在一项涉及 27 372 人、对 127 篇文章的元分析中，坦嫩鲍姆得出结论："恐惧呼吁是有效的……没有发现任何情况下它们会适得其反并导致不良后果。"

引起恐惧的信息不仅被应用于劝阻吸烟的广告中，也被应用于劝阻危险的性行为和酒后驾驶的广告中。当利维·勒博耶发现法国青少年在看到引起恐惧的图片后饮酒量会下降之后，法国政府就将这种吓人的图片加入了电视广告。

引起恐惧的信息还能使人们更多地进行乳腺癌的检测，比如做乳房 X 光检查或乳房自检。班克斯、萨洛维及其同事让年龄在 40 岁到 66 岁之间、没有接受过乳房 X 光检查的女性观看关于乳房 X

光检查的教育视频。在那些接收到积极信息（强调做乳房X光检查可以通过早期发现拯救你的生命）的人中，只有一半人在后续的12个月内做了乳房X光检查。而另外一些接收到恐惧信息（强调不做乳房X光检查可能会致命）的人中，三分之二的人在12个月内做了乳房X光检查。当人们看到被太阳紫外线晒伤的面部照片时——展示出所有随着年龄增长注定要出现的雀斑和斑点——就更可能使用防晒霜。在这种情况下，干预的方式不仅是对患癌症的恐惧，还包括对影响外貌的恐惧。

如果一条信息既能让人们产生恐惧，又能让人们意识到解决之道，并感到有能力实施它，那么恐惧信息就最有说服力。许多旨在减少危险性行为的广告，既通过"艾滋病杀手"的口号唤醒人们的恐惧心理，又提供防护方法：节欲、使用避孕套或保持忠贞，不乱性。

呼吁也可以聚焦于使用预防性产品所能获得的好处（"如果你使用防晒霜，你会拥有迷人的肌肤"），而不是聚焦于你所失去的东西（"如果你不使用防晒霜，你将不会有迷人的肌肤"）。以获益为框架的信息，聚焦于健康行为的优势（不吸烟、锻炼、使用防晒霜），比以损失为框架的信息更有效。这个原则在其他领域也适用：同样一篇文章，以讨论全球气候变化的解决方案为结尾可能会比在结尾描述未来灾难性后果更具说服力。

语境——说服渠道

信息的背景——特别是在它之前的内容——会对它的说服力产

生很大的影响。在一项研究中，一名实验助手在波兰火车站走近一名路人，说："对不起……你有丢钱包吗？"每个人都会立即检查自己的口袋或包，发现钱包还在，这让他们松了一口气。这名实验助手随后解释说，她是在为一家慈善机构卖圣诞卡。结果，近 40% 的人购买了贺卡。相比之下，如果没有之前的对话，直接向人们推销慈善贺卡，只有 10% 的人会购买。研究人员将这种非常有效的说服方法命名为"先恐惧后缓解"。

说服技巧还依赖于所提要求的大小。实验表明，如果你想让别人帮你一个大忙，你应该先让他们帮你一个小忙。在最著名的登门槛现象实验中，研究人员扮作志愿者，请求一些加州居民允许在他们的前院安装一个巨大的、字迹模糊不清、制作粗糙的"小心驾驶"标志，只有 17% 的人同意。他们对另外一些人先提出一个小要求，比如他们是否愿意在车窗上贴一个 8 厘米大小的"安全驾驶"标志，几乎所有人都欣然同意。两周后，当被问及能否允许在他们的前院摆放一个巨大的、字迹模糊不清、制作粗糙的标志时，76% 的人同意了。

在这个实验和其他 100 多个登门槛现象的实验中，人们最初的服从行为——指路、签署请愿书——都是自愿的。当人们致力于公共行为并认为这些行为是自觉做出的时候，他们就会更坚定地相信自己的所作所为。

社会心理学家恰尔迪尼自称是一个"容易受骗的人"。"从我记事起，我就很容易成为小贩、募捐者和这样或那样的经营者的推销对象。"为了更好地理解为什么一个人会对另一个人说"好的"，他花了3年时间在各种销售、募捐和广告机构做实习生，并最终发现了人们是如何利用"影响力"这个武器的。他还在简单的实验中对这些武器进行了测试。在一个实验中，恰尔迪尼和他的合作者通过低球技巧（虚报价格技术），揭示了另一种登门槛现象。在客户因为价格便宜同意购买一辆新车并开始办理手续时，销售人员会通过收取选装费或向不允许交易的老板核实（老板会在一开始表现出不愿意交易，因为"我们已经赔钱了"）来消除价格优势。据说，相比于一开始就同意高价购买的消费者，在加价的情况下依然坚持购买的顾客更多。航空公司和酒店会利用这种低球技巧，用少量的座位或房间吸引顾客；当座位和房间不够时，他们希望客户能够接受更高的价位。

市场研究人员和销售人员发现，即使我们意识到这是一种利润动机，低球技巧仍然是有效的。一个最初没有损失的承诺（例如返还一张提供更多信息的卡片、获赠一份"免费礼物"或者应邀参加投资分析会）通常会让我们做出更大的承诺。由于许多销售人员会利用这些小承诺的力量，将人们捆绑在购买协议上，因此许多州现在都有法律规定，要允许客户有几天的犹豫期考虑是否要进行这笔交易。为了对抗这些法律的影响，许多公司使用了一家公司的销售培训项目的"一种非常重要的心理援助，以防止客户撤销协议"。他们只是让客户而不是销售人员来填写协议。由于是自己写的，人们通常会履行自己的承诺。

登门槛现象是一个值得记住的教训。试图引诱我们的人——在经济上、政治上或性方面——往往会偷偷地把一只脚伸进门里，以创造一种顺从的势头。现实的教训是：在答应一个小要求之前，考虑一下之后会发生什么。

此外还要考虑一下，如果你拒绝了一个很大的请求，接下来你会做什么，这就是所谓的以退为进法。恰尔迪尼和同事请求亚利桑那州立大学的一些学生带领有犯罪倾向的儿童去动物园旅行时，只有 32% 的学生同意这样做。然而，当他们询问其他学生是否愿意在 2 年内给有犯罪倾向的儿童担任志愿顾问时，所有的人都拒绝了（相当于在推销员面前关上了门）。然后提问者反问他们是否会带孩子们去动物园旅行，实际上是在说"好吧，如果你不愿意那样做，你能不能只做这么多？"通过这种方法，56% 的人同意提供帮助。

同样，如果先要求学生参加长期献血计划，然后再询问其当天能否献一次血，比直接要求他们献一次血更有可能让他们接受。在餐厅吃完饭，服务员通常会建议点甜点。当你拒绝时，她会建议点咖啡或茶。相比直接询问是否需要咖啡或茶的顾客，之前先被提议点甜点的顾客更有可能对这个建议说"好的"。

对谁说？说服对象

谁收到信息也很重要。让我们思考说服对象的两个特征：年龄和慎思。

他们的年龄有多大？

正如 2016 年美国总统竞选期间所显示的那样：特朗普赢得了老年选民的青睐，桑德斯赢得了年轻选民的青睐——人们的社会和政治态度与他们的年龄相关。社会心理学家对此提供了两种解释：

- 生命周期解释：随着年龄的增长，态度会逐渐改变（例如，变得更保守）。
- 代际隔阂解释：态度没有改变，老年人在很大程度上保持着他们年轻时的态度。但是，由于这些态度与当今年轻人所采取的态度不同，因此出现了代沟。

目前大多数研究证据都支持代际隔阂解释。在对年轻人和老年人群体进行了长达数年的多次调查和回访后发现，老年人的态度变化通常比年轻人的态度变化更小。正如西尔斯所言，研究人员"几乎一致地证实了代际隔阂理论，而非生命周期理论"。

十几岁到二十岁出头是世界观形成的重要时期。这个阶段的态度是多变的，而态度一旦形成后，就会在中年时期趋于稳定。盖洛普对12万人的访谈表明，在18岁时形成的政治态度会趋于持久，例如在喜爱里根的时代偏好共和党，而在不喜爱乔治·沃克·布什的时代偏好民主党。

因此，应该指导年轻人慎重地选择影响自己的社会因素——如加入的团体组织、偏爱的媒体、扮演的角色。戴维斯发现，在20世纪60年代年满16岁的美国人在政治上比一般人更自由。就像树的年轮可以揭示干旱留下的痕迹一样，数十年后的态度也可以揭示一些当年的事件，比如20世纪60年代的越南战争和人权运动，这些事件塑造了当时年轻人的思想。对许多人而言，这些年是态度和价值观形成的关键时期。

第 15 章 说服的两种路径

青少年时期是世界观定型的重要时期，部分原因在于这个阶段的经历会给人留下了深刻且持久的印象。舒曼和斯科特要求人们说出过去 50 年中一两件最重要的国内或国际事件，大多数人回忆起他们十几岁或二十几岁时发生的事件。政治观点也是在这个时期形成的。一项对投票模式的广泛分析发现，选民 18 岁时美国总统的受欢迎程度会影响他们一生中是支持民主党还是共和党。

这并不意味着老年人不灵活。出生在 20 世纪 30 年代的人（通常因保守的观念而被称为"沉默的一代"）在他们从 40 多岁到 70 多岁的过程中，对现代文化观念的认可度有所提高，如婚前性行为、全职妈妈。这些中年人显然已经与时俱进了。很少有人能完全不受不断变化的文化规范的影响。

他们在想什么？

中心路径说服的关键并不在于信息本身，而在于它能否激发说服对象积极思考。我们的头脑不是海绵，无法吸收所有信息。如果一条信息唤起了有利的想法，它就能说服我们。如果它激起了相反的观点，就无法说服我们。

如果你足够在意反驳的话，记住有备无患。什么情况下会引发说服对象的反对意见？一种情况是预先知道有人会试图说服你。如果你不得不告诉你的家人你想退学，你可能已经预料到他们会劝说你继续完成学业。因此，你可能会提前准备好一系列论据来反驳他们可能提出的每一个理由，这样你就不太可能被他们说服。在法庭上，辩护律师有时也会预先告知陪审团即将呈现的控诉证据。在模拟陪审团中，这种"先声夺人"的做法会抵消证据的不利影响。

分心会减少反驳。分心可以增强说服力，使人们无暇思考反对意见。在阅读信息的同时观看视频的参与者（多任务）不太可能进行反驳。政治广告经常使用这种技巧。在用文字宣传候选人时，用视觉图像让我们分心，让我们无法仔细分析文字信息。如果说服信息较为简单，分心的效果尤其显著。不过，有时分心会让我们无法对广告信息进行加工，这可以帮助我们解释为什么在暴力或色情的电视节目中看到的广告经常被遗忘，也没有效果。

不太投入的观众会使用外围线索。回顾一下说服的两条路径——系统思考的中心路径和利用启发式线索的外周路径。中心路径就像一条穿过小镇的蜿蜒道路，在分析论据和构思反应时都有始有终。外周路径则是一条绕过城镇的高速公路，可以让人们快速直达目的地。

分析型的人具有高认知需求，喜欢仔细思考，他们更偏爱中心路径。喜欢节约脑力资源的人认知需求较低，会更快地对诸如说服者的吸引力和周围环境的宜人度等外围线索做出反应。在一项研究中，学生们被要求想象他们正在计划一次春假旅行，并试图决定一个目的地。然后，他们查看了美国最受欢迎的五个城市（洛杉矶、纽约、旧金山、奥兰多和迈阿密）的旅游网站。对特定目的地更感兴趣的学生更容易受到网站上提供的信息（中心路径）的影响，而那些对特定目的地不太感兴趣的学生则更关注网站的设计（外周路径）。

根据这个简单的理论——我们对信息的反应至关重要，可以提出很多预测,尤其是当我们积极性很高并且有能力思考时。而且,这其中的大部分预测已经被研究者们证实。许多实验研究考察了激发人们思考的方法:

- 使用反问句。
- 让多个演讲者发言(例如,让三位演讲者分别叙述同一个观点,而不是一位演讲者说三次)。
- 让人们感到自己有责任评估和传递信息。
- 重复信息。
- 吸引人们集中注意力。

这些方法得出的一致结论是,刺激思考可以使强烈的信息更有说服力,而(由于反驳的影响)弱的信息更没有说服力。

这个结论也有现实意义。有效的说服者不仅应该注重自己的形象和所传达的信息,还应该关注说服对象可能出现的反应。在一系列的实验中,自由主义者更支持面向未来的信息,比如枪支管制:"我更愿意做出改变,这样人们在未来就可以拥有猎枪和手枪,但没有人会拥有突击步枪。"当同样的信息以怀旧为切入点时,保守派的反应就更强烈:"我想回到过去的美好时光,那时人们可能拥有猎枪和手枪,但没有人拥有突击步枪。"

有经验的老师会引导学生积极思考。他们会提出反问,列举引人入胜的范例,并让学生挑战难题。这些技巧从中心路径提升说服力。在学生不太感兴趣的课程上,你也可以利用中心路径的方式，通过反复斟酌和深入剖析教学材料，你就能把这门课程教得更好。

心理治疗中的两种说服方式

说服的一个建设性用途是在咨询和心理治疗中，斯特朗将其视为"应用社会心理学的一个分支"。到 20 世纪 90 年代，越来越多的心理学家接受了这样一种观点：社会影响，即一个人影响另一个人，是心理治疗的核心。

对心理治疗影响的分析集中在治疗师如何建立专业性和声誉、可信度、如何增强他们的影响力以及互动、如何影响客户的思维。外周线索，如治疗师的可信度，有助于治疗师引导咨询者敞开心扉。但深思熟虑的中心路径能够给咨询者带来最持久的态度和行为改变。因此，治疗师的目标不是让咨询者表面上认同他们的专家判断，而是帮助咨询者改变自己的想法。

幸运的是，大多数接受治疗的咨询者都会积极地采取中心路径——在治疗师的指导下深入思考自己的问题。治疗师的任务是提出观点和问题，引发有价值的思考。相比治疗师的见解，他们在咨询者心中唤起的想法更为重要。诸如"你对我刚才说的话有什么感受？"这样的问题可以激发当事人的思考。

希萨克以 35 岁的男性研究生戴夫为例，说明了治疗师如何帮助咨询者进行自我反思。首先，他发现了戴夫否认的情况——他有潜在的酗酒问题。然后，咨询师发现戴夫是一个喜欢确凿证据的聪明人。为了说服他接受诊断并加入治疗互助小组，咨询师说："好吧，如果我的诊断是错的，我很乐意改变。但让我们先来看看酒精和药物滥用者的特征，以确认我的判断是否准确。"然后，咨询师慢条斯理地列举了每一条评判标准，让戴夫有充足的时间一一思考。说完，戴夫坐了下来，大声说："我真的不敢相信，我竟然是个该死的酒鬼！"

1620 年，哲学家帕斯卡尔在他的《思想录》中就发现了这样一个原则："人们通常更相信自己发现的理由，而不是别人找到的理由。"这是一个值得记住的原则。

专有名词

- **说服**
  一个信息引起观点、态度或行为改变的过程。

- **中心路径说服**
  出现在由于人们对某事感兴趣而关注论点并进行积极思考时。

- **外周路径说服**
  出现在人们受到偶然线索的影响时，比如演讲者的吸引力。

○ **可信度**

一个可信的说服者会被视为既专业又可靠。

○ **睡眠者效应**

信息的延迟影响，发生在最初被认为不重要的信息变得有效时，比如我们记住了信息但忘记了忽视它的原因。

○ **吸引力**

具有吸引观众/听众的品质。一个有吸引力的说服者（通常是与说服对象相似的人）在主观偏好方面最具说服力。

○ **登门槛现象**

首先同意一个小请求的人，后来会应允一个更大的请求。

○ **低球技巧**

一种让人们同意某事的策略。当请求者提高要求时，最初同意请求的人通常仍然会应允。一开始就收到代价大的请求的人则不太可能应允。

第16章
教导和免疫

生活中的许多力量都是有利有弊的。核能可以照亮家园,也可以毁灭城市。性的力量可以让我们尽情表达爱的承诺,也让我们寻求私欲的满足。同样,说服的力量能够引导我们追求健康也能带我们走向沉迷,能推动和平也能挑起仇恨,能给人启迪也能带来欺骗。这种力量是巨大的。请思考以下情况:

- 错误信念的传播:大约 25% 的美国人和 33% 的欧洲人认为太阳围绕地球转动。还有人否认登月计划和大屠杀的真实性。
- 对平等的态度:50 年的时间里,美国从一个要求黑人公民坐在公共汽车后排的国家,变成了一个两次选举非洲裔美国人担任总统的国家。

- 气候变化怀疑论：以各国科学院和政府间气候变化专门委员会为代表的科学界，对以下 3 个事实基本达成了共识：（1）大气温室气体正在累积；（2）气温上升和海冰减少证实了全球变暖；（3）这种气候变化几乎肯定会造成海平面上升和更多的极端天气，包括创纪录的洪水、龙卷风、干旱和高温。然而，在 2014 年有 60% 的美国人认为气候怀疑论被"普遍夸大了"。研究人员想知道：为什么科学总缺乏说服力，无法激励人们采取行动？我们能做些什么呢？他们的说服工作已经初见成效：2018 年，73% 的美国人认为全球变暖正在发生，几乎同样多的人对此表示至少"有些担心"。

- 促进更健康的生活方式：在健康类的宣传活动的影响下，美国疾控中心报告显示，目前美国只有 14% 的人吸烟，只有 40 年前的一半。加拿大统计局报告了类似的吸烟率下降的趋势。饮酒的高中生越来越少——2000 年只有 21% 的高中生从不饮酒，而 2016 年这个比率上升到 39%。

正如这些例子所示，说服可以让我们做坏事，也可以带来争议，当然也会对我们有益。说服本身并没有本质的善恶优劣之分，其结果的好坏取决于我们运用的目的和方法。坏的说服是"鼓吹"，好的说服是"教导"。教导比鼓吹更贴近事实，强制性更小。然而，一般来说，当我们相信它时，我们认为它是"教导"，当我们不相信它时，它就是"鼓吹"。

抵制说服：态度免疫

考虑到说服力的影响，也许你会好奇我们是否能抵制不必要的说服。凭借逻辑、信息和动机，我们确实能抵制谎言。如果修理工的制服和医生的头衔已经让我们不假思索地赞同他们，我们可以反思一下我们对权威的习惯性反应。我们可以在投入时间或金钱之前寻求更多信息。我们可以质疑自己不了解的事情。

态度免疫

麦圭尔曾好奇：我们能否像接种疫苗一样，让人们对说服免疫？是否存在所谓的态度免疫？他发现确实存在：当参与者通过写一篇关于驳斥某个轻微攻击观点的文章，那么他们抵制更强烈攻击的能力就会有所增强。

形成反驳

免疫的一种方式是引导人们思考反驳——为什么有说服力的信息是错误的。恰尔迪尼和同事想知道个体在对竞争对手的广告做出回应时，如何才能进行有效的反驳。

他们认为，答案是"有毒寄生虫式"的反驳——将毒药（强有力的反驳）与寄生者（看到对手的广告时能唤起对方观点的提取线索）相结合。如果参与者事先看到了附在熟悉广告上的反驳信息，那么他们很难被这个广告说服。因为再次看到这个广告会让他们回想起那些尖锐的反驳信息。反吸烟广告有效地利用了这一点，例

雷切尔·爱泼斯坦/影像作品

图16-1 一则"有毒寄生虫式"广告

如，通过在条件恶劣的野外场景中重现"万宝路男人"的广告，但是其中一个牛仔说他"想念"他的肺。这些广告使用了与真实图片相似的图片，但有力地反驳了吸烟的观点。

态度免疫是否有助于应对日益严重的"假新闻"（通常是通过社交媒体分享的虚假网络新闻）问题？范德·林德和同事向参与者展示了一个假新闻故事，声称科学家尚未就全球变暖是否由人类引起达成共识（这是一个错误的说法，实际上，97%的气候科学家认为事实就是如此）。那些看到虚假声明的人后来更有可能相信科学家们的确没有达成共识。但是，如果读者被告诫说"有政治目的的团体"使用"误导性策略"声称科学家们没有达成共识——这反而会帮助他们加强反驳——他们就不太可能相信这种错误的说法。在对52项研究进行的元分析中，研究人员发现，如果人们只是被告知他们错了，虚假信息更有可能持续传递下去。但如果人们了解了反驳的细节，错误的信念就更有可能被揭穿。所以，如果你的脸书朋友传播了一个假新闻，不要只是告诉她这是错误的——给她一个链接，让她去了解详细揭穿它的故事。

让孩子免疫以抵制吸烟同伴的压力

我们将介绍实验室研究结果在实际生活中的应用。一个研究小组给七年级学生"注射"预防同伴吸烟压力的"疫苗"。他们教导这些七年级学生用反驳来回应广告。学生们还进行了角色扮演，在因为不吸烟而被称为"胆小鬼"之后，他们会这样回答："如果吸烟只是为了给你留下深刻印象的话，那我宁愿自己就是一个胆小鬼。"经过几次这样的训练，那些打过"疫苗"的学生吸烟的比率是另一所中学未免疫的学生的一半，而两所学校的学生家长的吸烟率相同（见图16-2）。

其他研究小组已经证实这种免疫方法可以降低青少年的吸烟率。大多数新研究都强调抵制社会压力的策略。一项研究让六年级到八年级的学生观看禁烟的电影或提供有关禁烟的信息，同时让学生参加拒绝吸烟的角色扮演活动。一年半之后，观看禁烟电影的学生中有31%的人开始吸烟；而在那些参与角色扮演的学生中，只有19%的人开始吸烟。

禁烟和禁毒教育也能采用其他说服原理。例如，利用有吸引力的同龄人来进行宣传，唤起学生自身的认知过程（"这是你需要考虑的事情"），让学生们做出公开承诺（对是否应该吸烟做出理性的决策，然后把这个决定连同自己的理由一起公布给同学们）。这些

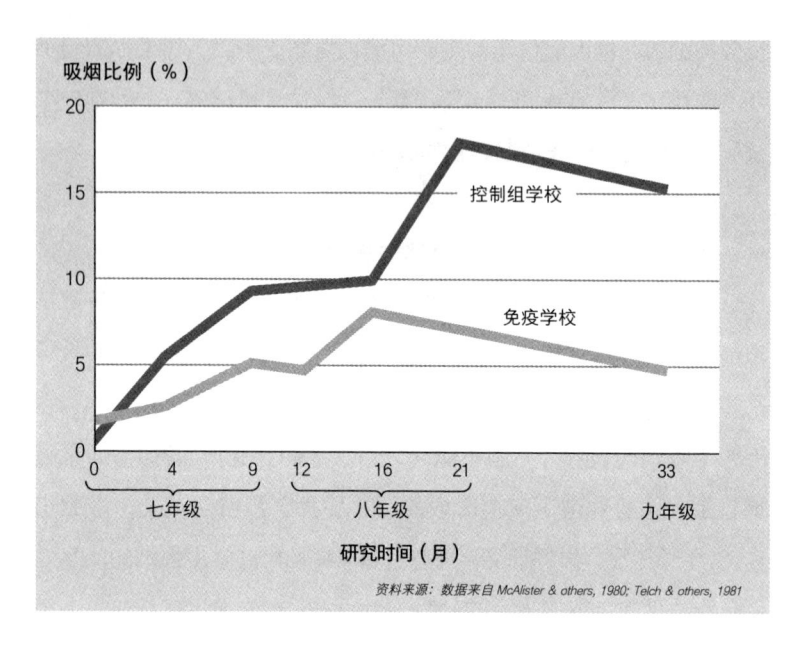

图 16-2 在"注射疫苗"的中学,学生吸烟的比率
远远低于另一所采用一般抵制吸烟教育方法的控制组学校

宣传手段的确有一定作用:截止至 2016 年 12 月,美国只有 10.5% 的中学生吸烟,低于 1976 年的 38%。现在社会新的担忧是电子烟,美国有 13% 的中学生吸电子烟。

让儿童免疫以抵制广告的诱惑

比利时、丹麦、希腊、爱尔兰、意大利和瑞典都严格限制针对儿童的广告。罗伯特·莱维纳在《说服的力量:我们如何买进卖出》一书中指出,在美国,一个普通的孩子平均每年要看超过

1万条商业广告。莱维纳说:"20年前,孩子们喝的牛奶是汽水的2倍。然而因为广告,这个比例现在颠倒过来了。"

为了削弱广告的影响力,研究人员探讨了如何使孩子们对电视广告产生免疫力。他们之所以关注这个问题,是因为研究表明,儿童,尤其是8岁以下的儿童:(1)难以区分商业广告和电视节目,难以知晓其说服的意图;(2)不加分辨地相信电视广告的内容;(3)会缠着父母购买广告产品。儿童似乎是广告商的最爱:他们容易轻信、易受影响,使销售变得很容易。

鉴于以上研究结论,民间组织对这类商品的广告商进行了抨击:"当一个精明的广告商花费数百万美元做广告,向天真单纯的儿童出售不健康的产品时,这就是赤裸裸的'剥削'。"在《母亲对广告商的宣言》中,美国女性联合起来表达了她们的愤怒:

对我们来说,孩子是无价之宝。对你们来说,我们的孩子仅仅是顾客,儿童是一个可以利用的"细分市场"……随着一群训练有素又富有创造力的广告专家对孩子进行研究、分析、说服和操纵后发现,满足和创造消费者的需求和欲望之间的界限正日益被跨越……那些令人心动的信息,如"今天你值得休息一下""我选我味""跟随你的直觉,服从你的渴望""想做就做""潜力无限""抓住你的冲动了吗",这些广告语传递出了一种主要的信息:生活就是自私自利、及时行乐和物质至上。

随着大量的广告转移到网络上,新的担忧出现了。例如,孩子可能没有意识到他们在玩的网络游戏(如水果麦片的"寻宝地图"或麦当劳网站上的"快乐声音")实际上是广告——而且往往宣传的是不健康的食物。在一项实验中，玩这些"广告游戏"的7～8岁的孩子比不玩游戏的孩子更有可能选择高糖和高热量的食物。

另一方面是商业利益。那些从广告中获利的人宣称，广告可以让父母教会孩子消费技巧，更重要的是，广告可以资助儿童电视节目。在美国，受到学术研究结果和政治压力的影响，联邦贸易委员会在是否对不健康食品的电视广告和针对未成年人的R级电影施加新的限制这一问题上，始终处于中间立场。

与此同时，研究人员发现，市中心七年级学生拥有"媒体抵抗能力"，他们能够批判性地看待广告，能像八年级学生一样更好地抵制同伴压力，并且不太可能像九年级学生那样喝酒。研究人员还想知道，是否可以教会孩子抵制欺骗性的广告。在一项研究中，洛杉矶地区的小学生上了三节半小时的广告分析课。孩子们通过观看广告和参与讨论来获得对广告的免疫力。例如，在观看了一个玩具广告后，他们会立即获得那个玩具，并被要求用广告中呈现的方式玩那个玩具，这样的经历有助于让孩子们对商业广告的理解更现实。

态度免疫的意义

抵制洗脑最好的方法不仅仅是对一个人当前的信念进行更强的灌输。如果父母担心自己的孩子可能会开始吸烟，他们最好教育孩子如何抵制关于吸烟的说服性诱惑。

出于同样的原因，宗教教育者应该警惕在教堂和学校里创建的"无菌意识形态环境"。生活在不同观点中的人辨识能力更强，面对说服力强的辩论时更可能改变他们的观点。此外，如果对某个观点的质疑遭到反驳，人们更有可能巩固而非动摇自己的立场，尤其是如果这些威胁资讯可以在其他有类似想法的个体身上得到验证时。邪教就是运用这条原则，预先警告其成员，他们的家人和朋友将如何攻击邪教的思想。当预期的挑战出现时，邪教成员已经为反驳做好了充分的准备。

如果批判性地看待问题，我们可以从免疫研究中得到启示。你想在不屏蔽有效信息的情况下建立对虚假信息的抵抗力吗？那就做一个积极的倾听者吧。强迫自己去反驳。不要只是倾听，要有反馈。听完一个演讲后，与其他人讨论。如果这条信息经不起仔细推敲，那么它就是再糟糕也不过如此；如果它经得起仔细分析，那它对你的影响可能会更持久。

专有名词

- **态度免疫**
  先让人们的态度受到微弱的攻击，这样他们就能抵抗住后续更强烈的攻击。

- **反驳**
  有说服力的信息可能是错误的原因。

第17章
社会助长：他人在场的影响

我们的世界不仅包括75亿个体，还包括195个国家和数亿个正式与非正式的群体——共进晚餐的情侣、一起闲逛的室友、策划战略的商业团队。这些群体如何影响我们？个人又如何影响群体？

让我们先来探讨一个社会心理学最基本的问题：在没有竞争和奖惩的情况下，我们是否会被另一个人的存在所影响？而这个人其实什么都没做，只是被动的观众或者共事者。

纯粹他人在场

一个多世纪以前，对自行车比赛感兴趣的心理学家特里普利特注意到，自行车手们在一起比赛会比单独骑行用时要短。在把他的直觉（他人在场会提高成绩的发现）公布于众之前，特里普利特首先对此进行了实验室研究。在实验中，他要求孩子们以最快速度在鱼线盘上绕线。结果发现，当他们与相互竞争的共事者一起完成任务时，完成速度比自己独立绕线时要快得多。特里普利特指出，"另一位竞争者的作用是激发选手的潜能"。

运用现代方法对特里普利特的数据进行重新分析发现，这种差异并没有达到统计显著的水平。但是在随后的实验中研究者们发现，他人在场会提高人们完成简单乘法题和划掉指定字母的速度。他人在场还能够提高简单运动任务的准确性，比如让一根金属棒与移动转盘上硬币大小的圆盘保持接触。这种社会助长的作用也会发生在动物身上。在有其他同类在场的情况下，蚂蚁会挖掘出更多的沙子、小鸡会吃更多的谷物、发情期的老鼠会更频繁地交配。

但是现在下结论似乎还为时尚早：在其他任务中，他人在场反而会阻碍个体的表现。在有同类在场的情况下，蟑螂、鹦鹉和金丝雀学会走迷宫的速度会更慢一些。这种干扰效应也会发生在人身上。他人在场会降低人们学习无意义音节、完成迷宫游戏和演算复杂乘法问题的效率。

这样看来，他人在场有时会促进个体的表现，有时则会妨碍个体的发挥，就像典型的苏格兰天气预报一样阴晴不定——预测一会儿说今天晴天，一会儿又说要下雨。到了 1940 年，社会助长的研究几乎停滞不前，在沉寂了 25 年后，一个新的理论唤醒了社会助长的有关研究。

扎荣茨试图把这些看似互相矛盾的发现融合在一起。正如在科学界常有的灵光一现,他触类旁通,在社会助长的研究中引入了另一个研究领域的研究思路。这一启示来自一个公认的实验心理学原理:唤醒能够增强任何优势反应的趋势。在简单任务中,优势反应往往就是正确反应,所以唤醒程度的增加会提高简单任务的表现。当人们在唤醒状态下,完成简单的字谜任务(例如重新排列 akec)时的速度最快。而在复杂的任务中,正确答案并不是优势反应,增强唤醒后会促进错误反应。在难度更高的字谜游戏中,如重新排列 theloacco,被唤醒的人表现得更差。

这一理论能否解开社会助长的奥秘?假设他人在场会唤醒或激发人们,这似乎是合理的;我们大多数人都能回忆起在观众面前紧张或兴奋的感觉。如果社会唤醒促进了优势反应,那么它应该会提高简单任务的表现,并降低困难任务的表现。

根据上述解释,令人困惑的结果就说得通了。绕鱼线、做简单的乘法题、吃东西都是简单的任务,这些都是人们习得的或自然的优势反应。毫无疑问,这种情况下,他人在场会提高个体的表现。

学习新材料、走迷宫和解决复杂的数学问题是更困难的任务,这些任务很难一开始就做出正确反应。在这些情况下,他人在场增加了这些任务中错误反应的数量。

因此,同一个规律——唤醒能促进优势反应——在两种情况下都有效(见图 17-1)。突然之间,先前看似矛盾的结果似乎不再矛盾了。

扎荣茨的解决方案如此简单而巧妙,让其他社会心理学家联想到赫胥黎在第一次阅读达尔文的《物种起源》后的感受:"我怎么

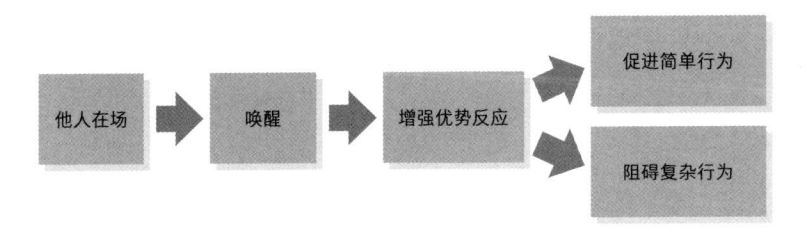

图 17-1　社会唤醒的作用 [1]

以前从来没这么想过，我真是太愚蠢了！"扎荣茨指出问题的关键后，这个道理似乎显而易见。然而，也许只有通过事后观察，这些矛盾的结论才能融合得如此完美。扎荣茨的解释能经得起实验的验证吗？

在对超过 2.5 万人进行了近 300 项研究之后，扎荣茨的解释仍旧准确。无论优势反应是正确反应还是错误反应，社会唤醒都会促进优势反应。例如，亨特和希勒里发现，在他人在场的情况下，学生学习一个简单迷宫所花费的时间较少，学习一个复杂迷宫花费的时间较多（这个结果和蟑螂一样！）。迈克尔斯和他的合作者发现，学生社团里优秀的台球选手在无人关注时的击中率为 71%，而当有四个旁观者时会表现得更好，击中率提高到 80%。相反，平时表现较差的选手在无人关注时的击中率为 36%，在被围观后表现就变得更差（击中率只有 25%）。

---

[1] 扎荣茨解释了先前相互矛盾的研究结果，他提出，来自他人在场的唤醒增强了优势反应（只有在简单或熟练的任务中才会有正确反应）。

吃饭是一种简单、自然的行为。你有没有注意到，当你和一群人一起吃饭时，你往往会狼吞虎咽？在聚会上，你是否经常吃得过多？并非只有你会这样——研究者们通过日记研究、观察研究和实验研究都证实了这一点。在分享美食（如巧克力）时，人们发现甜食能够令人感到愉快和美味。

运动员、演员和音乐家表现的都是熟练掌握的技能，这就解释了为什么他们在得到观众的积极支持时会发挥出最佳状态。针对全球25万多场大学和专业体育赛事的研究表明，在10场比赛中，主队获胜的概率大约为60%，以团队合作为主的体育项目在主场优势更大。无论何时何地，主场优势在各种运动中都惊人地一致。NBA篮球队、NHL曲棍球队和国际足球联盟球队每年都赢得更多的主场比赛，无一例外。

社会助长——主场观众激发了运动员对熟练技能的表现——是对主场优势合情合理的解释。事实上，英国足球运动员在主场比赛后的应激激素水平（表示唤醒水平）要比客场比赛更高。你能想象出其他可能的影响因素吗？艾伦和琼斯提出了以下这些可能性：

- 裁判的偏见：在一项对1530场德国足球比赛的分析中，裁判员平均给主队1.80张黄牌，给客队2.35张黄牌。
- 旅途劳顿：当飞往东海岸时，来自西海岸的NFL橄榄球队在夜晚比赛的表现要比在下午1点的比赛表现更好。
- 熟悉当地环境，这取决于当地环境，可能包括寒冷、下雨或高海拔。
- 主队人群的噪声干扰可能会影响客队球员的听力或投篮罚球。

第 17 章 社会助长：他人在场的影响

拥挤：众多他人在场

他人在场的影响随着其人数的增加而增加。有时，大量观众引起的唤醒和自我意识的关注甚至会干扰到熟练掌握的自动化行为，比如说话。在极端的压力下，我们很容易"结巴"。与只对一两个人讲话相比，口吃者在一大群听众面前会更加口吃。在大型锦标赛中，职业高尔夫球员在最后一天的成绩往往比前一天差，特别是对于接近锦标赛领先位置的高尔夫球手。

身处人群中也会增强积极反应和消极反应。当人们紧挨着坐在一起时，友好的人更受欢迎，不友好的人更不受欢迎。在对哥伦比亚大学的学生和安大略科学中心的游客进行的实验中，弗里德曼同时让助手和其他参与者一起听一段搞笑的录音或看喜剧电影。当他们都坐得很近时，助手可以更容易地引导他们发笑和鼓掌。正如戏剧导演和体育迷所熟知的那样，一场"好演出"是一场满座的演出。这个结论也得到了研究人员的验证。正如最近的实验所证实的那样，与他人分享的乐趣更有活力，也更有趣。

也许你注意到，一个 35 名学生的班级在一个只有 35 个座位的教室里比在一个有 100 个座位的教室里，感觉更加温暖和活跃。当其他人靠近时，我们更有可能注意到他人的笑声和鼓掌，并且乐于加入其中。正如埃文斯所发现的那样，拥挤也会增强唤醒作用。他对马萨诸塞大学 10 人一组的学生进行了测试，学生被随机分配到 50 平米或 8 平米的房间。结果发现，那些挤在小房间的人脉搏更快、血压更高（唤醒的指标）。纳加尔和潘迪在印度的大学生中复制了拥挤效应，发现拥挤会导致人们在困难的任务中犯更多的错误。因此，拥挤具有类似于被他人观察的效果：它增强了唤醒，从而促进了优势反应。

为什么他人在场会给我们造成影响？

在他人面前时，你会充满活力，把自己擅长的事情做得更好（除非你已经过度唤醒或者太在乎自己的表现）。在同样的情况下，你原本觉得困难的事情似乎更不可能完成了。那么，他人在场是如何引起人们唤醒的呢？有证据表明可能是以下三种因素：对他人评价的顾虑、分心和纯粹在场。

对他人评价的顾虑

科特雷尔推测，观察者在场之所以让我们感到焦虑，是因为我们想知道他们如何评价我们。为了检验对他人评价的顾虑是否存在，科特雷尔和同事以给知觉实验做准备为由，蒙住了观察者的眼睛。结果发现，与可以看到观众所引起的效应相反，这些蒙眼人的单纯存在并没有提高表演者的优势反应。

其他实验也证实，当人们认为他们正在被观察者评价时，优势反应的增强是最强烈的。在一项实验中，研究者安排让在跑道上跑步的人偶遇到一位坐在草地上的女性。相比她背对着跑步者而坐，当她面对跑步者而坐时，跑步者会跑得更快一些。

他人评价引发的自我关注也会干扰我们熟练掌握的自动化行为。如果过分关注自己的篮球运动员在关键罚球时分析自己的身体动作，他们很可能会失误。因此，在执行一些熟练动作时最好不要过度思考。

分心

桑德斯、巴伦和穆尔对他人评价的顾虑进行了更深入的研究，他们认为，当我们想知道共事者如何行动，或者观众如何反应时，我们就会分心。关注他人和关注任务之间的冲突会导致认知系统超载，从而引起唤醒。我们都"受到分心的驱动"。这种唤醒不仅来自他人在场，也来自其他干扰物，例如光线的照射。

纯粹在场

然而，扎荣茨认为，即使没有对他人评价的顾虑和分心的情况，他人的纯粹在场也会引发一定程度的唤醒。回想一下，之前提到的社会助长也会发生在动物身上。这暗示了一种与生俱来的社会唤醒机制，这种机制在动物界也十分普遍。（动物可能不会有意识地担心其他动物会如何评价它们。）在人类社会中，许多跑步者都会因为有人跟他们一起跑步而获得激励，即便那些与之一起跑步的人既不与他们竞争，也不对他们进行评价。

这里有必要提醒一下，一个好的理论是科学的描述：它能简化并概括各种观察结果。社会助长理论在这方面做得很好。它是对许多研究成果的简单概述。一个好的理论还能提供明确的预测，这些预测可以确证或修正理论、引导新的探索以及提供实际建议。社会助长理论已经明确地提出了前两种预测：理论基础（他人在场会引发唤醒，这种唤醒增强了优势反应）已经得到证实；该理论为一个沉寂已久的研究领域带来了新的生机。

是否有一些实际应用？我们可以做一些有根据的猜测。许多新的写字楼已经用大而开放的区域取代了私人办公室。他人在场是有助于个体提高熟练任务的绩效，还是会干扰对复杂任务的创造性思维？你还能想到其他可能的应用场景吗？

专有名词

- **共事者**
  在非竞争性活动中单独工作的共同参与者。

- **社会助长**
  原指当他人在场时，人们有更好地完成简单或熟练任务的倾向。现指在他人在场的情况下，优势（普遍的、可能的）反应会增强。

- **对他人评价的顾虑**
  对他人如何评价自己的担忧。

第18章
社会懈怠：人多导致责任分散

在团队拔河比赛中，一个8人的团队的力量是否等于他们各自参加个人拔河比赛所使出的最大力量之和？如果不是，为什么呢？

社会助长通常发生在人们为个人目标努力的时候。在这种情况下，无论是绕鱼线还是解决数学问题，他们的努力都可以被单独评价。这些情境与一些日常工作情境相似。但是，当人们为了一个共同的目标而齐心协力，且个人不需要对自己的努力负责时，又会发生什么呢？团队拔河就是这样一个例子。组织募捐——通过共同卖糖果来赚取支付班级旅行的费用——提供了另一个例子。所有学生都获得相同分数的小组任务也是如此。在这样的"群体加总任务"中——团队的成就取决于成员个人努力的总和——团队精神会提高生产力吗？当砌砖的工人作为一个团队一起工作时，砌砖速度会比单独工作时更快吗？实验室模拟研究给我们提供了答案。

人多未必力量大

大约 100 年前，法国工程师马克斯·林格尔曼发现，选手在群体拔河中所付出的努力只有个人努力之和的一半。与"团结就是力量"的普遍观念相反，这表明团队成员在执行群体加总任务时的实际努力程度更小。然而，糟糕的表现可能源于糟糕的配合——人们在一起拉绳子的时候，用力的方向和时间可能稍有差异。由英厄姆领导的一组马萨诸塞州的研究人员巧妙地解决了这个问题，他们让参与者认为其他人在和他们一起拉绳子，而实际上只有参与者一个人在拉。不知道实情的参与者被安排在设备的第一个位置，并被告知"尽全力拉绳子"。结果发现，如果他们知道只有自己一个人在拉，他们拉动的力度比起他们认为后面的人也在拉动时要大 18%。

研究者拉塔内、威廉斯和哈金斯一直在寻找其他方法来解释这种减少了的努力，他们称之为社会懈怠。他们在俄亥俄州立大学进行了一项实验，来证明制造喧闹声容易受到群体效率低下的影响。

他们的方法很巧妙：蒙住 6 个人的眼睛，让他们围成一个半圆，并让他们戴上播放巨大噪声的耳机。这样，参与者们听不见自己的喊叫或鼓掌声，也听不到其他人的声音。在多次不同的实验中，他们被要求单独发出声音，或者与整组一起叫喊或鼓掌。有些人猜测参与者和其他人在一起时会喊得更大声，因为他们会更放得开。实际结果呢？他们会产生社会懈怠：当参与者认为其他五个人也在叫喊或鼓掌时，他们制造的声音比他们认为独自一人时小三分之一。即使参与者是高中啦啦队队员，当他们认为自己是在和别人一起加油，而不是单独一个人欢呼时，社会懈怠也会发生。

政治学家斯威尼通过一个骑自行车实验观察到了社会懈怠。当得克萨斯大学的学生知道要对自己进行单独评价时（以输出电量来衡量），他们会更卖力地骑着自行车；而当他们认为自己的成绩要与其他骑手的成绩加在一起时则不然。在群体条件下，人们会受搭便车的诱惑，倾向于依赖团队的努力。

在这项研究和其他 160 项研究中，我们看到对评价感到焦虑会导致社会助长的心理力量发生逆转。在社会懈怠实验中，个体认为只有当他们单独行动时才会被评价。群体情境（拔河、喊叫等）降低了人们对评价的焦虑。如果人们无须单独为某事负责或者不会被单独评价努力程度，那么所有小组成员的责任感都会被分散。相比之下，社会助长实验增加了个体对评价的顾虑。一旦成为注意的焦点，人们就会自觉地监控自己的行为。因此，当被观察增加了对评价的顾虑时，社会助长就发生了；反之，淹没在人群中会减少对评价的顾虑，社会懈怠就会发生（见图 18-1）。

一种激励小组成员的策略是使个人表现可识别化。一些足球教练通过拍摄和单独评价的方法来达到这一目的。无论是否在一个群体中，当个体的行为可以单独评价时，人们会付出更多的努力：当有人监督并宣布个人成绩时，大学游泳队成员在队内接力赛中会游得更快。

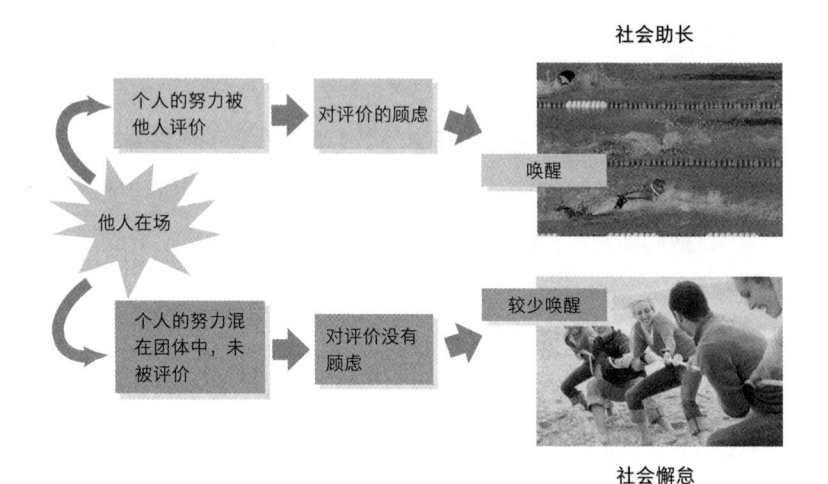

图 18-1　社会助长 VS 社会懈怠 [1]

日常生活中的社会懈怠

社会懈怠现象有多普遍？在实验室里，这种现象不仅发生在拔河、骑自行车、叫喊和鼓掌的任务上，也发生在排水或排空气、评价诗歌或社论、发表意见、打字和信号侦察的任务上。那么，这些一致的结果是否可以推广到日常工作中去呢？

在工作场所的群体实验中，当员工的个人表现被公布时，他们的产出会增多。在一个这样的实验中，一旦可以对个人的行为进行

---

[1] 当无法对个人进行评价或者个人无须为某事承担责任时，社会懈怠更可能发生。对个人游泳运动员的评价是看她赢得比赛的能力。在拔河比赛中，团队中的人不会被单独追究责任，所以任何成员都可能放松或懈怠。

单独评价，即使没有额外的报酬，工人们的产出仍然增加了16%。同样，以腌黄瓜工厂的工人为例，他们本应将大号的腌黄瓜放入罐中。但由于罐子随后被合并（且他们的个人工作未经检查），工人们就会随意地塞进任意大小的腌黄瓜。威廉斯、哈金斯和拉塔内指出，关于社会懈怠的研究建议："使个人的产出可识别，并提出了这样一个问题：'如果泡菜包装工人只有正确包装泡菜才能获得报酬，那么泡菜包装工人可以包装多少泡菜？'"

研究人员还在不同的文化中发现了社会懈怠的证据，例如通过评估苏联的农业产出。在集体农场里，农民第一天在一块地里干活，第二天在另一块地里干活，对任何一块地几乎没有直接责任。他们还得到了一小块私人土地来自己使用。一项分析发现，虽然农民的私有土地只占全部耕种面积的1%，但其产出却占了总量的三分之一。当中国开始允许农民出售上交公粮后的余粮时，粮食产量以每年8%的速度增长，是之前26年的年增长率的2.5倍。为了将报酬与产量挂钩，今天俄罗斯的许多农场都实现了"去集体化"，也就是农场不再实行集体经营。

那么非共产主义的集体主义文化是否存在社会懈怠现象呢？拉塔内和合作研究者在日本、泰国、印度和马来西亚重复了他们的声音制造实验。他们发现，社会懈怠现象在这些国家和地区也很明显。不过，后来在亚洲进行的17项研究表明，集体主义文化中的人确实比个人主义文化中的人表现出更少的社会懈怠。正如我们所指出的，在集体主义文化中，个体对家庭和工作团体的忠诚度是很高的。同样，女性往往不像男性那样更具个体主义——也更少表现出社会懈怠。

　　社会懈怠也表现在金钱和时间的捐赠上。在北美，不向工会或行业协会缴纳会费和不向工会提供志愿服务的工人，却往往非常乐于接受工会的福利。公共广播电台的听众和电视观众也是如此，他们往往对电台的募捐活动无动于衷。这暗示了社会懈怠另一种可能的解释：当不论个人对团队的贡献大小而平均分配奖励时，任何个体通过在团队内搭便车而少付出努力，就能获得更多的单位奖励。因此，当人们的努力没有被单独评价和奖励时，人们就可能会懈怠，这也可能使他们高估自己的相对贡献。因此，用一位公社成员的话来说，能欣然接受搭便车的社会就是"寄生虫的天堂"。

　　但可以肯定的是，集体主义并不总是导致懈怠。有时，群体的目标非常有吸引力，又非常需要每个人都尽最大努力，这时团队精神就会维持，个人努力的程度也会增加。在奥运会划艇比赛中，选手在参加8人一组的群体划艇赛时会比单人组或双人组时更不卖力吗？

　　证据表明他们不会。当任务具有挑战性、吸引力、高参与度的特征时，群体成员的懈怠程度就会减弱。在具有挑战性的任务中，人们可能会认为他们的努力是不可或缺的。当在接力赛中游到最后一段且有可能获得奖牌时，游泳者往往会比个人比赛时游得更快。

　　当团队成员彼此是朋友，或者团队成员认同群体，认为自己对团队不可或缺时，懈怠也会减少。甚至仅仅是期待再次与某人合作，也会增加团队项目的努力程度。与你经常见面的人合作完成一个项目，会比你和不期望再见面的人合作更有动力。凝聚力提高了努力的程度。

上述这些发现与日常工作群体的研究结果相似。当团队被赋予具有挑战性的目标时，当团队成员因团队成功而获得奖励时，当他们产生一种对"团队"的承诺精神时，成员们就会努力工作。保持小规模的工作小组也有助于成员们相信自己的贡献是不可或缺的。

专有名词

- **社会懈怠**
  当人们为了一个共同的目标而齐心协力时，他们所付出的努力要比他们单独行动时少。

- **搭便车者**
  从群体中受益，但对群体的回报甚微的人。

第19章
去个性化：一起做独自不会做的事

2003年，美军入侵伊拉克，抢掠行为在警察的默许下变本加厉。医院被洗劫一空，床位不复存在。国家图书馆失去了数万份珍贵手稿，仅剩熊熊燃烧的废墟。大学也遭受损失，电脑、椅子乃至灯泡一物不剩。巴格达国家博物馆更是失窃了1.5万件文物。《科学》杂志在报道中哀叹："自从西班牙征服者洗劫阿兹特克与印加文明以来，尚未有如此众多的文化财富以如此迅速的速度消逝。"一位大学院长描述这场劫难说："暴徒们成群结队地袭来：一拨50人的队伍刚走，紧接着又是一拨。"

此外2011年伦敦爆发的纵火和抢劫事件，2014年密苏里州弗格森的抢劫事件，以及2016年德国爆发的暴徒性侵犯事件，引发了世界各地人们的疑问：人们的道德感怎么了？为什么会爆发如此极端的暴力行为？为什么没有提前预见到这些事件？

第 19 章　去个性化：一起做独自不会做的事

这些行为甚至让很多参与骚乱的人事后感到困惑。在法庭上，一些被捕的伦敦骚乱者似乎对他们的行为感到迷茫。其中一位刚毕业的大学生的母亲解释说，自从女儿因偷了一台电视机被捕后，她就一直躲在卧室里哭。"她甚至不知道自己为什么要偷它，她根本就不需要电视。"一名工科学生在回家的路上抢劫超市后被捕，他的律师说他"在那一刻迷失了自己"，现在"非常羞愧"。

去个性化

社会助长实验表明群体可以引发人们的唤醒状态，社会懈怠实验则表明群体会分散责任。当唤醒和分散责任相结合时，常规的约束就会减弱，结果可能是惊人的。人们可能会做出各种各样的行为，从轻微的失态（在食堂扔食物、对裁判咆哮、在摇滚音乐会上尖叫）到冲动的自我放纵（集体破坏、狂欢、盗窃），再到极端的社会暴力行为（包括警察的野蛮行径、暴力和私刑）。

这些不受约束的行为有一些共同特征：它们是由群体的力量所引发的。群体可以引发一种兴奋感，让人被一种强大的力量吸引。很难想象单独一个摇滚乐迷会在一场私人摇滚演唱会上疯狂尖叫，或者单独一个暴徒会放火烧车。正是在群体环境中，人们更有可能抛开道德的约束，忘记个人的身份，服从于群体规范——总之，呈现出费斯廷格、佩皮通和纽科姆所描述的去个性化。什么环境会引发这种心理状态？

群体规模

群体不仅能引发其成员的唤醒状态，还能使成员的身份模糊化。喧闹的人群遮蔽了尖叫的球迷的个人身份。滥用私刑的暴力组织会使其成员坚信他们不会被起诉；他们会把自己的个体行为视为群体行为。混在一群暴徒之中的抢劫者不必暴露自己的姓名和身份，就可以肆意地进行抢劫。一位研究人员分析了21起人群围观跳楼或跳桥的事件后发现，当人群规模较小且暴露在公众目光之下时，人们通常不会诱使当事人往下跳。然而，当人群规模较大或有夜幕遮掩让人们有匿名感时，通常会出现人群诱使和起哄的情况。

滥用私刑的暴徒也会产生类似的效应：暴徒的群体规模越大，其成员就越可能失去自我意识，越乐于去实施暴行。

在这些例子中，从体育观众到滥用私刑的暴徒，个体对他人评价的顾虑都降到最低。人们的注意力集中在情境上，而非自身。因为"每个人都这么做"，所有每个人都可以将自己的行为归咎于情境，而不是自己的选择。

匿名性

我们怎么能确定群体的影响会导致匿名性呢？我们做不到这一点。但我们可以用匿名性设计实验，验证它是否真的能降低对人们的行为约束。当一个本科生问道为什么威廉·戈尔丁的《蝇王》中的好男孩在脸上涂上颜料后会突然变成恶魔，津巴多找到了实验灵感。为了实验这种匿名性，他让纽约大学的女生穿上相同的白色外套，戴上帽兜。当被要求对一名女性进行电击时，她们按电击按钮

第 19 章 去个性化：一起做独自不会做的事

△ 在津巴多的去个性化研究中，匿名女性对无辜的受害者实施的电击强度比非匿名女性大得多。

图 19-1

的时间是那些没有隐藏自己、戴着很大名字标签的女生的 2 倍。即使是昏暗的灯光或戴墨镜也会增加人们的匿名感，使人们更愿意做出欺骗或自利行为。

互联网提供了类似的匿名性。在巴格达发生暴行的同时，数百万被吓坏的当地民众利用文件共享软件匿名下载了无数盗版音乐作品。因为有这么多人这样做，而且很少有人被抓，所以大家肆意地下载并存储别人的知识产权作品，似乎并不是非常不道德的行为。网络暴力分子从来不会当着别人的面说："别来烦我了，你这个骗子！"他们会在网上匿名自己的身份。为了自身声誉，许多社交媒体网站要求人们使用真名，以此约束散布仇恨的评论。

在几起互联网案件中，匿名在线的旁观者煽动人们威胁要自杀的人，甚至传播现场视频。一位分析科技的社会效应的学者指出网络社区"就像那些在楼下围观跳楼者的人群一样"。有时，一个有爱心的人会试图劝阻跳楼的人，而其他人却叫嚣着："跳，跳。""这些网络社区的匿名性只会助长人们的卑劣与无情。"

埃利森和同事进行了一项有趣的街头研究，旨在探究人们在公共场合中的去个性化现象。在研究中，一名女性实验者在路上驾驶汽车，每当她被一辆敞篷车或一辆四轮驱动越野车（4×4）跟随时，她都会在红灯前停下，并等待12秒。在等待期间，她记录了后面车辆的喇叭声（一种轻微的攻击性行为）。研究结果显示，与敞篷车的司机相比，那些相对匿名的越野车司机（车有顶篷）按喇叭的时间早了将近三分之一，且频率是前者的2倍，持续时间也几乎是前者的2倍。这个研究揭示了匿名性对于不文明行为的助长作用。

由迪纳领导的研究小组曾巧妙地证明了群体和身体匿名对人的影响。在一个万圣节的实验中，他们观察了西雅图的1352名儿童在不给糖果时的淘气行为。当孩子们独自或成群结队地走访了城里的家庭时，一个实验者热情地迎接他们，邀请他们"拿一颗糖果"，然后将糖果留在无人看管的地方。隐藏的观察者注意到，成群结队的孩子拿走糖果的数量比单独的孩子多2倍以上。此外，那些被问及姓名和居住地的孩子比那些匿名的孩子违规的可能性要少一半。如图19-2所示，当因群体的遮盖和匿名而去个性化时，大多数孩子都会偷取额外的糖果。

这些研究引发了人们对制服影响的思考。在一些部落文化中，

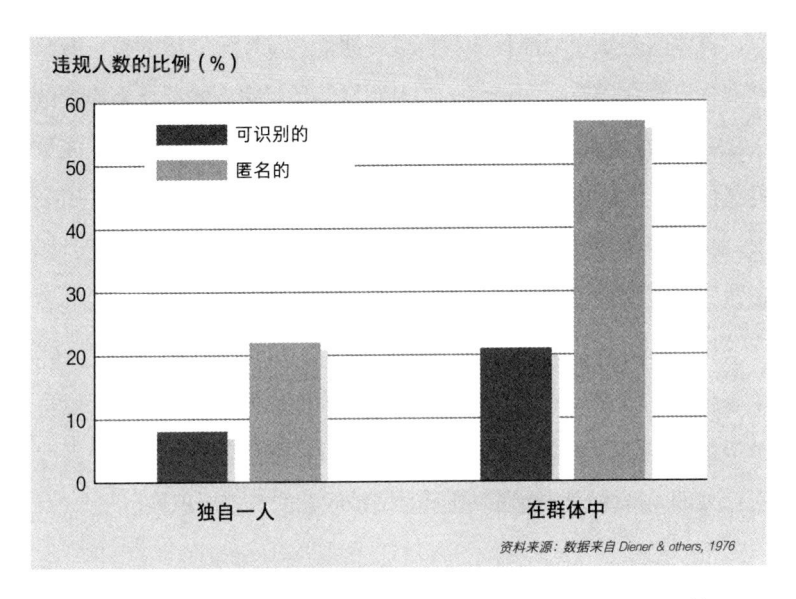

第 19 章 去个性化：一起做独自不会做的事

图 19-2 不同情境（匿名程度）下儿童违规多拿糖果的人数比例[1]

资料来源：数据来自 Diener & others, 1976

战士在准备战斗时（就像一些狂热的体育迷一样）会用颜料或特殊的面具来让自己去个性化。沃森对人类学档案进行了仔细研究，发现了这一趋势：那些在战斗中采用去个性化文化的部落在对待敌人时也更残暴。在北爱尔兰，西尔克研究了 500 起暴力袭击事件，发现其中有 206 起是由戴着面具、头罩或其他面部伪装的袭击者实施的。与未伪装的袭击者相比，这些匿名袭击者造成的伤害更严重，袭击的人数更多，破坏力也更强。

---

[1] 当孩子们结伴或者匿名时，尤其是当群体性和匿名性条件都具备时，群体的遮蔽和匿名的结合会导致去个性化，儿童们更可能违规偷拿额外的糖果。

身体匿名是否总能释放我们最邪恶的冲动呢？幸运的是，情况并非如此。在所有这些情境下，人们显然是对明显的反社会线索做出反应。约翰逊和唐宁指出，津巴多实验的参与者类似三K党成员的装扮可能会怂恿敌意行为。

在佐治亚大学的一项实验中，实验者要求女性穿上护士服，然后决定对某人施加多大程度的电击。当那些穿着护士制服的人能够保持匿名时，她们实施电击的强度就变得不那么强烈。根据对60项去个性化研究的分析，波斯特姆斯和斯皮尔斯得出结论，无论是消极的匿名还是积极的匿名（护士制服），匿名都会导致个体自我意识减弱，群体意识增强，并且对情境线索的反应更积极。

唤醒和分心的活动

在大规模群体攻击爆发之前，通常会有一些小事件引起或分散人们的注意力。例如，集体的喊叫、高声呼喊、鼓掌或跳舞，这些活动既能激发人们的兴奋感，又能减弱他们的自我意识。

实验表明，投掷石块和集体唱歌等活动可以为更多不受约束的行为创造条件。当看到别人也在冲动行事时，人们会感到一种自我强化的愉悦感。当我们看到别人的行为和我们的行为一样时，我们会认为他们的感受和我们的一样，这进一步强化了我们的感受。此外，冲动的群体行为会吸引我们的注意力。当我们在比赛中对裁判大喊大叫时，我们往往没有考虑到自己的价值观；我们只是对眼前的情境做出了即时的反应。事后，当我们冷静下来反省自己的行为和言辞时，我们有时会感到懊悔。我们会主动寻求去个性化的群体体验，如跳舞、宗教仪式、团体运动，在这些经历中，我们享受到强烈的积极情感和与他人的亲密关系。

弱化自我觉察

群体经历有时能弱化个体的自我意识，导致行为与态度分离。迪纳、普伦蒂斯·邓恩和罗杰斯的研究表明，缺乏自我意识、去个性化的人更加缺乏自控能力，更难进行自我调节，更有可能毫不顾忌自己的价值观就盲目行事，对情境的反应也更强烈。这些研究结果补充和验证了自我觉察的实验。

自我觉察是去个性化的对立面。那些拥有自我觉察的人，例如站在镜子前或摄像机镜头前，会表现出更强的自我控制，这时他们的行为也能够更清晰地反映他们的态度。例如，在品尝各种奶油、奶酪时，站在镜子前的人更倾向于减少对高脂奶酪的摄入。

有自我觉察的人也不太可能做出欺骗行为。这一特点同样适用于那些认为自己与众不同的人。在日本，人们经常想象自己在别人眼中的样子，镜子的存在与否对他们的欺骗行为没有影响。这里的原理是：具有自我觉察的人，或者在某一时刻变得自我觉察的人，在不同情境下的言行表现更为一致。

这些研究结果在我们的日常生活有着广泛的应用。例如，降低自我觉察的环境（如饮酒），可能会增强个体的去个性化。在增强自我觉察的环境中（例如镜子、相机、小型社区、明亮的照明、大型姓名标签、宁静的环境、个性化的服饰和住宅等），可能会减弱去个性化的现象。因此，当一个十几岁的孩子去参加聚会时，父母可能会提醒他："玩得开心，但记住你自己的身份。"换言之，享受和群体在一起的时光，但也要有自我觉察，维持个人身份，警惕去个性化。

专有名词

- **去个性化**
  缺乏自我意识和对他人评价的顾虑，通常发生在群体情境中，导致个体更容易受到群体规范的影响。

- **自我觉察**
  一种将注意力集中在自己身上的自我意识状态，使人们对自己的态度和意向更敏感。

第20章
群体如何强化决策？

群体互动会带来积极还是消极的结果呢？警察的暴力执法和暴力团伙都体现了群体潜在的破坏性。然而，支持型的领导、工作组的顾问和教育理论家都强调了群体互动的积极影响。此外，自助小组的成员和宗教信徒通过与志同道合的人建立友谊来加强他们的身份认同。

对小群体的研究得出了一条原则，它有利于我们对积极和消极结果都做出解释：群体讨论往往会强化其成员最初的意向。这项关于群体极化的研究体现了科学探究的过程——有趣的发现是如何导致研究人员得出仓促而错误的结论，而最终这些结论又被更准确的结论所取代。作为一名研究者，我可以与大家直接讨论这一科学谜题。

"风险转移"案例

超过300项研究的基础可以追溯到斯托纳的一项惊人发现,他当时还是麻省理工学院的研究生。在他的管理学硕士论文中,斯托纳检验了一个人们普遍达成共识的观点,在决策时群体比个人更为谨慎。他提出了一个决策困境,参与者的任务是建议假想中的角色承担多大的风险。假设你自己也是其中的一名参与者,你会在以下情境给海伦提什么样的建议呢?

海伦是一名很有创作天赋的作家,但到目前为止,她一直靠写通俗的西部小说过着安逸的生活。最近,她突然萌生了一个念头,她要写一部有深刻意义的小说。如果她能写出来并被出版社接受,这可能会对文学领域产生重大影响,并且对她的职业生涯有积极的推动作用。然而,如果她没能实现自己的愿望,或者这部小说是一部失败之作,她将花费大量的时间和精力,并且可能得不到任何回报。

如果你正在给海伦提建议。你认为海伦尝试写这部小说的最低可能性是多少?

当这部小说取得成功的概率最低为多少时,海伦会尝试写这部小说?

_____10%　　　_____20%
_____30%　　　_____40%
_____50%　　　_____60%

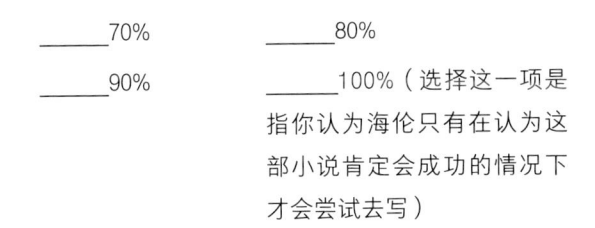

_____70%　　　　　_____80%
_____90%　　　　　_____100%（选择这一项是指你认为海伦只有在认为这部小说肯定会成功的情况下才会尝试去写）

当你做出决定后，猜猜这本书的读者一般会提出什么建议。

在对十几个问题提出建议后，通常会安排五个人一组对每一个问题进行讨论并达成一致。你认为群体决策与讨论之前所有人单独决策所得的平均值相比，会有什么差别呢？群体会倾向于更冒险还是更谨慎？或者群体决策与个人决策有没有差异？

令所有人惊讶的是，群体决策通常会更冒险。这种"风险转移"的现象引发了对群体决策中冒险行为的研究热潮。这些研究结果表明，风险转移现象不仅限于需要达成共识的群体决策中；在短暂的讨论之后，个体也可能改变他们的决策。此外，通过对来自不同国家、年龄和职业的数十名参与者进行研究，研究人员成功复制了斯托纳的发现。

在讨论中，人们不同的意见逐渐趋于一致。然而，令人奇怪的是，人们达成一致的观点通常比他们各自最初的观点所得出的平均值更低，也就是更倾向于冒险。这是一个引人关注的谜题。虽然出乎意料，但是小幅度的风险转移效应确实是存在的，并且我们对此无法立刻找到明确的解释。这个效应到底受到什么群体因素的影响？它的适用范围有多广泛？例如，陪审团、商业委员会以及军事机构中所展开的各种讨论是否也会促使人们更加冒险？如果以死亡率作为衡量标准，在车上有两名同伴的情况下，一个 16 岁的年轻人鲁莽驾驶的可能性几乎是车上没有同乘人员时的 2 倍，这是否也能用上述效应来解释？还有，股市泡沫是否可以用这一效应来解释？因为人们纷纷讨论为什么股票上涨，从而产生信息瀑布，进而推动股票继续上涨？

经过几年的研究之后，我和我的同事发现风险转移并不是适用于所有情境的普遍规律。在我们设计的决策的困境中，人们在讨论之后反而会变得更加谨慎。例如，我们的情境中有一个主人公叫罗杰，他是一个年轻的已婚男性，有两个在上学的孩子。他有一份稳定但薪水不高的工作，虽然不能负担起奢侈品，但是能够满足生活必需。罗杰听说有一家相对不知名的公司要发布新产品，如果这个新产品受到好评，其股票价值可能在短时间内翻 3 倍；但是，如果新产品卖不出去，股价可能会大幅下跌。罗杰没有存款，为了投资这家公司的股票，他正在考虑出售自己的人寿保险。

你能找出一条普遍的规律来解释为什么人们在讨论了海伦的问题之后会倾向于冒险，而在讨论了罗杰的困境之后却更倾向于谨慎行事吗？如果你和大多数人一样，你可能会建议海伦冒更大的风险，但不建议罗杰去冒更大的风险，即使在与其他人讨论之前，你的个人观点也是如此。事实上，讨论在很大程度上会加强人们最初的看法。因此，讨论罗杰困境的群体往往会比讨论前表现出更大的风险厌恶。

群体会强化观点吗?

由此我们意识到,这种群体现象的结果并不总是向风险增加的方向转变,我们将这种现象重新定义,认为它是一种通过群体讨论而增强群体成员的初始倾向的趋势。这种现象类似于思想的两极分化。这种观点促使研究者们提出一个被法国心理学家莫斯科维奇和扎瓦洛尼称为群体极化的概念:讨论通常可以强化群体成员的普遍倾向。

群体极化实验

群体讨论会引发个体观点的变化,这一新观点启发了研究者们,他们在实验中让人们讨论大多数人赞同或者反对的观点。在群体中讨论这些问题,会强化人们的最初倾向吗?在群体中,冒险者会更加冒险吗?顽固者会更加顽固吗?慷慨的人会更加慷慨吗?这正是群体极化理论所预测的内容(见图20-1)。

很多研究证实了群体极化现象的存在。在此我们举三个例子:

- 法国学生在讨论之后,加强了他们原本对总统的积极态度,也加强了他们对美国的消极态度。
- 日本大学生在讨论了一起交通案件后,给出了更明确的"有罪"判定。当陪审团成员倾向于裁决损害赔偿时,群体讨论的赔偿金额往往超过陪审团成员提出的中位数。
- 法国学生与其他人讨论了对某些人的消极印象后,他们会更加不喜欢这些人。如果有人不喜欢你,那么当他们聚在一起时可能会更不喜欢你。

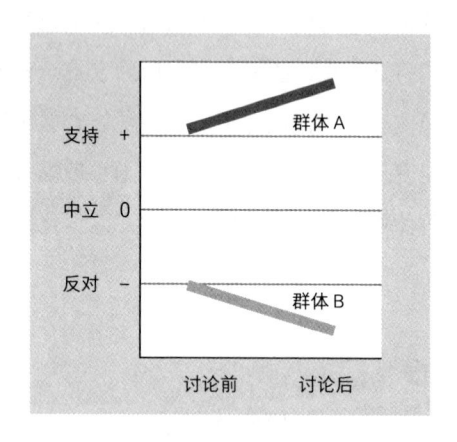

图 20-1　群体极化 [1]

另一种研究方法是选择一些存在观点分歧的事件，然后把持有相同观点的人分开。比索和我感到好奇：与志同道合的人讨论是否能强化共同观点？讨论是否会放大分歧双方的态度鸿沟？

因此，我们在实验中选择了相对有偏见和没有偏见的两个高中生群体，并要求他们在讨论之前和之后分别对涉及种族态度的问题做出回应。例如，只按种族出租的财产权与没有歧视的公民权利的问题。我们发现，观点一致的学生之间的讨论确实增加了两组之间最初观点的差距（见图20-2）。此外，杰西卡·基廷和她的合作者

---

[1] 群体极化理论预测群体讨论会强化群体成员的共同态度。

报告了一个人们在自己的生活中没有意识到的现象：当一小群观点一致的人讨论奥巴马和布什谁是更好的总统时，参与讨论的人会低估讨论在多大程度上影响他们的态度，使他们的态度两极分化，让他们误以为自己以前的态度没有实际情况那么极端。

  英国和澳大利亚的研究证实，群体讨论可以放大消极和积极的倾向。当人们彼此分享关于某个群体（移民群体）的消极印象时，讨论会进一步支持他们的消极观点，并增加他们对该群体的歧视。当人们共同关注不公正的问题时，讨论会增加他们的道德关注。这就像众人拾柴火焰高一样，思想会互相增强。

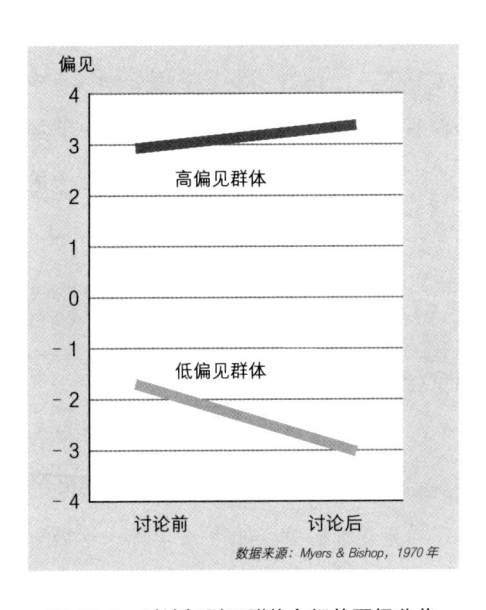

数据来源：Myers & Bishop, 1970年

图 20-2　讨论加剧了群体之间的两极分化

日常生活中的群体极化

在日常生活中，人们往往喜欢与观点一致的人交往（看看你自己的朋友圈就知道了）。因此，在实验室之外，与观点一致的朋友之间的日常交流是否会加强大家的共同态度呢？宅男会变得更宅吗？喜欢运动的人会更喜欢运动吗？叛逆者会更叛逆吗？

的确如此。麦科比指出，将男孩置于全是男性的群体，将女孩置于全是女性的群体，会增加他们最初的性别差异。男孩们在一起游戏时，会渐渐变得更有竞争性，并且更行动导向。而女孩们在一起则会变得更加关系导向。

在美国联邦上诉法院审理的案件中，共和党总统任命的法官倾向于支持那些更像共和党的人，而民主党总统任命的法官倾向于支持那些更像民主党的人。这并不奇怪。但是斯凯德和桑斯坦指出，这样的倾向会在观点一致的法官中更明显："一个共和党法官与其他两个共和党成员在一起时，比和一个或一个以上的民主党成员在一起审判更保守，而民主党法官也会有类似的倾向。与此同时，被民主党提名的法官在意识形态方向上也表现出类似的倾向。"

学校中的群体极化

现实生活中存在与实验结果一样的另一种群体极化现象，这种现象被教育研究者称为"两极分化"，即随着时间的推移，大学生群体中的最初差异会逐渐扩大。如果 A 学院一年级学生最初比 B 学院的学生聪慧，那么这一差距很可能会在他们毕业时更为明显。同样，与兄弟会和姐妹联谊会的成员相比，非成员倾向于拥有更自由的政治态度，这种差异会在大学期间逐渐扩大。研究者认为，导致这一结果的部分原因是群体成员强化了他们彼此共同的态度倾向。

社区中的群体极化

因为人们的自我隔离，极化现象也会发生在社区中。布鲁克斯发现，时尚的社区更容易吸引时尚的人，并且会变得更时尚；保守的社区会吸引保守的人，并变得更加保守。社区就像一面回声墙，志同道合的人的意见会在和他们观点一致的人群中传播。

给社会心理学家一个观点一致的群体，且群体成员主要在群体内部互动，那么这个群体就很容易会变得更极端。相比之下，多样性倾向于缓和我们的观点，就像思想的两极分化一样。

一项实验聚集了来自自由主义博尔德市和保守主义科罗拉多斯普林斯市的一群居民。群体讨论增加了人们在全球变暖和平权运动等话题上的共识。然而，博尔德市的居民通常更为激进，而科罗拉多斯普林斯市的人通常更为保守。

在实验室研究中，当个体之间进行游戏时往往会展现出竞争关系和不信任，而当玩家组成团体时，这种情况通常会更严重。在现实的社区冲突中，观点一致的人会逐渐联合起来，这就强化了他们共同的态度倾向。团伙犯罪是在相邻团伙内部互相强化的过程中产生的，其成员有共同的特征和敌意状态。戴维·莱肯提出，如果第二个不受控制的15岁少年也搬到了你所在的社区，他和另一个人就会成为团伙，他们的破坏性不止是一个人独自行动的2倍……一个团伙的危险性远远大于其所有成员的综合。或者，正如我大学时的一位朋友在我们目睹了许多醉酒行为后所说的那样："男孩子们聚在一起的时候就会做一些愚蠢的事情。"事实上，根据博妮塔·维齐和史蒂文·梅斯纳的报告，缺乏监督的同龄人群体是一个社区犯罪率的最有力的预测指标。此外，实验性的干预措施将犯罪少年与其他犯罪少年组合在一起，得出了一个意料之内的结果，这样会增加问题行为的发生率。

政治中的群体极化

美国提供了一个突出的案例，展示了观点一致的政治群体如何成为社会问题的源头——政治两极化。随着越来越多的人将自己所支持的政党视为道德上的优越者，将反对派视为腐败者，政治合作和共同目标被僵局所取代。以下是一些例子：

观点一致的县。1992 年到 2016 年间，生活在所谓"压倒性胜选县"（指投票给同一位总统候选人的比例达到 60% 或更高的县）的美国人从 38% 上升到 60%。

最小化的中间地带。1983 年到 2016 年，自称政治立场为"中间派"的大学新生的比例从 60% 下降到 42%，而自认为"极左"或"极右"的比例则增加了。

增加的党派分歧。共和党和民主党之间的鸿沟，如在国会演讲和公民态度中表现出的那样，从未如此之大。

对抗。2016 年，大多数共和党和民主党成员首次承认对对方党派持有"非常不利"的看法。实际上，全国选举调查显示，2000 年时相互憎恨对方党派的美国共和党和民主党成员的比例从20%增加到2016年的近50%。这也解释了为什么42%的两党成员都认为对方党派的人"是完全邪恶的"。

持续的党派偏见。美国选民在连续的总统选举中选择同一党派的比例从未如此之高。

这种日益严重的分歧已经越来越明显,77%的美国人认为他们的国家处于分裂状态,这一比率达到了历史最高点。

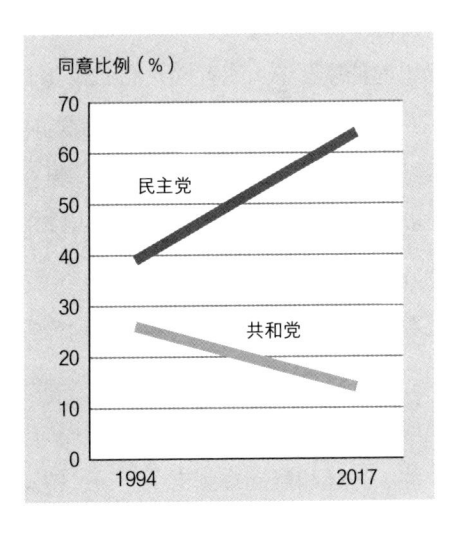

图 20-3 一个两极分化的社会[1]

---

[1] 民主党人越来越同意"种族歧视是导致许多黑人始终无法出人头地的主要原因",而共和党人则越来越不同意这个观点。

互联网上的群体极化

从早期的印刷机到今天的互联网，我们可获得的信息量急剧增加。曾经，人们从少数几家电视台和全国性新闻杂志上获取相同的信息；而现在，我们可以从众多信息来源中挑选符合自己品位的内容。由于选择众多，我们自然而然地"选择性接触"与自己观点一致的媒体。我们接受与我们观点相符的媒体信息，而对我们不认同的媒体进行批评。只要告诉我你关注的是哪一家媒体，我就可以猜测你的政治倾向。

随着人们选择性地阅读博客和访问聊天室，互联网是否将他们聚集到"共同思想的群体"中（或者说我们在脸书上有比日常生活中更多的朋友）？人们是否倾向于点击他们认同的内容，并屏蔽不同意见？改革派是否倾向于和改革派交友并分享链接，保守派是否也是如此？互联网上的隔离社群以及根据用户兴趣定制的新闻内容是否加剧了社会分裂和政治两极化？

互联网上无数的虚拟群体和平主义者、新纳粹主义者、极客和哥特文化者、阴谋论者以及癌症幸存者等都能找到与之具有相同思想的人，他们组成小团体，与其他人分隔开，并且在自己的团体中为他们共同的关注、兴趣和疑问找到支持。通过转发、定制的新闻订阅和从海量新闻中的自我选择，就像思想相互提供有价值的信息——以及有毒的错误信息：在经过多次复述后，谎言就变成了现实。因此，分歧不断恶化，怀疑升级为偏执。

研究证实，大多数人阅读博客时都会加强而不是挑战自己的观点，而这些博客主要链接到观点相近的博客上——自由派链接自由派，保守派链接保守派——就像是在浴室镜子前对话一样。结果是，在当今世界，政治两极化——对于持不同政治观点的人的憎恶——比种族两极化更加激烈。

更多的信息会加剧而不是缓和党派之间的分歧。赖特观察到电子邮件、谷歌和聊天室"使小团体更容易集结志同道合的人，凝聚分散的仇恨，并动员致命的力量"。和平主义者变得更加和平，恐怖分子变得更加恐怖。

底线：在我们未来所面临的众多挑战中，紧随应对气候变化之后的，是学会如何发挥数字未来及其创造的互联世界的益处，但同时不加剧群体的两极分化。

恐怖组织中的群体极化

根据对恐怖组织的分析，麦考利和他的同事指出，恐怖主义并非突然爆发的："孤狼式恐怖分子很少见。"相反，它的出现是拥有相同不满情绪的人聚集到一起，加强了他们的不满。当他们远离缓和的因素时，他们变得越来越极端。社会放大器将信号变得更强烈，结果就是个体成员表现出了在远离群体时绝不会做的暴力行为。

例如，"9·11"事件的恐怖分子是通过一个长期的过程培养出来的，这个过程涉及同类之间互动的极化效应。据美国国家研究委员会小组指出，成为恐怖分子的过程可能是将个人与其他信仰体系隔离开来，使潜在目标去人性化，并令其不能容忍任何异议。团体成员开始将世界划分为"我们"和"他们"。调查员莫拉里认为，创造恐怖主义自杀行为的关键在于群体过程："据我所知，没有一起自杀恐怖主义案件是因个人冲动而发生的。"

类似地，大屠杀也是群体现象。扎荣茨指出这种暴力是杀手之间相互怂恿和升级造成的，他作为二战华沙空袭的幸存者亲身经历了暴力屠杀，那次空袭导致他的父母丧生。波斯特在与许多被指控的恐怖分子进行访谈后指出，个体一旦处于"恐怖组织的高压之下"，很难再受其他因素的影响。"从长远来看，最有效的反恐政策是阻止潜在的招募者加入恐怖组织，控制恐怖组织的招募活动。"

对群体极化的解释

为什么群体采取的观点比其个体成员更夸大呢？研究人员希望解决群体极化之谜能够提供一些关于群体影响的见解。解决小谜题有时会为解决更大的谜题提供线索。

在提出的几种群体极化理论中，有两种理论已为科学实验所证实，其中一种侧重于讨论过程中提出的论点，是信息影响的范例（指由于接受关于现实的证据而产生的影响）。另一种则侧重于群体成员如何看待自己与其他成员的关系，是规范性影响的范例（指由于人们希望被接受或受人赞赏的欲望而产生的影响）。

信息的影响

根据最受支持的解释，群体讨论会引发意见的汇集，其中大部分都与主导观点一致。一些观点对于群体成员来说是共识。其他观点可能包括一些群体成员之前没有考虑过的有说服力的论点。当讨论作家海伦时，有人可能会说："海伦应该去尝试，因为她几乎没有什么可失去的。就算她的小说失败了，她还可以继续写通俗的西部小说。"这样的说法通常是将提出者的观点和他的立场放在一起。但是如果人们不了解他人的特定立场而只是听到相关的观点，他们仍然会改变自己的立场。观点本身就很重要。

规范的影响

第二个关于极化的解释涉及与他人的比较。著名的社会心理学家费斯廷格在其极具影响力的社会比较理论中提出，我们人类希望通过将自己的观点与他人进行比较来评价我们自己的观点和能力。我们最容易被我们所认同的人所说服，这些人就是所谓的"参照群体"。此外，我们希望别人喜欢我们，因此我们很可能会在发现他人与我们的观点相同后发表更强烈的意见。

让我们继续回到海伦困境的问题上。如果要求人们预测他人对海伦困境的反应时，他们通常会表现出一种人众无知：人们没有意识到他人对社会普遍认同的支持倾向有多强烈（在海伦困境的例子中，普遍认同就是支持她写长篇小说）。大家普遍会建议海伦写长篇小说，即使成功的机会只有 40%，但人们会估计其他人可能会选择 50% 或 60%。（这个发现让我们想起了自我服务偏差：人们倾向于认为自己要好于社会普遍所希望具有的特质和态度）然而，当讨论开始后，大多数人会发现他们的观点和其他人之间的差异并不大。事实上，其他人可能比他们更坚定地支持海伦写小说。于是，他们也不需要再受群体规范的错误约束，而是可以更加自由地表达自己的偏好。

也许你会有这样的回忆：你想和某个人去约会，但是你们两个人又都害怕迈出第一步，因此你们互相认为对方可能对自己没有兴趣。这种人众无知现象阻碍了人际关系的发展。

或者你可能还记得，在一个小组中，你和其他人都很拘谨，直到有人打破了僵局说："嗯，事实上，我认为……"很快，你们都会惊讶地发现大家居然如此强烈地支持彼此的观点。

社会比较理论引发了一系列实验，在这些实验中人们面对的是他人的立场而不是观点。这种情况类似于我们在选举日阅读民意调查时的体验。如果人们了解他人的立场，是否会调整自己的回答来迎合一个被社会认同的立场？这种基于比较的极化效应通常比现场讨论所产生的极化效应要小。然而，令人惊讶的是，人们通常并不是简单地迎合群体的平均水平，而是要更胜一筹。

仅仅了解他人的选择也有助于形成随大流效应，这种效应让一些热门歌曲、书籍和电影流行起来。在一项实验中，研究者让14 341名互联网参与者收听他们没有听过的歌曲，如果愿意还可以下载。其中一部分参与者能够看到先前参与者选择下载的歌曲。在获得这些信息的参与者中，受欢迎的歌曲变得更受欢迎，不受欢迎的歌曲变得不那么受欢迎。

群体极化的研究体现了社会心理学研究的复杂性。尽管我们希望尽可能简明扼要地解释一个现象，但一种理论很难解释所有的结果。因为人的思维是复杂的，往往受到多个因素的影响。在群体讨论中，有说服力的论点往往决定了那些涉及事实要素的问题（例如，她是否犯了罪）。社会比较对价值判断的问题产生影响（例如，她应该服刑多长时间）。在那些既有事实又有价值判断的问题上，这两个因素会共同起作用。发现他人具有与自己有相同的感受（社会比较）会释放出每个人内心深处对那些观点的赞成态度。

群体思维

我们前面所讨论的社会心理现象是否也会出现在企业董事会或总统内阁等复杂群体中？他们是否会出现自我合理化行为？是否存在自我服务偏差？促进群体一致性的团队凝聚力是否会引起从众或者阻碍不同意见的产生？公开承诺是否会导致人们反对变革？是否会存在群体极化现象？

贾尼斯试图用这些现象解释 20 世纪美国总统及其顾问所做出的群体决策。他分析了几次重大失败决策背后的决策过程：

○ **珍珠港事件。** 1941 年 12 月，美国卷入第二次世界大战前的几个星期，夏威夷的军事指挥官接到了有关日本准备在太平洋地区对美国发动攻击的情报。然后，军事情报部就失去了与日本航空母舰的无线电联系，而这些航空母舰已经直奔夏威夷。航空侦察本可以发现这些航母，或者至少提前几分钟发出警报。但是，那些自满的指挥官决定不采取任何预防措施。结果是：直到日军对几乎毫无防御的基地发动袭击时，警报才响起。最终，美军损失了18艘舰船、170架飞机和2400人的生命。

- **猪湾入侵。** 1961年，肯尼迪总统及其顾问提出了一个特别行动计划，由中央情报局负责招募并训练一支由1400名古巴流亡者组成的非正规部队，目的是入侵古巴，推翻卡斯特罗政权。所有的入侵者都在短时间内被杀或被捕，美国为此颜面尽失，而古巴与苏联的结盟关系却因此变得更为紧密。在得知结果后，肯尼迪大呼："我们怎么会做这么愚蠢的事情呢？"

- **越南战争。** 从1964年到1967年，约翰逊总统及其政策顾问组成的"周二午餐团"预测美国的空袭、空降以及搜索、摧毁任务将迫使北越接受和平谈判，而南越人民出于感激也会支持和谈，因此他们决定扩大越南战争的规模。尽管政府的情报专家和所有美国的盟国都提出警告，但他们仍然坚持将战争扩大化。最终，这场战争导致超过5.8万名美国人和100万名越南民众丧生，使美国人变得极端化，总统被迫下台，而由此产生的大规模的财政赤字加剧了美国20世纪70年代的通货膨胀。

贾尼斯认为，这些错误决策是由于在群体决策中人们为了维护群体和谐而压制异议所导致的，他把这种现象称为"群体思维"。在工作团队中，团队精神有利于提升生产力。对团队身份的认同有助于激励人们在项目上继续坚持。然而，在做决策时，紧密团结的团队可能也会付出代价。贾尼斯认为，导致群体思维产生的根源包括以下几个方面：

- 友好、凝聚力强的团体。
- 群体与异议观点相对孤立的状态。
- 一个指示型领导者，能明确指示自己的决策。

例如，在策划那次惨败的猪湾入侵时，刚刚当选的肯尼迪总统和他的顾问们有着强大的团队精神。而对这次计划的反对观点都被压制或者排除在外，总统本人很快就支持了这次入侵行动。

群体思维的特征

根据历史记录、参与者和观察者的回忆，贾尼斯提出了 8 个群体思维的特征。这些特征是一种集体形式的群体成员降低认知失调，当群体成员面临威胁时，他们会试图维持自己积极的群体感觉。

前两个群体思维的特征表现会导致群体成员高估群体的力量和权力。

- **无懈可击的错觉。** 贾尼斯研究的群体都表现出过度的乐观，使他们对危险的警告视而不见。当珍珠港的首席海军军官基梅尔得知他们已经失去与日本航母的无线电联系时，他还开玩笑说，也许日本人正在绕过夏威夷的钻石头山。事实上，他们确实正在绕过钻石头山，但基梅尔对这个行为的嘲讽使人们觉得这不可能是事实。
- **对群体道义的毋庸置疑。** 群体成员认为他们的团队具有内在道德性，进而忽视伦理和道德问题。肯尼迪的团队知道顾问施莱辛格和参议员富布赖特对入侵一个小邻国有道德顾虑，但是该团队从未考虑或讨论过这些道德上的顾虑。

群体成员还会在想法上变得越来越接近。

- **集体合理化。**群体通过集体为自己的决策辩护来忽视挑战。在扩大越南战争的决策上，约翰逊总统的"周二午餐团"花在合理化（解释和证明）上的时间远远多于反思和重新思考之前的决定的时间。每一项倡议都变成了一种辩护和捍卫的行动。
- **对对手的刻板印象。**陷于群体思维的人们往往会认为他们的敌人要么太邪恶而难以沟通，要么太弱小愚蠢而无法抵御计划中的行动。肯尼迪的团队自认为卡斯特罗的军队力量非常薄弱，且他的民众支持率也不高，仅仅一个旅就能轻易推翻他的政权。

最后，该群体还面临着走向统一的压力。

- **从众压力。**群体成员会抵制那些对群体设想和计划质疑的人，有时甚至会对个人进行嘲讽。有一次，当约翰逊总统的助手莫伊斯抵达会场时，总统讥讽他说："噢，这就是那位'停止轰炸'的先生。"面对这样的嘲讽，大多数人都选择了从众。与社会懈怠和去个性化一样，当个体的自我淹没在群体中时，群体思维就会减弱个体的表现。
- **自我审查。**为了避免分歧，群体成员们往往会将自己的疑虑压制下来。在"猪湾入侵"之后的几个月里，施莱辛格责备自己"在内阁会议室的关键讨论中保持了沉默，尽管我感到愧疚，但我知道提出异议也无济于事，只会让我声名狼藉"。这种情况不仅仅发生在政界。无论是在线上还是面对面交流，当人们认为其他人持有不同意见时，他们都不太愿意继续分享自己的观点。

○ **一致同意的错觉。**自我审查和不愿破坏一致性的压力导致了一种一致性的假象。更重要的是，表面上的一致性坚定了群体决策。这种一致性的表象在珍珠港事件、猪湾事件和越南战争等失败决策中都是显而易见的。希特勒的顾问斯佩尔描述了在希特勒身边的感觉：从众的压力使得所有的异议都被压制。异议的缺乏造成了一种一致性的错觉。

在正常情况下，那些背离现实的人很快会因周围人的嘲笑和批评而被拉回正轨，这让他们意识到自己的不可靠。在第三德意志帝国中，没有这样的矫正机制。任何外部因素都无法干扰人们的一致性，因为大家变得千人一面。

○ **心理防御。**一些成员为了保护群体会避免让那些质疑群体决策效率和道德性的信息传递进来。在入侵之前，罗伯特·肯尼迪将施莱辛格拉到一边告诉他："不要把话题扯远了。"国务卿腊斯克隐瞒了外交和情报专家反对入侵的警告，他们因此成为总统的"思想警卫"，不是保护他免受身体伤害，而是保护他免受不一致事实的影响。

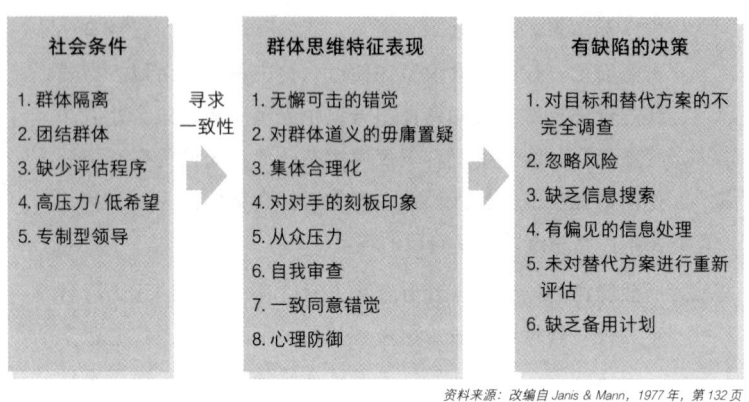

社会条件	群体思维特征表现	有缺陷的决策
1. 群体隔离 2. 团结群体 3. 缺少评估程序 4. 高压力/低希望 5. 专制型领导	1. 无懈可击的错觉 2. 对群体道义的毋庸置疑 3. 集体合理化 4. 对对手的刻板印象 5. 从众压力 6. 自我审查 7. 一致同意错觉 8. 心理防御	1. 对目标和替代方案的不完全调查 2. 忽略风险 3. 缺乏信息搜索 4. 有偏见的信息处理 5. 未对替代方案进行重新评估 6. 缺乏备用计划

中间箭头标注：寻求一致性

资料来源：改编自 Janis & Mann，1977年，第132页

图 20-4　群体思维的理论分析

群体思维的行为表现

群体思维的特征会导致群体成员无法寻求和讨论相反的信息和其他的可能性（见图20-4）。当领导者主张一个想法而整个群体都排斥异议时，群体思维可能就会产生错误的决策。

英国心理学家纽厄尔和拉格纳多认为，群体思维的特征可能也是导致伊拉克战争的原因之一。他们和其他人认为，萨达姆和布什的周围都是观点一致的顾问，并避免人们发出反对的声音。此外，他们每个人都收到了被过滤的信息，这些信息只支持了他们的设想。伊拉克坚信自己可以抵抗入侵部队；而美国则坚信伊拉克拥有大规模杀伤性武器，伊拉克人民会把入侵的美国士兵视为解放者，欢迎他们的到来，并且成功入侵会带来短暂的和平，最终建立一个繁荣民主的国家。

预防群体思维

有缺陷的群体动态有助于解释许多失败的决策，有时人多反而误事。然而，在开明的领导方式下，有凝聚力的团队精神有利于改善决策结果。这就是我们常说的"三个臭皮匠，顶个诸葛亮"。

为了寻找提供良好决策的条件，贾尼斯分析了两个成功的决策过程：杜鲁门政府在第二次世界大战后制订的恢复欧洲经济的马歇尔计划，以及肯尼迪政府在 1962 年计划在古巴建立导弹基地，以此成功压制苏联的行动。贾尼斯对预防群体思维的建议就融合了这两个成功案例中的有效的群体决策过程。

- 公正——不偏向任何立场。在群体讨论开始时，先不要让成员表明自己的立场，因为这样做会抑制信息共享并降低决策的质量。
- 鼓励批判性评价：指定一个"魔鬼代言人"。奈米斯称好的做法是听取反对者的意见，这能更好地促进原创思维，让群体接受对立的观点。
- 偶尔将群体拆分成小组，然后重新汇集，以获得不同意见。
- 欢迎来自外部的专家和合作伙伴的批评意见。
- 在实施决策之前，召开"第二次机会"的会议，以解决仍然存在的疑虑。

当采取这些步骤时，群体可能需要更长的时间来做决策，但最终证明这样的群体决策方式有更少的弊端，并且更有效。

专有名词

- **群体极化**

  成员的现有倾向在群体中被增强；强化了成员的平均倾向，而不是在群体内部产生分裂。

- **社会比较**

  通过比较自己和他人来评价一个人的观点和能力。

- **群体思维**

  是指当寻求一致成为具有凝聚力的内部群体中的主导行为时，会压制对替代行动方案的现实评估。

第21章
个人的力量

我们已经探讨了社会力量的影响。正如服从、从众、说服和群体影响研究所提醒我们的那样,我们会对环境做出反应。接下来,让我们来关注个人的力量。

抵制社会压力

我们不是任由外力推动的机器。我们可以根据自己的价值观行事,不受外界推力的影响。如果预先知道有人试图强迫我们,我们甚至可能会反其道而行之。

心理逆反

个体重视自己的自由感和自我效能感。当明显的社会压力威胁到他们的自由感时，他们往往会反抗。想一想罗密欧和朱丽叶，他们的爱情因为家庭的反对而更加强烈。或者想想孩子们，他们通过叛逆的行为来表达自由和独立的意识。因此，明智的父母不会直接生硬地命令，而是会给孩子们提供有限的选择："洗澡时间到了，你想要洗淋浴还是泡澡？"

心理逆反理论指出，人们会采取行动来保护他们的自由感。这一理论得到了实验的支持。实验表明，试图限制一个人的自由往往会产生反合群的"回旋镖效应"。向年轻人传达反饮酒信息或向吸烟者传达反吸烟信息可能没有意义：有最高风险的人往往最不愿意响应保护他们的计划，这可能就是因为逆反。

逆反也可以解释为什么大多数人觉得很难保持良好的饮食和锻炼习惯。例如，78%的人不会定期进行锻炼。正如阿霍拉所解释的那样，"锻炼成为一项'必须'或'应该'的活动会在健身活动和自由之间引发对抗"。如果告诉青少年别人认为吃水果有益健康，他们可能会表示自己要减少水果的摄入量。但如果他们听说大多数青少年都在努力增加水果的摄入量时，他们也会在接下来的两天里吃更多的水果。我们知道应该做一些对健康有益的事情，但实际做起来会觉得很难，因为我们会觉得自由受到了限制。如果我们知道其他人正在做（在此是规范性影响），那么我们更有可能因为从众原则也去做。这给我们带来的启示是：做我做的，而不是我说的。

坚持独特性

试想一下，如果有一个完全从众的世界，在那里人与人之间没有差异，这样的世界会是一个快乐的地方吗？如果不从众令人不适，那完全一模一样会使人感到舒适吗？

当个体与周围的人差别太大时会感觉到不舒服。但是，当他们和周围的人完全一样时，也会感到不舒服。这一点在个体主义的西方文化中尤为明显。这可能是因为不从众与更高的社会地位相关。商业顾问瑟西在哥伦比亚广播公司的《财富观察》中写道："我有许多在硅谷取得巨大成功的客户，他们穿着破烂的牛仔裤、帆布鞋和T恤，他们身价高达数亿美元，却打扮得像无家可归的流浪汉一样，他们认为这样去参加董事会会议是一种地位的象征。"在一系列实验中，贝莱扎发现不符合规范的穿着（比如穿一双红色运动鞋）会被他人视为社会地位更高。如果有人模仿我们的着装打扮，我们可能会对这个模仿者感到愤怒，尤其是在我们认为他们来自外群体时。在一个现场实验中，当"书呆子"学生开始佩戴"Livestrong"的手环后，许多人就不再佩戴这款手环。同样，当足球流氓[1]开始流行佩戴博柏利（Burberry）帽子后，英国的有钱人就不再佩戴同款帽子。

总体而言，当人们认为自己在某种程度上具有独特性，并且能够通过行动彰显自己的个性时，他们往往会感觉更好。在一项实验中，斯奈德将普渡大学的学生参与者随机分为两组。实验者让其中

---

[1] 指球迷在比赛中发生的暴力行为，常借着赛事闹事。——编者注

一组参与者相信他们"最重要的10种态度"与其他1万名学生有明显区别，让另一组参与者相信他们的态度与其他1万名学生相同。然后让他们参与下一个从众实验。结果发现，那些失去独特性的参与者最有可能通过不从众的方式来彰显自己的个性。总体而言，那些具有最高"独特性需求"的个体往往最不随大流。

社会影响和对独特性的渴望也会反映在流行的婴儿名字中。追求不常见名字的人们，最终却常常选择了相同的名字。奥伦斯坦指出，很多人在20世纪60年代给自己的孩子取名为"丽贝卡"，因为这是一个与众不同的名字，但结果这个名字却意外引发了新的潮流。"希拉里"在20世纪80年代末和90年代初是一个很流行的名字，当希拉里·克林顿成为名人后，它变得不那么有独特性，也不那么常见了（甚至在她的崇拜者中也是如此）。2018年，在美国女婴的前10大名字中包括艾玛（第1名）、米娅（第7名）和哈珀（第9名）。奥伦斯坦观察到，尽管这些名字的流行度随后有所下降，但是它们可能会在未来的一代中再次流行起来。马克斯、露丝和索菲这些名字听起来既像老年人的名字，又像小学生的名字。

把自己视为独特的个体，也表现在人们的"自发性自我概念"上。耶鲁大学的麦圭尔和同事在实验中邀请孩子们"介绍自己"。在回答中，孩子们大都提到了他们独特的属性。例如，在国外出生的孩子更有可能提到他们的出生地，红头发的孩子与黑色或棕色头发的孩子相比更愿意提及自己头发的颜色，体重较轻和体重较重的孩子更可能提及自己的体重，少数族裔的孩子更可能提及自己的族裔。

同样，与异性相处时我们会对自己的性别更敏感。当我和其他10位女性一起参加一个美国心理协会的会议时，我立刻意识到了自己的性别。第二天结束时，我们休息了一会儿。我开玩笑说，我去洗手间都不用排队，这才引起坐在我旁边的女性注意到她此前从未意识到的事：我们这群人的性别构成。

麦圭尔等人认为，其中的原因在于："只有与众不同时，个体才会意识到自我。"因此，如果我是一群白人女性中的黑人女性，我会倾向于关注自己的黑人身份；但是，如果我进入一个黑人男性的群体中，我的肤色就不那么突出了，我会更关注自己的女性身份。这种洞察力有助于解释为什么在非白人环境中长大的白人会更强烈地意识到自己的白人身份，为什么少数派群体更容易意识到自己的独特性，以及个体所处的文化又是如何与独特性相关联的。相比于居住在美国其他州的亚裔美国人，居住在夏威夷的亚裔美国人更少关注自己的种族身份。由于大多数群体意识不到这种族群特点，他们可能会认为少数群体过于敏感。当我客居在苏格兰时，我的美国口音表明我是一个外国人，我开始意识到自己的国籍，并对别人的反应非常敏感。

当两种文化非常相似时，人们仍然会注意到彼此的差异，无论这种差异多微小。即使是微不足道的差异，也可能引起歧视和冲突。《格列佛游记》中以大人国和小人国两大派系斗争的故事讽刺了这一现象。他们的区别是：小人国的人喜欢从小的一端剥开水煮蛋，而大人国的人则喜欢从大的一端剥蛋。在世界范围内，逊尼派和什叶派之间的差异可能并不大。但任何读到新闻的人都知道，这些微小的差异意味着巨大的冲突。当两个群体非常相像时，竞争通常是最激烈的。所以，虽然我们并不喜欢太过与众不同，但讽刺的是，我们所有人都希望能与众不同，并且能被人注意到我们的独特之处（如果你认为自己与众不同，那么这恰恰是你和别人一样的地方）。但是，正如自我服务偏差研究表明的那样，我们追求的不仅是独特性，而且是符合道德规范的独特性。我们渴望的独特性不仅要与众不同，还要优于众人。

少数派的影响

我们发现：

○ 文化环境塑造了我们，但我们也帮助创造并选择这些环境。
○ 从众压力有时会压制我们理性的判断，但太过明显的压力会激发我们的逆反心理，让我们渴望坚守个性，追求自由。
○ 说服的力量是强大的，但我们可以通过做出公开承诺和提前预期来避免被说服。

最后，让我们思考一下个人如何影响他们所在的群体。在大多数社会运动中，都是少数派影响多数派。爱默生在他的著作中写道："所有的历史都记载着少数派改变世界的惊人力量，甚至是一个人影响整个世界。"想想哥白尼、伽利略、马丁·路德·金和苏珊·安东尼、纳尔逊·曼德拉等人。美国的民权运动是由一位非洲裔美国女性罗莎·帕克斯在阿拉巴马州蒙哥马利的一辆公共汽车上拒绝让座而引发的。科学历史也是由具有创新性的少数人创造的。罗伯特·富尔顿在开发他那名为"富尔顿的愚蠢"的蒸汽船时一直饱受非议和嘲讽，他说："一路走来，我从未听到过一句鼓励的话，从未见过一道希望的曙光，也从未收到过一句温暖的祝福。"事实上，如果少数派观点从未战胜多数派，历史将是静止的，一切都不会发生改变。

是什么因素让少数派更具有说服力？施莱辛格为了让肯尼迪团队考虑他对猪湾入侵计划的疑虑，可能会采取什么行动呢？由莫斯科维奇在巴黎发起的实验证实了少数派影响多数派的几大决定性因素：一致性、自信和背叛。

一致性

比起摇摆不定的少数派，那些坚持自己立场的少数派更具有影响力。莫斯科维奇发现，如果少数派的人始终将蓝色幻灯片判断为绿色，多数派的成员偶尔也会同意这种观点。但是，如果少数派犹豫不决，只对三分之一的蓝色幻灯片说"蓝色"，对剩余的蓝色幻灯片说"绿色"，则没有一个多数派会同意"绿色"的说法。

实验和经验都表明，不从众，特别是一直坚持不从众，结果往往很痛苦。成为一个群体中的少数派也会让人很不愉快。这有助于解释少数派的缓慢效应——相对于多数派，少数派往往更慢地表达他们的观点。如果你打算成为一个少数派——你必须准备好接受他人的嘲讽——特别是当你们要争论一个与多数派息息相关的问题，并且群体希望通过达成共识的方式来解决问题。

即使多数派的人知道持有不同意见的人在事实上或者道德上是正确的，他们可能仍然不喜欢这个人，除非他们改变自己的立场。当内梅斯在一个模拟陪审团实验中引入两个人作为少数派，并让他们反对多数派的意见，结果这两个人不可避免地被群体讨厌。然而，多数派承认，这两个人的坚持不懈促使他们开始重新思考自己的立场。与常常引发盲目一致的多数派相比，少数派的影响力会引发对观点的深入思考，也会带来更多的创造力。少数派的观点可能会让人不受欢迎，尤其是在个体被边缘化时，但却也可以增强创造力。

一些成功的公司已经认识到，少数派的观点可以促进创新。3M公司以重视"尊重个人原创力"而闻名，鼓励员工花时间进行奇思妙想。便利贴的胶黏剂最初是西尔弗试图开发超强胶水时的失败尝试。弗赖伊在用纸片标记教堂唱诗班的诗歌时遇到困难，于是他想到"需要一种边缘涂上斯宾塞黏合剂的书签"。在市场部门的一片质疑声中，他的观点占少数，但最终赢得了成功。

自信

一致性和坚持是自信的表现。此外，内梅斯和瓦赫特勒报告说，少数派任何表现自信心的行为，都会使多数派产生自我怀疑，例如，坐在餐桌的头座。通过坚定而有力的表现，少数派明显的自信可能会促使多数派重新审视自己的立场。这在观点问题上非常明显（意大利应该从哪个国家进口最多的原油），但在事实问题上不太明显（意大利从哪个国家进口的原油最多）。

背叛多数派

坚持不懈的少数派可以打破一致性的错觉。当少数派坚持质疑多数派的判断时，多数派的成员会更自由地表达他们的疑虑，甚至可能转向少数派的立场。但是，如果出现一个背叛者会怎样呢？这些背叛者最初同意多数派的观点，但在重新考虑过后表示反对。在匹兹堡大学进行的一项研究中，莱文发现，一个从多数派中叛变的人会比始终坚持的少数派更具有说服力。内梅斯的陪审团在模拟实验中发现，一旦出现背叛，其他人往往很快会跟随，形成"滚雪球效应"。

这种对个体如何影响群体的新关注有趣而又讽刺。时至今日，少数派能够影响多数派的观点在社会心理学领域中也属于少数派观点。然而，通过持续而有力的辩论，莫斯科维奇、内梅斯、安妮·马斯等人成功说服了群体影响研究中的多数派，使他们相信少数派的影响是一个值得关注的问题。至于这些少数派影响的研究者是如何培养出他们的研究兴趣的，原因或许不会让我们感到意外。马斯在战后的德国长大，他听祖母讲了关于法西斯主义的亲身经历后，对少数派如何推动社会变革产生了浓厚的兴趣。内梅斯对这一问题的研究兴趣，源自于他在欧洲担任访问教授期间的经历，当时他与亨利·泰菲尔和莫斯科维奇一起共事。他们三个都觉得自己是少数派，一个是在欧洲生活的美国天主教女性，而另外两个人则是从二战中幸存下来的东欧犹太人。因此，研究价值观的敏感性以及少数派的斗争开始成为我们的主要工作。

领导者是否属于少数派

1910年，挪威人和英国人进行了一场载入史册的南极比赛。在阿蒙森的有效领导下，挪威人成功了。由斯科特领导的英国人则没有成功；斯科特和三名队员遇难了。阿蒙森阐释了领导力的力量，领导力是指个人动员和指导群体的过程。

一些领导者是由正式任命或选举产生的，而有些领导则是在群体互动中通过非正式的形式产生。一个好的领导往往取决于情境——领导工程队的最佳人选可能并不适合领导销售部门。有些人适合做任务型领导——组织工作、制订标准和专注于实现目标。其他人则适合做社会型领导者——建立团队、调解矛盾并提供支持。

任务型领导者通常具有指示型领导风格——如果领导能够睿智地发出指令，这种风格就是有益的。由于以目标为导向，这些领导会将群体的注意力和精力集中在任务上。实验表明，具有挑战性的具体目标和周期性的进度报告有助于高绩效的实现。有些男性具有先天领导力的相关特征，例如适应性、身高、男性（宽）面孔等，他们更倾向于被视为占据主导地位的领导者，并能成功地成为首席执行官。

社交型领导通常具有一种民主风格，他们授权委派，乐于接受团队成员的意见，并且有助于避免群体思维。从 118 项研究中收集的数据显示，女性比男性更倾向于平等主义，反对社会等级制度。许多实验表明，社交型领导风格有利于鼓舞士气。群体成员在参与决策时通常表现出更高的满意度。如果能控制自己的任务，员工会更有动力去实现成就。

一度流行的"伟人"领导理论，即所有优秀的领导都具有某些特质，现在已经不再提及。我们现在认为，有效的领导风格更强调"我们"而非"我"。高效能的领导者能代表群体的身份认同，也能提升和捍卫这种认同感。高效能的领导力也会随着情境的变化而变化。了解自己工作内容的下属可能会对任务导向型领导感到不满，而不了解的下属可能会欢迎这种领导风格。然而，社会心理学家想再次了解是否存在一些在多种情境中广泛使用的指标，能标记出一个好领导者的特质。英国社会心理学家彼得·史密斯和穆尼尔·塔伊布在印度、伊朗进行的研究发现，煤矿、银行和政府机构中，最有效的上级领导在任务和社交领导力测试中得分都很高。他们积极关注工作的进展情况，并对下属的需求非常敏感。

研究还表明，实验室群体、工作团队和大型公司的许多有效领导者不仅通过接受不同的观点来避免群体思维，他们还能通过行动使少数派的观点更具有说服力，这样的领导者会通过对自己目标一贯地坚持来赢得信任。他们通常展现出一种自信的魅力，点燃追随者的忠诚。有效的领导者通常对某些期望的事务状态有一个引人注目的愿景，特别是在经历群体压力时。他们还有能力以清晰简单的语言传达这一愿景，以及足够的乐观和信心，进而激励其他人跟随。

△ **变革型领导。**有魅力、精力充沛、自信的人有时会通过激励他人接受自己的愿景来改变组织或社会。马丁·路德·金就是这种类型的领袖。

图 21-1

在对 50 家荷兰公司进行的一项分析中发现,士气最高的公司都有一些能够激励同事"超越自身利益为集体利益而奋斗"的首席执行官。这种领导方式被称为变革型领导,这种领导风格能激发他人对群体使命的认同和承诺。变革型领导者通常是那些具有魅力、充满活力、自信满满且外向的人。他们会提出高标准,激励人们分享自己的愿景,并提供个人关注。在组织中,这种领导风格往往会使员工更加敬业、更值得信赖,并且更有效率。

事实上,群体也会影响他们的领导者。有时,那些站在群众最前方的人仅仅察觉到了事态的走向。政治候选人知道如何解读民意调查。那些代表群体观点的人更有可能被选为领导者；相反，一个过于偏离群体规范的领导者可能不会被选中。明智的领导者通常与多数派站在一起，并且谨慎地利用自己的影响力。西蒙顿指出，在极少数情况下，恰当的特质与恰当的情境相结合，可以产生具有历史意义的伟大人物。丘吉尔、曼德拉、林肯或马丁·路德·金等伟大人物的诞生，都需要天时地利人和。当才智、技能、决心、自信和社会魅力的完美组合遇到一个宝贵的机会时，其结果就是获得冠军、获得诺贝尔奖或引发一场社会革命。

专有名词

- **逆反**
  一种保护或恢复一个人自由感的动机。当有人威胁到我们的行动自由时，就会产生反抗。

- **领导**
  某个特定的群体成员激励和指导群体成员的过程。

- **变革型领导**
  通过领导者愿景和激励来发挥显著影响力的领导风格。

第四部分

社会关系

— ✦ —

在本书的前面章节，我们探讨了如何开展社会心理学研究（第一部分），我们如何看待彼此（第二部分），以及我们如何相互影响（第三部分）。现在，我们进入社会心理学的第四个部分——我们如何相互联系。我们对他人的感觉和行为有消极的，也有积极的。

在偏见、攻击和冲突这三章里，我们将探讨人际关系中令人不愉快的方面：为什么我们会对彼此感到厌烦甚至鄙视？在何种情况下以及为何我们会伤害彼此？

在解决冲突的章节（包括喜欢、爱和利他），我们将探索人际关系中令人愉悦的方面：如何能够公正友好地解决社会冲突？为什么我们会对某些人产生喜欢和爱的感觉？我们在什么情况下会给别人提供帮助？

在第31章，我们将运用社会心理学原理探讨如何应对由人口增长、消费和气候变化引发的生态危机。

第22章
偏见的影响范围

偏见存在多种形式,包括种族、性别、性取向,以及以下这些方面的偏见:

- **肥胖**。肥胖并不是一个玩笑。一项研究分析了 220 万条包含"超重"或"肥胖"的社交媒体帖子,结果揭示了肥胖问题在社交媒体帖子中经常受到羞辱和愤怒的攻击,包括侮辱、批评和贬损的笑话。超重的人,特别是白人女性,在寻找爱情和就业时面临更为严峻的前景。她们更少结婚,更难获得理想的工作,并且薪水也更低。事实上,体重歧视已经超过了种族歧视和性别歧视,成为一种普遍性的歧视,出现在就业的各个阶段,包括招聘、安置、晋升、补偿、训练和解雇。体重歧视也是许多儿童欺凌行为的根本原因。
- **年龄**。人们对老年人的刻板印象通常包括善良、虚弱、无能和缺乏生产力。人们对老年人倾向于采取屈尊俯就的行为。例如，使用婴儿语与老年人交流可能让他们觉得自己的能力较差和行为不被尊重。
- **移民**。研究表明，反移民偏见存在于不同国家之间，例如德国人对土耳其人、法国人对北非人、英国人对西印度人和巴基斯坦人、美国人对拉丁美洲人和穆斯林。在欧洲迎来大规模难民涌入之后，欧洲人并没有像美国人那样认为不断增加的种族多样性使他们的国家变得更宜居。
- **政治**。自由派和保守派对对方持有相同程度的不喜欢，有时甚至憎恨对方。另外，他们也倾向于对对方展现出"几乎相同"的偏见。在处理政治信息时，双方更容易接受那些支持他们观点的信息。

什么是偏见

偏见、刻板印象、歧视、种族主义和性别歧视是一些经常会相互混淆的术语，为了更清晰地理解这些概念，让我们对它们进行澄清。

上面描述的每一种情况都涉及对某些群体的负面评价。这正是偏见的本质：对一个群体及其个体成员先入为主的负面判断。

偏见是一种态度，是感受、行为倾向和信念的某种独特结合。一个有偏见的人可能不喜欢那些与自己不同的人，并可能以歧视的方式对待他们，认为他们是无知或危险的。

第 22 章 偏见的影响范围

偏见的标志是负面评价，它源于我们的社会信念，也就是所谓的刻板印象。刻板印象是为了简化世界而进行的概括，例如英国人保守，美国人外向，女性热爱孩子，男性热衷于运动，老教授都是书呆子，老年人身体虚弱。

这种概括在某种程度上是准确的，而且并不总是负面的。例如，人们对亚洲人的刻板印象是亚洲人擅长数学，对非洲裔的刻板印象是在运动领域表现卓越。这种刻板印象通常源于我们观察到的人们在特定职业领域的表现。例如，黑人加入 NBA 球队的可能性是白人的 40 倍。

因此，刻板印象有时候确实是准确的，因为它们可能会反映出差异敏感性。例如，人们认为澳大利亚的文化比英国的文化更加放纵，这一观点在脸书上发布的数百万条帖子中确实得到了验证，澳大利亚人确实比英国人使用了更多的脏话。得克萨斯州参议员克鲁兹说："得克萨斯州人喜欢烧烤。"这种刻板印象，恰好与事实相符，几乎所有得州人都热爱烧烤。尤西姆也提到"刻板印象的准确性胜过偏见"，这意味着我们的社会认知通常在评价他人时，大约有 90% 的刻板印象都是准确的。

另外 10% 的刻板印象之所以不准确，其问题的根源在于过度概括或明显错误的观点，例如当自由派和保守派过度估计对方观点的极端性时，或者人们认为黑人的身高更高，肌肉更发达，因此比同样身材的白人更具威胁性。对于大多数享受福利的美国人都是非洲裔的说法是过于笼统的，因为事实并非如此。一项在德国进行的研究发现，单身人士比有伴侣的人更缺乏责任感、更神经质的观念是错误的，因为这与事实不相符。就像另一项在俄勒冈州进行的研究所发现的那样，认为残疾人缺乏能力和性欲，这是对事实的歪曲。给肥胖的人打上迟钝、懒惰和散漫的标签是不准确的。尤其是当我们对群体差异有强烈的看法时（例如，认为女性在读懂他人的心思方面具有极强的同理心），我们的信念就会夸大事实。

偏见是一种消极的态度，歧视则是一种消极的行为。通常情况下，歧视行为源于个体的偏见态度。这一关系在一项分析中显得尤为明显，研究人员分析了1115封发给洛杉矶地区房东的关于空置公寓问题的电子邮件，所有邮件都采用了相同的措辞，只是落款的姓名有所差异。研究者们观察他们的回复，结果发现，落款为"帕特里克·麦克杜格尔"的邮件获得了89%的积极回复，而落款为"赛义德·阿勒-拉赫曼"的邮件只有66%的积极回复，落款为"蒂勒尔·杰克逊"的邮件则只有56%的积极回复。类似的情况发生在2008年的美国州立法者选举前，当4859名法官收到关于如何注册选民的电子邮件时，"杰克·米勒"这一发件人获得了比"德肖恩·杰克逊"更多的回复。同样，相较于收到与自己种族相同的发件人（例如约阿夫·马若姆）寄错邮件的情况，以色列的犹太学生不太可能提醒那些来自阿拉伯地区的发件人（例如穆罕默德·尤尼斯）寄错邮件的问题。

然而，偏见的态度和行为之间的联系往往并不紧密。有偏见的态度不一定会导致敌意行为，也不是所有的压迫都源于偏见。种族歧视和性别歧视是制度性的歧视行为，即使在没有明确偏见意图的情况下也存在。实际上，种族主义和性别主义也可能存在于那些并没有明显偏见的人中。思考一下：如果一家企业在面试招聘过程中采取的做法排除了潜在的不是白人的员工，即使雇主没有故意歧视的意图，这种招聘方法也可以被称为种族主义。许多歧视并不代表有意的伤害，这只是对与自己相似个体的偏爱。例如，大多数电影制片厂的高层管理人员都是男性，这或许可以解释为什么过去 10 年中最优秀的 100 部电影，女性导演仅占 4%。

再来考虑这个情况：男性主导的招聘广告中可能会出现与男性刻板印象相关的词汇（例如，我们是一家领先的工程公司，寻求能在充满竞争环境中创造价值的人才）。而女性主导的招聘广告则恰恰相反（例如，我们寻求对客户需求敏感并能与客户建立良好关系的人才）。这种广告措辞的差异可能源于制度性的性别歧视。即使在没有任何明显偏见的情况下，使用性别化的措辞也会促进性别不平等的产生。

偏见：微妙形式和公开形式

偏见证明了我们具有双重态度系统。正如数百项使用内隐联想测试的研究所表明的那样，我们可以对同一个目标表现出不同的外显（有意识的）和内隐（自动的）态度。评估"内隐认知"的测试（测试人们不知道自己知道的东西）使用量已经在 2018 年完成了 2000 多万次。这种测试通过测量人们的联想速度来衡量内隐态度。就像我们可以更快地将锤子与钉子联系起来，而不是与桶联系起来一样，这个测试可以测量我们将"白色"与"好"和"黑色"与"好"联系起来的速度。因此，对于我们现在敬仰的人，我们可能保留了小时候对他们的畏惧，这种感觉是习惯性的、下意识的。尽管外显态度可能会随着教育而发生巨大的变化，但内隐态度可能会持续存在，只有当我们通过实践形成新的习惯时才会改变。

批评者认为内隐联想测试在预测行为方面表现不佳，缺乏在评价和描述个体时的有效性。也许这个测试的适度预测能力表明它仅仅揭示了共同的文化联系，就像你把面包和黄油联系在一起的速度，比将面包和胡萝卜联系在一起的速度更快，并不意味着你对蔬菜有偏见。

这个测试更适用于研究，研究表明，内隐偏见适度地预测了各种行为，从友好行为到工作评估。在 2008 年美国总统大选中，隐性偏见和显性偏见都预测了选民对奥巴马的支持，而贝拉克·奥巴马的当选又导致了隐性偏见的减少。并且，就像在选举中一样，即使是隐性偏见的一个小影响，也可能随着时间的推移，在人与人之间积累起来，形成一个巨大的社会影响。因此，虽然内隐联想测试像大多数心理测试一样，只能适度地预测个人行为，但它能更好地预测平均结果。例如，内隐偏见得分较高的大城市，在警察枪击事件中也存在较大的种族差异。

大量的其他实验都证实了一个社会心理学的重要原理：偏见和刻板印象的评估可以发生在人们的意识之外。其中一些研究通过短暂呈现一些词语或面孔"启动"（自动激活）某些种族、性别或年龄的刻板印象，在参与者没有意识的情况下，激活他们的刻板印象，进而影响他们的行为。例如，在与非洲裔美国人相关的图像启动后，参与者可能会在无意识的情况下对实验者（故意提出的）令人讨厌的要求表现出更多的敌意。

种族偏见

如果和全世界的人口相比，每个种族其实都是少数民族。例如，非西班牙裔白人占世界人口的 20%，再过半个世纪将达到 12.5%。由于过去两个世纪的人口流动和移民，世界各地的种族关系时而敌对，时而友好。对于分子生物学家而言，肤色是一个微不足道的人类特征，由一个微小的基因差异控制。此外，自然界并没有明确定义的种族分类。给奥巴马（一个白人女性和一个黑人男性的儿子）和苏塞克斯公爵夫人梅根（一个黑人女性和一个白人男性的女儿）贴上"黑人"标签的行为是由人类决定的，而非自然决定的（对于那些周围都是黑人面孔的人来说，这种混血儿更有可能被归为白人）。

种族偏见正在消失吗？

外显的偏见态度可以非常迅速地发生改变。

- 1942 年，大多数美国人都赞同"在有轨电车和公共汽车上应该有黑人的单独区域"。如今，这个说法看起来似乎很奇怪，因为这种公然的偏见几乎已经不复存在。
- 1942 年，只有不到三分之一的美国白人（南方只有 2%）支持学校的种族融合政策；但是到 1980 年，这一支持率已经飙升至 90%。
- 1987 年，有 48% 的美国人同意"黑人和白人可以互相约会",而到了2012年这一比例已经达到了86%。1958年，仅有4%的美国人赞成"黑人和白人结婚"，但到了2013年，这一比例却高达87%。
- 尽管最近美国的仇恨犯罪现象和仇恨团体的数量有所增加，但在2007年之后的10年里，外显偏见和内隐偏见测试的得分一直在持续下降。

自1942年以来，甚至自美国废除奴隶制以来，这段历史只覆盖了很短的一段时间，但是这中间发生的变化是巨大的。在英国，公开的种族偏见同样急剧下降，例如反对跨种族婚姻和反对少数种族担任领导者的情况骤然减少，这个现象在年轻人中尤为明显。

自20世纪40年代以来，非洲裔美国人的态度也发生了变化。当时，克拉克的研究证明，许多非洲裔美国人持有反黑人偏见。在1954年的历史性裁决中，最高法院裁定种族隔离学校违宪。一个引人注目的事实是，当克拉克夫妇让非洲裔美国儿童在黑人玩偶和白人玩偶之间做出选择时，大多数孩子选择了白人玩偶。然而，从20世纪50年代到70年代的研究表明，黑人儿童对黑人玩偶的喜好逐渐增加。成年黑人也开始认为，黑人和白人在智力、懒惰和可靠性等特征上相似。然而，令人意外的是，一项研究发现，即使在21世纪，当南非多种族学校的黑人儿童被要求挑选他们喜欢的孩子的照片时，他们仍更倾向于选择白人孩子。

微妙的种族偏见

尽管公开的、有意识的偏见正在减少，但当今世界更大的问题是微妙的偏见。大多数人支持种族平等并谴责歧视。然而，75%参加内隐联想测试的人表现出一种自动的、无意识的倾向，他们更容易将白人与赞扬性词语联系起来，而不是黑人。现代偏见也微妙地出现在我们对熟悉的、相似的和感到舒适的人或事物的偏好上。偏见态度或歧视行为一旦能隐藏于某些动机之后，便可能浮现出来。在澳大利亚、英国、法国、德国和荷兰，明显的偏见已被微妙的偏见所取代（例如夸大种族差异，对少数族裔移民的好感降低，以所谓的非种族理由拒绝他们）。

我们还可以在以下行为中发现偏见。

○ **就业歧视。** 麻省理工学院的研究人员进行了一项研究，他们向1300个不同的招聘广告发送了5000份简历。结果显示，被随机分配到白人名字（例如艾米丽、格雷格）的申请人每发送10份简历就会收到一个回应。那些被分配到黑人名字（例如拉基莎、贾马尔）的申请人则需要发送15份简历才能收到一个回应。奥巴马似乎也注意到了这一现象，提醒美国人要警惕"给约翰尼打电话回来面试，而不是贾马尔"的微妙倾向。

○ **偏袒盛行。** 类似的实验发现：
  - 在爱彼迎上，房东不太乐意接受使用非洲裔美国人名字的客人的申请。
  - 非洲裔美国人名字的乘客在优步上通常会遇到更长的等待时间和更多的行程取消情况。
  - 澳大利亚公交司机在是否让持有空票价卡的黑人乘客上车时，表现出的意愿仅为白人的一半。

○ **庇护**。现代偏见甚至会呈现出一种种族敏感性，这导致对孤立的少数群体表现出过度的反应——过分夸大他们的成就，过度批评他们的错误，并且未能像对待白人学生那样警告黑人学生潜在的学业困难。在斯坦福大学，哈伯为白人学生提供了一篇写得很差的文章，让他们对此做出评估。当学生们认为作者是黑人时，他们对作者的评价要高于作者被认为是白人时，并且他们很少提出严厉的批评，对黑人作者更宽容。这些评价者可能是想避免表现出偏见，所以用较低的标准来评价黑人作家。哈伯指出，这种"过度的赞扬和不足的批评"可能会阻碍少数群体学生取得更好的成就。哈伯在追踪研究中发现，白人学生会因为担心自己表现出偏见而对黑人学生较差的作文给予更积极的评价和评论，而且他们也更少提出技能提升的建议。为了维护无偏见的自我形象，他们会竭尽全力给出积极而不具挑战性的反馈。

无意识的种族偏见

无意识（内隐）偏见和外显偏见同等重要吗？批评者指出，无意识的联想可能仅仅反映了文化假设，可能没有直接涉及偏见相关的负面情绪和行为。人们的无意识反应可能与熟悉程度和实际的种族差异有关。但一些研究发现，内隐偏见确实可以渗透到个体的行为中。考虑到那些在内隐联想测试中表现出隐性偏见的人，当他们面对黑人而不是白人的面孔时，他们可能会花更多的时间来辨别与"好"有关的正面词汇，如和平和天堂。此外，他们对白人求职者的评价更加积极，更可能给急诊室的白人患者提供更好的治疗建议，甚至可能更快地察觉到黑人脸上的愤怒情绪。

在某些情况下，无意识的、隐性的偏见可能会造成生死攸关的后果。在一系列研究中，戈雷尔和格林沃尔德邀请参与者快速按下按钮来决定是否"射击"突然出现在屏幕上的人，这些人可能手持枪支或手电筒，或者是无害的物品，如瓶子等。研究发现，参与者经常误解目标，并错误地射击了无辜的黑人目标（在其中一项研究中，参与者既有白人也有黑人）。进一步使用计算机模拟显示，与黑人或白人女性相比，黑人男性嫌疑人更容易与威胁联系在一起，也更容易成为被误伤的对象。

其他研究还发现，当看到黑人而不是白人的脸时，人们更容易联想到枪支：他们会更快地识别出枪支，并且更容易将扳手等工具误认为枪支。即使在感知上没有明显偏差的情况下，种族差异也可能导致反应上的偏差，因为人们在决定开火前所需的证据更少。

在疲劳或感受到危险的威胁时，人们更可能错误地射杀少数族裔。这些研究有助于解释为什么在1999年迪亚洛（纽约市的一名黑人移民）因从口袋里取出钱包而被警察开枪射击41次。然而，好消息是，内隐偏差培训已成为现代警察教育的一部分，并且在接受克服刻板印象的培训之后，警察在决定是否开枪时受到种族偏见的影响要比大多数人小。

格林沃尔德和埃里克·舒指出，即使是研究偏见的社会科学家似乎也容易受到无意识偏见的影响。他们通过分析社会科学文章的作者在引用他人时使用的非犹太名字（埃里克森、麦克布莱德等）和犹太名字（戈尔茨坦、西格尔等）来研究作者在引用时的潜在偏见。他们分析了近 3 万次引用，其中包括 1.7 万次关于偏见研究的引用，发现了一个惊人的现象：与犹太作者相比，非犹太作者更有可能引用非犹太人的名字，这个比例高出了 40%（格林沃尔德和舒无法确定是犹太作家过度引用他们的犹太同事的研究，还是非犹太作家过度引用他们的非犹太同事的研究，或者两者兼而有之）。

性别偏见

对女性的偏见有多普遍？在第 12 章我们探讨了性别角色规范——人们对女性和男性应该如何行为举止的观念。在本章我们将探讨性别的刻板印象——人们对女性和男性的实际行为举止的信念。规范是带有约束性的，刻板印象则是描述性的。

性别刻板印象

性别刻板印象研究中存在两个不可争辩的结论：强烈的性别刻板印象确实存在，并且刻板印象的受众通常接受这些印象。男性和女性都一致认为，你可以根据书的性感封面来判断一本书的性质。在皮尤研究中心 2017 年的一项调查中，87% 的美国人认为男性和女性在"表达情感的方式"上"基本不同"。

刻板印象是对一群人的概括，它们有时可能是准确的，有时可能是错误的，也可能是从真实情况的核心中夸大出来的。在第 12 章，我们注意到，男性和女性普遍在社会联系、同理心、社会权力、攻击性和性主动方面存在差异（尽管智力上没有差异）。那么，我们是否可以得出结论，性别刻板印象总是准确的呢？有时刻板印象可能会夸大这些差异，但斯维姆认为事实并非总是如此。她通过研究发现，宾夕法尼亚州立大学的学生对男性和女性在不安分性、非语言敏感性和攻击性等方面的刻板印象有一定的合理性，其结果接近真实的性别差异。

性别刻板印象跨越时间和文化而持续存在。尽管在过去几十年里，美国人越来越支持男女在工作角色上的平等，但他们对男女性格差异的看法却一直存在。威廉姆斯和同事分析了来自27个国家的数据后发现，世界各地的人们普遍认为女性更为随和，而男性更外向。性别刻板印象的持续存在和广泛传播使得一些进化心理学家相信它们反映了先天的、稳定的现实。

刻板印象（信念）不是偏见（态度）。刻板印象可能为偏见提供支持。然而，人们可能会不带偏见地相信，男人和女人是"不同但平等的"。因此，让我们看看研究人员如何探究性别偏见。

性别主义：善意的还是敌意的

从调查结果来看，人们对待女性的态度变化和对待种族的态度变化一样迅速。如图22-1所示，愿意投票给女性总统候选人的美国人比例逐年提升，并且增加幅度相当。1967年，67%的美国大一学生赞同"已婚女性的活动最好局限于家庭之中"；2002年，只有22%的人对此表示同意。此后，家庭角色的问题都不值得讨论了。

伊格里、哈多克和赞纳的报告发现，人们可能会以发自肺腑的负面情绪来对待某些群体，他们不会这样对待女性。大多数人对女性更有好感。人们普遍认为女性更善解人意、更友善、更乐于助

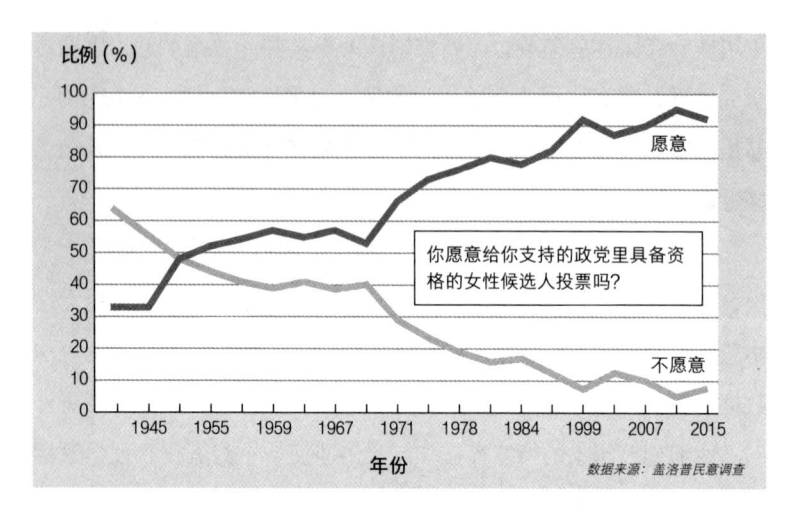

图 22-1 性别态度变化

人。伊格里将这种有利的刻板印象称为"女性优秀效应"。

但格利克和菲斯克从对19个国家的15 000人的调查结果中得出，人们对待性别的态度往往是矛盾的。性别态度常常混杂着善意性别歧视（"女人有更高的道德敏感性"）和敌意性别歧视（"一旦男人犯了错，她就会牢牢束缚住他"）。在美国，公开表达负面敌对性别歧视的人通常倾向于反对第一位女性总统候选人——希拉里·克林顿。

格利克和菲斯克对"敌意"和"善意"性别歧视的区分被拓展到了其他领域。我们往往认为其他群体要么是有能力的，要么是讨人喜欢的，但很少有群体能够同时具备这两种特质。社会观念文化角度的两个普遍维度——能力和亲和力（热情）——可以通过一个欧洲人的评论来说明："德国人喜欢意大利人，但不钦佩他们。意大利人钦佩德国人，但不喜欢他们。"我们通常尊重地位较高的人，喜欢那些乐于接受较低地位的人。根据不同情境，我们可能会试图强调自己的能力或亲和力，以给人留下深刻的印象。当我们想要展示自己的能力时，通常会淡化自己的亲和力，而当我们想要表现自己的亲和力时，可能会避免突出自己的能力。

性别歧视

做男人也不全都是好处。与女性相比，男性自杀和被谋杀的可能性是女性的 3 倍。战场上的伤亡几乎都来自男性。男性的平均寿命比女性短 5 年。大多数的智力障碍和自闭症患者都是男性，大多数接受特殊教育的学生也是男性。

在西方国家，性别偏见正在迅速消失吗？女权运动是否已经快要实现它的目的了。

事实上，性别偏见仍然广泛存在，且有时以更微妙的形式出现。例如，人们可能会对违反性别刻板印象的事情做出反应。人们会格外关注一个抽雪茄的女人和一个泪流满面的男人。一个被人们视为渴望权力的女性会比同样渴望权力的男性遭受更多选民的强烈反对。

在非西方世界，性别歧视没有那么隐蔽。尽管有 86% 的欧洲人认为"女性享有与男性同等的权利是一件非常重要的事"，但只有 48% 的中东人同意这一观点。全球有三分之二的女性是文盲。在全球范围内，大约有 30% 的女性曾经遭受过亲密伴侣的暴力行为。在那些通过将女性与动物或物体含蓄地联系在一起而物化女性的男性身上，这种倾向尤为明显。一些用于描述女性的标签（如"小甜甜""甜心"和"小鸡"）既带有幼稚的特点，又侧重于与食物或动物有关。然而，对妇女的最大暴力行为可能发生在生育前。在全球范围内，人们往往更偏好生男孩。例如，在1941年的美国，38%的准父母表示，如果他们只能生一个孩子，他们更喜欢男孩，只有24%的人偏爱女孩，23%的人表示他们没有偏好。2011年，40%的人更愿意要男孩。

随着超声波在确定胎儿性别方面的广泛使用和堕胎的日益普及，这些偏好正在一些国家影响男孩和女孩的数量。印度男女比例为108∶100，女性的数量比男性少6300万。这些人就是未来的"光棍"——难以找到伴侣的单身汉。女性数量的短缺也导致了暴力、犯罪和贩卖妇女等问题日益严重。为了应对这些问题，中国已将性别选择性堕胎定为刑事犯罪。韩国在经历了数年的女孩出生数量不足的情况后，儿童性别比例已经逐步恢复正常水平。

谷歌搜索的汇总数据显示，父母对孩子的期望往往存在性别差异。许多父母渴望拥有聪明的儿子和外貌漂亮的女儿，并认为他们的儿子比女儿更聪明。你可以自己在谷歌上搜索这些短语，并留意结果的数量：

○"我的女儿聪明吗？"

○"我的儿子聪明吗？"

○"我的儿子超重吗？"

○"我的女儿超重吗？"

总而言之，相对于 20 世纪中期，现在的人们对有色人种和女性的公开偏见已经不那么普遍了。然而，采用灵敏的测量技术依然能发现微妙的偏见，性别偏见在世界的某些地方仍然导致了痛苦和不平等。

专有名词

- **偏见**
  对一个群体及其个体成员的先入为主的负面判断。

- **刻板印象**
  关于一群人的个人属性的信念。刻板印象有时过于笼统、不准确，并且会抵制新信息（有时是准确的）。

- **歧视**
  对一个群体或其成员的不合理的负面行为或差别对待。

- **种族歧视**
  个体对某一特定种族的偏见态度和歧视行为，或针对某一特定种族成员的制度规定（即使不是出于偏见）。

- **性别歧视**
  个体对特定性别人群的偏见态度和歧视行为，或针对某一特定性别的制度规定（即使不是出于偏见）。

第23章
偏见的根源

偏见起源于多种根源。它可能源于社会地位的差异,以及人们想要证明和维持这种差异的意愿。偏见也可能是我们从父母那里习得的,他们在培养我们社会化的过程中,让我们了解到人与人之间重要的差异。此外,社会制度也可能维持和引发偏见。首先,我们思考一下偏见如何保护一个人的社会地位。

偏见的社会根源

记住一个原则:不平等的地位会滋生偏见。奴隶主认为奴隶懒惰、不负责任、缺乏抱负——这些特征被用来证明奴隶制的正当性。关于不平等社会地位形成的原因,历史学家们一直在进行激烈的争论。一旦这些不平等地位确立,偏见往往起到强化富人和有权势者的经济优势和社会优势合理性的作用。实际上,通过观察两个群体之间的经济关系,我们可以预测这些群体之间的态度。与相对贫困的人相比,社会上层更有可能将人们的财富视为他们通过个人技能和努力获得的结果,而不是受到关系、金钱或运气的影响。

这样的例子在历史上比比皆是。在实行奴隶制的地方,偏见盛行。19世纪的政治家通过把被剥削的殖民地人民描述为"低人一等""需要保护"和"需要承担的负担"来为帝国扩张进行辩护。社会学家哈克指出,对黑人和女性的刻板印象是被用来合理化他们的劣势地位。许多人认为这两个群体都是思维缓慢、情感多变和落后的,他们被视为"满足于"自己的从属角色。黑人被认为是"低人一等"的,而女性则被看作"柔弱"的。黑人就该在某些特定的区域里,而女人的位置就是家庭之中。

特蕾莎·韦肖和同事们验证了这一推理。他们发现,那些对女下属有刻板印象的强势男性通常会给予女性很多口头上的赞扬,很少提供实际的资源支持,这导致了女性在表现上受到削弱,同时让男性保持了自己的权力地位。在实验室研究中也得出过类似结论。自认为高人一等的善意性别歧视(暗示女性是弱势性别,需要支持的言论)会通过灌输入侵性思想,如自我怀疑、先入为主的观念和自尊心降低,来破坏女性的认知表现。

社会化

偏见源于不平等的社会地位以及其他社会因素,包括我们所接受的价值观和态度。家庭社会化在儿童的偏见的形成中起着至关重要的作用，这些偏见往往反映了他们母亲的观点。例如，如果父母表达出反移民的偏见，瑞典青少年也会逐渐表现出越来越多的这种偏见，甚至孩子们的隐性种族态度也反映了父母的显性偏见。我们的家庭和文化传递着各种信息，包括如何选择伴侣、开车、分担家务，以及对某些人不信任和不喜欢的方式。在婴儿出生后不久对父母的态度进行评估，其结果可以预测孩子在17年后的态度。

权威人格

在20世纪40年代，加州大学伯克利分校的研究人员，其中包括两名逃离纳粹德国的研究者，开始了一项紧急的研究任务，旨在揭示导致数百万犹太人遭受大屠杀的反犹主义的心理根源。阿多尔诺及其同事在对美国成年人进行的研究中发现，对犹太人的敌意往往与对其他少数群体的敌意同时存在。对于那些有强烈偏见的人来说，偏见似乎是一种对"不同"或被边缘化的个体的全面性思考方式。这些具有种族主义倾向的个体会表现出一些共同的特征，包括对弱点的不容忍、惩罚性的态度以及对其群体权威的顺从性尊重。这种顺从表现在他们认同"服从和尊重权威是儿童应该学习的最重要美德"等言论上。阿多尔诺及其同事推测，这些特征定义了一种容易产生偏见的权威人格。

直到今天，偏见仍然存在：一个人可能抱有反移民、反黑人、反穆斯林和反妇女的情绪等一系列偏见。人们常常凭直觉就能意识到这一点。因此，白人女性经常会从具有种族主义倾向的人身上感到威胁，而有色人种的男性则可能会从有性别歧视的人身上感受到威胁。

对于权威人格个体的研究表明，他们在童年时期通常经历了严格的管教。此外，在对待与自己价值观和信仰不同的群体时，他们都会表现出类似的不容忍态度。

研究还表明，权威人格个体的不安全感使他们倾向于过度关注权力和地位，以及产生一种僵化的、难以容忍的、模棱两可的对错思维方式。因此，具有权威人格的人倾向于服从那些比他们有权力的人，而他们对待比自己地位低的人则会表现出侵略性或惩罚性行为。威权主义者的道德优越感可能与他们对低自尊者的残暴态度，以及对引导统治并承诺恢复等级制度的政客的支持密切相关。

从众

偏见一旦形成，就会由于惯性而持续存在。如果一种偏见在社会中广泛存在，许多人就会采取最不费力的方式来应对，那就是顺应这种潮流。因此，在得知别人和自己的态度一致后，人们会更容易赞成（或反对）歧视。比如，在听到性别歧视的消息后，他们对女性的支持就会减少。

佩蒂格鲁在20世纪50年代对南非和美国南部的白人进行了研究，结果发现：那些最遵从其他社会规范的人往往最具偏见，而那些不循规蹈矩的人较少存在偏见。1954年，美国最高法院关于废除学校种族隔离的判决在阿肯色州小石城得到了执行，对这里的牧师们来说，尽管大多数牧师私下里支持种族融合，但他们又担心公开

图 23-1 "使用你的白人特权,卢克。"

倡导种族融合会导致其失去教会会员和捐款。

所以,如果一个国家的总统对移民、穆斯林和少数民族带有歧视,会产生什么影响呢?2016年唐纳德·特朗普当选为美国总统,并于2017年8月宣布白人至上主义游行者中包括"非常优秀的人"的言论,随后南方贫困法律中心根据欺凌和骚扰的事件报告指出,这种传播仇恨的行为给更多的人"壮胆"和"激励",在特朗普总统上任后的三年,仇恨团体的数量大约增加了30%。

不过,我们可能会问:有偏见的政治言论是在表达现有的态度,还是要将偏见合法化?

两项大型调查和一项实验研究证实,仇恨言论可能对社会产生有害影响。华沙大学心理学家索拉尔及其同事报告称,"频繁和反复地接触仇恨言论会导致对此类言论的麻木",并"增加对外部群体的偏见"。此外,美国联邦调查局2018年度的仇恨犯罪报告证实,2017年仇恨犯罪事件增加了17%。同样,在英国脱欧公投通过后,仇恨犯罪的报道大幅增加,其中部分原因是反移民情绪。

我们是否应该感到惊讶呢?正如社会心理学家克兰德尔和怀特提醒我们的那样,总统有能力影响社会规范,而社会规范具有重要的意义。正如他们所指出的那样,"人们会表达出被社会所接受的偏见,而隐藏那些不被社会接受的偏见"。

从众也维持着性别偏见。1891年,萧伯纳在一篇文章中写道:"让我们思考一下为什么我们自然而然地认为幼儿园和厨房是女性的活动范围,那我们的所作所为和英国儿童自然而然地认为笼子是鹦鹉的活动范围是完全一样的,因为他们从未在其他地方看到过鹦鹉。"那些在其他地方见过女性的孩子,例如职场女性的子女,他们对男性和女性的刻板印象相对更低。接触过女性科学家、技术专家、工程师和数学家的女生会对这四个领域的研究表现出更积极的内隐态度,并且在这四个领域的测试中表现得更加努力。

然而,在所有这些观点中,尚有一线希望。如果偏见并非根深蒂固地根植于人格,那么随着潮流的改变和新规范的发展,偏见便有可能会消除。事实也确实如此。例如,美国最高法院于1967年在全国范围内允许异族通婚之后,美国人认为社会规范已经发生了相当大的变化。

偏见的动机根源

偏见的背后有各种各样的动机，但动机也可以帮助人们避免偏见。

挫折与攻击：替罪羊效应

挫败感（目标受阻）会滋生敌意。当我们遭受挫败的原因不明确或者令人胆怯时，我们将自己的敌意转移到其他方向。这种现象被称为"替代性攻击"（替罪羊效应）。这可能助长了南北战争后对南方地区的美国黑人的滥用私刑的问题。1882—1930年，在棉花价格低迷的年份，滥用私刑的情况频繁发生，其原因可能是人们在这些年份的经济挫败感很高，从而将敌意转移到了美国黑人身上。当生活水平提高时，社会往往更倾向于接受多样性，对反歧视法案的通过和执行也更加开放。因此，在繁荣时期更容易维持种族之间的和睦。

替代性攻击的目标是变化不定的。在第一次世界大战战败及随之而来的经济混乱之后，许多德国人将犹太人视为替罪羊。早在希特勒上台之前，一位德国领导人就曾解释道："犹太人只是随便找的替罪羊……如果没有犹太人，反犹太主义者也得创造一个替罪羊。"

"9·11"事件以后，那些对移民和中东人表现出更强烈的不宽容态度的美国人，会有更强烈的愤怒反应而不是恐惧。在21世纪，当希腊陷入经济困境时，对外来移民的愤怒情绪也显著增加。甚至来自较远距离团体的威胁，如恐怖主义行为，也可能加剧当地的偏见。激情也会引发偏见。

相比之下，那些对社会威胁没有负面情绪反应的个体，例如患有威廉姆斯综合征的儿童，明显没有种族刻板印象和偏见。由此可见，没有激情，就没有偏见。

竞争是引发偏见的重要原因，因为竞争会导致挫折。当两个群体争夺工作、住房或社会威望时，一个群体实现了目标就会成为另一个群体的挫折。因此，现实群体冲突理论认为，当群体争夺有限资源时，就会产生偏见。在进化生物学中，高斯法则阐述了这一观点：具有相同需求的物种之间的竞争是最激烈的。

考虑一下这个问题在全球范围内的表现：

○ 在西欧，经济上受挫的人对少数族群的公然偏见更高。在经济衰退期间，偏见可能会加剧。
○ 自1975年以来，加拿大民众对移民的反对情绪随着失业率的升降而波动。
○ 在美国，对移民占据就业岗位的担忧在收入最低的人群中表现得最为突出。
○ 在南非，数十名非洲移民被暴徒杀害，有3.5万人被憎恨经济竞争的南非贫民从露天营地驱逐。一位失业的南非人表示："这些外国人没有身份证，没有学历，却能得到工作，就因为他们愿意以每天2美元的价钱工作。"当利益冲突时，偏见就会产生。

社会认同理论：自我优越感

人类是一种群居性动物。我们祖先的历史使我们适应了以群体为单位获取食物和保护自己。人类为自己的群体欢呼，为自己的群体杀戮，为自己的群体牺牲。进化使我们在遇到陌生人时能够迅速做出判断：是朋友还是敌人？对于那些来自群体内部、外表与我们相似甚至口音也相似的人，我们往往会立即产生好感。

不出所料，正如社会心理学家特纳、霍格所指出的那样，我们也通过所属群体来定义自己。自我概念是我们对自己是谁的认知，不仅包含个人认同（我们对自己的个人特性和态度的认知），还包括社会认同。例如，菲奥娜认为自己是一个女性、一个澳大利亚人、一个工党党员、一个新南威尔士大学的学生，以及一个麦克唐纳家族的成员。

在与英国社会心理学家塔季费尔合作的过程中，特纳提出了社会认同理论。塔季费尔是波兰人，他在大屠杀中失去了家人和朋友，因此他主要研究种族仇恨。特纳和塔季费尔观察到以下现象：

- **归类：** 发现将人们（包括自己）归类是有用的。在表述某人的特征时，一种简单有效的方法就是"贴标签"，例如给某人贴上印度教徒、苏格兰人或公交车司机的标签。
- **认同：** 将自己与特定的群体（内群体）联系在一起，并以此获得自尊。
- **比较：** 将自己的群体与其他群体（外群体）进行比较，并偏爱自己的群体。

第 23 章 偏见的根源

从幼儿园时期开始，我们就会自然而然地将他人划分为内群体和外群体。我们也会在一定程度上依据群体内的成员来评价自己。拥有一种"我们"的感觉会增强我们的自我概念。这种感觉很好。我们不仅寻求对自己的尊重，还为我们的群体感到自豪。此外，认为自己的群体更优越，也有助于让我们感觉更好。

如果缺乏积极的个人认同，人们往往会通过从某一个群体中寻找认同来获得自尊。因此，许多缺乏积极认同的年轻人会通过加入帮派来寻找自豪感、权力、安全感和身份认同。就像人们在认知失调时会努力减少不一致一样，当人们缺乏安全感时会产生权威主义，而不确定性会促使人们寻求社会认同。当他们对自己和群体有明确的认识时，他们的不确定感就会减少。尤其是在一个混乱或不确定的环境中，加入一个狂热且团结的群体会让人感觉很好，因为这个群体能证明一个人的身份。这也在一定程度上解释了极端、激进团体吸引人们的原因。

当个人身份和社会身份融合在一起时，自我和群体之间的边界变得模糊，人们就会更愿意为自己的群体而战斗或牺牲。例如，许多爱国者以他们的国籍来定义自己的身份。此外，许多人在迷茫时会通过参与宗教活动、自助团体或兄弟会等方式，在与群体的联系中找到自己的身份（见图 23-2）。

社会认同促使我们遵循群体规范。我们会为团队、家庭和国家牺牲自己。我们的社会身份越重要，就越容易对来自其他群体的威胁产生偏见。

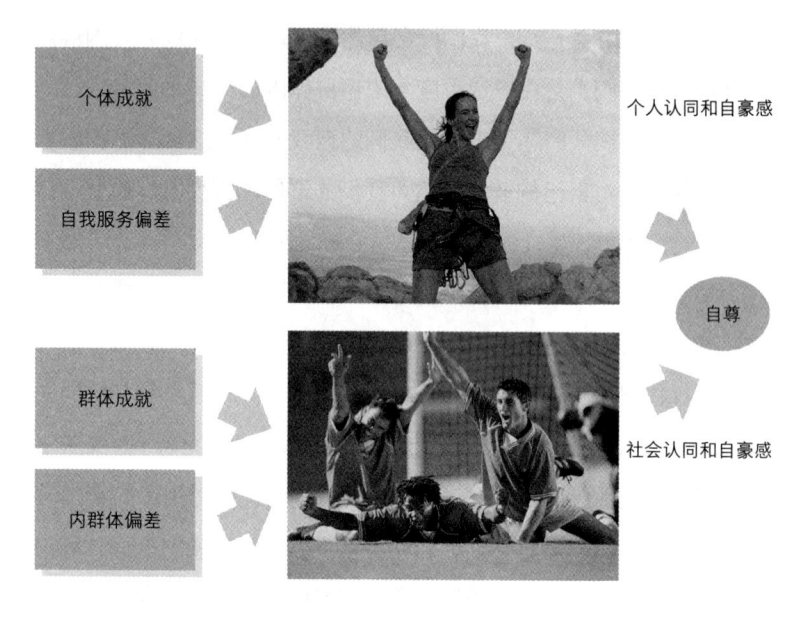

图 23-2　个人认同和社会认同共同培育自尊

内群体偏差

以群体的方式来描述你是谁，例如你的性别、种族、宗教、婚姻状况、学术专业，这同样意味着你不是谁的定义，包括"我们"（内群体）的圈子排除了"他们"（外群体）。在荷兰，土耳其裔的人越是把自己看作土耳其人或穆斯林，他们就越不认为自己是荷兰人。

从幼儿期开始，仅仅是被归为某一群体的经历就可能促进内群体偏差。如果问孩子们："你们学校的孩子和他们（附近另一所学校的孩子）相比，哪个更好？"几乎所有孩子都会说他们自己学校的孩子更好。

第 23 章 偏见的根源

内群体偏差产生积极的自我概念。内群体偏差是人类寻求积极自我概念的又一个例证。当我们的群体取得成功时，我们会更强烈地认同它，从而让自己感觉更好。刚刚经历团队获胜的学生们通常会说："我们赢了。"但是，当他们的团队失败时，学生们则更有可能说："他们输了。"那些刚刚经历自我打击的人，例如得知自己在"创造力测试"中表现不佳的人，最容易沉浸在内群体成员的光辉中。同样，我们还会因为朋友的成就而感到自豪，但前提是朋友的成就不在我们自己的身份领域内超越我们。如果你认为自己是一位出色的心理学学生，你很可能会更欣赏在其他领域表现出色的朋友。

内群体偏差滋生偏袒。我们对群体的认知根深蒂固，以至于只要有任何理由让我们将自己归入某个群体，我们就会这样做，并且表现出内群体偏差。即使是毫无逻辑依据而形成的群体，比如通过抛硬币组成的 X 群体和 Y 群体，也会产生某种内群体偏差。在冯内古特的小说《打闹剧》中，计算机为每个人提供了一个新的中间名，结果，所有中间名字为"Daffodil"的人之间都感到更加团结，而疏远中间名字为"Raspberry"的群体。自我服务偏差再次出现，使人们能够获得更积极的社会认同："我们"比"他们"更好，即使"我们"和"他们"是随机定义的！

在一系列实验中，塔季费尔和比利格进一步探索了一些细微的线索，会引发我们对内群体的偏袒和对外群体的不公。在其中一项研究中，塔季费尔和比利格让英国青少年评价现代抽象绘画，并告诉他们，他们和其他一些青少年都更喜欢保罗·克利的作品，而另一些人则更喜欢瓦西里·坎金斯基的作品。最后，在没有见到群体其他成员的情况下，这些青少年被要求在两个不同喜好的群体成员之间分配一笔钱。无论是这个实验，还是其他实验，研究结论都显示，即使以这种微不足道的方式定义群体，也会产生内群体偏好。怀尔德总结了这种典型的结果："当有机会分配15点（相当于钱）时，被试通常会将9点或10点分配给自己的群体，将6点或5点分配给其他群体。"

当我们的群体较小且相对于外群体存在地位差异时，我们更容易出现内群体偏差。当我们是一个大群体中的一小部分时，我们会更强烈地认识到自己的群体成员身份。当我们的内群体是多数群体时，我们通常不太在意这一点。然而，当我们作为外国留学生、同性恋者，或者是属于少数种族或少数性别群体的人，我们就会更加敏锐地感知到自己的社会身份，并做出相应的反应。

地位、自我关注和归属的需求。地位是相对的：要感觉到自己有地位，就需要有人位于我们之下。因此，偏见或地位带来的心理益处之一就是优越感。大多数人都能回忆起自己因为他人失败而感到窃喜的场景，可能是看到兄弟姐妹受罚，或者同学考试不及格。在欧洲和北美，那些社会经济地位低下或地位下滑的群体，以及那些积极自我形象受到威胁的人往往表现出更强的偏见。在一项研究中，与地位较高的女生联谊会成员相比，地位较低的女生联谊会成员会更多地贬低其他存在竞争的联谊会。如果我们的地位是稳固的（如果我们感到"真正的自豪感"源于自身的成就，而不仅仅是自大），我们就不太需要产生优越感，也会表达出更少的偏见。

许多研究表明，思考自己的死亡（通过写一篇关于死亡和因思考死亡而触发情感的简短文章）足以引发不安感，加剧对内群体的偏袒和对外群体的偏见。一项研究发现，在白人中，思考死亡甚至可以促使他们对那些鼓吹群体优越性的种族主义者产生好感。当人们思考自己的死亡时，他们会进行恐惧管理。贬低那些对自己的世界观提出挑战并进一步引发他们的焦虑的人，以此来保护自己免受死亡的威胁。当人们感受到自己生命的脆弱时，偏见有助于强化这种受到威胁的信念体系。但是，思考死亡也可以加强集体情感，如对内群体的认同、团结和利他行为。

让人们思考死亡还会影响对重要公共政策的支持。在2004年总统选举之前，研究者通过给人们提供与死亡相关的线索——包括让他们回忆与"9·11"袭击相关的情绪，或者下意识地看到与"9·11"相关的图片——显著地增加了人们对布什总统及其反恐政策的支持。在伊朗，对死亡的提醒增加了大学生对美国进行自杀式袭击的支持程度。

蔑视外群体会增强内群体的凝聚力。学校的凝聚力在比赛中面对劲敌时最为强烈。员工之间的伙伴关系往往在他们共同对抗管理层时最为深厚。为了巩固纳粹对德国人民的控制，希特勒用"犹太威胁论"来恐吓他们。

偏见的认知根源

我们对世界的看法如何影响我们的刻板印象？我们的刻板印象

又如何影响我们日常的判断？刻板印象和偏见态度之所以存在，是因为它们不仅是社会化和对敌对情绪的替代，还是正常思维过程的附带结果。刻板印象不是源于内心深处的恶意，而是心理活动机制的产物。就像感知错觉是我们解读世界的附带结果一样，刻板印象是我们简化复杂世界的附带结果。

类别化：人以群分

我们简化周围环境的一种方式就是归类，通过将对象聚集成不同的组来组织世界。刻板印象是为了提高认知效率，它允许我们快速做出关于他人想法和行为的判断和预测。因此，刻板印象和对外群体的偏见可能在进化中具有功能，有助于我们的祖先更好地适应和生存下来。

自发分类

种族和性别是对人们进行分类最有效的方式。举个例子，假设有一位名叫朱利叶斯的45岁非洲裔美国房地产经纪人在亚特兰大工作。我们会发现，在对他进行分类时，"黑人男性"这一标签比"中年人""商人"和"美国南方人"更容易占主导地位。

这个实验揭示了我们如何自发、快速地根据种族来分类他人的过程。就像我们把实际上是连续的颜色分成我们所感知的不同的颜色一样，我们的"不连续思维"会自然而然地将人们划分为不同的群体。我们把拥有不同祖先的人简单地区分为"黑人"或"白人"，就像这两个分类是非常明确的一样。这种分类本身并不是偏见，但它为偏见提供了基础。

感知到的相似性和差异性

画出以下物品：苹果、椅子、铅笔。

人们倾向于认为同一组内的物品比实际上更加一致。例如，你画的苹果都是红色的吗？你画的椅子都是直背的吗？你画的铅笔都是黄色的吗？如果我们在同一个月中随意找两个日子，那么我们就会觉得相比跨月份但是间隔相同的两个日子，前者的温度差异更小。例如，如果让人们猜测 8 天的平均温差，人们会猜测 11 月 15 日到 24 日的平均温差要比 11 月 30 日到 12 月 7 日的平均温差更小。

对于人类也是如此。当我们将人们分配到不同的组别中，例如运动员、戏剧专业人士、数学教授，我们很可能夸大组内的相似性，同时夸大组间的差异。我们会假设其他组比自己的组更加同质化。仅仅将人们划分为不同的组别就可能产生外群体同质效应——认为外群体的成员都很相似，与我们自己的群体不同。思考下列情况：

○ 欧洲以外的许多人认为瑞士人是一个相当同质化的民族。但对于瑞士人来说，他们自身是多样化的，包含讲法语、德语、意大利语和罗曼什语的各种群体。
○ 许多非拉丁裔美国人将"拉丁裔"人群归为一类。而墨西哥裔美国人、古巴裔美国人和波多黎各裔美国人等存在显著的差异。
○ 女生联谊会的成员认为其他联谊会的成员比其联谊会的成员更加同质化。

也许你已经注意到了：他们——那些你所属种族群体以外的其他任何种族群体的人，甚至看起来都很相像。许多人都曾有因为混淆了其他种族群体的两个人而感到尴尬的经历，被我们认错的人会说："你是不是觉得我们所有人看起来都一样？"在美国、苏格兰和德国进行的实验表明，其他种族的人看起来确实比自己种族的人更相像。研究者向白人学生分别展示几张白人和黑人的面孔，然后要求学生从一排照片中挑选出这些人，结果就会显示出本族偏差，即相比于黑人面孔，白人大学生能更准确地识别出白人面孔，且他们经常错误地识别出以前从未见过的黑人面孔。

如图 23-3 所示，黑人更容易辨认出另一个黑人，而不是白人。西班牙裔、黑人和亚洲人都比较容易辨认出自己种族的面孔，而不是其他种族的面孔。同样，与英国白人相比，英国南亚裔能更快地辨认出南亚裔的面孔。而 10 岁至 15 岁的土耳其儿童比奥地利儿童能更快地辨认出土耳其人的面孔，甚至年仅 9 个月大的婴儿也能够更好地辨认出自己种族的面孔。

并不是我们不能察觉到另一个群体面孔之间的差异。相反，当看到来自其他种族群体的面孔时，我们通常首先注意到群体特征（"那个人是黑人"），而不是个体特征。当看到属于我们自己群体的人时，我们对种族类别的关注较少，而更关注个体的细节，比如眼睛。

我们对个体所属不同社会类别的关注也会导致一种类似的同龄偏差，即儿童和老年人更容易准确识别出与自己相似年龄群体的面孔。（也许你已经注意到了，在你眼中，老年人与你的同学们相比，长得要更为相似一些。）

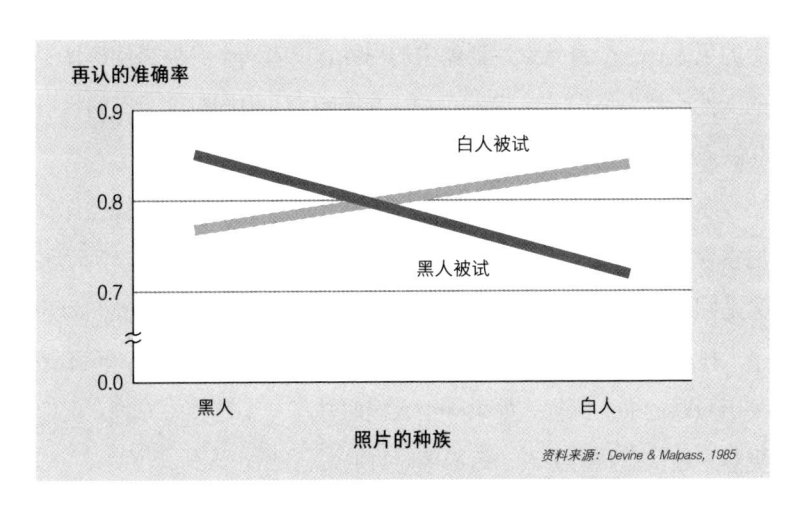

图 23-3 本族偏差[1]

独特性：与众不同

我们感知世界的其他方式也会导致刻板印象的产生。独特的人、生动或极端的事件通常能吸引我们的注意力并歪曲我们的判断。

独特的人

你是否曾有过类似经历：在某个场合中，你的性别、种族或国籍与周围所有的人都不同？如果是这样的话，你与其他人的差异可能使你更加引人注目，成为更多人关注的焦点。一个身处白人群体

---

[1] 白人被试能更准确地识别白人面孔而非黑人面孔；黑人被试能更准确地识别黑人面孔而非白人面孔。

中的黑人，一个身处女性群体中的男性，或者一个身处男性群体中的女性，都会显得非常突出，并且有影响力，但同时这个人的优点和缺点也会被夸大。

你是否注意到，人们会根据你最独特的特征和行为来描述你？尼尔森和米勒报告说，如果向人们介绍，有一个人既是跳伞运动员又是网球选手，他们会记住这个人是跳伞运动员。如果让他们为这个人挑选一本书作为礼物，他们会选择一本关于跳伞的书，而不是关于网球的书。同样，如果一个人同时养了一条蛇和一只狗，那他更容易被认作蛇的主人，而不是狗的主人。

兰格和安贝巧妙地证明了人们如何关注那些与众不同的人。他们让哈佛大学的学生观看一个视频，视频内容是一个男人正在阅读。当引导学生注意到这个人的与众不同之处——他是一个癌症患者、同性恋者或百万富翁时，学生们会表现出更多的关注。他们会注意到其他观察者所忽略的一些特点，并对他进行更加极端的评价。当学生们认为视频中的男人是癌症患者时，他们注意到他独特的面部特征和身体动作，因此认为他在很大程度上"不同于大多数"。我们对于独特的人会加以额外的关注，这种关注会产生一种错觉，即他们与其他人的差异比实际上更大。如果人们认为你有天才般的智商，那他们就会留意到许多你身上被人忽略的东西。

独特性塑造自我意识。当身处白人群体之中时，黑人有时会察觉到人们对他们的独特之处的反应。许多人报告称自己曾经被盯着或怒视，遭受过不留情面的评论，以及受到差劲的服务。在美国，74%的黑人认为在自己的种族中，"其他人如何看待自己非常重要"；然而在白人中，这一比例仅为 15%。当白人独自处在其他种族群体中时，他们可能同样会对他人的反应非常敏感。然而，我们有时会错误地认为他人会针对我们的独特之处做出反应。研究人员克莱克和斯特伦塔在达特茅斯学院进行的研究证实了这一点。在实验中，研究者让女性参与者们认为实验的目的是评估他人对面部疤痕的反应；这条疤痕是用化妆品画出来的，从耳朵一直延伸到嘴巴。实际上，实验的真实目的是观察当女性们感到自己与众不同时，她们会如何感知他人对待她们的行为。在涂抹妆容后，实验者给每位女性一面手持小镜子，让她们看到那个非常逼真的疤痕。当她们放下镜子时，实验者接着涂抹一些"面霜"以"防止妆容开裂"。而实际上这些"面霜"是将疤痕清除掉。

接下来的场景令人心酸。一位年轻的女性参与者在与一位没有发现容貌受损且对之前发生的事情一无所知的女士交谈时，她会因为自己被丑化的面容而感觉非常糟糕。如果你的自我意识也曾经有过类似的经历——也许是因为身体残疾、痤疮，甚至只是一个糟糕的发型——那么你或许就可以理解这位女性的感受了。与那些被告知她们的谈话对象只是认为她们有些过敏的女生相比，那些"面部有疤痕"的女生对同伴观看自己的方式变得异常敏感。她们认为同伴紧张、冷漠和傲慢。事实上，事后分析录像带的观察者却没有发现同伴对"面部有疤痕"的人有任何区别对待。因为与众不同的自我意识，这些"面部有疤痕"的女性误解了她们本来不会注意到的举止和评论。

因此，即使双方都是善意的，一个强势的人和一个弱势的人之间的自我意识的相互作用也会令人感到紧张。例如，汤姆是一个同性恋者，他遇到了异性恋的比尔。宽容的比尔希望自己能以无偏见的方式回应汤姆。但他对自己的反应不太确定，略微犹豫了一下。然而，汤姆预期大多数人会对自己持负面态度，所以将比尔的犹豫误解为一种敌意，并以一种敌对的态度回应比尔。

生动的实例。我们的思维方式还会利用独特的案例来快速判断一个群体。日本人是优秀的棒球运动员吗？"嗯，有铃木一郎、松井秀城和达尔维斯。是的，我会这么说。"请注意这里面的思维过程：在对特定社会群体的了解有限时，我们会通过回忆有代表性的例子来进行概括。不仅如此，遇到负面刻板印象的典型例子时（例如，一个怀有敌意的黑人），就会激活这种刻板印象，导致我们尽可能地减少与该群体的接触。

根据单个案例进行概括可能会导致一些问题。尽管生动的实例更容易出现在记忆中，但它们很难代表整个群体。虽然杰出的运动员鹤立鸡群、令人印象深刻，但他们并不是评判整个群体的运动天赋的最佳依据。

少数群体的个体越独特，多数群体就越可能高估这一群体的人数。你认为穆斯林占你们国家人口的比例是多少？非穆斯林国家的人普遍会高估本国穆斯林人口的比例。

独特的事件

刻板印象假设群体成员与个体特征之间存在某种相关性（"意大利人情绪激动""犹太人精明""会计师追求完美"）。通常情况

第 23 章　偏见的根源

△ 你猜美国人口中的穆斯林人口占比是多少？美国人猜测的平均值为 15%，但实际上，美国的穆斯林人口占比仅略多于 1%。

图 23-4

下，人们的刻板印象是准确的。但有时我们对非同寻常的事件格外关注会产生虚假的相关。由于我们对不寻常的事件比较敏感，当两个这样的事件同时发生时就会尤为引人注目——比单个不同寻常的事件发生时更加惹人关注。

在一个经典实验中，汉密尔顿和吉福德展示了虚假的相关性。他们向学生展示一张有许多人的图片，图片中的人被分为 A 组和 B 组。研究者告诉学生这两组人做了一些好事和坏事。例如，"约翰，A 组的成员，去医院看望了一个生病的朋友"。有关 A 组成员的陈述比 B 组成员多出 1 倍。但是，两组人做的好事和坏事的比例都为 9∶4。由于 B 组和坏事的发生频率较低，所以它们的同时发生

（例如，"艾伦，B组的成员，剐蹭了一辆停放的汽车并没有留下姓名"）就成为一个会引起人们注意的不寻常组合。因此，学生们会高估"少数"群体（B组）做出不良行为的频率，并对B组的评价更为苛刻。

请记住，A组的成员数量是B组成员的2倍，且B组成员与A组成员做了相同比例的不良行为。此外，学生们对B组没有任何先入为主的偏见，并且他们通过比日常经验更加系统的方式获得了这些信息。虽然研究人员对为什么会发生这种情况存在争议，但他们一致认为虚假的相关确实存在，并为种族刻板印象的形成提供了另一个原因。因此，将少数群体与多数群体区分开来的特征恰恰是那些与少数群体相关的特征。你所属的族群或社会群体可能在大多数方面与其他群体相似，但人们只会注意到它的不同之处。

在实验中，即使是非典型群体中某个人只做出一次不寻常的行为，这种巧合也会在人们的脑海中形成虚假的相关。大众媒体会强化这种虚假的相关。

归因：这是一个公正的世界吗

在解释他人的行为时，我们经常犯下基本归因错误：我们往往将他人的行为归因于他们的内在性格特质，而忽视了重要的情境因素。之所以犯这种错误，部分原因在于我们的注意力集中在人上，而不是情境。一个人的种族或性别往往是鲜明的特征，也是最容易引起注意的特征；而作用于个体的情境因素则通常不太明显。我们常常忽略奴隶制度是奴隶行为的原因，而是将奴隶行为归因于奴隶

第 23 章 偏见的根源

自身的天性。

即使是现在,我们也会用类似的思路解释男女之间的感知差异。由于性别角色的限制很难被察觉,所以我们将男性和女性的行为完全归因于他们先天的特质。人们越是认为人的特质是稳定不变的,他们的刻板印象就会越强,对种族不平等的接受程度就越高。

在一系列著名的实验中,勒纳发现仅仅观察到其他无辜的人遭受虐待,就足以使受害者看起来不那么值得同情。

勒纳指出,人们之所以贬低不幸的受害者,是因为人们需要相信"我是一个正直的人,我生活在公正世界中,这个世界中人们会得到他们应得的东西"。他认为,从幼年时期起,我们就被教导"善有善报,恶有恶报"。辛勤工作和美德会带来回报,而懒散和不道德则不会有好结果。从这一点出发,人们很容易推断那些成功的人一定是好人,而那些遭受苦难的人一定是罪有应得。

许多研究已经证实了这种公正世界现象。想象一下,你和其他人一起参加了勒纳的研究,研究者称这个实验是关于情绪线索的感知。在实验中,其中一位参与者被抽签选中执行记忆任务,每当她答错问题时,就要接受痛苦的电击。你和其他人的任务是要注意她的情绪反应。

在观察到受害者明显受到十分痛苦的电击后,实验者要求你对她做出评价。你会如何做出回应?会表达同情和怜悯吗?我们可能会这样期望。正如爱默生所写的那样:"受难者是不能受辱的。"然而,在这些实验中,受难者确实受到了侮辱。当观察者无力改变受害者的命运时,他们经常会否定和贬低受害者。罗马讽刺诗人尤维纳尔早就预料到了这样的结果："罗马的暴民信奉命运并憎恨那些被判刑的人。"像对大屠杀后的犹太人那样，遭受的痛苦越多，人们对受害者的厌恶就越多。

卡拉利及其同事报告称，公正世界现象会影响我们对性暴力受害者的印象。卡拉利让人们阅读有关一个男性和一个女性交往的详细描述。在一个情节中，一个女性和她的老板共进晚餐，随后他们去了老板家，每人都喝了一杯酒。一部分人阅读了一个幸福的结局："然后他带我坐到了沙发上，握着我的手，问我愿不愿意嫁给他。"事后，人们觉得这个结局在意料之内，并且非常赞赏男女主人公的表现。另一部分人则阅读了另一个糟糕的结局："但随后他变得非常粗暴，把我推倒在沙发上。然后，他把我按在沙发上，强奸了我。"人们也认为这个结局是意料之中的，并责怪女主人公在前段故事中的行为有失妥当。

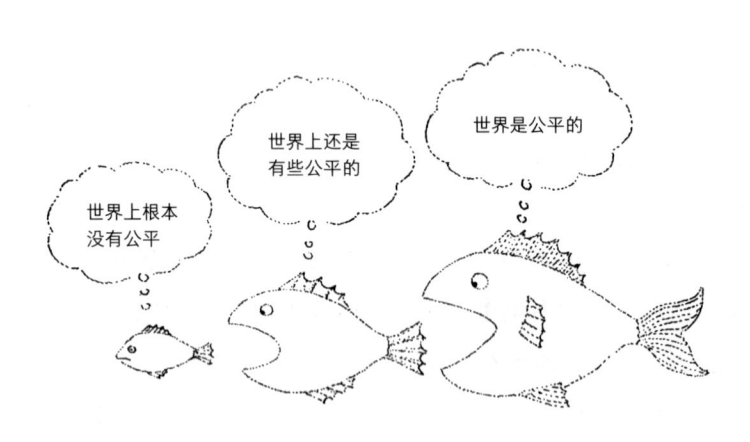

图 23-5 公正世界现象

第 23 章 偏见的根源

这一系列研究表明，人们之所以对社会的不公正漠不关心，并不是因为他们不关注正义，而是因为他们看不到不公正。那些认为世界公正的人相信：

○ 性暴力受害者一定是先有挑逗行为。
○ 遭受家庭暴力的配偶一定是先挑衅才招致被打。
○ 穷人不值得拥有更好的生活。
○ 生病的人对他们的疾病负有责任。
○ 在网上被欺凌的青少年是他们自找的。

这种信念使得成功人士确信他们所拥有的一切都是应得的。富有和健康的人认为自己的好运和他人的不幸都是理所当然的。人们会将好运与美德联系在一起，将不幸与不道德联系在一起，这样就可以让幸运的人感到自豪，并避免对不幸的人承担责任。然而，从积极的一面来看，相信世界是公正的信念也激励我们将精力投入到长期目标中。

即使失败者的不幸明显是运气不佳导致的，人们仍然会对失败者感到厌恶。例如，儿童往往认为幸运的人——比如，在人行道捡到钱的人——比不幸的人更有可能做好事或者更有可能是好人。人们知道赌博的结果纯粹取决于运气的好坏，但是这并不影响他们对赌博者的评价。然而，他们还是忍不住出现事后聪明偏差——通过结果来评判他人。人们会忽视合理决策可能带来不好的结果的事实，将不好的结果归咎于失败者的能力较差。律师和股市投资者也会通过结果来评判自己，他们会在取得成功后扬扬得意，在失败时懊恼不已。虽然才能和主动性对成功至关重要，但是公正世界的假设低估了不可控的因素，而这些因素会使一个天才的努力白白浪费。

公正世界的思维会使人们认为自己文化中熟悉的社会系统是公正的。从童年开始，我们就倾向于认为我们现在看到的事物就是它的本质和本来应有的样子。这种天然的保守主义使得新的社会政策难以推行，如选举权法案、税收或医疗改革等。但是，当一项新政策开始实施后，我们的"制度正当化"又会起到维持作用。因此，加拿大人大多赞同政府实施的各项政策，如全民医疗保障、严格的枪支管制和取消死刑等，而美国人也大多支持自己所习惯的各种政策。

偏见的后果

刻板印象如何将自身变为现实？偏见如何阻碍人们的行为表现？偏见既有其存在的原因，也会产生相应的后果。

与生俱来的偏见

偏见是一种预先形成的判断。预先判断是不可避免的：没有人能够完全客观记录所有的社会事件，无法提供百分之百的证据支持或反对我们的偏见。而且，预先判断是非常重要的。

预先判断引导我们的注意和记忆。那些接受性别刻板印象的人在回忆其在校期间的表现时，往往与刻板印象相一致。例如，女性通常会回忆称自己在数学方面得到更差的分数,而在艺术方面得到更好的分数,而实际情况并非如此。

此外,当我们将某项特征归于一个类别时,比如特定的种族和性别,我们对它的记忆就会偏向于与这个类别相关联的特征。在一个实验中,比利时大学生观看了一张面孔,这是一张混合而成的面孔,混合了 70% 的典型男性特征和 30% 的典型女性特征(另一组学生看到的是相反的比例混合而成的面孔)。结果发现,那些看到 70% 男性特征的人报告说自己看到了一张男性面孔(这是可以预料的),但是他们会错误地将面孔回忆得更具典型男性特征,例如具有 80% 的男性特征。

预先判断是自我延续的。每当群体成员的行为符合我们的期望,我们就会注意到这个事实,并且验证我们先前的观点。当一个群体成员的行为违背了我们的期望时,我们可能会认为这种行为是由特殊情况引起的。

也许你能回忆起这样一个时刻,尽管你很努力,但你始终无法改变某人对你的看法;无论你做什么,你的行为都会被误解。当某人预期与你会有不愉快的经历时,误解可能就会出现。伊克斯在一项实验研究中将男大学生分成两人一组并随机配对。当这些男生到达实验室时,实验者会假装警告每组中的一个人,另一个人是"我最近遇到的最不友好的人之一"。然后,实验者会介绍每组的两个人互相认识,并要求他们在一起单独相处 5 分钟。在另一种实验条件下,参加实验的学生被告知另一个参与者是"我最近遇到的最友好的人之一",其他实验流程一致。

结果发现，那些预期对方不友好的实验参与者会竭尽全力地表现出友好的举止，并且他们的友好也引发了对方热烈的回应。但是，与那些有积极偏见（预期对方很友好）的学生不同的是，这些预期自己会遇到不友好的搭档，会把他们与对方之间相互的友好归结于他们自己"小心翼翼"地对待对方的结果。事后，他们会对自己的搭档表现出更多的不信任和反感，并评价对方的行为不够友好。尽管他们的搭档实际上是很友好的，但这种消极偏见使这些学生"看到"了对方"虚伪的微笑"下潜藏的敌意。如果他们不曾这样想过，他们是永远不会看到这些的。

我们确实会注意到与刻板印象截然不同的信息，即使这些信息对我们的影响比预期要小。当我们关注一个反常的事例时，我们可以通过划分一个新的类别来维护已有的刻板印象。英国学龄儿童对友好的校园警察形成了积极的印象（他们把校园警察视为一个特殊类别），但这种积极的印象丝毫没有改善他们对警察的整体印象。这种再分类——将偏离刻板印象的人归入一个不同的类别——维持了儿童们对警察不友好、令人畏惧的刻板印象。

另一种应对不一致信息的方法是为那些不符合刻板印象的人塑造一个新的刻板印象。意识到刻板印象并不适用于该类别的每个人时，拥有"令人羡慕"的黑人邻居的房主可能会形成一个新的刻板印象，即"职业的、中产阶级的黑人"。这种再分群——形成一个子群体的刻板印象——倾向于让刻板印象适度地发生变化，相当于将刻板印象变得更加多样化。子类别是群体的例外，而子群体则被认为是整个多样化群体的一部分。

第 23 章 偏见的根源

歧视的影响：自我实现的预言

态度可能与社会等级制度一致，不仅是因为合理化的需要，还因为歧视会影响其受害者。奥尔波特写道："一个人的声誉，一点一点地被敲打进入大脑，它不可能丝毫不对一个人的性格产生影响。"如果我们可以轻松解决所有形式的歧视，那么作为白人的多数群体会对黑人群体说："痛苦的日子已经过去了，朋友们！你们现在都可以成为提着公文包的管理者和职场精英了。"这种想法太天真了。当压迫结束时，它的影响仍会延续，就像社会遗留物一样。

在《偏见的本质》一书中，奥尔波特列举了 15 种可能的受害效应。奥尔波特认为这些反应可以归结为两种基本类型：一种涉及自责（退缩、自我厌恶、对自己群体的攻击），另一种涉及对外部原因的责备（反击、怀疑、群体自豪感增强）。如果最终造成了负面结果，比如更高的犯罪率，人们可以借此来证明歧视的合理性："如果让那些人搬进我们美好的社区，房价就会暴跌。"

歧视真的会影响其受害者吗？社会信念可能会自我验证，正如卡尔·沃德、马克·赞纳和乔尔·库珀在一系列巧妙的实验中所证明的那样。在第一个实验中，普林斯顿大学的白人男性对扮演求职者的白人和黑人研究助理分别进行了面试。相比于白人求职者，当面试黑人求职者时，面试官坐得更远，面试时间平均缩短了 25%，语言错误平均增加了 50%。想象一下，如果你被一个坐得很远、结结巴巴的面试官面试，这会影响你的表现或对面试官的感觉吗？

为了找出答案，研究人员进行了第二个实验。在这个实验中，训练有素的面试官对待参与者的方式与第一个实验中对待白人和黑人求职者的方式相同。研究者们在事后评估了面试录像，结果发现，那些受到与第一个实验中黑人一样对待的参与者似乎更加紧张、表现更差。此外，面试者自己也能感觉到区别：那些受到第一个实验中黑人一样对待的人认为面试官不够称职、不够友好。研究人员得出结论，"关于黑人表现方面的'问题'，部分原因在于互动情境本身"。与其他自我实现预言一样，偏见产生了影响。

刻板印象威胁

只要感觉到偏见就足以让我们意识到自己是少数群体，也许是一个白人社区里居住的黑人，或者一个黑人社区里居住的白人。这种陌生的情境会消耗我们的精力和注意力，导致我们的心理机能和体力的下降。当你置身于一个其他人都预期你会表现不佳的情境中时，你的焦虑可能会让你用行为证实他人的想法。我是一个70多岁的矮个子，当我与体形更高大、更年轻的球员一起参加篮球比赛时，我会怀疑他们认为我会对队伍产生负面影响，这会削弱我的信心，影响我的表现。克劳德·斯蒂尔及其同事将这种现象称为刻板印象威胁——一种自我验证的担忧，担心有人根据负面刻板印象来评价自己。

在几个实验中，斯宾塞等人对具有相似数学背景的男生和女生进行了一项非常难的数学测试。当学生被告知他们在测试成绩上没有性别差异，且没有任何群体刻板印象评价时，女生的表现始终与男生持平。当被告知测试成绩存在性别差异时，女生就会戏剧性地让这种刻板印象得到验证。在面对极其困难的测试题而受挫时，她们明显会感到格外担忧，这会影响她们的表现。对于工科女生来说，与有性别歧视的男性交流同样会影响她们的测验成绩。甚至在考试之前，刻板印象威胁会妨碍女生学习数学规则和运算。这种刻板印象威胁对于老年人同样适用，与年龄相关的刻板印象威胁（及由此导致的表现不佳）已经在 30 多项研究中得到验证；另外 19 个实验也显示出刻板印象威胁对移民的表现有影响。

种族刻板印象是否也可能会产生类似的自我实现效应呢？斯蒂尔和阿伦森对白人和黑人进行了一些难度较大的语言能力测试。结果发现，只有在受到较高的刻板印象威胁的情况下，黑人的表现才会低于白人。拉美裔美国人也会表现出类似的刻板印象威胁效应。

斯通发现，刻板印象威胁也会影响运动表现。当高尔夫被定义为"运动智力"测试时，黑人的表现就明显不如平常，而当该运动被定义为"天生运动能力"测试时，白人的表现就会相对更差。斯通推测："当人们想到与自己有关的负面刻板印象时，比如'白人不擅长跳跃'或'黑人不擅长思考'，就会对运动表现产生不利影响。"对于残障人士也是如此，他们担心他人的负面刻板印象会阻碍他们的成就。

斯蒂尔表示，如果告诉学生他们可能面临失败（正如少数族裔支持项目经常暗示的那样），刻板印象就可能会削弱他们的表现。这可能导致他们"不认同"学校，并想要从其他方面寻求自尊（见图 23-6）。事实上，随着非洲裔美国学生从八年级升到十年级，他们在学校的学习表现与自尊之间的相关会变得越来越弱。此外，那些认为自己因性别或种族在入学或加入学术团体中受益的学生往往

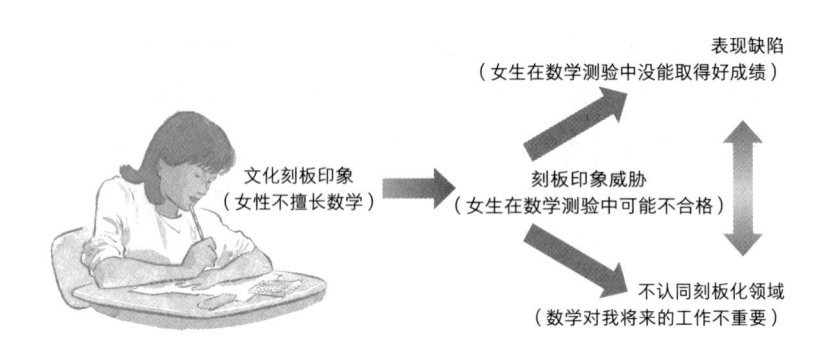

图 23-6 刻板印象威胁[1]

表现不及那些认为自己能力强的学生。

因此,斯蒂尔认为,最好是给学生设置挑战,让他们相信自己的潜力。在他的研究团队所做的另一个实验中,研究者批评黑人学生的写作能力,并且告诉他们:"基于你在信中所写的内容,我认为你有能力达到我提到的更高标准,否则我不会费心给你提出这些批评意见。"结果发现,黑人学生对于写作批评的反应会更好。

"价值肯定"——让人们肯定自己是谁——也有帮助。斯坦福大学的一个研究团队邀请七年级的非洲裔美国学生反复多次写下他们认为最重要的价值观。与同龄人相比,他们在接下来的两年中获得了更好的成绩。随后的研究将价值肯定效应(例如,通过让人们回忆他们感到成功或自豪的时刻)扩展至更广泛的群体,从大学物

---

[1] 面对消极刻板印象的威胁会导致表现缺陷和不认同。

第 23 章 偏见的根源

理系的女学生到救济站的各个群体。

社会心理学家在解释偏见方面取得了较大的成功,但在减少偏见方面的成果较少。因为偏见是由多个因素共同形成的,所以没有简单的解决方法。然而,我们现在可以预先采取一些减少偏见的手段。

- 如果不平等的地位会滋生偏见,我们可以寻求建立平等合作的关系。
- 如果偏见会使歧视行为合理化,我们可以强制执行非歧视政策。
- 如果社会机构支持偏见,我们可以减少这类支持(例如,通过媒体展示种族和睦,以及接纳性少数群体的个体)。
- 如果外群体看起来比实际上更加同质化,我们可以努力使他们的成员个性化。
- 如果不自觉的偏见让我们感到内疚,我们可以利用这种内疚来激励自己打破偏见的惯性。

从 1945 年以来,一系列这类矫正方法一直在得以应用,种族、性别和性取向的偏见确实有所减少。社会心理学研究也致力于打破歧视的壁垒。

专有名词

- **种族中心主义**
  相信自己所属的种族和文化群体的优越性,并对其他所有群体怀有蔑视。

- **权威人格**
  一种倾向于服从权威,并且不容忍外部群体和低地位群体的人格。

- **现实群体冲突理论**
  该理论认为,偏见是由于群体之间为竞争有限资源而产生的。

- **社会身份**
  自我概念中的"我们"的方面;我们所属的群体对于"我是谁"的回答。

- **内群体**
  "我们"——一群有着归属感和共同身份感的人。

- **外群体**
  "他们"——人们认为与自己的内群体明显不同或独立的群体。

- **内群体偏差**
  偏爱自己所在群体的倾向。

第 23 章 偏见的根源

○ **恐惧管理**

根据恐惧管理理论，当面对死亡提醒时，人们会出现自我保护的情绪和认知反应（包括更加强烈地坚守自己的文化世界观和偏见）。

○ **外群体同质效应**

认为外群体成员比内群体成员更相似。因此，"他们是相似的，我们是多样的"。

○ **本族偏见**

人们能更准确地识别自己种族面孔的倾向（也称为跨种族效应或其他种族效应）。

○ **公正世界现象**

人们倾向于相信世界是公正的，因此人们会得到他们应得的东西。

○ **再分类**

通过将偏离自己刻板印象的个体视为"规则的例外"，以适应偏离自己刻板印象的个体。

○ **再分群**

通过对群体的子集形成新的刻板印象，以适应偏离自己刻板印象的个体。

○ **刻板印象威胁**

面临负面刻板印象（会受到负面刻板印象的评价）时产生的一种破坏性担忧。与自我实现预言将声誉融入一个人的自我概念不同，刻板印象威胁情境具有即时效应。

第24章
攻击的本质和助长

过去100年，大约有250场战争夺走了1.1亿人的生命，这个数字超过了法国、比利时、荷兰、丹麦、芬兰、挪威和瑞典的人口总和，足以构成一个"亡者之国"。除了两次世界大战以外，种族灭绝也是导致世界范围内大规模人口死亡的重要原因。例如，1915年至1923年奥斯曼帝国对100万亚美尼亚人进行的种族屠杀；1937年日本军队在南京大屠杀中杀害了30多万中国人；1975年至1979年期间约有150万柬埔寨人被疯狂地屠杀；1994年卢旺达100万民众被屠杀，以及自2011年以来叙利亚已有50多万人被杀害。希特勒对数百万犹太人进行的种族灭绝屠杀，以及哥伦布时代至19世纪期间数百万美洲原住民被移民屠杀，这些都清楚地揭示出人性中异常残忍的一面，而这种残忍跨越了文化和种族。

即使在没有战争的情况下，人类之间的互相伤害也让人触目惊心。过去几年中，在学校、教堂和音乐会上发生的大规模枪击事件引起了公众对枪支暴力的关注。从 1968 年到 2012 年，美国被枪支杀害的人数超过了美国历史上所有战争中死亡人数的总和。2017 年，美国有 17 284 人死于谋杀，135 755 人遭受性暴力，而令人难以置信的是，有 810 825 人被枪支、刀剑或其他武器伤害。这些数字可能只是冰山一角，因为还有许多性侵和袭击案件没有被报道。一项覆盖范围较广的匿名调查发现，近 20% 的美国女性表示她们曾遭受过性侵犯，25% 的美国女性曾经遭受过亲密伴侣各种形式的殴打。在全球范围内，30% 的女性曾遭受过亲密伴侣的暴力行为。

轻微程度的攻击行为更为普遍。一项研究发现，90% 的年轻情侣之间存在言语上的攻击，包括大声喊叫、尖叫和语言侮辱。在针对 35 个国家的儿童进行的一项调查中，超过 10% 的儿童称在学校受到过霸凌。有 50% 的加拿大中学生表示，在过去 3 个月里，自己曾在网络上遭遇过欺凌，包括被使用恶意的称呼，被散播谣言，或私人照片未经许可被传播。75% 的儿童和青少年经历过网络欺凌，即通过电子邮件、短信、社交网络和其他电子媒体进行有意且重复性的攻击行为。网络欺凌往往会导致负面的后果，如抑郁、恐惧、药物滥用、辍学、身体健康状况不佳以及自杀——甚至在欺凌发生多年后这些负面影响仍然存在。

对于社会心理学家而言，攻击是指有意伤害他人的行为或言语。这个定义排除了无意中造成的伤害，比如车祸或人行道上的碰撞；也排除了那些在帮助他人时不可避免引起疼痛的行为，比如牙科治疗或者——在极端情况下——安乐死。

攻击的定义包括踢、打、威胁、侮辱、散布流言、恶意中伤以及恶搞行为，比如网络上的谩骂和"喷子"行为。它不仅包括令人厌恶的冲突性粗鲁行为，比如向其他司机竖中指或对走得太慢的人大声喊叫；也包括在实验中让参与者决定伤害他人的程度，比如施加电击的程度；还包括毁坏财产、撒谎和其他以伤害为目的的行为。正如这些例子所示，攻击既包括身体攻击（伤害某人的身体），也包括社交攻击（如霸凌和网络欺凌、侮辱、散播流言或造成情感伤害的社会排斥行为）。社会攻击可能会带来严重后果，受害者可能会患上抑郁症，有时甚至会自杀——这种情况在许多广泛报道的案例中发生过。

然而，社会心理学对攻击的定义不包括微攻击。微攻击通常被定义为无意中表现出针对边缘化群体的带有偏见的言语和行为，因此微攻击不符合攻击的定义，因为攻击必须是有意的。出于上述和其他一些原因，一些研究者建议停止使用微攻击这个术语，并用其他能更好地描述其无意性的术语来代替，比如无意的种族轻视。

攻击的理论

本能论

哲学家们一直在争论人性的本质，有人认为"人之初，性本善"，也有人认为人类是知足的"贵族野蛮人"，而人性的根本是"人之初，性本恶"。第一种观点以 18 世纪法国哲学家卢梭为代表，该观点认为社会罪恶的根源在于社会本身，而非人性。第二种观点以英国哲学家霍布斯为代表，该观点认为社会约束了人类的野蛮行为。20世纪，奥地利的精神分析学派的创始人弗洛伊德和德国的动物行为专家洛伦茨提出了"野蛮"的观点，他们指出攻击的冲动是与生俱来的，因此是不可避免的。

弗洛伊德推测，人类的攻击性源于一种自我毁灭的冲动，它可以将原始死亡冲动（"死亡本能"）的能量转向他人。作为动物行为专家，洛伦茨认为攻击具有适应性，而非自我毁灭性。两位学者一致认为攻击是本能的（与生俱来的、无须学习的且普遍存在的）。如果攻击的能量没有得到释放，它就会积聚起来直到爆发，或者直到遇见一个适当的刺激来"释放"它，就像老鼠触发了捕鼠夹一样。

随着所谓的人类本能清单不断增加，几乎可以覆盖所有能够想象到的人类行为，科学家们逐渐意识到行为在个体和文化之间存在巨大差异，因此攻击是一种本能的观点开始受到质疑。然而，生物学的因素确实会影响行为，但是后天养育也会对天性产生影响。我们的个人经历与基因构建的神经系统相互作用，共同对我们的攻击性产生影响。

神经系统的因素

攻击是一种复杂的行为，大脑中没有一个特定的区域来控制它。但研究人员已经在动物和人类的大脑中发现了能够引发攻击的神经机制。当科学家激活这些大脑区域时，人们的敌意就会增加；

当他们抑制这些区域时，人们的敌意就会减少。通过刺激下丘脑，温顺的动物也可以被激怒，而愤怒中的动物则可以恢复温顺。

在一项实验中，研究人员将电极放置在一只暴躁的猴子的大脑中，电极被置于大脑负责抑制攻击的区域。另一只猴子掌握着可以激活这个电极的按钮，它很快就学会了在暴躁的猴子变得有威胁时按下按钮。脑区的激活对人类同样起作用。一个女性在其大脑的杏仁核（一个与情绪有关的大脑核心区域）受到无痛电刺激后，她突然变得很愤怒，并将吉他砸向墙壁，甚至差点砸到心理医生的头。

这些实验结果是否意味着有暴力倾向的人的大脑在某种程度上存在异常呢？为了找出答案，雷恩和他的同事通过脑部扫描来观察杀人犯的脑活动，并测量了具有反社会行为障碍男性的大脑灰质数量。他们发现，杀人犯（排除那些从小被父母虐待过的人）的前额叶皮质的活跃程度比正常人低14%，有反社会倾向男性的前额叶皮质则比正常人缩小了15%，而前额叶皮质是可以紧急抑制攻击行为的深层脑区。与其他关于杀人犯和死刑犯的研究结论一致，异常的脑区可能会导致异常的攻击行为。

另一个问题是，暴力行为是否与精神疾病有关。当发生大规模枪击事件时，政客们经常将其归咎于精神疾病。美国众议院议长保罗·瑞安在2017年表示："心理健康改革是确保我们可以尽力预防大规模枪击事件的关键因素。"实际上，对于暴力行为而言，年轻、男性和酗酒是比精神疾病更重要的预测因素。研究发现，78%的大规模枪击案的凶手都不是精神病患者。根据杜克大学教授斯旺森的说法，如果我们能够在一夜之间治愈所有的精神分裂症、躁郁症和抑郁症，美国的暴力犯罪率也只会下降 4%。患有精神疾病的人更有可能成为暴力行为的受害者，而非施暴者。

遗传基因的因素

遗传影响神经系统对攻击线索的敏感性。长期以来，人们已经发现动物可以被培育得具有攻击性。有时这样做是为了创造经济利益（例如培育斗鸡），有时则是为了达到研究目的。芬兰心理学家拉格斯佩茨利用普通的小白鼠进行实验，分别选取最具攻击性和最不具攻击性的小白鼠进行繁殖。在重复这一过程繁育了 26 代小白鼠之后，她最终获得了一组凶猛的小鼠和一组温顺的小鼠。

攻击性在个体之间存在差异。我们的气质（我们的情绪强度和反应性）在一定程度上是与生俱来的，并受到交感神经系统反应性的影响。一个人的气质，可以在婴儿期被观察到，并且通常会持续存在。一个 3 岁时自控力较差的孩子，到 32 岁时更容易出现药物滥用或者犯罪行为。一个 8 岁时没有表现出攻击性的孩子，在 48 岁时很可能仍然是一个不具攻击性的人。

一项针对 1250 万瑞典居民的研究发现，如果亲兄弟姐妹有暴力犯罪记录，自己犯罪的可能性会增加 4 倍；但如果是被收养的兄弟姐妹有犯罪记录，自己犯罪的概率就要低得多。这表明基因的影响较大，而环境因素的影响相对较小。此外，研究者发现了与攻击性相关的特定基因，这个基因被称为"战士基因"或"暴力基因"。在芬兰的 900 名罪犯中，拥有该基因的人再次实施暴力犯罪的可能性是普通人的 13 倍，这就解释了为什么芬兰的严重犯罪率高达

10%。在几项实验室研究中，携带该基因的个体在受到挑衅时更有可能表现出攻击行为。

生物化学的因素

血液中的化学成分同样会影响神经系统对攻击性刺激的敏感性。

酒精

实验室研究和警方数据都表明，当人们受到挑衅时，酒精会增加进行攻击行为的可能性。一项大规模的研究分析证实，饮酒与更高水平的攻击行为有关，这个现象在男性中尤为明显。可以参考以下情况：

- 实验室研究发现，在回忆人际关系冲突的经历时，喝醉的人会比清醒的人实施更高强度的电击，并报告更多的愤怒情绪。
- 美国 40% 的暴力犯罪案件和全球 50% 的谋杀案都涉及酒精。此外，美国 37% 的性暴力案和性侵案件涉及酒精。在对酒精销售实施严格法规的州，与饮酒相关的谋杀率也相对较低。
- 一项对大学生进行的为期两个月的电子日记跟踪研究发现，饮酒的学生更可能对约会伴侣表现出攻击行为。随着饮酒量的增加，虐待行为的比率也会上升。

酒精通过降低人们的自我意识、增加人们对挑衅行为的关注，使人们在心理上将酒精与攻击行为联系起来，进而增加人们的攻击性。酒精还使人们更容易将没有明确意图的行为（例如，人群中的无意碰撞）解读为挑衅。同时，酒精会弱化人们的个性，降低自我抑制能力。

睾丸激素

尽管激素对低等动物的影响比人类更为强烈，但人类的攻击行为确实与男性的睾丸激素存在相关性。请参考以下内容：

- 降低睾丸激素水平的药物会削弱有暴力倾向男性的攻击性。
- 25岁后，男性的睾丸激素水平和暴力犯罪率会同时下降。
- 被判为蓄意犯罪和无端暴力犯罪的罪犯，其睾丸激素水平比非暴力犯罪的罪犯高。
- 在正常的青少年和成年男性中，睾丸激素水平较高的人更容易出现犯罪行为，也更容易滥用药物，并且更容易对挑衅表现出具有攻击性的回应。
- 支配性高和自控力低的男性在接受睾丸激素注射后，在面对挑衅时会变得更具攻击性。
- 被排斥后表现出更高愤怒水平的大学生，其唾液中的睾丸激素水平高于平均水平。
- 接触枪支后，男性的睾丸激素水平会升高；且睾丸激素水平越高，对他人的攻击性就越强。
- 大脑结构表明，睾丸激素水平高的人，从童年到成年都更具攻击性。

不良饮食

英国研究者格施首次发现了饮食对攻击行为的影响。他进入英国一所监狱,面对着数百名囚犯,但无论他喊得多么大声,都没有任何囚犯理会他。最后,他通过私下收买监狱中的"老大"(囚犯中的"硬汉"领导者),让231名囚犯同意接受营养补充剂或安慰剂。结果发现,与安慰剂组相比,补充营养的囚犯参与暴力事件的比例减少了35%。该研究对监狱外的人也具有一定的启示,因为很多人的饮食缺乏重要的营养素,例如Omega-3脂肪酸(富含在鱼类中,对大脑功能有益)和钙(有助于抑制冲动行为)。

在另一项研究中,研究人员对波士顿某公立高中的学生进行了关于饮食和攻击性的调查。结果发现,那些每周喝5罐以上含糖汽水的学生更可能对同龄人、兄弟姐妹或约会对象实施暴力行为,还更可能携带枪支或刀具等武器。值得注意的是,即使在研究人员控制了其他8种潜在因素之后,上述的关联仍然显著。另一个相关研究发现,摄入更多反式脂肪(也被称为氢化油)的男性和女性更具有攻击性,这一结论在控制了其他变量之后依然成立。因此,这种情况类似于经典的"甜点抗辩",即一名被指控谋杀的律师辩称他作案前曾大量进食牛奶夹心饼干和可口可乐等垃圾食品,导致他失去自我控制而犯罪。从某种程度上讲,或许这个理论是真实的。总之,为了降低攻击行为的发生率,我们建议大家选择富含Omega-3脂肪酸和不含反式脂肪的食物,以及不含糖的饮料。

心理因素对攻击的影响

神经系统、基因和生物化学方面的因素都会对攻击行为产生影响。在生物因素的影响下，人们在冲突和挑衅面前更容易做出攻击性反应，但影响攻击性的因素还远远不止这些。

挫折和攻击

在一个温暖的夜晚，经过了两个小时的认真学习后，你感到又累又渴，于是你向朋友借了些零钱，然后朝最近的自动售货机走去。你把零钱放进去，迫不及待地想要喝到冰凉爽口的可乐。但当你按下按钮时，机器却毫无动静。你又按了一次，然后按了退币按钮，机器却依然没有任何反应。你用力敲打按钮，愤怒地砸了一下自动售货机，结果仍然无济于事。你两手空空，失望而归。此时，你的室友是否应该小心翼翼地对待你？此时的你是否更容易出现一些伤人的言行？

作为最早用于解释攻击行为的心理学理论之一，挫折－攻击理论对上述问题给出了肯定的回答。挫折是指任何阻碍我们实现目标的事物（比如，发生故障的自动售货机）。当我们对目标有强烈的渴望，希望得到满足却遇到阻碍时，挫折感就会增加。布朗和同事调查了前往法国的英国渡轮上的乘客，他们发现，当法国渔船封锁港口时，英国的渡轮会受阻，这些行程被打乱的乘客会表现出很强的攻击性。由于无法实现目标，乘客们更可能在对一些图片场景做出反应时出现攻击性，例如同意对一位碰洒咖啡的法国人进行侮辱。在多人线上足球比赛中失利而感到挫折的大学生，会花更长的时间、用更大的声音来抨击对手。网络欺凌往往源于挫折，比如恋人分手带来的挫折感。一些网络欺凌者将他们的攻击目标对准与其前任约会的人。一位女性描述了她的经历："一个女孩因为我和她的前男友在一起而心怀不满。她发短信骚扰我，骂我是个糟糕的朋友和妖精。"

攻击性的能量不一定直接对准源头爆发。大多数人学会了克制直接的报复，尤其是在其他人可能反对或者会进行惩罚的情况下；取而代之的是，我们会将敌意转移或重新定向到一些更加安全的目标上。转移在一则古老的故事中得到了很好的诠释：一个被老板羞辱的男人回家以后大声责备他的妻子，妻子就对着儿子大喊大叫，儿子就去踢狗泄愤，愤怒的狗咬了邮递员（邮递员回家后责骂他的妻子……）。无论是实验中还是现实生活中，当新的目标与挑衅者有相似之处，并且带有微弱的挑衅行为时，转移攻击最有可能发生。当某人对先前的挑衅心怀愤怒时，即使是最微不足道的冒犯也可能引发爆炸性的过度反应（如果你曾因为被出故障的售货机激怒而对室友大声喊叫，你可能会意识到这一点）。

在一项实验中，瓦斯克斯和合作者邀请南加州大学的学生参加一个填字游戏，在实验过程中一名实验者会对参与者们进行侮辱。随后，实验者让另一位假被试把手放入冰冷的凉水中，并且要求参与者们决定这名被试将手浸入冷水中的时间（以完成任务）。当这名假被试出现微不足道的冒犯行为（例如，用温和的语言轻微地冒犯被试）时，与没有被冒犯的参与者相比，那些被冒犯的参与者会以惩罚性的方式予以回应,即建议让其将手在冷水中停留更长的时间。瓦斯克斯指出,这种转移攻击的现象帮助我们理解为什么之前被挑衅并且仍然愤怒的人可能会对轻微的公路冒犯行为表现出"路怒症",或者因伴侣批评自己而对其实施暴力行为。一项研究对 1960 年以来的 74 197 场比赛中近 500 万个击球进行了分析,结果显示,转移攻击有助于解释为什么受挫的棒球投手会在击球手打出全垒打,或上一个击球手打出全垒打后,对击球手进行报复性投球。

外群体目标特别容易成为转移攻击的对象。攻击是对立的。一些评论者观察到,"9·11"事件激起了美国人的愤怒,而愤怒的美国人理所当然地认为他们应该对伊拉克发动袭击。当时的美国人需要寻找一个发泄怒火的对象,于是他们把矛头指向了罪恶的暴君——萨达姆,虽然他曾经是美国的盟友。正如弗里德曼所指出的,伊拉克战争的真正原因是:"在'9·11'事件之后,美国需要打击阿拉伯-穆斯林世界中的某些人……我们打击萨达姆的原因很简单,那就是:他罪有应得,而且他正处于那个世界的核心。"战争的另一位支持者——副总统切尼似乎同意这一观点。当被问及为什么世界上其他大多数国家都反对美国发动战争时,他回答道:"因为他们没有经历过'9·11'事件。"

挫折-攻击理论的实验室研究产生了不一致的结果:有时挫折会增加攻击性,有时则不会。例如,如果挫折是可以理解的——就像在一个实验中,一个团队成员因为助听器出现故障影响了整个小组的进展(而不是因为他不够专注)——那么这种挫折只会导致愤怒,而不会引发攻击行为。

伯科维茨认为原有的挫折-攻击理论夸大了挫折与攻击之间的联系，因此他对该理论进行了修订。伯科维茨提出，只有当人们感到愤怒时，挫折才会引发攻击行为。愤怒源于那些挫败他们的人本可以选择其他行为，却阻碍了他们实现目标。例如，许多人在进行体育运动时会因为不能实现目标而感到挫败，但通常只有在被对方故意的不公平对待激怒后，才会表现出攻击性。

当具有攻击性的暗示引发被压抑的愤怒时，受挫折的人尤其容易进行攻击。有时，即使没有这样的提示，强烈的情绪也可能导致暴力行为的爆发。正如卡尔森所指出的那样，与攻击性相关的暗示会加剧攻击行为。

伯科维茨和其他研究者发现，武器的视觉刺激是一种强有力的攻击性暗示。在一个实验中，刚刚玩过玩具枪的孩子更倾向于破坏其他孩子的积木。在另一个实验中，威斯康星大学的男生被随机分成两组，一组参与者周围放置有步枪和左轮手枪（实验者告知其是之前实验留下的），另一组参与者周围只有羽毛球拍。这些男生先是被启动了愤怒情绪，然后被要求对另一个人施加电击。结果发现，相比周围只有羽毛球拍的男生，那些周围有枪的男生会施加更多的电击。在一个驾驶模拟器的实验中也有类似的结果，与身边放有网球拍的情况相比，当驾驶员的旁边放有一支枪时，他们的驾驶行为会更具攻击性。一项对78项独立研究进行的元分析表明，仅仅是武器的出现就会增加攻击性的思维和行动，这种现象被称为"武器效应"。换言之，我们视野中所见的事物也存在于心中。

在美国这个拥有约3亿支私人枪支的国家，武器效应在一定程度上解释了为什么一半以上的谋杀案是使用手枪实施的，以及为什么家庭中的手枪比入侵者更有可能造成家庭成员死亡。伯科维茨指出："枪支不仅容许暴力，它们甚至可能引发暴力。手指可以扣动扳机，扳机也可能拨动手指。"

伯科维茨称，禁止私人持有手枪的国家往往具有较低的谋杀率，这个结果并不意外。英国的人口是美国的五分之一，谋杀案件的数量却只有美国的二十六分之一。美国是世界上人均拥有枪支最多的国家，美国的枪支谋杀率比其他高收入国家高 25 倍。在 26 个高收入国家中，拥有枪支最多的国家也是谋杀率最高的国家。在因枪支死亡的人数上，美国平均每天的死亡人数等于日本大约 10 年的死亡人数总和。

当华盛顿特区实施法律限制手枪持有后，与枪支相关的谋杀和自杀数量立即下降了约 25%。其他方式的谋杀和自杀率没有发生任何变化，且附近城市的枪支犯罪率也没有出现任何变化。在 130 项覆盖 10 个国家的研究中，限制枪支销售的法律颁布后，枪支犯罪减少。在 1996 年的一起大规模枪击案后，澳大利亚实施了更严格的枪支法律，并收回了 70 万支枪支，之后与枪支相关的谋杀案减少了 59%。枪支持有率越高的州，枪支凶杀率也越高。尽管一些人认为允许民众持有武器可以防止枪支暴力，但在通过"持枪权"法律并允许人们携带隐蔽武器的 11 个州，实际上有更多的暴力犯罪发生。

枪支不仅暗示着攻击性，还会在攻击者和受害者之间产生心理距离。正如米尔格拉姆的顺从研究所教导的那样，与受害者之间的距离越远,就越容易发生残忍的行为。刀子可以杀人,但是需要近距离的接触,而扣动扳机却可以在很远的距离外实现。

攻击的学习理论

基于本能和挫折的攻击理论认为,充满敌意的强烈冲动来自内在情绪的爆发,这些情绪会释放出体内的攻击欲望。社会心理学家指出,学习也会引发攻击行为。

攻击的回报

作为报复的攻击行为可以带来满足感:当人们把针扎在代表厌恶对象的诅咒人偶上时,大多数人会报告自己感觉良好。还有其他的回报;通过亲身经历和观察他人,我们会学习到攻击通常会得到回报。一个成功通过攻击来恐吓其他孩子的小孩很可能会变得越来越具有攻击性。具有攻击性的曲棍球运动员——那些经常因为比赛中的暴力行为而被罚款的人——比非攻击性的球员得分更多。对加拿大的青少年曲棍球运动员而言,如果他们的父亲赞赏他们在比赛中的身体攻击性动作,他们会表现出最具攻击性的态度和风格。据报道,在索马里海域,2008 年支付的赎金高达 1.5 亿美元。向劫持船只的海盗支付赎金是为海盗提供回报,助长了更多的抢劫行为。在这些例子中,攻击是为了获得特定回报而采取的手段。

这个解释同样适用于恐怖主义行为,恐怖主义可以使卑微的人们获得广泛的关注。马斯登和阿蒂亚指出:"自杀式炸弹袭击的主要目标不是那些受伤的人,而是通过媒体报道目睹这一事件的人。"恐怖主义的目的是通过媒体放大效应来制造恐怖，正如中国成语所说"杀一儆百"。鲁宾总结得出，如果剥夺了前英国首相撒切尔夫人所称的"公众关注的氧气"，恐怖主义肯定会削弱。这就像 20 世纪 70 年代经常发生的现象：为了几秒钟的电视曝光而"闯入"足球场的赤裸观众。当电视网络决定不再报道这类事件后，这种现象就消失了。

观察学习

班杜拉提出了关于攻击的社会学习理论。他认为，人们对攻击的学习不仅可以通过亲身体验其后果的方式，还可以通过观察他人的方式。与大多数社会行为一样，我们通过观察他人的行为及其后果来习得攻击行为。

想象一下班杜拉实验中的一个场景。一个学龄前儿童参加了一个有趣的艺术活动。一个成年人在房间的另一个角落，那里有玩具积木、木槌和一个充气的胖娃娃。在玩了 1 分钟玩具积木之后，成年人站起来走向充气娃娃，对充气娃娃进行了近 10 分钟的连续攻击。她用木槌重重地砸它，用脚踢它，并且把它摔来摔去，一边打还一边大喊道："打它的鼻子……把它打倒……踢它。"

目睹了这一场景后，参加活动的小朋友被带到了另一个房间，房间里有许多吸引人的玩具。但是两分钟后，实验者打断了小朋友的玩耍，说这些是最好的玩具，必须"留给其他孩子玩"。此时，受挫的小朋友被带入另一个房间，里面有各种玩具，有的可以攻击，有的则不能，其中包括充气娃娃和一把木槌。

那些没有目睹过成年人的攻击性示范的小朋友很少表现出攻击性的言语和行为。虽然他们也有挫折感，但他们仍然能够平静地玩耍。而那些观察过成年人的攻击性示范的孩子则更有可能拿起木槌去攻击充气娃娃。因为，观察成年人的攻击行为降低了他们的自我控制能力。此外，这些孩子通常会复制成年人示范中的具体行为和话语。因此，观察攻击行为既降低了他们的自我控制，又教会了他们如何进行攻击。

班杜拉认为，日常生活中，我们会在家庭、文化和大众媒体中接触到攻击性示范，从而受到攻击性榜样的影响。身体攻击性强的孩子往往有着体罚式的父母，他们通过大声训斥、掌掴和拳打脚踢的方式对孩子进行管教。这些父母的父母通常也曾采用体罚式的教育。这种体罚行为可能升级为虐待，尽管大多数受虐待的儿童不会成为罪犯或者虐待孩子的父母，但其中30%的人会对孩子实施类似的虐待，这一比例是正常人的4倍。甚至轻微的体罚，比如打屁股，都与日后的攻击行为有关。暴力的结果往往引发更多的暴力。

家庭之外的社会环境也给我们提供了攻击行为的示范。在那些崇尚"男子气概"的社区中，攻击行为很容易传递给下一代。例如，青少年帮派的暴力亚文化为其新成员提供了攻击行为的榜样。在其他暴力风险相同的情况下，那些目睹过枪支暴力的芝加哥青少年做出暴力行为的可能性是其他人的2倍。

更广义的文化也起着重要的作用。如果一个文化包含以下特征：非民主、收入不平等、崇尚武力，以及经历过战争洗礼，那么这个文化下的男性通常会更容易表现出攻击行为。

尼斯比特和科恩探讨了亚文化对暴力态度的影响。他们报告称，定居在美国南部的苏格兰、爱尔兰牧羊人，他们时刻对羊群的威胁保持警惕，因此形成了一种"荣誉文化"，主张"恶有恶报"。如果一个南方的白人男性在走廊被另一个男性挤了一下，然后还被对方低声辱骂，那么南方的白人男性很容易产生攻击性想法，并且伴随着睾丸激素水平的激增。而北方的白人男性则更可能觉得这是一次很有趣的偶遇。时至今日，在南方人居住的美国城市，白人的凶杀案发生率仍然要比北方人居住的城市高。在崇尚"荣誉文化"的州，更多的学生会随身携带武器去上学，而这些州的校园枪击事件发生率是其他州的3倍。

人们可以通过亲身经历和观察攻击性榜样习得攻击性的反应方式。但是，这种反应在什么情况下会实际发生呢？班杜拉认为，攻击行为是由挫折、疼痛、受辱等令人不悦的体验所引起的，这些体验在情绪上唤醒了我们。然而，我们是否真的会采取攻击行为还取决于我们预期的后果。当我们的情绪被唤醒，并且认为采取攻击行为会带来相对安全且有益的后果时，我们就很可能会做出攻击行为。

环境因素对攻击的影响

社会学习理论为我们提供了一个视角，通过这个视角我们可以探讨影响攻击行为产生的具体条件。我们在什么情况下会表现出攻击行为？哪些环境因素会引发我们的攻击行为？

痛苦的事件

阿兹林把实验室里的老鼠关在一个笼子里，用电线对老鼠的脚进行电击。阿兹林想知道，如果关闭电击装置，是否会加强两只老鼠之间的积极互动。他先打开电击装置，然后当老鼠靠近彼此时，立刻停止电击以消除电击带来的疼痛。但令他大为惊讶的是，这个实验任务是不可能完成的。因为一旦老鼠感受到疼痛，它们就会在实验者关闭电击之前开始相互攻击。电击的强度（和疼痛的程度）越大，它们之间的攻击行为就越猛烈。相同的效应在很多物种中都存在，包括猫、乌龟和蛇。这些动物不挑选攻击目标，它们会攻击自己的同类和异类，甚至攻击充气娃娃和网球。

研究人员还考察了其他形式的痛苦是否具有相同的作用。结果发现，不仅电击会引发攻击行为，高温和"心理痛苦"也会引发与电击相同的反应。心理痛苦的一个例子是，先训练一只鸽子学会通过啄盘子获得食物奖励，然后当鸽子啄盘子时，忽然不再给鸽子食物奖励。这种心理痛苦实际上就是挫折感。

疼痛同样会增加人类的攻击性。许多人在脚趾撞到物体或者头痛时，都有过类似的攻击性反应。伦纳德·伯科维茨及其合作者通过让威斯康星大学的学生将一只手放入温水或极冷的水中来证明了这一点。与那些把手浸入温水中的学生相比，那些将手浸入冷水中的学生自我报告了更多的烦躁和愤怒，并且他们更愿意给另一个人制造刺耳的噪声。基于这样的结果，伯科维茨提出，令人厌恶的刺激是诱发敌意性攻击的最基本因素，而非挫折感。挫折确实是一种比较重要的不愉快事件。但是，任何令人厌恶的事件，无论是期望落空、身心受辱还是身体疼痛，都可能激起情绪的爆发，甚至抑郁状态的折磨也会增加敌意性攻击行为的可能性。

高温

令人感到不适的环境也会增加攻击性。令人不悦的气味、烟雾和空气污染都与攻击行为有关，但学者们研究最广泛的环境因素还是高温。格里夫特在研究中发现，与在正常温度的房间里填写问卷的学生相比，在炎热的房间（超过32℃）里填写问卷的学生会感到更加疲倦，且更有攻击性，会对陌生人表达更多的敌意。后续实验还发现，当个体受到攻击或受伤时，高温还会引发报复行为。

实际中的高温环境是否如同实验室模拟的场景一样，也会增加个体的攻击性呢？请参考以下内容：

○ 在酷热的亚利桑那州的凤凰城，没有空调的汽车司机更有可能对一辆在路中间抛锚的汽车大声按喇叭。

○ 在对1952年以来的57 293场美国职业棒球大联盟的比赛进行分析时，研究者们发现，当天气炎热时，击球手更有可能被投手击中。与温度低于15℃的情况相比，当温度高于32℃，且同队的三个击球手都曾被击中时，投手击中对方击球手的概率会增加近50%。这个结果不是因为投球准确率降低——投手的保送和失误球并没有增加，他们只是更多地将投出的球打到击球手身上。

○ 在六个城市的研究中发现，天气炎热时更有可能发生暴力犯罪。

○ 在北半球范围内，不仅炎热的日子会发生更多的暴力犯罪，在一年中较为炎热的夏季、相对更为炎热的年份、气温相对更炎热的城市和地区都是如此。安德森和同事认为，如果全球温度上升 2℃，仅美国每年就会增加至少 5 万起严重的暴力袭击事件。

攻击

受到攻击或侮辱的情况极其容易引发攻击行为。实验证实，蓄意的攻击会引发报复性攻击。在此类实验中，通常有两个参与者在一项反应时间测试中进行比赛；在每次测试之后，获胜者可以选择给失败者施加多大强度的电击。实际上，每个人都是在与一个会逐渐增加电击强度的电脑程序进行比赛。那么，真正的参与者会做出宽容的回应吗？几乎不可能。参与者们更倾向于选择"以牙还牙"的报复性回击。

拥挤

拥挤——主观上感觉没有足够的空间——是一种压力。被挤在公交车的后排、堵在缓慢行进的高速公路上，或者三个人挤在大学宿舍的一个小房间里，都会削弱一个人的控制感。这样的经历是否也会加剧攻击性呢？

动物被关在有限空间中过度繁殖会导致压力，这种压力可能会增强它们的攻击性。然而，我们人类与围栏中的老鼠或小岛上的鹿有很大的不同。尽管如此，在人口密集的城市，确实观察到了更高的犯罪率和情绪问题。即使犯罪率不高，居住在拥挤城市中的居民还是会感受到更强烈的恐惧。以香港为例，其人口密度是多伦多的 4 倍，但多伦多的犯罪率却是香港的 4 倍。尽管如此，居住在人口更密集但相对更安全的香港的居民，在城市街道上报告了更多的恐惧感。

减少攻击行为

我们能减少攻击行为吗？接下来，让我们看看理论和研究提出了哪些控制攻击性的方法。

宣泄假说

在纽约，有一个名为"破坏俱乐部"的场所，想要发泄愤怒的人可以来到这里，用金属球棒砸碎盘子、笔记本电脑和电视等物品。达拉斯、多伦多、布达佩斯、新加坡、澳大利亚和英国都设有被称为"愤怒室"的场所。

有观点认为，这种愤怒的表达方式有助于减少后续的攻击行为。精神病学家珀尔斯曾断言，在 2012 年发生的一起大规模枪击事件中，暴力电子游戏应该受到指责。但一位游戏的辩护者写道："暴力电子游戏是不是发泄攻击性的重要渠道呢？总的来说，这些游戏和'破坏俱乐部'一样都为我们提供了更安全的方式来排解愤怒和攻击性。"这些说法是基于"液压模型"，认为攻击性就像积蓄的水一样，需要释放能量。

宣泄的概念通常被认为是亚里士多德所创造的。尽管他并未直接提及攻击性，但亚里士多德确实认为我们可以通过体验情绪来净化情绪，例如观看经典悲剧可以让我们宣泄（"净化"）痛苦和恐惧的情感。亚里士多德认为，激发某种情绪，就是让这种情绪得到释放。现在，宣泄假说已经从观看戏剧扩展到回忆和重温往事、表达情绪以及采取行动来实现情绪的释放。

在宣泄假说的实验中，研究者将参与者随机分成三组，并激发他们的愤怒情绪。他们要求第一组愤怒的参与者在击打沙袋的同时回想激怒他们的人；第二组参与者在击打沙袋的同时想着击打沙袋是一种锻炼身体的方式；第三组参与者作为控制组，不击打沙袋。此外，实验者还告知参与者可以对惹怒自己的人大吼大叫。结果发现，当有机会对激怒他们的人大吼大叫时，一边击打沙袋，一边回想激怒自己的人的那组参与者会感到更加愤怒，并表现出最强的攻击性。此外，相比于通过击打沙袋来"宣泄情绪"，什么都不做反而比"发泄怒火"更有效地减少了攻击性。实际上，发泄愤怒会增加攻击性。

现实生活情境中的实验也得出了类似的结果。一项研究调查了经常访问"发泄"网站的互联网用户，这些网站鼓励人们表达自己的愤怒。表达敌意是否会减少人们的敌意呢？答案是否定的。他们的敌意和愤怒反而增加了，而幸福感降低了。结果证明，表达敌意会滋生更多的敌意。另外几项研究发现，对于加拿大和美国的足球、摔跤和曲棍球比赛，观众在观赛后会比观赛前表现出更多的敌意。观看这些激烈的体育赛事不仅没有减少他们的愤怒，反而增加了他们的愤怒。正如布什曼所指出的那样:"通过发泄来减少愤怒就像是火上浇油。"

残忍的行为会滋生残忍的态度。此外,一些小的攻击行为可能会自我合理化。人们会通过贬低受害者,为进一步的攻击行为寻找合理的理由。

报复可能在短期内减轻紧张感,甚至带来愉悦的感觉。但从长远来看,它会助长更多的负面情绪。布什曼及其同事指出,当被激怒的人们击打沙袋时,他们相信这会带来宣泄效应,但结果却恰恰相反——这会导致他们表现得更加残忍。布什曼反思道:"这就像一个笑话所说的那样,怎样能到卡内基音乐厅去演出?练习,练习,练习。怎样成为一个愤怒的人?答案是一样的。练习,练习,练习。"

△ 在网上发泄愤怒会减少攻击性还是增加攻击性?研究发现,发泄愤怒会增加愤怒。

图 24-1

因此，我们是否应该抑制愤怒和攻击的欲望呢？生闷气显然是没有效果的，因为它会让不满的情绪在我们的脑海中萦绕。幸运的是，我们可以用非攻击性的方式来表达我们的感受并告知他人，他们的行为对我们的影响。跨文化研究表明，在对"你"（对方）的指责中加入"我"的感受，可以更好地让对方做出积极回应。例如"我对你说的话感到生气"或"当你留下脏盘子时我感到恼火"。我们可以用不具攻击性的方式来坚决表达自己的立场。

社会学习法

如果攻击行为是可以习得的，那么我们就有希望对其进行控制。让我们简要回顾一下影响攻击的因素，并思考如何消除这些因素。

令人沮丧的经历，例如期望落空和人身攻击，会导致敌对性的攻击行为。因此，明智的做法是避免给人们灌输错误的、不可达到的预期。预期的回报和代价会影响工具性攻击行为。这表明我们应该奖励合作行为和非攻击行为。

威胁性的惩罚可以阻止攻击行为，但只在理想条件下有效：当惩罚严厉、及时且确定时；当它与对期望行为的奖励相结合时；当被惩罚者不生气时。一般而言，惩罚实施攻击行为的儿童应采用非体罚的形式（因为体罚可能教会他们更多的攻击行为），可以采用一些策略，比如剥夺特权。

然而，惩罚的效果也有局限性。大多数凶杀案都是由争吵、侮辱或受攻击引起的，是一时冲动的攻击行为。然而，如果致命的攻击行为是冷静的工具性攻击，我们可以等到犯罪发生并在事后严厉惩罚罪犯，以此来阻止这类行为。在这种情况下，实行死刑的州的谋杀率可能低于没有实行死刑的州。但事实上，杀人多是一时冲动，那么情况就不同了。正如约翰·达利和亚当·阿尔特所说："很多的犯罪行为都是人们一时冲动所做出的，通常是年轻的男性，他们经常酗酒或滥用药物，而且往往是一群思维同样不清晰的年轻男性。"难怪他们说，试图通过增加刑期来减少犯罪是徒劳的，但在街头安排足够多的巡逻警察却有积极的效果，一些城市的持枪犯罪行为减少了 50%。

因此，我们必须防患于未然。我们必须让大家学会非攻击性的冲突解决策略。当心理学家桑德拉·乔·威尔逊和马克·利普西汇总了 249 个学校暴力预防项目的数据后，他们发现了令人振奋的结果，特别是针对特定"问题学生"的项目。在学习了问题解决技巧、情绪控制策略和冲突解决方法后，经常参与暴力或破坏行为的学生的比例从最初的 20% 下降到 13%。当父母或老师密切监督孩子时，欺凌行为（包括网络欺凌）就会减少，当孩子们了解到哪些行为被认定为欺凌行为时，欺凌行为也会减少。其他项目侧重于培养同理心，鼓励孩子们不要忽视欺凌行为，而应挺身而出，支持受害者。

为了创造一个更友善的世界，我们可以从幼年开始做出榜样，鼓励孩子体恤他人，并培养合作精神，引导父母如何在不使用暴力的情况下管教孩子。培训项目鼓励父母强化孩子们符合期待的行为，并以积极的方式进行表达（比如，"当你打扫完房间后，可以出去玩",而不是"如果你不打扫房间,就不能出去玩")。一个名为"攻击替代计划"的项目通过教授青少年和他们的父母沟通的技巧、控制愤怒的方法以及提高他们的道德推理水平,成功地使许多青少年罪犯和帮派成员避免再次犯罪。

△ 对儿童进行欺凌教育并更密切地关注他们,有助于减少网络欺凌。

图 24-2

如果观察到攻击性示范会降低抑制并引发模仿行为,那么我们也可以减少媒体中那些残忍、缺乏人性的场景,这与已有的减少种族主义和性别歧视内容的思路相同。我们还可以教育孩子,抵制媒体暴力的影响。为了了解电视网络是否可以"面对事实,改变节目",埃龙和休斯曼对伊利诺伊州奥克帕克的 170 名儿童进行训练,让他们了解电视对世界的描绘是不真实的,攻击行为并不像电视里那么常见和有效，以及攻击行为是不可取的（根据态度研究，埃龙和休斯曼鼓励孩子们自己得出这些推论，并将他们对电视的批评归因于他们自己的信念）。两年后的跟踪研究表明，这些接受训练的孩子受电视暴力的影响较小，而未接受训练的孩子受电视暴力的影响较大。

在最近的一项研究中，斯坦福大学利用18节课堂教学，劝导孩子们减少观看电视和参与视频游戏的时间。他们将观看电视的时间减少了三分之一，与控制组学校的孩子相比，该学校孩子的攻击行为减少了25%。音乐甚至有助于减少攻击行为：相较于听到中性音乐的学生，当德国学生被随机分配听到《天下一家》（*We Are the World*）和《救命》（*Help*）这样具有亲社会倾向的音乐时，会表现出较少的攻击行为。

这些建议可以帮助我们尽可能地减少攻击行为。令人悲哀的是，尽管我们现在比以往任何时候都更了解人类的攻击行为，但人类的残暴依然会持续下去。

文化改变和世界暴力

然而，文化是可以改变的。科学作家纳塔莉·安吉尔指出："维京人曾经以屠杀和掠夺著称，但他们在瑞典的后代近200年来却从未参与任何战争。"事实上，正如心理学家史蒂文·平克所记录的那样，近年来，包括战争、种族屠杀和谋杀在内的各种形式的暴力行为变得比过去更为罕见。我们已经从掠夺邻近部落过渡到经济相互依存，从过去600多年间西欧国家每年发动两场战争过渡到过去70

年内都没有战争发生。令人惊讶的是，对于热爱英国现代犯罪悬疑小说的人来，平克指出，"现代英国人被谋杀的可能性比中世纪时期低了50倍"。事实上，美国的暴力和攻击行为都有所下降。

根据平克的结论，我们要对"文明和启蒙机构"（经济贸易、教育、政府监督和司法）表示由衷的感激，因为正是这些机构使得这一切成为可能。

专有名词

○ **网络欺凌**

使用电子通信的方式欺凌、骚扰或威胁他人，如短信、在线社交网络或电子邮件。

○ **攻击行为**

意图伤害他人的身体或言语的行为。

○ **身体攻击**

伤害他人身体的行为。

○ **社交攻击**

伤害他人感情或威胁他人关系的行为。有时也被称为"关系攻击"，包括网络欺凌和某些形式的面对面欺凌。

- **挫折**

  目标导向的行为受阻。

- **转移**

  将攻击转向挫败感来源以外的目标。一般来说，新的目标是一个更安全或更容易被社会接受的目标。

- **社会学习理论**

  关于我们可以通过观察、模仿以及受到奖励和惩罚来学习社会行为的理论。

- **拥挤感**

  一种缺乏足够空间的主观感知。

- **宣泄**

  情绪释放。攻击的宣泄观点认为当一个人通过表现得具有攻击性或幻想攻击来"释放"攻击能量时，攻击欲望就会减少。

第25章
媒体是否会影响社会行为

观看或扮演暴力角色是否会对攻击行为产生影响?这种影响可能会引发模仿,使观众对攻击行为麻木,或者改变他们对现实的感知。

电视、电影和互联网

在当今的社会中,几乎所有家庭(例如,澳大利亚有 99.2% 的家庭)都拥有电视机。2009 年,美国家庭平均拥有三台电视机,这解释了家长认为的孩子正在观看的电视节目和孩子实际正在观看的电视节目常常不一致的原因。如今,在一些家庭中,每个家庭成员都有自己的平板电脑,这使得父母更难监督孩子的媒体使用情况。

在美国家庭中，电视每天平均开启 7 个小时，青少年平均观看 3 个小时，成年人平均观看 6 个小时。青少年通过更频繁地在手机上观看视频来弥补部分时间差距。由于数字录像机可以使人们能够随意调整看电视的时间，21 世纪 10 年代的美国人观看电视的时间比以往任何时候都多。

总体而言，儿童观看电视的时间比他们在学校度过的时间还要长，实际上比他们在清醒状态下参与其他任何活动的时间都要长。研究者在对 2012 年至 2013 年播出的电视剧进行内容分析时发现，屏幕上每隔 3 分钟就会出现一把枪、刀或剑。在 2012 年秋季观看了四集《犯罪心理》的儿童，平均每集会看到近 53 次暴力行为——几乎每隔一分零八秒就有一次。电视中的社会攻击（如欺凌和社会排斥）同样频繁；在最受 2 岁至 11 岁儿童欢迎的 50 个电视节目中，92% 的节目都会涉及一些社会攻击情节。这种欺凌通常来自一个有吸引力的施暴者，并且往往把欺凌描绘成一种有趣的行为，既不会受到奖励也不会受到惩罚。

媒体对行为的影响

观众是否会模仿暴力榜样？儿童模仿电视中暴力行为的例子比比皆是。

观看媒体与行为的相关性

单个关于电视引发暴力行为的案例并不构成科学证据。因此，研究人员使用相关性研究和实验研究来探究观看暴力内容对行为的影响。其中一种对学校儿童常用的方法是将观看电视的行为与其攻击行为进行相关性分析。研究者得出的一致结果是：儿童观看的电视内容越暴力，攻击性就越强。一项针对德国 1715 名青少年开展的纵向研究发现，观看更多暴力媒体的青少年在两年后更具攻击性，即使控制了其他重要的因素，结果也是如此。这种相关关系虽然较弱，但在北美、欧洲、亚洲和澳大利亚均得到一致结论，并且在成年人中也存在这种相关性。这种关系还延伸到社会攻击行为。英国女孩在观看更多涉及谣言、背后议论和社会排斥的节目后，也会经常表现出这类行为；伊利诺伊州的小学女生在观看涉及社会攻击的节目后也会表现出类似行为。

那么，我们能否得出结论，观看暴力影视作品的习惯会引发攻击行为呢？也许你已经在思考，由于这是一项相关性研究，因果关系可能也可以反向发生。也许是具有攻击性的孩子更喜欢观看具有攻击性的节目。或者可能存在某种潜在的干扰因素，例如较低的智力，使一些孩子倾向于同时偏好具有攻击性的节目和行为。

研究人员已经开发了检验这些替代解释的方法，通过统计分析来降低隐藏的干扰因素对结果的影响。例如，贝尔森和穆森研究了伦敦 1565 名男孩。与几乎不观看暴力内容的人相比，那些观看大量暴力内容（特别是逼真的暴力场面，而不是动画片里的暴力场面）的人承认在过去的 6 个月里进行了 50% 的暴力行为。贝尔森还检验了 22 个可能的干扰因素，例如家庭规模。即使控制了这些干扰因素后，"观看大量暴力内容"和"观看少量暴力内容"的观众仍然表现出了差异。贝尔森推测，观看大量暴力内容的人确实因为观看电视而更具暴力倾向。

同样，埃龙和休斯曼发现，在统计中排除了几个明显可能的干扰因素后，875 名 8 岁儿童观看暴力内容的多少与攻击性之间仍呈现相关关系。此外，当他们在这些个体 19 岁时再次进行研究时发现，在 8 岁时观看的暴力内容能够中度预测他们在 19 岁时的攻击性，但是 8 岁时的攻击性并不能预测 19 岁时观看暴力内容的多少。攻击性是在观看暴力内容之后出现的，相反的关系并不成立。此外，到 30 岁时，在童年时期观看更多暴力内容的人比其他人更有可能出现刑事犯罪。另一个纵向研究追踪了新西兰 1037 名儿童从 5 岁到 26 岁的过程。结果发现，花更多时间观看电视的儿童和青少年更有可能在青年时期犯罪，并更有可能被诊断为反社会人格障碍和攻击性人格特质。即使研究人员控制了可能的干扰变量，如性别、智商、社会经济地位、先前的反社会行为和养育方式，这一结论仍然成立（见图 25-1）。这些结论并不意味着每个观看暴力媒体的人都会在现实生活中变得具有攻击性，而是观看暴力内容的确是导致攻击行为的风险因素，其他因素还包括家庭问题、性别和他人攻击的受害者。尽管考虑了这些因素，但接触暴力媒体仍然是攻击行为的重要预测因素。

现在很多人在电脑前花费的时间比在电视前花费的时间还要多。在许多方面，互联网比电视提供了更多观看暴力内容的选择，包括暴力视频、暴力图片和仇恨团体网站。人们还可以在互联网上创建和传播暴力媒体，并通过电子邮件、即时通信或社交网站对他人进行欺凌。在对欧洲青少年的调查中，三分之一的人报告称在网

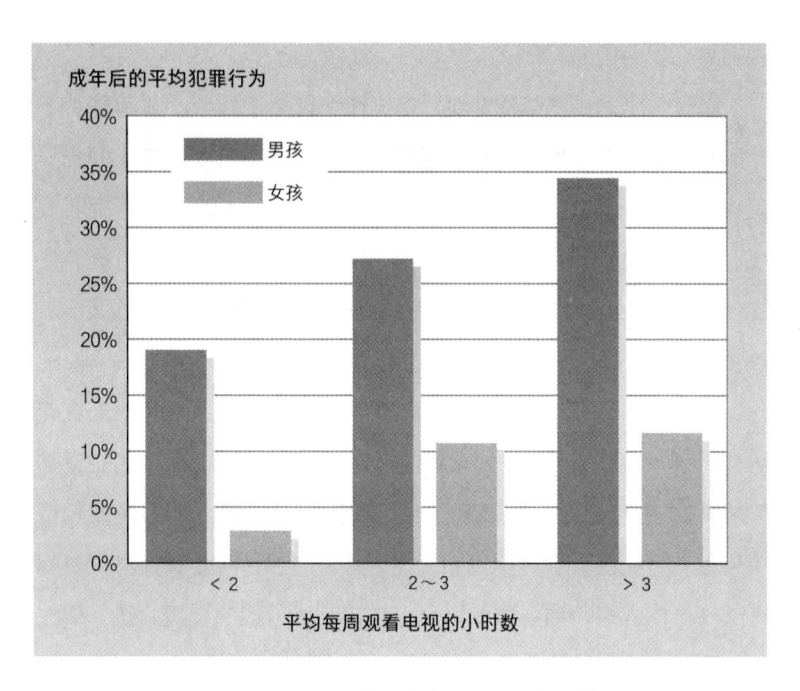

图 25-1 观看电视和成年后的犯罪行为 [1]

上看到过暴力或仇恨内容。在美国的青少年中，经常访问暴力网站的人报告其做出暴力行为的可能性是正常人的 5 倍。

其他研究以不同的方式证实了这些结果，发现如下：

○ 8 岁时观看暴力内容可以预测成年后虐待配偶的可能性。
○ 青春期观看暴力内容与其之后的攻击行为、抢劫和威胁恐

---

[1] 5 岁至 15 岁观看电视的频率可以预测 26 岁时的犯罪行为。

吓行为之间存在相关性。
- 小学生观看的暴力内容越多，他们在之后 2 个月到 6 个月内参与斗殴的频率越高。

在所有这些研究中，调查者都注意控制了一些可能的干扰因素，例如智力或敌意。然而，无数潜在的干扰因素可能会使得观看暴力内容和实施攻击之间仅仅是巧合的关系。幸运的是，实验方法可以控制这些外部因素。如果我们随机将一些人分配到观看暴力电影的组，将另一些人分配到观看非暴力电影的组，之后两组间的任何攻击差异都只可能由一个区分它们的因素造成，那就是他们所观看的内容。在后文中，我们将讨论使用实验方法的研究，这些研究可以比相关研究更确切地证明因果关系。

观看媒体的实验研究

由班杜拉和沃尔特斯开创的充气娃娃实验有时会让年幼的孩子观看成年人在电影中对充气娃娃进行殴打，而不是现场观察，但效果几乎相同。之后，伦纳德·伯科维茨和罗素·吉恩发现，观看暴力电影的愤怒的学生比观看非暴力电影且同样愤怒的学生表现得更具攻击性。超过 100 个实验证实了观看暴力内容会加剧攻击行为的研究结论。

成年人中也存在这种效应。在另一个实验中，女大学生被随机分配观看具有身体攻击性情节的电影《杀死比尔》(*Kill Bill*)、具有关系攻击性情节的电影《坏女孩》(*Mean Girls*) 或非攻击性的电影

《谎言之下》(*What Lies Beneath*)（对照组）的片段。与对照组相比，观看攻击性电影的人对一个无辜的人会表现出更多的攻击性，他们会给对方制造更多、音量更高的令人不适的噪声。他们还会表现出更加隐蔽的攻击性，例如给另一位让他们恼火的参与者（实际上是一位同伴）负面评价。甚至通过阅读身体攻击或与攻击相关的内容，也会产生相同的结果。齐尔曼和韦弗让男性和女性连续4天观看暴力或非暴力电影。当这些人在第五天参与另一个项目时，那些接触到暴力电影的人对研究助理更具敌意。五年级的孩子在观看具有社交攻击性的青少年情景喜剧（与观看对照节目的孩子相比）后，更有可能同意把来自其他团体的学生排除在学校参赛队伍之外。

美国心理学协会的青少年暴力委员会称，"观看暴力内容会增加暴力行为是无可辩驳的结论"。在具有攻击性倾向的人群中尤其如此，当一个有魅力的人因正当理由实施适度暴力行为，而这种暴力行为不会受到惩罚，也没有造成任何痛苦或伤害时（这在娱乐暴力中经常发生），暴力节目的效果最为显著。国家心理卫生研究所的主流媒体暴力研究人员认为，相关研究基础广泛，方法多样，且整体研究结果一致。"我们深入回顾发现，有明确证据表明，媒体暴力可以增加即时和长期情境中发生攻击行为和暴力行为的可能性。"

为什么媒体内容会影响行为？

鉴于相关性和实验性证据的共同指向，研究人员探讨了为什么观看暴力内容会产生这种效应。研究者提出了三种可能性。其一是观看暴力内容所引发的唤醒状态。正如前文所述，唤醒状态容易导致情绪的溢出，从而激发其他行为。

其他研究表明，观看暴力内容会降低行为抑制。在班杜拉的实验中，成年人对波波娃娃的殴打使得儿童认为这种行为是合理的，从而降低了他们的抑制力。此外，观看暴力内容还会激活与暴力相关的思维，从而促使观众产生攻击行为。含有性暴力歌词的音乐似乎也有类似的作用。

媒体的描述还可能引发模仿。班杜拉实验中的孩子们复制了他们所见到的特定行为。尽管商业电视行业难以否认电视内容导致观众模仿他们所看到的行为。毕竟，广告就是一种消费行为的示范。然而，媒体高管们常宣称电视仅仅是暴力社会的反映，艺术在模仿生活，电影中的世界反映了现实。然而，实际上，在电视节目中，攻击行为发生的频率是亲密行为的4倍。这表明，电视呈现的不是一个真实的世界。

但是这里也有好消息。如果电视上所呈现的关系和解决问题的方式确实会引发模仿行为，尤其是对年轻观众而言，那电视上的亲社会行为的示范应该对社会有益。一个帮助他人的角色可以教会孩子们亲社会行为。

在一项类似的研究中，研究人员弗里德里希和斯坦持续4个星期给学龄前儿童播放《罗杰先生的街坊》(提升幼儿的社交和情感发展)，并将其作为他们托儿所项目的一部分。在观看期间，来自教育程度较低家庭的孩子变得更加合作、更乐于助人，并更愿意表达他们的感受。在一项后续研究中，观看了4个星期《罗杰先生的街坊》剧集的幼儿能够在测试和木偶游戏中展现出节目中的亲社会行为。

另一种媒体影响：电子游戏

安德森和金泰尔提出的关于电视和电影暴力作用的科学辩论"基本已经结束"。研究人员随后将注意力转向了电子游戏，这些游戏可能非常暴力。安德森和金泰尔指出，教育研究表明"电子游戏是非常有效的教学工具"。然而，他们质疑"如果健康类电子游戏可以成功地教导健康行为，飞行模拟类游戏能教会飞行技能，那暴力杀人游戏又能教会我们什么呢？"

自从1972年第一款电子游戏面世以来，游戏已经从电子乒乓球发展到暴力凶杀游戏。根据2015年美国的一项民意调查，18岁至29岁的年轻人中有三分之二玩电子游戏：男性中有77%，女性中有57%。其中一半的人在调查前一天玩过电子游戏。在另一项针对青少年的调查中，97%的受访者表示他们玩电子游戏。

这些游戏中的暴力内容引发了人们对暴力电子游戏的担忧，挪威一些商店从货架上撤下了暴力游戏。

大多数吸烟者不会死于肺癌。大多数受虐待儿童不会成为虐待者。一些人可能会抗议道："我玩暴力电子游戏，但我并不具有攻击性。"这使得电子游戏的支持者以及烟草和电视行业的利益相关者声称他们的产品是无害的。然而，这种观点的问题在于，单个案例不能证明任何普遍性——它不代表科学研究的结论。就像我们不能因为一个大规模枪击案的凶手玩过电子游戏，就证明电子游戏会导致攻击行为一样，一个玩电子游戏却没有暴力的人也不能证明电子游戏不会导致攻击行为。一个更有效的方法是在广泛的人群中进行研究，检验暴力电子游戏是否会增加普通人的攻击性。

金泰尔提出了一些原因来解释为什么玩暴力游戏可能会比看暴力电视节目产生更多有害的影响。玩游戏的人在游戏中会：

○ 认同并扮演暴力角色；
○ 主动地练习暴力行为，而不是被动地观看；
○ 参与暴力行为的整个过程——选择受害者、获取武器和弹药、跟踪受害者、瞄准武器、扣动扳机；
○ 持续接触暴力和威胁攻击；
○ 反复进行暴力行为；
○ 因暴力行为而获得奖励。

因此，军事组织经常让士兵参与攻击模拟游戏来训练他们在战斗中的射击。

对大样本的参与者进行的研究调查显示，玩暴力电子游戏会在整体上增加游戏外的攻击行为、攻击思维和攻击情绪。在汇总了381项研究的130 296名参与者的数据后，安德森发现了一个显著的效应：玩暴力电子游戏会增加攻击行为，无论是对儿童、青少年还是年轻人，无论是在北美、日本还是西欧均有被观察到，且这一效应跨越了三种研究设计（相关性研究、实验研究和纵向研究）。这意味着即使参与者被随机分配去玩暴力游戏，也会引发他们的攻击行为，这就排除了具有攻击性质的人喜欢玩攻击性游戏的可能性。尽管对于这一结论的效应大小仍存争议，但暴力游戏确实会导致攻击行为。

例如，在一项实验中，法国大学生被随机分配为两组，一组玩暴力电子游戏，另一组玩非暴力电子游戏，每天玩20分钟，连续玩3天。与那些玩非暴力游戏的人相比，那些被随机分配玩暴力游戏的人会对一个无辜者的耳机发出更长时间、音量更大、让人不适的噪声，他们的攻击性在玩暴力游戏期间的每一天都有所增加。

此外，对真实世界中攻击行为的调查也得出了类似的结论。在芬兰3372名青少年中，那些花更多时间玩暴力电子游戏的人更有可能在现实世界中做出攻击行为，比如有意伤害或者用武器威胁某人。长期追踪的纵向研究也得出了类似的结果，24项跟踪儿童和青少年长达4年的研究得出的结论证实："随着时间的推移，玩暴力电子游戏与更高水平的身体暴力相关。"2015年，美国心理学会的一个工作组在回顾2005年至2013年间的300项研究后找到了强有力的证据，证明了暴力电子游戏和攻击性之间的联系，并建议将暴力行为纳入游戏评级系统中。

玩暴力电子游戏会对个体产生一系列影响，包括以下几点：

○ **攻击行为增加**。在玩暴力游戏之后，儿童和青少年在与同龄人的玩耍中表现出更多的攻击性，与教师发生更多争执，参与更多的打斗。这种影响不仅限于实验室内，还通过自我报告、教师报告和家长报告的方式得到了证实，原因如图25-2所示。研究发现，即使在通常不具有敌意的青少年中，暴力游戏的资深玩家也比非游戏玩家参与打架的可能性高出10倍。在开始玩暴力游戏后，之前不具有敌意的孩子也变得更有可能参与打斗。在日本，童年时期玩暴

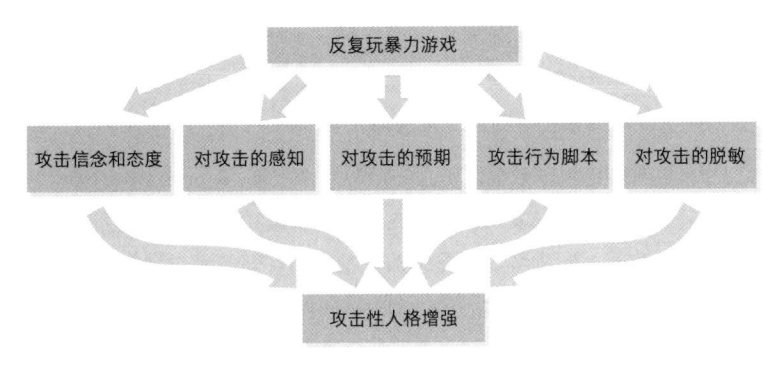

```
                    反复玩暴力游戏
                         │
    ┌──────┬──────┼──────┬──────┐
攻击信念和态度  对攻击的感知  对攻击的预期  攻击行为脚本  对攻击的脱敏
    └──────┴──────┼──────┴──────┘
                         │
                    攻击性人格增强
```

图 25-2　暴力电子游戏对攻击倾向的影响

力电子游戏的经历预示着成长后期身体攻击性的增加，在控制了性别和先前攻击性的情况下也是如此。

○ **攻击性思维增加。**玩过暴力游戏后，学生更可能会猜测一辆刚刚被追尾的汽车司机会以辱骂、踢破窗户或发生争斗等方式做出攻击性回应。那些玩暴力游戏的人也更有可能存在敌对归因偏差，他们认为其他人在被激怒时会表现得更具有攻击性，而这种偏差越大，他们自己的攻击行为就越强。研究人员得出结论，玩过暴力游戏的人会透过"暴力滤镜"看世界。

○ **增加攻击性情绪，包括敌意、愤怒或报复心理。**与观看其他人玩同款游戏的录像或观看暴力电影相比，玩暴力电子游戏的学生更容易产生攻击性思维和情绪，这表明暴力电子游戏比其他暴力媒体更容易加剧个体的攻击性，很可能是因为人们在玩电子游戏时会直接在游戏中表现出攻击性，而不是被动地旁观。被随机分配玩暴力电子游戏的人比那些玩亲社会或中性游戏的人感受到更少的快乐。

- **大脑习惯化。**与不玩暴力游戏的人相比，经常玩暴力游戏的人的大脑对负面形象的反应较弱。显然，他们的大脑已经习惯了暴力，对暴力反应麻木。
- **更有可能携带武器。**美国一项针对9岁至18岁青少年的全国性追踪研究发现，在过去一年内玩暴力电子游戏的人携带武器上学的可能性是一般人的5倍，即使考虑到其他干扰因素后依然如此。
- **自控力下降和反社会行为增加。**与玩非暴力游戏的对照组相比，玩暴力电子游戏的高中生表现出更低的自控力。研究者给被试在电脑旁边准备了一碗m&m巧克力豆，让被试可以边玩游戏边吃巧克力豆。结果发现，玩暴力游戏的高中生吃下的巧克力豆是玩非暴力游戏的高中生的4倍。此外，玩暴力游戏的高中生还更有可能在游戏中作弊，他们为了获得诱人的奖品，会用作弊的形式获得比实际应得数量更多的抽奖券。一个相关性研究发现，玩暴力电子游戏的年轻人更有可能参与盗窃、毁坏他人财产或贩卖毒品。
- **帮助他人和同情他人的能力下降。**在一个实验中，学生们被随机分配到玩暴力电子游戏组或玩非暴力电子游戏组，他们无意中听到一场大声的争执，最后其中一人扭伤脚踝并痛苦地蜷缩在地上。刚刚玩过暴力电子游戏的学生在决定是否提供帮助之前平均需要花费1分钟以上的时间思考，几乎是玩非暴力电子游戏的学生的4倍。

在玩暴力电子游戏之后，人们更有可能利用自己的伙伴，而不是信任对方并且合作。他们还会对暴力脱敏，表现为与情绪相关的大脑活动减少。格雷特迈尔和麦克拉奇研究了一种具体的脱敏现象：不把他人当作人类对待。在英国大学生中，那些被随机分配玩暴力电子游戏的人更有可能以"非人"的方式描述那些侮辱他们的人。越是以"非人"的方式对待他人，他们的攻击性就越强。

此外，玩暴力电子游戏的时间越长，对个体的影响越明显。游戏越血腥，游戏结束后的敌意和唤醒就越强烈。场景逼真的游戏，例如展示的暴力行为与现实生活非常接近，会比逼真程度低的游戏产生更多的攻击性情绪。虽然仍有许多问题尚未明确，但这些研究推翻了宣泄假说——暴力电子游戏可以让人们安全地表达他们的攻击倾向并"宣泄愤怒"。宣泄假说的批评者表示，实施暴力行为会助长暴力，而不是释放暴力。虽然对于愤怒的人来说，暴力电子游戏似乎是缓解愤怒情绪的一种方式，这也是暴力电子游戏的主要卖点之一。然而，事实上，这种策略很可能适得其反，暴力电子游戏会导致更多的愤怒和攻击行为。

2005年，加利福尼亚州参议员利兰·伊提议禁止向18岁以下的人群销售暴力电子游戏。该法案虽然已签署通过，但随即遭到了电子游戏制造商的起诉，并没有正式生效。美国最高法院于2010年审理了此案，100多名社会科学家签署了一份支持该法案的声明。该声明称："研究数据表明，总体而言，玩暴力电子游戏会增加实施攻击行为的可能性。"

然而，弗格森和基尔伯恩向美国最高法院递交了一份反对这一法案的声明。他们指出，尽管从1996年到2006年期间暴力电子游戏的销量在增加，但现实生活中的青少年暴力行为却在减少。他们认为，暴力电子游戏对攻击行为的影响其实很小，只有极少数暴力电子游戏玩家会在现实生活中表现出攻击性。弗格森还发现，对攻击行为而言，抑郁症、同伴影响和家庭暴力才是更重要的影响因素。

作为回应，安德森反驳道，暴力电子游戏的影响比石棉的毒性效应或二手烟对肺癌的影响更大。他指出，并非每个接触石棉或二手烟的人都会患上癌症，但它们仍然被视为公共健康威胁。

2011年，美国最高法院废除了该法案，主要是依据宪法第一修正案中有关言论自由权利的规定，并对"未成年人玩暴力电子游戏与其实施暴力伤害行为之间存在直接的因果关系"这一研究结论持怀疑态度。

电子游戏并非全都是弊端，因为并非所有的游戏都是暴力的，甚至玩暴力电子游戏也有一定的益处，例如提高手眼协调能力、反应速度、空间感知能力和选择性注意力，尽管这些效应仅限于频繁并长时间进行游戏的人群。此外，玩电子游戏有一种集中精神的乐趣，可以帮助人们满足胜任感、控制感和社交联系的基本需求。研究者在实验中将6岁至9岁的男孩随机分为两组，一组获得一个可以玩电子游戏的系统，另一组则不能玩电子游戏。结果发现，可以玩电子游戏的男孩在接下来的几个月里平均每天花费40分钟在电子游戏上。不利之处是他们花费在学业上的时间减少了，导致阅读和写作成绩低于未获得电子游戏系统的对照组。

玩亲社会电子游戏（与暴力电子游戏相反，人们在电子游戏中会相互帮助）会有什么效果呢？在新加坡、日本和美国进行的三项研究发现，玩亲社会电子游戏的儿童和成年人在现实生活中会更多地帮助他人、分享与合作。被随机分配玩亲社会（或中立）电子游戏的德国学生在面对那些侮辱他们的人时，无论是在行为还是社交方面都表现出较低的攻击性。对 98 项研究进行的元分析也得出了相同的结论：暴力电子游戏与更多的反社会行为和较少的互助行为相关，而亲社会电子游戏与较少的反社会行为和更多的互助行为相关。正如金泰尔和安德森总结的那样，"电子游戏是出色的老师"。他们认为，教育类电子游戏可以教授孩子们阅读和数学，亲社会电子游戏可以教会他们互帮互助，而暴力电子游戏则让他们学会使用暴力。无论是助人还是害人，我们都会按照所学到的方式去行动。

作为一位有社会关怀的科学家，安德森鼓励父母了解孩子正在接触的内容。虽然父母可能无法控制孩子在其他地方观看和获取媒体内容，他们也无法控制媒体对孩子同伴的影响，但是父母至少可以确保孩子在家中接触到的媒体内容是健康的。这就是为什么劝告父母"只会对孩子说不"是远远不够的。父母可以监督家庭中的媒体内容，并增加其他活动的时间。此外，与其他家长建立联系，共同建立一个对孩子友好的社区。学校也可以通过加强媒体意识教育来帮助学生们净化媒体环境。

专有名词

○ **亲社会行为**

积极的、有建设性的、有益的社会行为；与反社会行为相反。

第26章
谁喜欢谁

一个生命的诞生起源于一种吸引力——一个男人和一个女人之间的互相吸引。

是什么使一个人对另一个人心生爱慕？关于喜欢和爱已经有很多论述，几乎所有可能的解释及其对立面都被提出过。例如：离别是让人"小别胜新婚"，还是"人走茶凉"？是相似的人互相吸引，还是互补的人互相吸引？

或者思考一下这个观点：我们喜欢那些同样喜欢我们，或以其他方式回报我们的人，这被称为吸引力奖励理论。朋友和伴侣互相回报和奖励彼此，在不计较得失的情况下互相帮助。

同样地，我们往往会对那些与我们分享愉快经历和共处在愉悦氛围环境里的人产生好感。因此，哈特菲尔德和沃尔斯特提出这样的观点，"浪漫的晚餐、剧院之旅、二人世界的夜晚和度假永远是关系中的重要因素……如果你希望你们的关系持续下去，关键在于双方都能持续地将你们的关系与美好的事物联系起来"。

但是，就像大多数笼统的概括一样，吸引力奖励理论还有许多未解答的问题。确切地说，到底什么才算是奖励？与相似的人或不相似的人相处，哪种情况会带来更多的奖励？受到别人的大肆吹捧和收到别人提的建设性意见，哪种是更有价值的奖励？是什么因素促进了你们的亲密关系？

接近性

纯粹的接近性是判断两个人能否成为朋友的重要预测因素。接近性可能滋生敌意，因而大多数袭击和谋杀案都发生在生活在一起的人们中间，但接近性更容易促使人们产生好感。莱比锡大学的巴克和同事进行了一项实验。他们通过随机分配的方式给学生们安排了第一次上课时的座位，并要求每个学生向全班进行简单的自我介绍。一年之后，学生们报告称，他们和第一次见面时碰巧挨着坐或坐在附近的人建立了更好的朋友关系。在另一个实验中，研究者让单身的韩国男性与陌生女性一起朗读剧本台词。根据事后报告，相比女性坐在距离他们1.5米的位置，当女性坐在距离他们0.8米的位置时，他们对这位女性产生了更多的好感。

尽管对于那些思考浪漫爱情神秘起源的人来说，这一发现可能显得微不足道。但社会学家早就发现，大多数人会与在同一社区居住、在同一个公司或岗位工作、在同一个班级读书或去同一个喜欢的地方参观的人结婚。皮尤研究中心在 2006 年对已婚或处于长期恋爱中的人进行了调查，结果发现，有 38% 的恋人是在工作中或学校相识，其余的人则是在社区、教堂、健身房或其他生活中常去的地点相识。如果你有结婚的想法，你可以环顾自己的周围，很可能你未来的伴侣就是在你身边居住、工作或者学习的某个人。

互动

事实上，比地理距离更重要的是"功能性距离"——人们的生活轨迹交叉的频率。我们常常会和那些共用同一个入口、停车场和娱乐场所的人成为朋友。随机分配到同一个宿舍的大学室友，互动的频率更高，因此更有可能成为好朋友而不是敌人。在我所授课的大学里，男女生曾经分别住在校园的两个方向，因此异性之间的友谊并不常见。现在他们住在同一栋宿舍楼，共用人行道、休息室和洗衣设施，异性之间的友谊因此变得更多。互动使人们有机会了解彼此的相似之处，感觉到彼此的好感，更多地了解彼此，并认为自己和他们属于同一个群体。

所以，如果你刚搬到一个新的城市并且想要交些新朋友，你可以尽量找一个靠近邮箱（快递柜）的公寓、一个靠近咖啡机的办公桌，或者一个靠近主要建筑的停车位。这些都会成为你建立友谊的基础。

为什么接近会导致喜欢？其中一个因素就是可得性；显然，我们很少有机会认识在其他学校上学或居住在另一个城镇的人。但还有更多其他的原因。大多数人更喜欢他们的室友或隔壁的人。而那些隔了几道门或住在楼下的人，会因为距离稍远，交往起来就显得不那么方便了。此外，你身边的人既可能是敌人，也可能是朋友。那么为什么接近性更容易产生好感而不是敌意呢？

对互动的预期

接近性使人们能够发现共同点并交换回报，仅仅是对互动的预期就可以产生好感。达利和贝尔沙伊德发现了这一点。他们给明尼苏达大学的女生提供了其他两个女性的模糊信息，并告诉她们要与其中一人进行亲密的交谈。当被问及对两个女性的喜爱程度时，她们更偏好预期要见面的那个人。预期与某人约会也会促进喜欢，甚至在选举中落败方的支持者也会发现他们对获胜候选人的看法（他们现在必须接受）有所改善。

这种现象具有适应性的意义。预期的喜欢——期望某人是友善和容易相处的——能增加建立互惠关系的机会。我们更喜欢那些经常见面的人，这种偏好具有积极的意义。因为我们的生活中充满了与其他人的关系，有些人是我们无法选择但必须持续互动的，例如室友、兄弟姐妹、祖父母、老师、同学、同事。对他们的喜欢有助于我们与之建立更好的关系，而关系的建立又会帮助我们获得更多的快乐和成就。

曝光效应

接近性能够引发喜欢，不仅仅是因为它可以促进互动和对互动的预期，还有另一个更简单的原因，那就是熟悉。200多个实验研究表明，与古老的谚语相反，熟悉并不会导致鄙视，相反，它培养了喜欢。曝光于各种新奇的刺激——无意义的音节、类似中文的书法字符、音乐作品、面孔——就会提升人们对它们的评价。例如，"nansoma""saricik"和"afworbu"，以及"iktitaf""biwojni"和"kadirga"，哪组单词的含义更积极呢？扎荣茨在实验中提出了这个问题。他邀请了密歇根大学的学生参加实验。在实验中，学生们被告知这些是土耳其语（实际上不是，是虚构的），他们需要选出自己喜欢的单词。结果发现，参与者更喜欢他们在之前测试中看到次数最多的单词。看到一个无意义的词语或一个类似中文的文字的次数越多，他们就越可能认为它有着积极的含义（见图26-1）。为了验证这个观点，我通过在课堂上周期性地展示某些无意义的单词来测试我的学生。到学期末，学生对那些经常出现的无意义单词的评价会比其他之前从未见过的无意义单词的评价更为积极。曝光效应也可以改变人们对社会群体的态度：当人们阅读带有图片的关于跨性别群体的故事时，他们会觉得更容易接受，对跨性别者的恐惧也会减少。

或者思考这个问题：你最喜欢哪个字母？不同国籍、语言和年龄的人都会更喜欢出现在他们名字中的字母或者在他们的语言中频繁出现的字母。法国学生将大写字母"W"评为他们最不喜欢的字母，因为它是法语中最不常见的字母。在一项股票市场模拟研究中，美国商学院的学生更喜欢购买与他们名字的首字母相同的股票。日本学生不仅喜欢他们名字中的字母，还喜欢与他们生日对应的数字。消费者更偏好会让他们联想到自己生日的产品。然而，这种"姓名字母效应"不仅仅是简单的曝光效应。

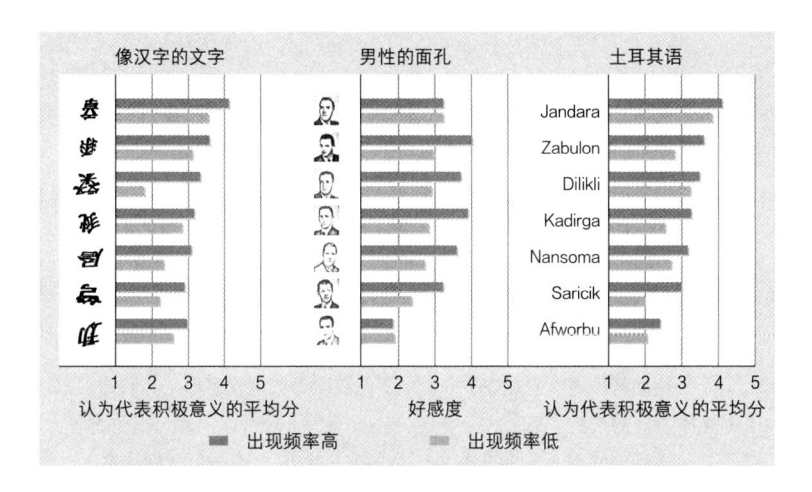

图 26-1　曝光效应

曝光效应违背了我们通常对厌倦（兴趣的降低）的预测，即反复听的音乐和反复吃的食物会引起厌倦。巴黎的埃菲尔铁塔在1889年完工时被嘲笑为丑陋的建筑。而如今，它已经成为巴黎备受喜爱的标志性建筑。因此，熟悉通常并不会让人们不屑，反而会增加喜爱。

聚焦：
喜欢与自己相关的事物

人总是喜欢自我感觉良好，而且我们通常都是如此。我们不仅容易产生自我服务偏差，还会表现出佩勒姆、米伦堡和琼斯所说的内隐自我中心主义：我们喜欢与自己相关的事物。

这包括我们名字中的字母，以及在潜意识中与自己有关的人、地点和其他事物。如果在一个陌生人或政治家的面孔上加入我们自己的面貌特征，我们就会更喜欢这个新的面孔。如果一个人在实验中的随机编号与我们的生日相似，我们也更容易被他吸引；女性甚至会莫名其妙地更愿意嫁给一个名字的首字母或者尾字母与她们的名字相同的人。

这种偏好似乎会对我们生活中的其他重要决策产生微妙的影响，包括我们的居住地和职业选择。费城的人口比杰克逊维尔多，但是在费城名叫杰克的男性是杰克逊维尔的 2.2 倍，而叫菲利普的人却是杰克逊维尔的 10.4 倍。同样，在弗吉尼亚（Virginia）海滩有更多名叫弗吉尼亚（Virginia）的人。

这种偏好是否仅仅反映了父母给婴儿取名会受居住地的影响？例如，佐治亚州（Georgia）的人更有可能给孩子取名为乔治（George）或乔治娅（Georgia）吗？事实可能确实如此。但这并不能解释为什么各州都有更多人的姓氏与州名是相似的。例如，加利福尼亚州（Califonia）有相对较多人的名字以 Cali 开头（如 Califano）。同样，多伦多（Toroto）有更多人的姓氏以 Tor 开头。

与全国平均水平相比，圣路易斯（St. Louis）有比例更高的男性叫路易斯（Louis）。而那些叫希尔（Hill）、帕克（Park）、比奇（Beach）、莱克（Lake）或罗克（Rock）的人更可能居住在城市名

第 26 章 谁喜欢谁

里包含这些词的地方。佩勒姆等人推测:"人们更喜欢与自己名字相似的地方。"

并非我们杜撰,更奇怪的是,人们似乎还更喜欢与自己名字相关的职业。在美国,杰瑞(Jerry)、丹尼斯(Dennis)和沃尔特(Walter)都是受欢迎的名字(每一个均占总人口的0.42%)。然而,美国的牙医(Dentists)中,叫丹尼斯的人是杰瑞或沃尔特的近2倍。与同样受欢迎的名字贝弗莉(Beverly)或塔米(Tammy)相比,名叫丹尼丝(Denise)的牙医是其2.5倍之多。名叫乔治或杰弗里(Geoffrey)的人在地球科学家(Geo-scientists,包括地质学家、地球物理学家和地球化学家)中占比更高。在2000年的总统竞选中,姓氏以"B"开头的人大多支持布什(Bush),而姓氏以"G"开头的人大多支持戈尔(Gore)。

内隐自我中心主义确实受到一些质疑。西蒙森承认实验室中确实会出现内隐自我中心主义,并且他在实验中复制了人们的姓名与职业和地点之间的关联。他指出有时"反向因果关系"也可以解释这一现象。例如,街道经常以居民的名字命名,城镇经常以创办人的名字命名(Williams 创办了 Williamsburg),而创办人的后代可能会在此定居。佩勒姆和卡尔瓦洛回应称,一些效应在一定程度上确实有影响,尤其是在职业选择方面。他们认为虽然内隐自我中心主义很微妙,但它实际是一种真实的无意识偏差。

阅读了关于内隐自我中心主义的相关文章后,我不禁停笔自问:难道这就是我那次为什么喜欢去 Fort Myers 旅行的原因?为什么我写了很多关于心境(moods)、媒体(media)和婚姻(marriage)的东西?为什么我与 Murdoch 教授合作?如果真的是这样,这是否也能解释为什么 Suzie 在海边(seashore)卖贝壳(seashells)呢?

然而，过度曝光的情况也是存在的——如果重复不断，喜爱的程度最终会下降。音乐为我们提供了一个生动的例子：当你听到一首流行歌曲时，你可能会越来越喜欢它，但最终会到达一个点——你听得太多了。正如一句韩国名言所说："即使是最好的歌曲，如果听得太多也会变得乏味。"

扎荣茨指出，曝光效应具有"巨大的适应意义"。它是一种可以预定我们的吸引和依恋倾向的"固有"现象。它有助于我们的祖先将人和事物进行区分，分出熟悉的与安全的，或陌生的与危险的。两个陌生人之间的互动越多，他们越容易发现彼此的吸引力。

曝光效应也有弊端，其负面作用主要在于我们对不熟悉事物的警惕性。这可以解释为什么人们在面对与自己不同的人时，常常会产生一种自动、无意识的偏见。即使是3个月大的婴儿也会表现出对自己种族的偏好：当面对多个种族的人时，他们更喜欢盯着自己熟悉的种族的面孔。

我们更喜欢以常见方式展现的自我。在一个有趣的实验中，研究人员分别向女性展示她们自己真实的照片和镜像的照片（左右反转）。当被问及更喜欢哪张照片时，大多数人更喜欢镜像的照片——她们在镜子里经常看到的形象（难怪我们的照片看起来总是不太对）。然而，当这些女性的亲密朋友看到这两张照片时，他们通常更喜欢真实的照片——他们经常看到的形象。现在我们经常会自拍，你认为这会影响之前的结果吗？

广告商和政治家会充分利用这种效应。当人们对产品或候选人缺乏强烈的感觉时，仅仅通过重复呈现的方式，就能增加销售量或选票。经过无数次的广告重复后，购物者往往会在无意间对产品出现自然而然的偏爱反应。在网页上看到品牌产品弹出广告的学生，即使他们不记得曾经看过这个广告，他们对该品牌的态度也会更加积极。如果候选人相对不知名，那么媒体曝光最多的候选人通常会胜出。熟悉曝光效应的政治家已经不再用长篇大论来吸引选民，而是用简短的广告来突出候选人的名字和选举口号。

△ **曝光效应。**如果德国前总理默克尔也和我们大多数人一样，她会更喜欢她熟悉的镜子中的形象（左图），而不是她的实际形象（右图）。你每天早晨刷牙时都会看到自己在镜子中的形象。

图 26-2

1990 年，华盛顿州最高法院的首席法官基思·卡洛在竞选中得到了这个教训。当时他输给了一个名不见经传的对手——查尔斯·约翰逊。约翰逊是一个不知名的律师，负责处理轻微刑事案件和离婚案件，他竞选这个职位的口号是"法官需要被挑战"。两人都没有开展竞选拉票活动，媒体也没有报道这场选举。在选举日，两个候选人的名字一起出现在选民面前，没有任何区分，只是一个名字紧挨着另一个名字，结果是约翰逊以53%的优势获胜。后来，被撤职的法官基思·卡洛对震惊的法律界表示："在这个州名叫约翰逊的人比叫卡洛的人多得多。"事实上，该州最大的报纸统计发现，在本地电话簿中，有27个名叫查尔斯·约翰逊的人。被迫在两个陌生的名字之间做选择时，许多选民更偏向于那个让他们感到更舒适、更熟悉的名字。在当地，有一个电视新闻主播叫查尔斯·约翰逊，所以人们对这个名字更熟悉。

外貌吸引力

在约会中，你看重对方的哪些品质？是真诚、品格、幽默，还是美貌？聪明人并不关心外貌这种表面特征；他们知道"追求美貌过于肤浅"且"不能以貌取人"。至少，他们知道应该有这样的态度。正如西塞罗所忠告的那样："抵挡外貌的影响。"

否定外貌的重要性可能是我们拒绝承认现实对我们的影响的又一个例证。因为现有的大量研究表明：外貌确实很重要。这个结论的一致性和普遍性令人震惊。美貌的确是一笔财富。

吸引力和约会

不管你是否乐意接受，但不可否认一个年轻女性的外貌吸引力在一定程度上可以预测她约会的次数，而年轻男性的外貌对约会次数的预测力要相对小一些。然而，与男性相比，女性更倾向于选择一个相貌平凡但性格温和的伴侣，而不是一个相貌俊朗却性格冷漠的伴侣。在一项涵盖近 22 万人的 BBC 全球互联网调查中发现，男性更看重伴侣的外貌，而女性则更看重伴侣的诚实、幽默、善良和可靠性。另一项研究对已婚夫妇进行了为期四年的追踪，结果发现，妻子的外貌吸引力更好地预测了丈夫的婚姻满意度，而丈夫的外貌吸引力对妻子婚姻满意度的影响较小。换句话说，外貌出众的妻子会使丈夫更幸福，而外貌出众的丈夫对妻子幸福感的影响较小。

正如许多人所猜测的那样，这样的结论是否意味着，女性更善于遵循西塞罗的忠告呢？或者如 1930 年英国哲学家罗素在他的著作中所说："总体上，女性更倾向于因男性的品格而爱上他，而男性则倾向于因女性的外貌而爱上她。"还是说这是因为更多时候是由男性主动提出约会邀请所导致的？如果女性能在各种男性之间选择自己喜欢的类型，那么她们是否会像男性一样看重外貌？

在一项经典的研究中，哈特菲尔德及其同事为 752 名明尼苏达大学的大一新生安排了一场"迎新周"配对舞会。研究人员对每个学生进行了人格和能力测试，并进行随机配对。舞会当晚，在每对舞伴跳舞和交谈了各半个小时之后，研究者让他们评估自己的约会对象。人格和能力测试能够预测吸引力吗？人们是更喜欢高自尊、低焦虑的人，还是喜欢比自己外向或内向的人？研究人员检验了各种可能性，但最终他们发现，只有一个因素确实起到了重要的作用，那就是一个人的外貌吸引力（由研究人员在实验前评价）。女性的外貌吸引力越大，男性就会越喜欢她，并想再次与她约会。男性的外貌吸引力也有同样的作用。美貌的确会令人赏心悦目。

然而，一旦人们通过工作或朋友关系长期相处，产生相互了解之后，他们往往会更加关注彼此的独特品质，而不仅仅是外貌吸引力或地位。研究表明，朋友间的好感度会随时间的推移而发生变化，时间越久，朋友间对于谁是最有吸引力的伴侣的看法分歧就越大。在167对情侣中，那些认识时间较长且在约会前已是朋友的情侣，在外貌吸引力方面的相似度不如那些认识时间较短且在约会前不是朋友的情侣。2012年的一项调查发现，43%的女性和33%的男性表示曾经爱上过某个最初并不吸引他们的人。换句话说，每个人都有适合自己的伴侣，关键在于深入了解对方。虽然外貌吸引力很重要，但它或许只在较短的时间内显得尤为关键。

在其他条件一致的情况下，虽然外貌吸引力很重要，但这并不意味着它总是比其他品质更重要。之所以人们会觉得外貌吸引力很关键，是因为有些人确实更注重外表。此外，外貌吸引力对于形成第一印象尤为关键。由于社会的流动性和城市化，人们之间的接触变得更加短暂，第一印象的重要性日益增加。例如，在脸书上的自我展示往往从外貌开始。在速配实验中，当人们在短时间内与多人见面并要做出选择时，外貌吸引力的影响是最大的。这有助于解释为什么外貌吸引力在城市环境中比在农村环境中更能预测幸福感和社交关系。

尽管面试官可能会否认，但在求职面试中，外貌和仪态确实会影响第一印象，尤其是当评估者为异性时。如果把新产品与有吸引力的发明者联系在一起，人们对新产品的评价就会更高。这种趋势有助于解释为什么外貌出众和身材高大的人通常会拥有更加体面的工作和更高的薪酬。

罗兹尔和同事对加拿大人的收入进行了研究,面试官会根据从1分(相貌平平)到5分(极具吸引力)的标准对候选人的外貌进行评分。结果发现,外貌吸引力每提升一个等级,人们的年均收入就会增加大约1988美元。类似地,弗里泽和同事采用相同的1分到5分评级标准,对737名工商管理硕士毕业生的学生年鉴照片进行评价,并分析了他们的外貌评分和收入水平之间的关系。结果发现,外貌吸引力每提升一个等级,男性的收入会增加2600美元,女性的收入会增加2150美元。经济学家哈默梅什在《美貌即财富》一书中指出,对男性而言,外貌吸引力相当于额外接受了一年半的学校教育所带来的益处。

匹配现象

并非每个人都能与外貌极具吸引力的人结成伴侣,那么人们是如何匹配在一起的呢?根据默斯汀等人的研究表明,人们会面对现实,选择与自己具有同等吸引力水平的人结成伴侣。研究发现,外貌吸引力在夫妻、约会对象甚至志同道合的朋友之间存在高度的一致性。人们在选择朋友,尤其是终身伴侣时,通常倾向于选择那些在智力水平、受欢迎程度、自我价值以及外貌吸引力水平方面都能与自身相匹配的人。

实验验证了这种匹配现象。在选择接触对象时,如果知道对方可以自由地接受或拒绝,人们通常会选择接近那些外貌与自己相匹配的人，并投入更多的精力进行追求。人们寻找那些看起来有吸引力的人，但他们也会意识到自身吸引力的局限。格雷戈里·怀特对加州大学洛杉矶分校的约会情侣进行的研究表明，外貌上最相似的情侣在 9 个月后更有可能发展出更深的感情，而外貌相似程度低的情侣则更有可能在 9 个月后考虑结束这段关系去另寻他人。

也许这些研究会让你想到一些在外貌上有差异但却幸福的情侣。在这种情况下，外貌吸引力较差的一方通常会在其他方面具有补偿性的品质。每个人都将自己的资本带到社会市场，并依据各自的价值进行合理的匹配。征婚广告和在线约会服务中的自我展示就充分体现了这种资本交换。男性通常会突出自己的财富和地位，渴望寻求年轻漂亮的伴侣；而女性则恰恰相反，例如一则广告："外貌漂亮、身材苗条的 26 岁女性欲觅性格温和的职业男性。"在广告中强调自己的收入和教育背景的男性，以及强调自己的年轻和美貌的女性，通常会获得更多的青睐。匹配的过程有助于解释为什么年轻貌美的姑娘往往会嫁给一个社会地位较高的年长男性。男性越富有，身边的女性就会越年轻漂亮。

外貌吸引力的刻板印象

外貌吸引力效应完全来源于性吸引力吗？显然不是。研究人员在一名原本颇具吸引力的实验助手的脸上化上明显的疤痕、瘀伤或胎记后发现，在格拉斯哥火车站，上班族们——无论男女——普遍会避免坐在这位面部有明显瑕疵的实验助手旁。在另一项研究中，参与者被要求根据照片来推测人物特质。结果显示，当照片中的人物有明显面部畸形时，参与者倾向于判断他们智力较低、情绪稳定性较差、可信度也较低；然而，当参与者观看这些人整容后的照片时，则不会有这样的偏见。此外，就像成人喜欢外貌有吸引力的成人一样，小孩也更偏好外貌有吸引力的同龄人。甚至3个月大的婴儿也展示出对漂亮面孔的偏好，这可以通过他们注视漂亮面孔的时间长短来判断。

成年人在评价儿童时，也存在类似的偏见。例如，研究者给密苏里州的五年级教师提供关于一个男孩或一个女孩的相同信息，但随机附有一个外貌漂亮的孩子或外貌不漂亮的孩子的照片。结果发现，教师们往往会认为外貌漂亮的孩子更聪明，并且在学校更出色。想象一下，如果你是一个纪律监督员，现在你要惩罚一个调皮的孩子。你是否会像卡伦·迪翁所研究的女性那样，对外貌不具吸引力的孩子表现得更缺乏热情和关注？令人遗憾的是，我们中的大多数人都倾向于认为长相一般的孩子在才智和社交能力方面不如比他们漂亮的同龄人。

此外，我们常常认为漂亮的人拥有许多令人向往的特质。在其他条件相同的情况下，我们倾向于推测美貌的人会更快乐、更具性吸引力、更外向、更聪明、更成功，尽管他们未必更诚实。在一项研究中，学生们普遍认为漂亮的女性更友善、更开放、更外向、更有抱负且情绪更稳定。我们更愿意与外貌有吸引力的人建立关系，并将诸如善良和利他等受人欢迎的特质投射到他们身上。有趣的是，当有吸引力的公司首席执行官出现在电视上时，他们公司的股价往往会上涨，但如果只是在报纸上被报道而没有照片，则不会出现同样的效果。

综上所述，这些发现揭示了一种外貌吸引力刻板印象：认为漂亮等于善良，美即是好。孩子们很早就通过成人讲述的童话故事学会了这种刻板印象。巴齐尼等人对21部动画电影中的人类角色进行分析后发现："迪士尼电影强化了'美即是好'的刻板印象。"例如，白雪公主和灰姑娘都是既漂亮又善良的形象，而邪恶的角色，如巫婆和继母则是既丑陋又恶毒的形象。一个8岁的女孩总结道："如果你想被家人之外的其他人喜欢，漂亮很重要。"正如一个幼儿园的女孩在被问及什么是漂亮时所说："就像是一个公主，每个人都喜欢你。"

如果外貌吸引力如此重要，永久改变一个人的吸引力应该也会改变他人对其的态度。但改变一个人的外貌是否道德呢？整形外科医生和正畸医生每年都会进行数百万次此类的改变，包括矫正和美白牙齿，植发和染发，拉紧面部皮肤，抽脂以及隆胸、使胸部坚挺或缩胸等方式。尽管绝大多数对自身外貌不满意的人都会对其手术结果表示满意，但也有一些不满意的患者会再次寻求手术。

为了研究这种外貌改变对他人印象的影响，迈克尔·克利克让哈佛大学的学生根据整容手术前后拍摄的侧面照片对八位女性的印象进行评分。学生们普遍认为手术后的女性不仅更具外貌吸引力，而且在善良、敏锐、性感、热情、责任感和讨人喜欢等方面更胜一筹。

第一印象形成的速度以及对思维的影响解释了为何漂亮的人更受欢迎。研究发现，即使只有0.013秒的曝光时间（短暂到无法仔细辨认出一张脸),人们也能猜测出这张脸的吸引力水平。此外,如果要求人们对随后出现的单词进行归类,分为积极词汇和消极词汇,一张快速闪过的漂亮面孔会让人们更快地将单词归类为积极词汇。这表明漂亮的形象会迅速被感知,并激活积极的认知过程。

然而,漂亮的人真的拥有令人向往的特质吗?几个世纪以来,那些自称严谨的科学家在试图基于身体特征(比如闪烁的目光、瘦削的下巴)预测犯罪行为时曾有类似的假设。此外,列夫·托尔斯泰也曾写道"一种奇怪的错觉……相信美的即是好的",这又是否正确呢?尽管存在各种观点,但研究表明,外貌有吸引力的人在基本人格特质(如宜人性、开放性、外向性、责任心或情绪稳定性)上与其他人没有显著差别。然而,刻板印象有时也有其合理之处。研究发现,漂亮的儿童和年轻人通常更放松、更外向,且具有更好的社交技能。

在另一项研究中,60名佐治亚大学的男生分别与3名女学生进行5分钟的电话交谈。随后,这些男生和女生分别评价了和他们通电话的人的社交技能,以及他们对于对方的好感。结果显示,那些外貌吸引力较高的人(即使未见面)获得了更高的评价。在网上也是如此:即使没有见过男性的照片,女性仍然倾向于认为外貌吸引力高的男性在约会网站上的资料更加吸引人、更自信。由此可见,网络世界中也存在美即是好的观念。外貌有吸引力的个体通常更受欢迎、更外向,且更符合性别典型特征——男性表现出更传统的男子气概,女性则显得更具女人味。

拥有外貌吸引力的人与不具备此特征的人之间存在的细微差

异可能源于一种自我实现的预言效应。外貌吸引力高的人往往受到更多的关注和青睐，这也有助于他们培养更强的社交自信心（请回顾第8章的一个实验，在这个实验中，男性从他们认为吸引力强但未见过的女性那里得到了热情的回应）。根据这个思路，社交技巧的关键不在于外貌，而在于人们如何对待你，以及你对自己的感受——你是否接纳自己、喜欢自己，并且自我感觉良好。

谁更具吸引力？

我们曾将吸引力描述为类似于身高这样的客观特征——有人拥有更多，有些人则相对较少。然而，严格来说，吸引力是指在特定的时期和地区，被人们认为具有吸引力的特征。当然，吸引力的形式是多种多样的。在不同的地区和时期，吸引力的标准会发生变化，如穿鼻环、拉长脖子、染发、美白牙齿、文身、通过增肥变得丰满、使用类固醇增加肌肉、植发、节食以保持苗条，使用皮革束腰以缩小胸部，或者使用硅胶垫和加垫胸罩使胸部显得更丰满。在资源稀缺的文化中，贫困或饥饿的人会认为丰满更具吸引力；对于资源充足的文化和个人来说，漂亮代表着苗条。此外，在重视亲属关系和社会安排而非个人选择的文化中，吸引力对个人生活结果的影响较小。尽管存在这些差异，但朗格卢瓦和同事指出，"在文化内部和不同文化之间，人们对于谁有吸引力、谁没有吸引力的问题，存在强烈的共识"。

具有讽刺意味的是，真正的吸引力实际上就是完美的平均面孔。研究人员使用计算机将多张面孔进行了数字化处理并取平均。

结果毋庸置疑，人们发现合成的面孔几乎比所有真实的面孔都更具吸引力。在 27 个国家中，平均的腿长与身高比例看起来都比太短或太长的腿更具吸引力。哈尔伯施塔特指出，对于人类和动物来说，平均的面孔最能体现原型（比如典型的男人、女人、狗等），因此大脑更容易处理和分类这类面孔。所以，让我们面对现实：完全平均的外貌对眼睛（和大脑）来说更容易识别。

由计算机处理的平均面孔和身体趋向于完美对称，这种特征是具有吸引力的人的另一个特征。如果你将自己任意半张脸与它的镜像合并——就会形成一个完全对称的新面孔——你的颜值将会得到提升。除少数面部特征外，把有吸引力的面孔对称，再进行平均处理，就会生成一张更好看的面孔。

进化与吸引力

心理学家从进化的角度提出，人类对有吸引力的伴侣的偏好与生殖策略有关。他们认为美丽传递了生物学上一些重要的信息，包括健康、年轻和富有生育能力。事实也确实如此。外貌俊朗的男性拥有更高质量的精子。沙漏形身材的女性拥有更规律的月经周期和更强的生育能力。随着时间的推移，与那些和绝经后女性交配的男性相比，那些喜欢看起来富有生育能力女性的男性所繁衍的后代更多。大卫·巴斯认为，人类历史的生物学结果解释了为什么 37 个文化（从澳大利亚到赞比亚）的男性都更喜欢那些能显现生育能力的女性特征。

进化心理学家还认为，进化使女性更偏好能体现"提供和保护资源"的男性特征。诺曼·李等人指出，在筛选潜在伴侣时，男性希望女性有一定的外貌吸引力，女性则要求男性有地位和资源，但男性和女性都喜欢善良和聪明的人。

在排卵期，女性对男性性取向的判断更加准确，并对外群体男性表现出更高的警惕性。进化心理学家认为，我们受到原始吸引力的驱动。就像吃饭和呼吸一样，吸引力和婚配源于我们的生理习性。

对比效应

尽管我们的婚姻心理具有生物学的智慧，但吸引力并非完全取决于生物特性。什么特征对你来说具有吸引力？这还取决于你的比较标准。

对那些刚刚看过杂志写真集的男性来说，普通女性，甚至是自己的妻子似乎都变得缺少吸引力。观看成人电影同样会降低对自己伴侣的满意度。性唤起可能会暂时使异性看起来更有吸引力，但接触完美的"满分美女"或不切实际的性描写所产生的持续影响，会使伴侣的吸引力大打折扣。

在自我认知方面也是如此。在看到一个非常有吸引力的同性之后，人们会认为自己缺乏吸引力；而在看到一个相貌平庸的同性之后，人们则会认为自己的吸引力水平较高。

我们所爱之人的吸引力

让我们以一种积极的态度来总结我们对吸引力的讨论吧。我们不仅认为有吸引力的人讨人喜欢,并且我们也认为讨人喜欢的人更有吸引力。或许你能回想起一些人,在你逐渐喜欢上他们的过程中,他们变得越来越有吸引力,甚至他们的身体缺陷也不再那么显眼。格罗斯和克罗夫顿让学生阅读关于某人讨人喜欢或不讨人喜欢的人格描述,之后再给他们看这个人的照片。结果发现,对于学生而言,被描绘为热情、乐于助人和体贴的人看起来更有吸引力。因此,"心美貌亦美"和"美即是好"的说法可能都是正确的。此外,发现某个人与我们有相似之处也会使这个人看起来更有吸引力。

女人对男人爱得越深,就越觉得他有吸引力。而且相爱越深,其他异性的吸引力就越弱。正如米勒和辛普森所说:"另一边的草坪可能更绿,但快乐的园丁却不太会注意到。"在某种程度上,漂亮确实只存在于旁观者的眼中。

相似性与互补性

从我们之前的讨论中,人们可能会赞同托尔斯泰的话:"爱情依赖于频繁的接触、发型的风格、衣服的颜色和款式。"然而,假以时日,其他因素也会影响熟人能否发展成朋友。

物以类聚,人以群分?

我们可以确信的是:物以类聚,人以群分。朋友、订婚情侣和夫妻在共同的态度、信念、价值观和个性特质方面比随机配对的人更为相似。此外，丈夫和妻子之间的相似程度越高，他们的幸福感就越高，而离婚的可能性也越低。在政治和宗教态度方面相似程度高的情侣，11个月后仍在一起的可能性就更大。这些相关性非常有趣，但它们之间的因果关系仍然是一个谜。究竟是相似导致喜欢，还是喜欢导致相似呢？

相似产生喜欢

为了确定因果关系，我们进行了实验。想象一下在校园派对上，莱克沙与莱斯和丹进行了一场有关政治、宗教和个人喜好的讨论。她和莱斯发现，她们几乎在所有问题上都观点一致，而她与丹几乎没有共同点。事后，她回想道："莱斯真的很聪明，而且非常讨人喜欢，希望我们还能再次见面。"在实验中，唐·伯恩和同事找到了莱克沙产生这种体验的本质。他们一次又一次地发现，某人的态度与你的态度越相似，你就越喜欢这个人。

"相似性会产生喜欢"的现象不仅适用于大学生，同样适用于儿童和老年人，以及来自不同职业和文化背景的人。人们往往特别偏爱那些拥有类似独特态度和兴趣的人，可能是因为他们共同热衷于某种罕见的爱好或音乐类型。

"相似产生喜欢"的效应在现实生活中得到了广泛的验证。例如，在很多场合中，当人们进入陌生人的房间时，他们倾向于选择坐在与自己有相似特征的人身旁。戴眼镜的人更可能坐在其他戴眼镜的人旁边，留长发的人则倾向于坐在留长发的人旁边，而拥有深色头发的人通常会坐在其他拥有深色头发的人旁边（即使控制了种族和性别因素，这一现象也依然存在）。无论是在中国还是西方世界，相似的态度、性格特质和价值观都被证明能够促使伴侣走到一起，并预测他们之间的关系满意度。

相似性还能培养满足感。这是物以类聚的现象——当你发现某人与你有相同的想法、价值观和愿望时，或者当一个与众不同的人与你有相同的食物、活动、音乐偏好时，你肯定已经注意到了这一点。例如，当人们发现他人与自己喜欢相同的音乐时，人们会推断对方与自己有相似的价值观。

相似吸引原则是在线约会网站的一个关键卖点，这些网站通过一套复杂的算法将用户与相似的人进行匹配。然而，基于这一原理的实际效果是有限的。乔尔等研究者对大学生进行了一项包括100个问题的性格和态度测试，并将结果输入到一个复杂的计算机程序中。然而，该程序并不能有效预测参与者在一系列4分钟的速配约会后，彼此是否会产生好感。那么，为什么依然有很多人不仅使用在线约会网站，还在这些网站上找到了长期的伴侣呢？答案可能是因为这些网站扩大了潜在约会对象的选择范围。然而，关系是否能发展和持续，则还取决于许多其他不可预测的因素。

对立引发吸引吗?

我们难道不会被与自己在某些方面不同的人吸引吗？研究人员通过比较朋友和配偶的态度、信仰以及他们的年龄、宗教、种族、吸烟习惯、经济水平、教育程度、身高、智力和外貌，对这个问题进行了探索。在所有这些方面，相似性仍然占主导地位。例如，在410名七年级学生中，那些在受欢迎程度、攻击行为和学业表现方面相似的人更有可能在一年后保持朋友关系。聪明的人会聚在一起，而富裕的人、新教徒、高个子的人、漂亮的人等也是如此。

但是，我们对此持保留态度：难道我们不会被那些需求和个性与我们互补的人吸引吗？虐待狂和受虐狂不是刚好凑成一对吗？《读者文摘》告诉我们"异性相吸……喜好社交的人和喜欢独立的人是一对，喜欢新奇的人与不喜欢变化的人在一起，大手大脚的人与节俭的人搭伴，冒险的人与谨慎的人结合"。社会学家罗伯特·温奇推断，外向且强势的人的需求自然与内敛且顺从的人的需求互补。这个逻辑看起来似乎很有说服力，我们大多数人都能想到一些夫妻，他们把彼此的差异视为互补："我和我丈夫非常合适，我是水瓶座——一个果断的人，他是天秤座——很难做出决定，所以他总是乐意按照我安排的去做。"

诚然，互补性可能会随着关系的发展而产生。然而，人们似乎更倾向于喜欢那些需求、态度和个性与自己相似的人，并与之步入婚姻。也许有一天，我们会因为某些差异而产生好感，比如支配/顺从。但一般来说，对立并不会产生吸引。

喜欢那些喜欢我们的人

事后看来，我们可以用奖赏原则解释目前的结论：

第 26 章 谁喜欢谁

- 接近性能带来回报。与生活或工作在我们附近的人建立友谊所需的时间和精力更少。
- 我们喜欢有吸引力的人,因为我们认为他们具备其他一些我们所期望的特质,并且我们相信与他们交往会给我们带来好处。
- 当他人的观点与我们相似时,我们会觉得得到了奖赏,因为我们会认为他们也喜欢我们。此外,他们与我们持有相同的观点,会使我们更加确信自己的观点是正确的。如果我们成功地让他们接受我们的思想方式,我们会特别喜欢这些人。

但一个人的喜欢会导致对方反过来欣赏自己吗?似乎是这样的。爱情中的描述常常涉及发现一个有魅力的人真正喜欢自己,这似乎会激发浪漫的感觉。实验证实了这一点:被告知有人喜欢或欣赏时,通常会让人体会到一种回馈的情感。一个速配实验表明,当有人特别喜欢你而不是别人时,这种回馈情感会更好。轻度的不确定性也可以激发欲望。当你认为某人可能喜欢你,但你不确定的时候,往往会增加你对对方的思念,并认为对方更有吸引力。

再来思考这个发现:学生更喜欢那个给他们八个积极评价的人,而不太喜欢那个给他们七个积极评价和一个消极评价的人。我们对于最微小的批评也非常敏感。作家拉里·金说出了许多人的心声:"多年来,我发现了一个奇怪的现象,好评给作者带来的快乐程度,远不及差评所带来的痛苦程度。"

无论是评价自己还是他人,负面信息往往会产生更大的影响。

这是因为负面信息并不常见，因此会吸引人们更多的注意力。在选举投票时，人们的投票决策往往更多地受到总统候选人的弱点的影响，而非他们的优点，这一现象很快被那些设计负面竞选策略的人所利用。

我们已经认识到，我们倾向于喜欢那些我们认为喜欢我们的人。从古代哲学家赫卡托的"如果你希望被爱，就去爱"，到爱默生的"拥有一个朋友的唯一途径就是成为别人的朋友"，再到卡内基的"大方地赞美"，这些思想家都预见了这一现象。然而，他们没有预见到这一原则在实际生活中发挥作用的具体条件。

接近性、吸引力、相似性和被喜欢，这些都是影响我们建立友谊的因素。有时，这些友谊会发展成更深层次的激情和亲密的爱。爱是什么？为什么有时爱会越发强烈，有时又会逐渐消退？要回答这些问题，我们首先需要理解我们对归属感的强烈需求。

我们对归属感的需求

亚里士多德将人类描述为"社交动物"，实际上是指出了现代社会心理学家所说的归属需求，即与他人建立持久而亲密的关系的需求。这种需求是我们本章节的理论基础：无论是在浪漫关系中还是作为朋友，我们如何以及为什么喜欢和爱别人。

鲍迈斯特和马克·利里揭示了社会依恋的重要性：

第 26 章 谁喜欢谁

- 对于我们的祖先来说,相互依恋对群体生存至关重要。在狩猎或建造庇护所时,群体协作比个体行动更为有效。
- 爱的纽带能够繁衍后代,在相互支持、关系亲密的父母的培养下,孩子的生存机会会明显提高。
- 关系占据了我们生活的大部分时间。想想你清醒时有多少时间是用来与他人交谈的。在一项对大学生清醒时间的调查(使用佩带在腰里的录音机)中,研究者通过对 1 万个半分钟的录音片段进行采样分析发现,大学生有 28% 的时间在与他人交谈,并且这还不包括他们听别人讲话的时间。
- 当无法面对面时,全球 70 亿人口中的大多数人会通过语音电话、短信或社交网络保持联系。在美国,96% 的大学新生使用社交媒体,其中 41% 的人每周在这些网站上花费 6 个小时及以上的时间。美国平均年龄在 18 岁的年轻人每天花费约 2 个小时发送短信,以及约 2 个小时使用社交媒体。我们对归属感的强烈需求驱使我们始终与他人保持联系。
- 对每个人来说,无论是现实中还是期望中的亲密关系,都在我们的思维和情感中占据主导地位。找到一个可以倾诉心事的人,会让我们感到被接纳和被重视。坠入爱河会给我们带来抑制不住的喜悦。当我们与伴侣、家人和朋友保持良好的关系时,我们的自尊水平(作为关系质量的晴雨表)通常会提高。出于对被接受和被爱的渴望,我们在化妆品、衣服和饮食上投入巨大,甚至那些表面上显得高傲的人也渴望被接纳。
- 被流放、监禁或独自关押的人会深深思念自己的亲人和家乡。遭遇他人拒绝的人面临更高的抑郁风险。孤身一人时，时间会过得更慢，生活似乎变得没有意义。
- 对于那些被抛弃或丧偶的人，以及在陌生地方旅行的人来说，失去社交联系会引发痛苦、孤独感或退缩。失去亲密关系后，成年人可能会感到嫉妒、心痛或悲伤，同时也会对死亡和生命的脆弱心存忧虑。搬家后，人们（尤其是那些归属需求很强烈的人）往往会产生思乡之情。
- 死亡的提醒又会增加我们对归属感、与他人相处以及与我们所爱的人保持亲密关系的需要。在经历"9·11"恐怖袭击时，数百万美国人联系了他们所爱的人。同样，同学、同事或家人突然去世时，人们会聚集在一起，彼此之间的差异也变得微不足道了。

正如教皇弗朗西斯所说："每个人的存在都与他人的存在紧密相连：生活不仅仅是时间的流逝，更关乎人们之间的互动。"社会联系在很多方面赋予了我们生活的价值。

归属需求有多重要

作为社交动物，人类有强烈的归属需求。与其他动机一样，当归属需求没有得到满足时，我们会去追求它；而当这一需求得到满足时，我们可能就不再那么强烈地追求归属。当我们的归属需求得到满足时——例如，当我们感受到亲密关系的支持时——我们往往会更加健康和快乐。当归属需求的满足与另外两个人类的基本需求（自主性和胜任需求）的满足相平衡时，通常会产生强烈的幸福感。幸福是一种归属、自主和胜任的感觉。

第 26 章 谁喜欢谁

威廉姆斯探索了当我们的归属需求遇到排斥（排斥或忽视行为）时会发生什么。在所有文化中，无论是在学校、工作场所还是家庭中，人们都会使用排斥来调节社会行为。我们当中的一些人知道被排斥是什么感觉，那就是被人躲避、被忽视或冷落。那些经历过家庭成员或同事冷落的人说，冷落是一种"情感虐待"，是"一件极其可怕的武器"。实验表明，即使是在简单的传球游戏中被排斥的人，也会感到沮丧和压力。被排斥会带来伤害，而这种社交上的痛苦感受尤为强烈——比那些从未被排斥过的人想象的还要强烈。孤独可能会带来痛苦，但更痛苦的是与忽视或排斥我们的人在一起。

排斥甚至比欺凌更可怕。欺凌虽然极为负面，但至少承认了某人的存在和重要性，而排斥则是彻底忽视一个人的存在。在一项研究中，受到排斥但未被欺凌的孩子比受到欺凌但未被排斥的孩子感觉更糟糕。

有时，挫败感会让人变得很糟糕，例如人们会对那些排斥他们的人发泄怒气，或者做出自虐的行为。研究表明，被同伴拒绝的学生（相比于被随机分配到被接受组的学生）更有可能做出自虐行为、更难以控制自己的行为。显然，分手后就要狂吃冰激凌的刻板印象并不离谱。同样，被拒绝后用酒精来忘却痛苦的套路也是有道理的：被亲近的人拒绝后，人们会饮用更多的酒精。

这种过度进食和酗酒可能是自我控制系统崩溃所导致的：被排斥的个体在抑制不良行为方面表现出大脑功能上的缺陷。在现实生活中，被拒绝的孩子在两年后更可能出现自我调节方面的问题，例如不完成任务和不听指示，并且更可能出现攻击行为。在实验环境中，被社会排斥的个体会贬低他人，向侮辱他们的人发出刺耳的噪声，减少帮助他人的意愿，并且更有可能出现作弊和偷窃等行为。研究人员指出，一个简单的"投票离开这个岛"实验就能使人产生攻击性。那么，在重要事情上被拒绝或被长期排斥可能会导致令人难以想象的攻击性反社会倾向。

威廉姆斯和尼达意外地发现，即使是来自永远不会见面的人的"网络排斥"也能造成伤害。他们的实验灵感来源于威廉姆斯在公园野餐时的经历。当时，一个飞盘落在他的脚边，威廉姆斯把它扔回给其他两个人，然后和他们一起玩了一段时间。但当他们突然停止将飞盘扔给他时，威廉姆斯对自己因这种排斥所带来的伤害感到震惊。

将这种体验带入实验室，研究人员让来自数十个国家的5000多名参与者玩一个在线扔球游戏。参与者被告知是与其他两个人玩，而实际上他们是与计算机设定的系统玩。结果发现，被其他"玩家"排斥的参与者情绪明显更差，在随后的知觉任务中也更有可能受到他人错误判断的影响。无论是在网络中还是现实世界中，排斥对于焦虑个体的伤害持续时间都更长。与年长者相比，排斥对年轻人的伤害程度更大。即使排斥来自整个社会都唾弃的群体，它依然会造成伤害，比如一项实验中受到澳大利亚的3K党成员的排斥。来自机器人的拒绝也能造成伤害。

在社交媒体上感觉被忽视时，就会发生网络排斥。沃特·沃尔夫等人在一项研究中让参与者创建个人资料，被分配到排斥条件下的参与者的个人资料收到的"赞"非常少。在这种情况下被排斥的参与者表现出了与在线扔球游戏中被排斥的参与者相同水平的消极情绪和意义感缺失。这表明,当你因为在社交媒体上没有获得足够的"赞"而感到受伤时,你要知道你并不孤单。许多人在面临类似的网络排斥时也有相似的情绪反应。

威廉姆斯和他的同事们发现,若其中4个人约定,某天他们都不理睬某个人,则那个人也会感到因排斥所带来的压力。参与者们原以为这是一个很好玩的角色扮演游戏,但实际上,这种模拟的排斥扰乱了人们的工作秩序,打断了原本愉快的社交,甚至"引起暂时的担忧、焦虑、偏执和精神脆弱"。若内心深处的归属需求得不到满足,我们就会感到不安。

当一个人被排斥时,其大脑皮层某个区域的活动就会增强,而这个脑区在感受到物理疼痛时也会被激活。像身体疼痛一样,排斥的社交性疼痛会增加攻击性。受伤的感觉会表现为心率降低,心碎的感觉真的会对心脏产生影响。

实际上,社交排斥的痛苦在大脑中是非常真实的,甚至连止痛药都可以减轻这种痛苦的感觉。排斥的对立面——即感受到关爱——会激活大脑中的奖赏系统。研究发现,当大学生在冰水中浸泡手部时会感到疼痛,但看到心爱之人的照片时,他们所感受到的疼痛明显减轻。排斥是一种真正的痛苦,而爱是一种天然的止痛剂。

在一个实验中,当参与者回忆他们遭遇社交排斥的经历时,例如在室友外出时自己独自留在宿舍中,他们甚至会感觉房间的温度更低；与回忆社交接纳经历的人相比，他们估计的温度要低 5°C。这样的回忆很容易产生痛苦：相比于身体疼痛，人们都更容易记住和回想起过去的社交性痛苦。

鲍迈斯特在排斥研究中也发现了积极的一面。近期被排斥的人在获得结交新朋友的可靠机会时，他们"似乎愿意甚至渴望抓住这个机会"。他们更容易注意到带有微笑和接纳的面孔。被排斥的经历还会导致人们无意识地模仿他人的行为，以建立融洽的关系。在社会层面上，如他所言，满足归属需求就应该有所付出。

我从事社会学研究的同事指出，感受到被排斥的少数群体展现出的许多反应与实验操纵引发的反应相同，例如更多的攻击行为和反社会行为、合作和遵守规则的意愿降低、智力表现较差、更多自毁行为、短时注意力不集中等。如果我们能够建立一个更包容的社会，让人们感受到自己的价值并且被接纳，那么这些悲剧可能就会减少。

专有名词

○ **接近性**
物理距离上的接近。接近性（更准确地说是"物理距离"）能强烈预测喜欢的程度。

- **曝光效应**

  评估者在反复接触新刺激后,对其更喜欢、评价更积极的倾向。

- **匹配现象**

  男性和女性倾向于选择在吸引力和其他特征上与自身"匹配"的人作为伴侣。

- **外貌吸引力刻板印象**

  外貌有吸引力的人也具有其他理想特质:美即是好。

- **互补性**

  在两个人的关系中,人们普遍认为存在这样一种趋势:一方可以弥补另一方的不足。

- **归属需求**

  一种与他人建立关系的动机,这种关系可以提供持续积极的互动。

第27章
爱的起伏

爱情比喜欢更复杂,所以爱更难以测量和研究。人们渴望爱情,为爱而活,因爱而死。

对于吸引力问题的研究,大多数研究者关注的都是这一领域最容易研究的一个方面,即陌生人之间短暂相遇时的反应。接近性、吸引力、相似性、他人是否喜欢自己以及其他一些回报性特质,这不仅会影响我们对他人最初的好感,也会影响我们的长期亲密关系。因此,约会双方彼此之间快速形成的印象,就为未来长期交往提供了基本线索。事实上,如果爱情的发生是随机的,不考虑接近性和相似性等因素,那么北美会有许多天主教徒(作为少数群体)与新教徒结婚,许多黑人会与白人结婚,而大学毕业生(也是少数群体)与高中辍学者结婚的可能性应该和与其他大学毕业生结婚的可能性一样高。

因此，第一印象很重要。但是，长期的爱情并不仅仅是最初好感的延续和加深。所以，社会心理学家开始研究更为持久的亲密关系。

激情之爱

同研究其他主题一样，研究爱情的第一步，是明确如何对爱情进行界定和测量。我们有很多方法可以测量攻击、利他、偏见和喜好，但我们如何测量爱情呢？

勃朗宁写道："我是怎样地爱你？让我细细数来。"社会科学家列举了几种方式。心理学家斯滕伯格提出，爱情是一个三角形，这个三角形的三条边分别是激情、亲密和承诺（见图27-1）。

所有爱情关系中都有一些共有的元素，例如相互理解、相互给予、相互接纳、相互支持、相互陪伴等。而有些元素则是有特定性。如果我们经历的是激情之爱，那么我们会通过身体表达出来，我们期望这段关系具有排他性。也就是说，这段关系是我们独占的，我们对伴侣非常迷恋。这些特征是显而易见的。

齐克·鲁宾的研究证实了这一点。他给密歇根大学的数百对约会情侣发放了一个爱情量表进行测量。随后，他通过实验等候室的单向玻璃观察记录了处于"热恋"和"非热恋"状态的情侣之间的目光接触时间。相互凝视表示喜欢，目光闪躲则表示排斥。鲁宾的研究结果完全在我们的意料之中：热恋的情侣会长时间地凝视对方

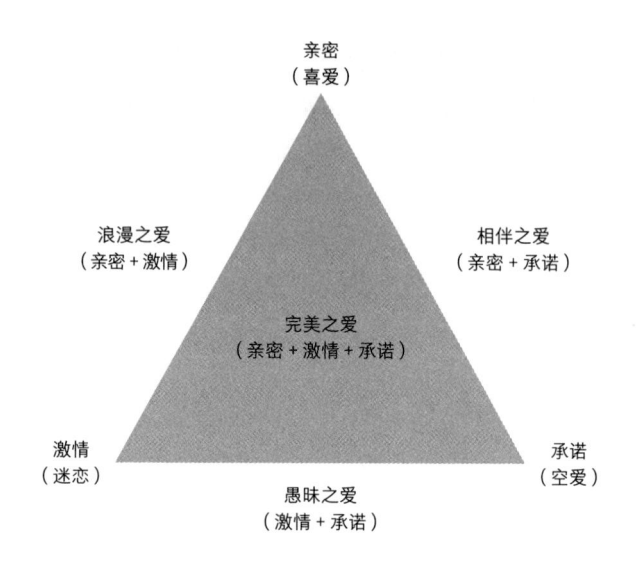

```
                        亲密
                       （喜爱）


          浪漫之爱                    相伴之爱
         （亲密+激情）                （亲密+承诺）

                      完美之爱
                  （亲密+激情+承诺）


      激情                               承诺
     （迷恋）          愚昧之爱          （空爱）
                    （激情+承诺）
```

图 27-1　爱情三要素理论

的眼睛。在交谈时，他们还会点头、自然地微笑、身体前倾。在相亲时，人们往往只需几秒钟就能准确地猜出一个人是否对另一个人感兴趣。

激情之爱是情绪性的、令人兴奋的、强烈的爱。哈特菲尔德将其定义为"强烈地渴望与对方在一起的状态"。对满怀激情之爱的人而言，如果得到回应，他们会感到满足和幸福；如果没有得到回应，他们会感到空虚或绝望。与其他激动的情绪一样，激情之爱就像坐过山车一样，时而喜悦，时而忧郁，时而兴奋，时而沮丧。

第 27 章 爱的起伏

激情之爱的理论

为了解释激情之爱，哈特菲尔德指出，任何一种既定的生理唤醒状态最终都可以转化为某种情绪，而具体归结为哪一种情绪，取决于我们如何对这种生理唤醒状态进行归因。每一种情绪都涉及生理和心理两个方面，既有生理唤醒，也有我们解读和标识这种生理唤醒的方式。想象一下心跳加速、双手颤抖的情境：这种感觉是出于恐惧、焦虑还是喜悦？从生理上讲，这些情绪都非常相似。如果你处于快乐的情境中，你可能会将这种生理唤醒理解为喜悦；如果你处于充满敌意的情境中，你可能会将其理解为愤怒；如果你处在浪漫的情境中，你可能会将其理解为激情之爱。从这个角度来看，激情之爱是一种心理体验，这种心理体验来源于充满吸引力的人给我们带来的生理唤醒。

如果激情是一种被标识为"爱情"的兴奋状态，那么任何一种使人兴奋的事物应该都可以增强对爱的感受。在一些实验中，研究者通过阅读文字或色情材料的方式对异性恋男性大学生进行唤醒，结果发现，被唤醒的男生会对女性产生更强烈的反应——例如，在描述自己的女友时，他们在爱情量表上的得分大大提高。沙赫特和辛格提出了情绪的两因素理论，这一理论认为，处于兴奋状态的男性在对女性做出反应时，他们很容易将自己的某些生理唤醒错误地归因于女性。

根据这一理论，只要大脑能自主将一些兴奋状态归因于浪漫的刺激，那么任何来源的唤醒都可以增强激情的感觉。达顿和阿伦设计了一个巧妙的实验来验证这一现象。在实验中，研究者让年轻男

△ 一种结合了亲密、激情和承诺的完美之爱。虽然这个吻看起来是激情之爱，但实际上是男子在试图安抚他惊慌失措的女友，她在 2011 年温哥华的骚乱中被击倒在地。

图 27-2

子穿越一个狭窄、摇晃的吊桥，吊桥位于英属哥伦比亚省卡皮拉诺河上方约 70 米。当男性被试走上吊桥后，会有一位充满吸引力的年轻女性走近他们，并请他们帮忙填写一份调查问卷。填写完毕后，年轻女性会写下自己的姓名和电话，并告诉他们如果想了解该项目的更多内容就给她打电话。结果，大多数男性都接受了她的电话号码，并且其中一半的男性打了电话。随后，研究者采用同样的实验流程，将实验场景换到了一个低矮而坚固的小桥上，结果在小桥上的男性很少给这位年轻女性打电话。这再次证明了生理唤醒会强化浪漫反应。

恐怖电影、过山车和体育锻炼都有同样的效果，尤其是和我们觉得有吸引力的人一起参加时。这种效果在已婚夫妇之间也存在。例如，一起参加刺激活动的夫妻对自己的关系质量评价最高。相较于一般的实验任务，夫妻双方在完成能带来兴奋感的实验任务之后（比如两人三足赛跑），对亲密关系的总体满意度更高。由此可见，肾上腺素可以将两颗心拉得更近。

这表明激情之爱既是心理学现象，又是生物学现象。社会心理学家阿伦和同事的研究表明，激情之爱会刺激多巴胺丰富的大脑区域，这些脑区的活动与奖赏有关（见图27-3）。

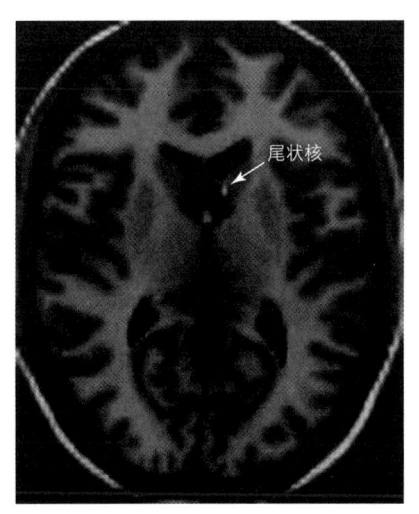

来源：Aron, et al. (2005) 图片由露西·布朗提供

图 27-3　恋爱中的大脑[1]

---

[1] 热恋中的成年人在凝视爱人的照片时，大脑的尾状核等区域会变得异常活跃；而在凝视其他熟人的照片时，该区域就不会被激活。

爱情也是一种社会现象。贝尔沙伊德指出，爱情不仅仅是欲望。浪漫的爱情是性欲与深厚友谊的结合。激情之爱＝欲望＋依恋。

爱的差异：文化和性别

我们总是倾向于认为大多数人和我们有相同的感受和想法。例如，我们认为爱情是婚姻的先决条件。大多数文化中确实存在浪漫爱情的概念，比如调情或私奔。一项研究对166个文化进行分析发现，这个比例高达89%。但在一些文化中，特别是实行包办婚姻的文化中，往往是先有婚姻，再有爱情。直到半个世纪之前，许多美国人才把爱情与婚姻看作两件独立的事情：在20世纪60年代，只有24%的女大学生和65%的男大学生认为爱情是婚姻的基础。然而，这种观点在今天的大学生中却非常普遍。

男性和女性在激情之爱的体验方面是否会有所不同？关于男女恋爱和分手的研究发现了一些令人惊讶的结论。大多数人，包括下面这位给报纸专栏作家写信的读者，都认为女性更容易坠入爱河。

亲爱的博士：

您认为19岁的男孩深陷爱河，感觉整个世界都翻转了，这是否女性化呢？我认为我真的很疯狂，因为这已经发生了好几次，爱似乎总是突然击中我……我的父亲说，这是女孩子恋爱的方式，男孩子不会这样——至少不应该这样。但是，我无法改变自己的行为，这让我很郁闷。

——彼得

很多重复研究的结果应该会让彼得感到安心,这些研究发现,男性实际上更容易坠入爱河。而且,男性似乎更难以从爱情中解脱,相较于女性而言,他们更难结束一段即将迈向婚姻的恋情。在异性关系中,最先说出"我爱你"的人往往是男性,而不是女性。

然而,一旦陷入爱情,女性通常会投入和伴侣一样多的情感,甚至更多。她们更有可能感到愉悦、放松、内心舒畅,仿佛"飘在云端"。女性比男性更关注关系中的亲密感,对伴侣更为关心。而男性更多地想到恋爱中的玩乐和性的方面。

相伴之爱

激情之爱像火焰一样热烈,对亲密关系而言,它就如同一枚火箭助推器。然而,一旦亲密关系进入稳定期,激情最终会逐渐冷却下来。浪漫爱情的高潮可能会持续几个月,甚至几年,但没有任何一段感情会永远维持在高峰期。喜剧演员理查德·刘易斯开玩笑说:"当你身处热恋之时,那是你生命中最美好的几天。"新鲜感、对另一半的着迷、浪漫的刺激以及令人兴奋眩晕的"飘在云端"的感觉都会逐渐退去。研究报告显示,婚后两年,夫妻表达爱意的频率只有刚结婚时的一半。在全球范围内,离婚率在婚后4年的时候达到高峰。如果一段亲密关系要持续下去,它最终会转变成一种稳固且温暖的爱情,这种爱情被称为相伴之爱。让激情迸发的激素(睾丸激素、多巴胺、肾上腺素)会随着时间的推移而减少,催产素会留下来维持彼此之间的依恋和信任。

与激情之爱的热烈不同，相伴之爱相对平和，它是一种深沉的情感依恋。相伴之爱激活的脑区也有所不同。相伴之爱给人的感觉是真实的。来自非洲喀拉哈里沙漠的昆桑妇女尼萨解释说："两个人刚开始在一起时，他们的心如同火一样在燃烧，他们拥有非常强烈的激情。一段时间之后，这种激情的火焰会冷却。但是他们的爱还在，他们会以另一种方式继续相爱——那是一种温暖而可靠的爱。"

激情之爱随着时间的推移而冷却，而其他因素则变得日益重要，比如共同的价值观，这一点可以从印度包办婚姻的夫妻与自由恋爱的夫妻的差异中看出。自由恋爱的夫妻在结婚 5 年后，彼此相爱的感觉逐渐减少。相比之下，包办婚姻的夫妻在结婚 5 年后彼此更加相爱（见图 27-4）。

激情之爱的冷却往往会给人们带来一种幻想破灭的感觉，尤其是那些将激情之爱视为维系婚姻基础的人。与北美人相比，亚洲人较少强调个人感受，更重视现实的社会性依恋。因此，他们不太容易受到幻想破灭的影响。亚洲人也不太容易陷入自我关注的个体主义之中，而这种个体主义从长期来看会伤害夫妻关系并可能导致离婚。

激情的减退可能是物种生存的自然适应策略。激情之爱的结果往往是繁衍后代，而父母之间激情的减退有助于孩子的生存。然而，对于婚龄超过 20 年的人来说，随着孩子长大成人、离开家庭独立生活，父母终于有机会将注意力再次集中到彼此身上，重新唤起

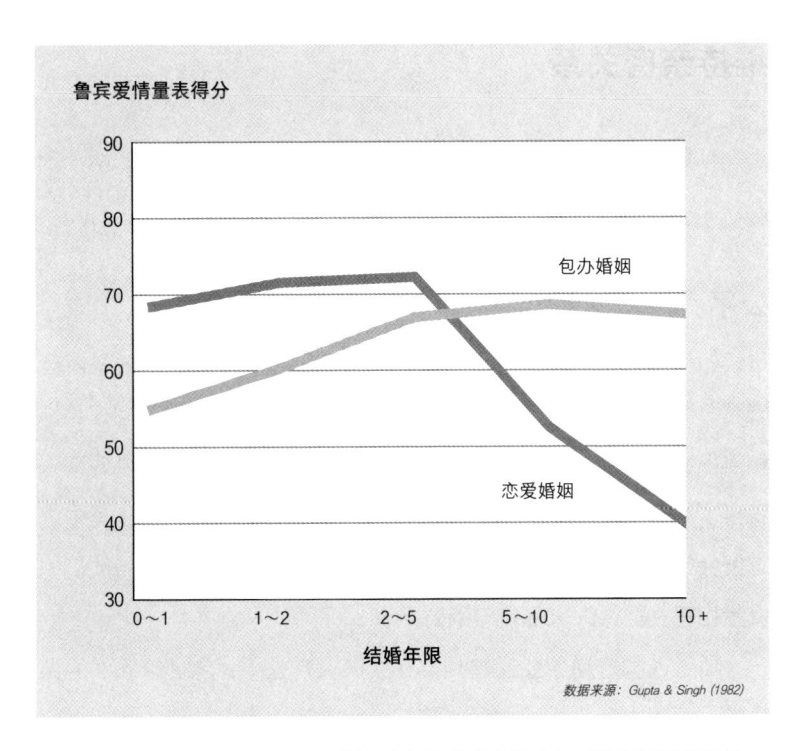

图 27-4 印度斋浦尔地区包办婚姻夫妇与自由恋爱夫妇对浪漫爱情的评价

一些失去的浪漫感受。马克·吐温曾说："一段婚姻，只有相伴走过 25 年，才能领悟到爱情的真谛。"如果夫妻关系中既有亲密和相互回报，又能在共同的生活经历中相互扶持，那么相伴之爱就会加深。但什么是亲密？什么又是相互回报呢？

维持亲密关系

有哪些因素影响我们的亲密关系呢？让我们关注其中的两个因素：公平和自我表露。

公平

如果每个伴侣都只关注与满足自身的欲望，那么亲密关系就会破裂。因此，社会教导我们通过吸引力的公平原则来相互回报：你和伴侣在关系中的获得应该与你们各自的投入成正比。如果两个人获得了相等的回报，他们应该也做出了相等的贡献；否则，其中一方就会觉得不公平。如果两个人都认为他们所获得的回报与他们的贡献相符，那么大家都会感到公平。

陌生人和普通朋友通过利益交换来保持公平：你借给我你的课堂笔记，下次我会借给你我的笔记；我邀请你来参加我的派对，下次你再邀请我参加你的派对。那些在持久关系中的人，包括室友和恋人，则不会追求这种等价交换——笔记换笔记，派对换派对。他们会更随意地进行不同利益的交换以维持公平（"当你把笔记借给我时，我会邀请你留下来吃顿晚餐"），并不在乎谁欠谁。在选择长期伴侣时，一些大学生提出了可能会导致分手的因素，而这些因素大多以公平感为基础。大多数人表示，他们不会和那些不关心他们或漠视他们兴趣的人在一起，也不会选择和已经有伴侣的人在一起。

长期的公平

有些人认为友情和爱情应建立在公平交换的基础上,这种想法很粗俗吗?难道我们在为爱付出时,真的不期望回报吗?事实上,处于公平、长期关系中的人确实不在乎短期的公平。克拉克和米尔斯认为,人们甚至会努力避免计算任何交换的利益。当我们帮助一个好朋友时,我们并不在意即时的回报。如果有人请我们吃晚餐,我们会等待一段时间再回请,以免对方认为我们回请只是为了偿还"社交债务"。真正的友谊并不在意没有回报,无论何时都会伸出援手。同样地,幸福的夫妻通常不会计较他们的付出和回报。当人们看到自己的伴侣慷慨付出时,他们对伴侣的信任感会增强。

我们在上文提到了公平原则在匹配现象中的作用:人们通常在恋爱关系中拥有相等的资源。他们常常在吸引力、地位等方面相互匹配。如果他们在某个方面(如吸引力)无法匹配,那在其他方面(如地位)可能也不匹配。但总体而言,他们是公平的匹配。没有人会说:"我用我的美貌来换取你的高收入。"也很少有人会这样想。但是在持久的关系中,公平尤为重要。

对公平的感知与满意度

一项调查表明,在成功婚姻的 9 个标志中,"分担家务"排名第 3(仅次于"忠诚"和"和谐的性关系")。事实上,那些处于公平关系中的伴侣往往满意度更高。那些认为关系不公平的人往往会在关系中感到不适:得到更好待遇的一方可能会感到内疚,而感觉受到不公平待遇的另一方则会产生强烈的愤怒(由于自我服务偏差,大多数丈夫认为自己在家务方面的付出要比妻子认为的多——"获益较多"的人常常对不公平现象不太敏感）。

谢弗和基思调查了几百对各年龄段的已婚夫妇，他们发现，那些在婚姻中感到不公平的人，通常是因为其中一方在做饭、做家务、照顾父母或提供帮助方面付出太少。不公平感会对婚姻造成伤害：感觉不公平的一方会感到更加忧虑和沮丧。在抚养子女的过程中，妻子通常会认为自己的付出被低估了，而丈夫却付出得不够，因此，这个时期的婚姻满意度往往会下降。然而，在蜜月期和"空巢"期（子女独立后），夫妻双方更可能对婚姻感到公平和满意。如果双方的付出和获益都是自愿的，并且能够共同做决策，他们更可能收获持久且令人满意的爱情。

自我表露

深厚的伴侣关系是亲密无间的。这种关系让我们可以真实地展现自己，并感到自己是被他人接受的。我们可以在美满的婚姻或亲密的友谊中体验到这种美妙的感觉——在这种关系中，信任取代了焦虑，我们可以自由地敞开心扉，而不必担心失去对方。这种关系的特征是自我表露。随着关系的发展，自我表露的伴侣会更多地向对方展示自己，推近彼此之间的深入了解。在一段融洽的关系中，自我表露的大部分是分享成功和胜利，以及对美好事物的共同喜悦。当朋友为我们的好消息而欢欣鼓舞时，不仅让我们感到更加开心，还会增进我们的友情。

实验研究探索了自我表露的原因和作用。人们何时愿意表露亲密信息？比如"喜欢和不喜欢自己的哪些方面"或"自己最为羞耻和自豪的事情"？这种自我表露对于双方会有什么影响？

最可靠的结论是表露互惠效应：一个人的自我表露会引发对方的自我表露。我们会对那些与我们坦诚相待的人表露更多。但亲密的表露很少是瞬间发生的（如果是这样，这个自我表露的人可能会显得不慎重和不可靠）。适当的亲密关系就像跳交谊舞一样：我表露一点，你也表露一点——但不要太多。然后，你再多表露一些，我也多表露一些。

对于恋爱中的人来说，亲密关系的不断加深是令人兴奋的。鲍迈斯特和布拉茨拉夫斯基指出："亲密关系的不断深入会带来强烈的激情。"这解释了为什么丧偶后再婚的人往往会有相对较高的性交频率，以及为什么在严重冲突得到和解后，亲密关系会被推向更高的激情。

一些人——其中大部分是女性——特别擅长使人敞开心扉；她们很容易引发别人进行亲密的自我表露，甚至是那些通常不太喜欢表露自己的人。这样的人往往是很好的倾听者。在交谈的过程中，她们会保持专注的面部表情，看起来很享受倾听的过程。她们还可能在对方讲话时，发表一些支持性的言辞来表达对谈话的兴趣。心理学家卡尔·罗杰斯称这些人为"促进成长"的倾听者——她们会真实地表露自己的情感，并接纳他人的情感。此外，她们具有共情的能力，对他人的需求更敏感，并且善于思考。

这种自我表露有什么效果？人本主义心理学家西德尼·朱拉德认为，"摘下我们的面具，让他人看到我们真实的自己"的方式可以培养爱情。他认为向他人敞开自我，并将他人的自我表露当作对自己的信任，会提升我们对关系的满意度。人们在表露了关于自己的重要信息后会感觉更好（比如告诉别人自己是同性恋）；而隐藏自己的身份则会让他们对自己的感觉变得更糟糕。如果在交谈中更多地进行深入或实际性的讨论，而不仅仅是闲聊，往往会使人感觉更幸福。这是马蒂亚斯·梅尔的研究团队通过研究得出的结论。他们为 70 名大学生佩带了录音设备，在四天内每小时捕捉 5 个持续 30 秒的交谈片段。通过对这些交谈片段进行分析，研究者们发现了上述结论。

拥有一位亲密的朋友，可以随意地与之讨论威胁自我形象的问题，有助于我们应对压力。真正的友谊是一种特殊关系，它可以帮助我们处理其他人际关系问题。罗马剧作家塞内加反思道："当我和朋友在一起的时候，我会觉得我们不分彼此，我可以畅所欲言，完全不受束缚。"婚姻最理想的状态是一种忠于承诺的友谊。

亲密的自我表露也是相伴之爱的乐趣之一。那些坦诚相待的情侣和夫妻通常拥有最令人满意和最持久的关系。例如，在一项研究中，虽然所有新婚夫妻都深深爱着对方，但只有那些最了解彼此的夫妻才最有可能享受持久的爱情。那些强烈同意"我努力与伴侣分享我最私密的想法和感受"的已婚夫妇往往拥有最令人满意的婚姻。与更愿意分享自己感受的人相比，在婚姻中沉默寡言的人更可能会感觉婚姻不如意。当不可避免的分歧出现时，那些相信伴侣会理解自己的夫妻，会报告更高的关系满意度，即使对方实际上并不完全理解他们。

在盖洛普美国婚姻调查中,和配偶一起祈祷的人中有 75% 的人认为他们的婚姻非常幸福。一起祈祷的夫妻更愿意与伴侣一起讨论自己的婚姻,更尊重对方,并且认为自己的伴侣是善解人意的爱人。参与共同祈祷的夫妻会感到更加团结并信任彼此。在信徒中,真诚地共同祈祷是一种谦卑的、亲密的、真挚的表露。

研究人员还发现,女性通常比男性更愿意表露自己的恐惧和弱点。正如女权主义作家凯特·米利特所说:"女性表达自己,男性压抑自己。"这也解释了为什么男性和女性都认为自己与女性的友谊更亲密、更愉快,且更益于成长,并且在社交网络中,男性和女性似乎都更喜欢女性朋友。

然而,如今的男性,特别是具有性别平等态度的男性,似乎也越来越愿意表露自己亲密的感受,并乐于享受彼此互相信任和自我表露所带来的满足感。阿瑟·阿伦和伊莱恩·阿伦称这是爱的本质——两个自我相互联系、相互表露、相互认同;两个自我各自保留其个性,又共同分享活动,享受彼此的共同之处,并且相互支持。许多浪漫的恋人最终走向了"自我-他人整合":也就是重叠的自我概念。

为了研究亲密关系中的自我表露,斯莱彻和佩内贝克邀请了 86 对情侣中的一方,并请他们连续 3 天,每天花 20 分钟记录自己对亲密关系的深入思考和感受(在对照组中,参与者仅需要写下关于日常活动的内容)。结果显示,那些仔细思考并写下自己感受的人在随后的几天中向伴侣表露了更多的情感。3 个月后,自我表露组的参与者中有 77% 的人的亲密关系仍在持续(而对照组只有 52%)。

互联网会造成亲密感还是孤立感？

作为本书的读者，您是全球 37 亿互联网用户之一。人类用了 70 年的时间才让电话在北美家庭的渗透率从 1% 提升到 75%，而互联网只用了大约 7 年的时间就达到了 75% 的渗透率。所以，现在的我们可以自由地享受上网冲浪、发送短信、观看视频，甚至使用社交媒体。

面对这一现象，我们不禁思考：虚拟社区内的线上交流是面对面关系的替代品吗？这种方式是否真的不如面对面交流效果好？线上交流是一种有助于我们扩大社交范围的好方法吗？互联网给人们提供了更多联系的机会，还是减少了面对面的交往时间？让我们辩证地思考这些问题。

正方观点： 互联网，就像打印机和电话一样，扩大了我们的交流范围，而交流能促进人际关系的建立。打印机减少了面对面讲故事的机会，电话减少了面对面聊天的频率，但两者都使我们在与人交流时能够不受时间和距离的限制。社交关系是一种网络，而互联网归根结底也是一种网络。它使我们能够与家人、朋友和志同道合的人进行高效的线上交流，包括那些我们可能从未接触过的人，无论是多发性硬化症患者、圣尼古拉斯收藏家还是星际迷。

反方观点： 确实，但电子通信有一定的局限性。它缺乏眼神交流中的微妙暗示和身体接触产生的细微差别。大多数线上信息缺乏手势、面部表情和语调的线索，因此也难怪它很容易产生误解。表达情感的能力不足会导致情感的模棱两可。

举例来说，我们通过语调的细微差别可以分辨一个人的话是认真的还是在开玩笑抑或是在讽刺。沟通者通常认为，无论是电子邮件还是口头交流，他们都能同样清晰地表达出"只是开个玩笑"的意图。相比较，当信息通过电子邮件或短信发送时，开玩笑的意图通常没有那么明确。由于匿名的原因，人们很容易陷入充满敌意的"交锋"。

20 世纪 90 年代末，一项针对 4000 名互联网用户的调查发现，有 25% 的人报告说上网的时间减少了他们与家人和朋友进行面对面沟通或电话交流的时间——而这个比例现在可能要高得多。互联网，就像电视一样，分散了人们在真实关系上花费的时间。线上的虚拟爱情与现实中面对面的亲密关系并不相同，网络性爱也只是人为制造的亲密假象。基于网络的个性化娱乐代替了线下聚在一起玩游戏。这种人为导致的孤立令人感到遗憾，因为我们进化的历史决定了我们天生需要真实的相互关系，这种关系里既有真笑，也有假笑。

正方观点：但是大多数人并不认为互联网会使人孤立。2014 年，美国有三分之二的互联网用户表示，电子沟通增强了他们与家人和朋友的关系。互联网的使用可能取代了面对面交流的机会，但它同时取代了人们看电视的时间。尽管网购对实体店不利，但它也为人际交往节省出了时间。远程办公也是如此，人们能够在家工作，从而有更多的时间陪伴家人。

为什么说通过互联网建立的关系不真实呢？在互联网上，你的外貌和所处位置不再重要。你的外貌、年龄和种族也不再是与人建立关系时的阻碍，人们的友谊决定于真正重要的东西——共同兴趣和价值观。在工作中，以电脑为媒介的讨论受地位的影响更小，因此人们可以更坦诚、更平等地参与其中。与面对面的交谈相比，以电脑为媒介的沟通促进了更多自发的自我表露，而且这些表露让人们感觉更加亲密。

网上的大多数调情都会无疾而终。一位多伦多的女士说："我知道每个用过线上相亲网站的人都有同样的感觉，那就是她们讨厌花费（或者说浪费？）几个小时和一个人闲聊，然后见面才发现他是个怪异的人。"芬克尔和他的同事对此并不感到意外。对亲密关系近一个世纪的研究使他们得出结论，在线相亲网站的算法不太可能实现他们所宣传的效果。对于一段关系能否成功的最佳预测因素，如沟通模式和其他相容性指标，都只有在人们见面并相互了解之后才会出现。

然而，通过网恋而走入婚姻的夫妇离婚的可能性较低，对自身的婚姻也更加满意。在互联网上建立的友谊和恋爱关系至少比面对面的关系多持续两年。在一项实验中，人们对于在网上认识的人会表现得更加诚实，并且会表露更多的信息。与面对面交流 20 分钟的人相比，人们更喜欢自己在线上交流 20 分钟的人。即使他们在两种情境下（线上和面对面）实际上遇到的是同一个人，情况也依然如此。调查显示，人们普遍认为互联网上的友谊与线下的关系一样真实、一样重要、一样亲密。

反方观点：互联网给了人们真实做自己的机会，但也给了人们伪装自己的机会，这种伪装有时甚至以性欺诈为目的。互联网上的色情作品就像其他形式的色情内容一样，会扭曲人们对性现实的认知，降低现实生活中伴侣的吸引力,让男性更多地以性为视角看待女性,把性胁迫当作微不足道的小事,为性情境中的行为提供心理图式,提高性唤醒水平,降低自我控制,诱导人们模仿无爱性行为。

最后,帕特南指出,"网络分裂现象"会限制以电脑为媒介的交流所带来的社会利益。互联网为听力受损者提供了上网的机会,但也给白人至上主义者提供了相互联络的平台,从而导致了社会和政治两极分化。

随着对互联网社会影响展开的辩论不断加深,帕特南提出:"最重要的问题并不是互联网对我们造成了什么影响,而是我们应该如何利用互联网。……我们如何利用这个先进的技术来增强我们的人际关系?我们如何改进技术来增强社会性的存在、社交反馈和社交线索?我们如何利用快速而经济的沟通方式去避免现实世界中的不足?"

亲密关系的结束

1971年,一个男人给他的新娘写了一首情诗,将它装进一个瓶子里,然后扔进了西雅图和夏威夷之间的太平洋。十年后,一人在关岛的海滩上慢跑时发现了它:

> 当你收到这封信的时候,我可能已经是个白发苍苍的老人,但我知道我们的爱依旧会像现在一样鲜活。

这封信可能需要一周，甚至几年的时间才能找到你……即使你永远无法收到这封信也没有关系。因为我早已将我们的爱铭记于心：我会不顾一切地证明我对你的爱。

——你的丈夫鲍勃

当人们通过电话联系到了这封情书原本的"收件人"——鲍勃的妻子，并把情书念给她听时，她突然大笑起来。她越听笑得越厉害。最后她只说了一句"我们离婚了"，然后就挂断了电话。

事实经常如此。人们将自己不满意的婚姻关系与想象中可以从其他地方获得的支持和情感比较后，许多关系就走到了终点。美国每年的离婚率是结婚率的一半。在20世纪60年代和70年代，随着离婚的经济和社会障碍逐渐消除，离婚率不断上升。正如吉尼斯所说："我们的寿命越来越长，而爱情却越来越短暂。"

谁会离婚？

要预测一种文化的离婚率，了解其价值观是至关重要的。在个体主义文化中，爱是一种感觉，人们关注"我的内心在说什么"；在集体主义文化中，爱包含义务，人们关注"他人会怎么说"。个体主义文化中离婚率更高。个体主义者更倾向于为了"只要我们相爱"就结婚，而集体主义者则通常是为了生活而结婚。个体主义者在婚姻中渴望获得更多的激情和个人满足感，这给双方关系带来很大的压力。在一项调查中，分别有78%的美国女性和29%的日本女性认为"保持浪漫"对美满的婚姻至关重要。芬克尔认为，在个体主义时代，婚姻变得更具挑战性，因为夫妻双方都期望在婚姻中

第 27 章 爱的起伏

投入更少的资源,却追求更多的满足——这构成了一个不可能成立的等式。

即使是在西方社会,那些以长期目标和持久意图建立一段关系的人会获得更健康、更稳定和更持久的伴侣关系。持久的关系根植于持久的爱和满足,同时也源于对离婚和分手成本的恐惧、道德责任感,以及没有潜在伴侣可以替代现任。对于那些决心维持婚姻的人来说,原因通常如此。

相比于结婚意愿,看重婚姻承诺的人通常能够忍受一次又一次的冲突和不满。一项全国性调查发现,那些婚姻不幸福但选择继续维持婚姻的人,在 5 年后再次接受访谈时,大多数对自己现在的婚姻"非常"或"相当"满意。

离婚的风险还取决于和谁结婚。满足下列条件的人一般不会离婚:

- 在 20 岁之后结婚。
- 两人都在稳定的双亲家庭中长大。
- 在结婚前有长时间的恋爱经历。
- 接受过良好的教育且教育背景相似。
- 有好的工作和稳定的收入。
- 生活在小城镇或农场。
- 在婚前没有同居或怀孕。
- 对宗教虔诚。
- 年龄相当,有相似的信仰和受教育水平。

这些预测因素中没有一个能单独作为稳定婚姻的必要条件。它们只是与持久稳定的婚姻相关，但并不存在必然的因果关系。但如果某个人的情况与上述这些因素都不相符，那么婚姻破裂几乎是必然的结果。如果一对夫妻符合所有的因素，他们很有可能白头偕老。几个世纪前，英国人认为如果陶醉于一时的激情之爱就决定走入婚姻是不明智的选择，这种观点或许是正确的。更明智的方法是根据背景、兴趣、习惯和价值观去挑选伴侣。

分离的过程

亲密关系有助于我们定义塑造自我概念的社会身份。因此，就像我们在关系开始时会经历生活中最美好的时刻——生育子女、结交朋友、坠入爱河——当关系结束时，无论是死亡还是关系破裂，我们也会经历生活中最痛苦的时刻。关系破裂会产生一系列可预测的结果，最开始是因失去伴侣而不能释怀，随后是深深的悲伤，最终产生情感上的疏离，放下过去并专注于新的事物，重新认识自我。由于人类通常会经历多个伴侣，我们进化出了一套应对分离的心理机制，进化心理学家称之为"伴侣排斥模型"。然而，深入而持久的依恋很难迅速分离；分离是一个过程，而不是一个事件。

在约会的情侣中，关系越密切、相处时间越长、可选择的替代伴侣越少，分手时就越痛苦。令人惊讶的是，鲍迈斯特和沃特曼的报告指出，在几个月或几年后，拒绝别人的爱比自己被拒绝会唤起人们更多的痛苦。他们的痛苦源于伤害他人的内疚感、心碎的爱人苦苦坚持所引起的不安，以及不知该如何应对的迷茫。对于已婚夫妇而言，离婚还有额外的代价：父母和朋友的震惊，违背誓言的内疚，家庭收入的降低，以及与子女相处时间的减少。尽管如此，每年仍有数百万对夫妻宁愿承担这些代价，也要从婚姻关系中解脱出来，他们认为继续一段痛苦而无回报的婚姻所付出的代价会更大。一项涉及328对已婚夫妻的研究发现，婚姻不和谐的人患抑郁症的风险会增加10倍。然而，当一段婚姻非常幸福时，生活的方方面面都会变得"非常幸福"（见图27-5）。

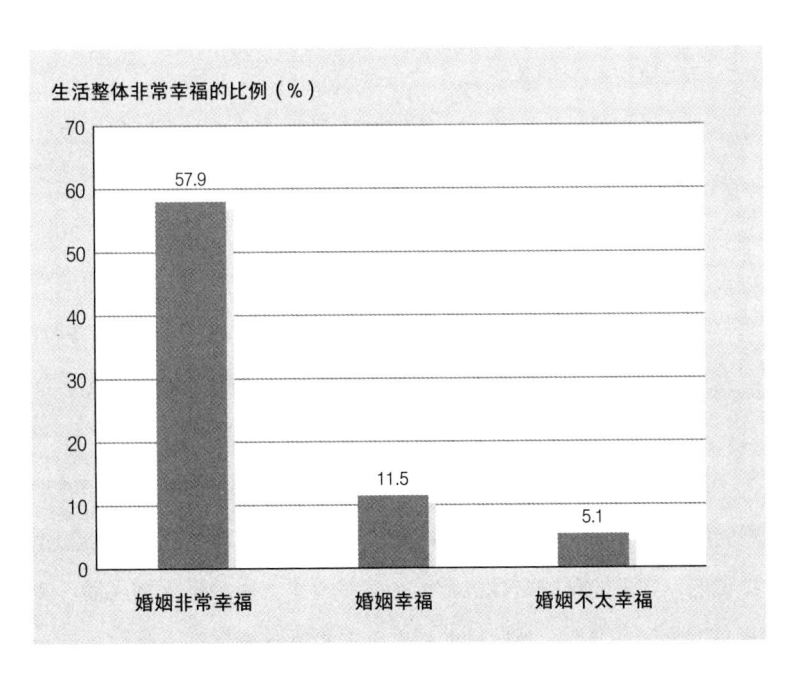

图27-5　美国民意研究中心对1972—2016年间33 555名已婚美国人的调查

当婚姻关系令人感到痛苦时，那些没有更好替代选择或觉得自己在关系中投入较多（通过时间、精力、共同的朋友、财产和孩子）的人会寻求离婚之外的其他应对方法。鲁斯布尔特和同事提出了人们处理失败婚姻关系的三种方式。有些人会表现为忠诚（通过等待情况改善）。当婚姻关系的问题太痛苦以至于无法面对，并且分离的风险太大时，人们会选择忠诚地坚持下去，期待昔日的美好能回来。有些人（尤其是男性）会表现为无视；他们的无视会导致关系恶化。无视痛苦和不满会导致情感上的分离，伴侣之间的交流减少，双方开始在没有彼此的情况下重新定义自己的生活。还有些人会表达自己在乎的内容，并积极采取措施改善关系，例如讨论问题、寻求建议并尝试改变。

涉及 4.5 万对夫妻的 115 项研究发现，不幸福的夫妻经常发生争执、命令对方、批评和贬低对方，幸福的夫妻更容易在思想上达成一致、赞同对方、向对方妥协，并且感到愉快。在观察了 2000 对夫妻后，戈特曼发现，健康的婚姻不一定没有冲突，但夫妻双方能够化解分歧，并且彼此间的关爱能超越批评指责。在成功的婚姻中，积极互动（微笑、触摸、赞美、欢笑）与消极互动（讽刺、反对、羞辱）的比例至少为 5∶1。

泰德·休斯顿和同事对新婚夫妇的长期追踪研究发现，能够预测离婚的因素不是痛苦和争吵（大多数新婚夫妇都经历过冲突）。事实上，真正能预测婚姻失败的因素是冷漠、希望破灭和无助。威廉·斯旺等人发现，当压抑的男性与爱批评的女性在一起时，这一点尤为明显。

第 27 章 爱的起伏

夫妻沟通训练有益于婚姻成功,他们能通过训练学会如何克制自己,避免出现恶意的诋毁,避免爆发冲突,并且学会用更积极的方式来思考和行动。在不可避免的争吵中,他们会陈述感受而不侮辱对方。他们用"我知道这不是你的错"之类的话来客观地处理冲突,不将冲突的矛头对准个人。研究者引导夫妻双方在争吵时减少情绪化地思考,并表现得像观察者一样客观,结果发现,在这种情况下,他们对自己的婚姻会更加满意。如果夫妻双方愿意像幸福的夫妻那样采取行动——减少抱怨和批评,增加肯定和赞同,留出时间冷静地表达彼此的看法,每天一起祈祷或休闲——那么失败的婚姻关系会有所改善吗?行为可以改变态度,是否也能改变情感呢?

凯勒曼、刘易斯和莱尔德想验证这种猜测是否成立。他们通过研究发现,热恋中的夫妻之间,眼神的凝视通常是持久而相互的。那么,对于不相爱的人来说,亲密的凝视是否能激发他们之间的感情呢?为了找到答案,他们让一对陌生的男女凝视对方的手或眼睛两分钟。当两人分开后,凝视对方双眼的人表示他们感到被对方吸引,并产生恋爱般的感觉。模仿相爱的行为也能激发爱情。

斯滕伯格认为,通过角色扮演和表达爱意,最初的浪漫和激情可以发展成持久的爱情:

> "永远幸福地生活在一起"并非只能出现在童话故事中。但如果要成为现实,幸福必须基于爱情在不同发展阶段所产生的相互情感的不同构造。那些期望激情永存或者永远亲密无间的夫妻一定会感到失望……我们必须不断努力去理解、建立和重构我们的爱情。关系是一种建构,如果不加以维护和改善,

它会随着时间的推移而疏离。我们不能天真地期望亲密关系会自我维持，就像我们不能期望建筑物会自行维护一样。相反，我们有责任为我们的爱情创造最佳的状态。

什么是保持婚姻幸福的心理要素？是志趣相投的心灵、亲密的交往和性关系、公平的情感和物质资源的付出与回报。那么，我们就可以充分质疑那句经典的法国谚语："爱情消磨了时间，时间也消磨了爱情。"但阻止爱情的凋零需要我们付出努力。例如，每天挤出时间来和伴侣聊聊当天发生的事情；克制自己的唠叨，尽量避免争吵，敞开心扉、坦诚相待；互相诉说和倾听对方的痛苦、担忧和梦想，努力将一段关系打造成"社会平等、没有阶级之分的乌托邦"，在这个乌托邦中，双方可以自由地给予和获取，共同决策，共同享受生活。

专有名词

○ **激情之爱**

强烈渴望与他人在一起的状态。具有激情之爱的人会沉浸在彼此的感情之中，因为获得伴侣的爱而欣喜若狂，也会因失去伴侣的爱而痛苦哀伤。

- **情绪的两因素理论**

  生理唤醒 × 标记 = 情绪。

- **相伴之爱**

  对那些与我们的生活深深交织在一起的人的喜爱。

- **公平**

  在这种情况下,人们从一段关系中获得的回报与他们对这段关系的贡献成正比。注意:公平的结果不一定总是等价交换。

- **自我表露**

  向他人透露自己的私密信息。

- **表露互惠**

  一个人自我表露的亲密程度与对话伙伴自我表露的亲密程度相匹配。

第28章
引发冲突的原因

世界各国的领导人用不同的语言重复着同一种论调:"我们国家是爱好和平的,但其他国家正在对我们造成威胁。因此,我们必须努力保护自己不受其他国家的攻击。只有这样,我们才能保卫我们的生活方式,维护持久的和平。"几乎每个国家都在强调和平是自己的唯一目标,但几乎所有的国家都不信任其他国家,为此它们会武装自己以达到自我保护的目的。其结果是,全世界每天在武器和军队上花费近50亿美元,而与此同时,全球每天都有数百万人死于营养不良或医疗资源短缺。

从国家到个人,引发冲突(知觉到的行动或目标不相容)的原因通常是类似的。让我们来认识这些引发冲突的原因。

社会困境

一些对人类造成威胁的重大问题，如核武器、全球性气候变化、海洋渔业枯竭等，其根源都是不同的利益集团追逐各自的私利所致。但具有讽刺意味的是，这些问题最终都会导致两败俱伤。人们可能会想："我排放的温室气体微不足道，而购买温室气体排放控制设备过于昂贵，这对我来说很不划算。"其他人也会有类似的想法。于是，最终就导致了我们现在看到的问题：气候变暖、冰层融化、海平面上升和更极端的天气。

当对个人有利的选择对整个集体不利时，我们就会面临一个困境：如何将追求个人利益与集体利益协调一致？

为了区分和研究这种社会困境，社会心理学家通过实验室游戏来揭示社会冲突的实质。冲突的研究者多伊奇指出："研究冲突的社会心理学家面临的情况与天文学家非常相似，我们无法对大规模社会事件开展真实的现场实验研究，但我们可以找出大样本和小样本之间的相似性来推导我们的理论，就像天文学家眼中的行星与牛顿的苹果之间的关系。这就是为什么实验室中少量被试参加的游戏可能会加深我们对战争、和平和社会正义的理解。"

让我们讨论一下这些游戏，它们都是社会困境（冲突各方陷入相互破坏行为的情境）的例子：囚徒困境和公地悲剧。

囚徒困境

囚徒困境来源于一个地方检察官分别对两名嫌疑人进行审问

的故事。检察官知道这两个犯罪嫌疑人实施了共同犯罪，但掌握的证据只能判很轻的罪。因此，检察官为了让每个犯罪嫌疑人单独认罪，设置了一种激励机制：

- 如果犯罪嫌疑人A认罪而犯罪嫌疑人B不认罪，检察官将豁免A的罪行，并根据A的供述认定B实施了相关罪行并判处较重的刑罚（如果犯罪嫌疑人B认罪而犯罪嫌疑人A不认罪，则情况相反）。
- 如果两个犯罪嫌疑人都认罪，则每人都将受到中等程度的刑罚。
- 如果两个犯罪嫌疑人都不认罪，则每个人都将被判处较轻的刑罚。

在图28-1的矩阵中总结了这些选择。如果你是一个面临这种困境的犯罪嫌疑人，且没有机会与另一个犯罪嫌疑人商量，你会选择认罪吗？

尽管两人都不认罪比两人都认罪的刑罚轻，但许多人都说他们会认罪。这可能是因为，无论另一个犯罪嫌疑人做出什么决定，自己认罪都比单独被定罪更有利。

大学生在实验室中探讨了类似的囚徒困境，在这些情境中，他们需要做出的选择可以是背叛（选择不合作）或者合作，而结果可以是筹码、金钱或学分。在任何给定的决策中，一个人选择背叛会比选择合作更有利（因为这种行为可以利用对方的合作，也可以防止被对方利用）。然而问题在于，如果双方不合作，他们最终的结

第28章 引发冲突的原因

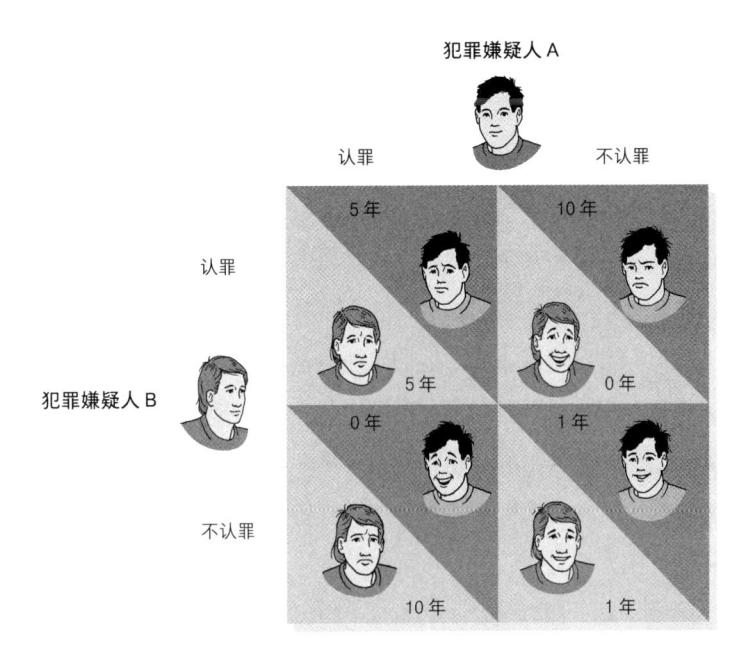

图28-1 经典的囚徒困境[1]

果比选择相互信任的结果差。这种困境经常让双方陷入发狂的状态，一方面双方都意识到他们可以共同获利，但因为无法沟通且不信任彼此，他们又经常陷入不合作的困局。在校园之外，这样的例子比比皆是：巴以冲突政党之间在税收和赤字问题上的矛盾，以及雇主

---

[1] 在每个方框中，对角线上方的数字代表犯罪嫌疑人A得到的处罚。如果两个犯罪嫌疑人都认罪，他们都会被关5年。如果两个人都不认罪，他们都会被关1年。如果其中一个犯罪嫌疑人认罪，这个犯罪嫌疑人将被释放，而未认罪的犯罪嫌疑人将被关10年。如果你是其中一个犯罪嫌疑人，并且无法与你的同伙商量，你会选择认罪吗？

和罢工的工人在工资问题上的冲突,这些冲突似乎都是社会困境,并且具有高昂的代价。

惩罚他人,或者不予合作,似乎是一种聪明的策略,但在实验室中,这可能产生反作用。惩罚通常会引发报复,这意味着那些进行惩罚的人往往会将冲突升级,导致结果的恶化。惩罚者认为惩罚是一种防御性自卫反应,而被惩罚者则将其视为进一步的攻击。在被惩罚者有机会进行回击时,他们可能会采取更猛烈的反击,因为他们觉得自己只是以牙还牙。在一项实验中,实验者设计了一个机械装置,当参与者自己的手指受到挤压后,可以使用这个机械装置将压力传递给另一个人的手指。尽管实验者要求参与者给对方施加相同强度的压力,但他们在实际回应时通常会增加40%的力量。因此,轻触很快就升级为重压,就像小孩子经常会说:"我只是碰了他一下,然后他就打我!"

公地悲剧

很多社会困境都包含了两个及两个以上的利益方。气候变化源于滥砍滥伐以及汽车、炉灶和燃煤电厂排放的二氧化碳。每辆汽车排放的尾气看似都微乎其微,但所有的车汇集到一起,就会造成严重的危害。为了模拟这种社会困境,研究人员提出了涉及多个主体的实验室困境模型。

生态学家加勒特·哈丁将社会困境的丑恶人性比喻为公地悲剧。这个名称来源于旧时英国乡镇中心的牧场。想象一下,100个农民占有一块可以养活100头奶牛的公共饲养地。当每个农民只放牧一头牛时，他们对公地资源的利用是最优的。但是某一个农民可能会有这样的想法："如果我在牧场多养一头牛，我的产量会翻倍，而土地只会受到一点点影响，这只是 1% 的过度放牧而已。"然后他就理所应当地放入了第二头牛。然而，其他农民同样如此。结果就不可避免地导致了公地悲剧。一片土地肥美的牧场沦为一块荒芜的田地，还有一群饥饿的牛。

在当今世界，类似的公地悲剧可以是我们的空气、水源、鱼类或者任何共享但有限的资源。如果每个人都适度使用资源，资源就有机会及时自行再生。植被能够生长，鱼类可以繁殖，水库会被积满。但是一旦过度使用资源，公地悲剧就会发生。

同样，环境污染是由许多轻微的污染逐步累积起来的。污染行为给污染者带来的好处远远超过了停止污染给他们自身（和环境）带来的好处。为了保持个人空间的卫生，我们在公共场所——休息室、公园、动物园等地——乱扔垃圾。我们会为了眼前的直接利益而消耗人类的自然资源，例如，洗一个长长的热水澡对环境产生的影响简直微乎其微。捕鲸者认为，即使他们不去捕鲸，其他人也会去捕，况且仅仅捕捞几头鲸几乎不会对这个物种产生什么影响。这其中就蕴藏着悲剧。与所有人密切相关的事竟成为无人关心的事，比如环境保护。

这种个体主义的想法是美国人特有的吗？佐藤香织在日本进行了类似的实验。日本是一个拥有浓厚集体文化的国家。在实验中，他给日本学生提供了一个在虚拟的森林中砍伐树木以赚取现金的机会。这片虚拟森林是由学生共同种植的，他们每个人都支付了相同的金额来分担种植的成本。然而一旦他们可以通过砍伐虚拟的树木得到现金，与西方文化背景下的研究结果一致，超过一半的树木在生长到最佳砍伐时机之前就被抢着砍伐了。

佐藤香织的森林实验让我想起了我自己家里那个每周都会补充一次的饼干罐。我们应该做的是保证饼干罐不是空的，确保我们每个人每天可以吃到两三块饼干。但由于缺乏节制和对其他家庭成员的不信任，我们实际上会忍不住一个接一个地吃饼干来最大化自己的利益。结果就是，不到24小时，饼干罐就空了，在一周剩余的时间里都是空空如也。

囚徒困境和公地悲剧有一些相似之处。首先，这两种困境都诱使人们将自己的行为动机解释为情境的压力（"我必须保护自己免受对方的利用"），主观地解释对方的行为（"她很贪婪""他不可靠"）。但大多数人没有意识到，对方在评价他们时，也会有一样的基本归因错误。

当穆斯林杀害美国人时，西方媒体将这些杀戮归因于他们邪恶的性格，将其视为野蛮、狂热和充满仇恨的恐怖分子。当一名美国士兵杀害16个阿富汗人，其中还包括9个儿童时，人们却解释说他是迫于经济压力和婚姻问题，并且因未能获得晋升而感到沮丧。对暴力行为的解释会因解释者的身份而异。

其次，行为的动机时常会发生变化。起初，人们渴望赚快钱，然后变成了尽量减少损失，最后是为了保存脸面，避免失败。20世纪60年代美国在越南战争中不断变化的动机就是如此。起初，约翰逊总统的演讲表达了对民主、自由和正义的关注。随着冲突的升级,他的关注重点转向保护美国的荣誉,避免战败带来的耻辱。同样的事情也发生在伊拉克战争中,最初的开火理由是摧毁萨达姆的大规模杀伤性武器,然后(当没有发现任何武器时)就变成为了推翻萨达姆的政权。

最后,现实生活中的大多数冲突,如囚徒困境和公地悲剧,都是非零和博弈。博弈双方获得的利益和损失之和不一定为零。双方都可以赢,也都可以输。每场博弈都将个人的短期利益与群体的长期利益对立起来。每场博弈都是一个社会困境,即使每个人都表现得很理性,仍然有可能产生伤害。毕竟,日益增厚的二氧化碳层所带来的全球变暖并不是哪个丧心病狂的人有意策划的。

并非所有的利己行为都会导致对集体有害。在一片资源丰富的公地上,每个人都追求个人利益最大化,就会促进整个社会的利益。就像18世纪的资本主义经济学家亚当·斯密所描述的世界一样:"我们能吃到晚餐,并不是因为屠夫、啤酒商或面包师的善意,而是因为他们关心自身的利益。"

解决社会困境

在现实生活中,许多人以合作的心态来应对社会困境,并期望其他人也进行类似的合作,从而使集体获得更好的发展。实验室中的两难困境研究为我们提供了几种促进共同利益的方法。

管制

如果缴纳税款是完全自愿的,会有多少人愿意支付全部的税额呢？现代社会显然不能依靠慈善来支付学校、公园、社会和军事安全的开支。我们制定很多规则来保护公共资源。长期以来，捕鱼、狩猎的季节和限度都受到监管；在全球范围，国际捕鲸委员会制定了"捕捞"计划，对捕捞行为进行限制，给鲸类足够的繁殖机会。同样，阿拉斯加的比目鱼渔场实施"捕捞配额"政策——每个渔民每年都能得到一定比例的可捕捞量，从而大大减少了过度捕捞的行为。

小即是美

另一种解决社会困境的方法是：缩小群体规模。在一个相对较小的群体中，每个人能更加清楚地感觉到自己对集体的责任和影响。随着群体规模的扩大，人们更可能会认为，"反正我的影响也是微不足道的"——这是不合作的一种常见的借口。

在较小的群体中，人们还会对团体的成功产生更多认同。居住稳定性——相同的家庭住在同一个社区——也会加强公共认同和亲社会行为。我在太平洋西北岛上长大，我家和几户邻居共用一个供水系统。在炎热的夏天，当水库的水量不足时，警示灯会亮起，提醒我们这 15 个家庭需要节约用水。当我们意识到我们对彼此的责任，并且感到自己的节约很重要时，每个家庭都开始节约。于是，我们的蓄水池从未干涸过。

在相对较大的群体中，比如一个城市，很少有自觉的节约。2018 年，开普敦成为世界上第一个缺水的大城市，该市近 400 万人被告诫要采取极端措施来节约用水。然而，每个人都会想："我冲个厕所或洗个澡不会对城市的水库产生明显的影响。"因此，居民和企业的节约都没有达到预期，城市水库几乎被耗尽。

进化心理学家罗宾·邓巴指出，部落村庄和氏族的规模通常有大约150人——既足以相互支持和保护，又不会超过一个人的监管范围。他相信，这个看似自然形成的群体规模也是商业组织、宗教团体和军事作战单位的最佳规模。

沟通

要解决社会困境，人们必须进行沟通。无论是在实验室还是在现实生活中，群体沟通有时会恶化为威胁恐吓或侮辱谩骂。但更多情况下，沟通可以促进合作。对困境问题的讨论有助于建立群体身份认同，加强对群体中个人利益的关注。群体也可以通过沟通制定群体规范、达成一致的期望，并引导群体成员遵守规范。沟通能够促进群体成员之间的合作。

在缺乏沟通的情况下，那些预期他人不会合作的人，自己也必然会拒绝合作。对他人缺乏信任的人肯定不会与人合作（为了防止自己被利用），而不合作又进一步增加了不信任（"我还能做什么？这是个竞争残酷的世界"）。在实验中，沟通减少了不信任感，促使人们为了共同的目标而达成一致。

改变激励机制

当实验人员通过改变激励机制来奖励合作和惩罚自私行为时，人们的合作行为会增加。改变激励机制也可以解决实际生活中的困境。在一些城市中，高速公路堵塞和空气污染的现象非常普遍。这是因为人们都很享受自己开车上班的便利，并且认为多一辆车不会对交通拥堵和空气污染产生明显的影响。为了改变人们的想法，许多城市通过政策调整激励人们拼车或者改用电动汽车，例如在高速公路上设立公交专用车道或降低拼车的过路费。

△ 规范和预期很重要。股票市场交易大厅通常不强调合作，但许多社区团体和工作场所会强调合作。

图 28-2

倡导利他规范

当合作明显有利于公共利益时，人们可以有效地诉诸社会责任规范（更多信息请参见第 30 章）。在 19 世纪 60 年代争取民权的斗争中，许多领导者为了更大群体的利益而甘愿忍受折磨、殴打和监禁。在战争年代，人们会为国家和民族利益做出巨大的个人牺牲。

正如温斯顿·丘吉尔在谈到第二次世界大战时所说,皇家空军飞行员的行为是真正的利他主义:很多人都对那些飞向战场的人表示感激,因为他们明知有70%的概率无法平安返回,却还是义无反顾。

综上所述,为了减少社会困境的危害,我们可以采取:建立规则以限制自利行为;划分较小的群体规模;保持充分沟通;改变激励机制使合作获得更多回报;倡导利他规范。

竞争

当不同的群体为稀缺的职位、住房或资源而竞争时,常常会产生敌对情绪。当存在利益争执时,冲突就会爆发。研究发现,感知到的经济危机或恐怖威胁会导致荷兰公民右倾威权主义的增加。同样,伦敦的恐怖爆炸增加了英国人对穆斯林和移民的敌对情绪。感知到的威胁会加剧偏见和冲突,而偏见和冲突又进一步加剧人们对威胁的感知,最终形成一个恶性循环(见图28-3)。

图28-3 感知到的威胁与偏见和冲突的恶性循环

为了研究竞争的影响，我们可以随机将人们分成两组，让他们为稀缺的资源而竞争，并记录他们在竞争中的行为模式。这正是谢里夫和同事在一系列著名的实验中所做的，他们实验的对象为11岁到12岁的普通男孩。这些实验的灵感可以追溯到1919年，那时谢里夫作为一名少年目睹了希腊军队入侵土耳其的过程：

> 他们开始四处杀人。（这）给我留下了深刻的印象。从那时起，我开始对人类之间为什么会发生这些事情产生了疑惑……我希望通过学习必要的科学和专业知识来解释这种群体之间的野蛮行为。

为了研究野蛮行为的社会根源，谢里夫在几个为期三周的夏令营活动中检验了可能的影响因素。在一项研究中，他将22名素不相识的俄克拉荷马城男孩随机分为两组，分别带他们乘坐不同的巴士前往童子军营地，并将他们安顿在俄克拉荷马州罗伯洞穴州立公园内相距约800米的宿舍楼中。在第一周的大部分时间里，两组都不知道对方的存在。通过各种活动中的合作行为——准备餐食、露营、修理游泳池、建造绳桥——每个小组很快变得紧密团结起来。他们分别为自己的小组取了名字："响尾蛇"和"雄鹰"。其中一个宿舍还挂出了"家，甜蜜的家"的字样，来表达他们在集体中感受到的快乐。

群体认同感建立后，两个小组就进入了产生冲突的阶段，在第一周将要结束时，"响尾蛇"组的成员发现"雄鹰"组"在'我们的'棒球场上"。当营地工作人员提议两个小组开展一系列竞争比赛（如棒球比赛、拔河比赛、宿舍检查、寻宝游戏等）时，两个小组都积极地响应了。这是一场非赢即输的竞争。获胜的一方将获得所有的战利品（奖牌和刀具）。

结果如何呢？整个营地进入公开的争斗状态。就像戈尔丁在小说《蝇王》中描绘的那样——困在荒岛上的男孩之间的社会瓦解了。在谢里夫的研究中，冲突始于双方在竞争活动中的相互辱骂。很快，冲突升级到餐厅里的"垃圾大战"，他们烧毁对方的旗帜，洗劫对方的营地，甚至动手互殴。当要求男孩描述另一个小组时，他们会说对方是"卑鄙的""自作聪明的"和"臭小子"，却将自己的小组描述为"勇敢的""坚强的"和"友好的"。这是一段痛苦的经历，甚至导致一些男孩后来出现尿床、逃跑、想家的情况，并在后来回忆时感到非常不愉快。

批评者认为这些研究结果是经过精心策划的。他们断言是谢里夫有意在实验中鼓励冲突，因为他希望通过这项研究来证明他对有害竞争和有益合作的猜想。然而，这种决出胜负的竞争确实会产生激烈的冲突，还会导致对外群体的负面印象，并使群体内成员产生强烈的凝聚力和自豪感。群体极化无疑加剧了这种冲突。在促进竞争的情境中，群体会表现得比个人更具竞争性。即使被告知要提倡容忍，群体内的讨论还是会加剧对冲突群体的厌恶。

所有这些情况发生时，两个群体之间不存在任何文化、身体或经济上的差异，而且这些男孩在他们原来的群体中都是"精英"。谢里夫指出，如果我们在那时参观营地，就会认为这些孩子是"一群邪恶、自私、贪婪的坏小子"。然而实际上，他们邪恶的行为是由邪恶的环境诱发的。幸运的是,正如我们将看到的,谢里夫不仅使陌生人变成了敌人,还将敌人变成了朋友。

感知到的不公正

"这太不公平了!""多么卑鄙啊!""我们应该得到更好的!"这些评论代表了因感知到的不公正而产生的冲突。

但是什么是"公正"呢?根据一些社会心理学理论家的观点,人们将公正视为公平性——按照个体贡献的比例来分配奖励。如果你和"杰米"有某种关系(雇主—雇员、老师—学生、丈夫—妻子、同事),那么当你们的付出和所得满足下列等式时,你们之间是公平的:

$$\frac{我的所得}{我的投入} = \frac{你的所得}{你的投入}$$

如果你的贡献比杰米多,而获得的收益却比杰米少,你会感到被压榨和恼怒;杰米可能会因为压榨了你而感到内疚。然而,你对不公平的感知很可能比杰米更敏感(注意:平等 = 相同的结果;公平 = 人们的所得与贡献成比例)。

我们也许会同意用公平原则来定义公正,但我们对社会关系是否公平往往存在分歧。如果两个人是同事,他们会怎么看待自己的投入呢?年长的员工可能更倾向于以资历为标准决定薪水,而年轻的员工则更希望关注当前的绩效。面对这种分歧，谁的意见会胜出呢？那些拥有社会权力的人通常更容易说服自己和他人：他们所得到的就是他们应得的。这被称为"黄金定律"：拥有黄金的人可以制定规则。

误解

在本章开头我们提到，冲突是知觉到的行动或目标的不相容。实际上，许多冲突中真正不一致的目标只是核心目标的一小部分；而更大的问题在于我们会误解对方的动机和目标。正如"雄鹰"组和"响尾蛇"组之间确实存在一些真正不相容的目标。但他们对对方的误解从主观上夸大了他们彼此之间的差异（见图28-4）。

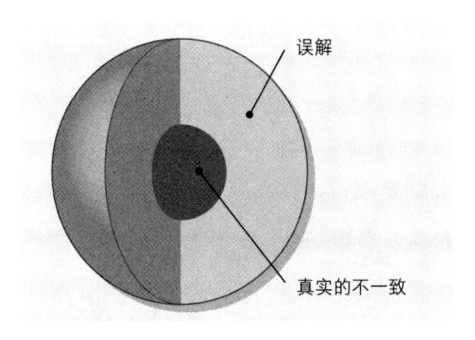

图 28-4　在多数冲突中，只有核心的一小部分是真正的不一致，外面包裹的是各种各样的误解

在前面的章节中，我们讨论过产生误解的原因：

- 自我服务偏差使个人和群体乐于接受对自身善行的赞誉，推卸对恶行的责任。
- 自我合理化的倾向使人们否认自身的错误行为。（"你说我打了他？我根本就没碰到他！"）
- 由于基本归因错误，冲突中的双方都将对方的敌意行为视为他们邪恶的品质。
- 然后，一方会按照自己的成见过滤并理解得到的信息。
- 在群体中，自我服务偏差、自我合理化和偏见的倾向都会得到极化。
- 群体思维的一个表现是认为自己所属的群体高尚且强大，将对立的群体视为邪恶的和弱小的。恐怖主义行为在大多数人眼中是卑鄙的残忍行径，但在一些人眼中却被视为"圣战"。
- 实际上，仅仅成为一个群体的成员，就会使人产生内群体偏见。
- 对外群体的负面刻板印象一旦形成，人们往往会抵制相反的观点。

因此，不必感到惊讶，我们应该清醒地认识到，冲突中的人们会扭曲彼此的形象。有趣的是，误解的类型是可预测的。

镜像知觉

人们在冲突中的误解往往是相互的，这一点显而易见。冲突中的人们会美化自己，丑化对方。布朗芬布伦纳在 1960 年访问苏联时，用俄语和许多苏联民众进行交流。他惊讶地发现，他们对美国的评价与美国人对苏联的评价如出一辙。苏联人说美国政府具有军事侵略性，剥削和蛊惑美国民众，是一个不值得信任的政府。"我们慢慢且痛苦地发现，苏联人对美国人歪曲的印象与我们对他们的印象居然惊人地相似，二者如同镜像一样。"

当两方感知到冲突时，至少有一方对另一方存在误解。当这种误解存在时，布朗芬布伦纳认为："在后果的严重性方面，没有能与之相媲美的心理现象……因为这种印象的特点就是自我证实。"如果 A 认为 B 怀有敌意，A 可能会以充满敌意的方式对待 B，那么 A 的期望就得到了证实，也因此开始了一个恶性循环。多伊奇解释道：

> 当你听到了一个小道消息说有一个朋友在背后说你的坏话；一旦你选择相信这个消息，你对待这个朋友的方式会变得非常冷淡；然后他为了回击就诽谤你，这正好证实了你原先的想法。同样，如果东、西方的决策者都认为战争可能爆发，其中一方试图加强对另一方的军事防备，另一方的反应将证明加强军事防备的必要性。

负面的镜像知觉在许多地方阻碍了和平的进程：

○ **中东的认知。**阿拉伯国家与以色列冲突的双方坚称，"我们"是出于保护自身安全和领土的需要而采取行动，但"他们"则想要消灭我们并吞并我们的土地。"我们"是这里的原住民,"他们"是侵略者;"我们"是受害者,"他们"是侵犯者。在如此强烈的不信任下,谈判就变得异常困难。

- **到底什么是恐怖主义?** 对恐怖主义的定义取决于旁观者的视角。中东地区的一项民意调查发现,98%的巴勒斯坦人认为携带步枪的以色列人在清真寺里杀害29名巴勒斯坦人的行为就是恐怖主义,但82%的人也认为携带自杀性炸弹的巴勒斯坦人致使21名以色列年轻人死亡的行为不属于恐怖主义。以色列人对暴力行为的反应同样带有偏见,他们认为巴勒斯坦人都带有邪恶的意图。
- **我方偏见。** 无论智力如何,人们都会表现出我方偏见。在一个实验中,美国学生更有可能支持禁止一辆事故频发的德国汽车进入美国道路,而不是禁止一辆同样事故频发的美国汽车进入德国道路。甚至在言行逼供的问题上,当实施酷刑的人是"我们"而不是"他们"时,采用酷刑也变得更合情合理。
- **政治极化。** 在政治极化现象很普遍的美国,无论是民主党还是共和党,都认为自己的一方充满爱和人文关怀,而对方党派则充满仇恨和邪恶。

津巴多指出,这种冲突将世界划分为"一个由好人(我们)和坏人(他们)组成的二元世界"。歌德尔曼和伦肖恩指出,事实上,40年来的心理学研究揭示的所有偏见都是导致战争的根源:这些偏见"使国家领导人夸大对手的邪恶意图,误解对手对他们的看法,并且在战争开始时过于乐观,而在谈判中又不愿意做出必要的让步"。

冲突中对立的双方往往夸大彼此之间的差异。在堕胎和政治相关的问题上，各党派总是夸大对手与自己的分歧，而实际上对手与他们的一致性要超出他们的想象。在移民和平权的问题上，支持者的态度并不像对手想象的那样自由开放，而反对者也不像对手想象的那样保守。如弗兰茨指出，对立双方还倾向于存在"偏见盲点"。他们认为自己的想法不会受到他人态度的影响，但是他们却把那些与他们意见不合的人看作不公平的和有偏见的。

群体冲突往往受到一种错觉观点的推动：敌方的高层领导者是邪恶的，但他们控制着的人民是支持我们的。这种"领导者邪恶—人民善良"的观点在美苏冷战期间得到了明显的体现。美国参与越南战争时认为，只要进入地方控制的地区，大批当地民众就会揭竿而起加入战斗。而根据后来被隐藏的信息披露，这些只是美军的一厢情愿罢了。2003年，美国开始了对伊拉克的战争，他们以为会存在"一个庞大的地下组织，协助美军建立安全和法律体系"。可惜，这个地下组织并没有出现，战后留下的"安全真空"却导致了对美国军队持续不断的抢劫、破坏和袭击。

知觉转换

如果误解总是伴随着冲突，那么它们应该会随着冲突一起出现和消失。事实证明确实如此，二者之间具有惊人的规律性。朋友可以变成敌人，同样，敌人也可以变成盟友。因此，第二次世界大战期间美国民众心目中"毫无人性、残暴奸诈的日本人"，在战后迅速成为美国媒体和民众眼中"聪明、勤奋、自律、机智的盟友"。

在冲突中误解的严重程度让人不寒而栗：并不是只有疯狂恶毒的人才会歪曲现实。当我们与另一个国家、另一个群体，甚至只是与室友或父母发生冲突时，我们很容易误以为自己的动机是正确的，而对方的出发点是邪恶的。同样，对方也会以相同的方式看待我们。

因此，当冲突双方陷入社会困境中、为有限的资源而竞争或感到不公正时，冲突会一直持续下去，直到出现某个机会让冲突双方抛开偏见和误解，共同努力解决实际的分歧，冲突才能被化解。因此，一个很好的建议是：当发生冲突时，不要先入为主地认为对方和你在价值观和道德上格格不入。相反，尝试分享自己的看法，比较彼此的观点，你就会发现，也许对方只是站在不同的角度看待问题。

专有名词

- **冲突**
  知觉到的行动或目标的不相容。

- **社会困境**
  冲突各方因为追求自身利益最大化而陷入相互破坏的情境中。如囚徒困境和公地悲剧。

- **公地悲剧**

    "公地"是指任何共享资源,包括空气、水、能源和食物等。当个体的消耗超过其原本的份额时,由此产生的成本会分摊给所有人,最终导致公地的崩溃,即悲剧的发生。

- **非零和博弈**

    在这种博弈中,博弈双方获得的利益和损失之和不一定为零。通过合作,双方都可以获胜;通过竞争,双方都可能失败。

- **镜像知觉**

    冲突各方对彼此的相互看法呈现镜像的特点。例如,每一方都认为自己是道德的、爱好和平的,而对方则是邪恶的、好斗的。

第29章
和平的缔造者

我们已经了解了社会困境、竞争、感知到的不公正和误解会如何引发冲突。尽管这些问题看似很严重，但并非没有希望得到解决。有时敌人也可以转变为朋友。为了将人对变成朋友，社会心理学家提出了四种"化敌为友"的策略。我们可以将这些策略简称为"4C"：接触（Contact）、合作（Cooperation）、沟通（Communication）与和解（Conciliation）。

接触

让两个存在冲突的个人或团体进行密切接触，能否促使他们相互了解并产生好感呢？也许是有可能的。我们已经知道，接近性包括互动、对互动的预期和纯粹暴露，都有助于增加人们之间的好感。进一步研究还发现，在废除种族隔离之后，公开的种族偏见明显减少，这表明态度会随着行为的变化而发生变化。

接触能预测态度吗？

总体而言，接触可以预测容忍。在一项详细的研究中，综合了来自38个国家的250 555人的516项研究数据。这项综合研究分析发现，其中94%的研究结果表明，增加接触可以预测到偏见的减少，尤其是在多数群体对少数群体的态度方面。

最新的研究进一步扩展了对接触和积极态度关系的认知，该研究包含了波斯尼亚、以色列、巴勒斯坦、土耳其、北爱尔兰、黎巴嫩、利比里亚、南非和英国进行的最新研究：

- **南非。**在南非，黑人与白人的种族间接触越多，他们的种族偏见就越少，对其他种族的政治态度也越赞同。
- **穆斯林。**在荷兰，青少年与穆斯林的接触越多，对穆斯林的接受程度就越高。
- **室友和家庭。**对白人学生来说，与黑人室友相处可以改善他们的种族态度，让他们更自如地与其他种族的人相处。与单个外群体成员的密切联系，比如跨种族收养或拥有一个同性恋孩子，同样可以将人们与外群体联系起来，减少隐性偏见。
- **代沟。**年轻人与老年人的接触越多，他们对老年人的态度就越积极。

- **间接接触。**即使是间接接触也能降低偏见，比如通过阅读故事进行想象，或者通过朋友关系与外群体朋友建立联系。那些阅读《哈利·波特》系列的人，由于书中呈现了对污名化群体的支持性接触，会对移民、同性恋和难民有更为积极的态度。这种间接接触效应也被称为拓展性接触效应，有助于在同辈群体之间传播更多积极的态度。

自20世纪60年代以来，美国的公开偏见随着种族隔离的废除而逐渐消失。这是因为种族间的接触改善了人们的态度吗？那些真正经历过废除种族隔离制度的人是否受到了该制度的影响呢？

种族融合是否能改善种族态度？

学校废除种族隔离制度带来了明显的好处，比如帮助更多的黑人进入大学并取得成功。那么废除种族隔离制度是否在学校、社区和工作场所也产生了积极的社会结果？目前的证据表明存在正反两方面的影响。

一方面，许多在废除种族隔离制度期间和之后进行的研究发现，白人对黑人的态度有了明显改善。在百货商店的店员和顾客、店主、政府工作人员、警察、邻里和学生中，种族间的接触使得歧视减少了。例如，在第二次世界大战即将结束时，美国陆军废除了一些步枪连的种族隔离制度。当被问及对废除种族隔离制度的意见时，在仍然存在种族隔离制度的连队中，只有**11%**的白人士兵表示赞成。而在已经废除种族隔离制度的连队中，有**60%**的白人士兵表示赞成。他们展示了"系统合理性"——人们倾向于维持现状，不

△ 部分研究发现，学校取消种族隔离改善了人们的种族态度。后续研究验证了种族融合产生的积极结果。

图 29-1

愿意做出改变。

多伊奇和柯林斯（在一个现实场景的研究中观察到了类似的结果。根据州法律的规定，纽约市在其公共住房管理中废除了种族隔离，为家庭分配公寓的过程不再考虑种族因素。与纽约一河之隔的新泽西州纽瓦克市也经历了类似的发展过程，黑人和白人最初被分配到不同的住宅区。调查结果显示，在废除种族隔离的住宅区里，白人女性更有可能支持不同种族的人混居，并且表示她们对黑人的态度已经有所改善。曾经被夸大的刻板印象在现实面前逐渐消失了。正如一位女性所说："我真的开始喜欢这种新制度。我发现他们和我们是一样的人。"

这些研究结果促使美国最高法院在 1954 年做出了在学校废除种族隔离制度的决定，同时也推动了 20 世纪 60 年代的民权运动。然而，学校废除种族隔离制度的效果并不尽如人意。通过回顾所有此类研究，斯蒂芬得出结论称，废除种族隔离制度对种族态度的影响很小。对黑人而言，废除种族隔离制度带来的最显著影响不在于种族态度的改变，而是给他们提供了更多的机会进入种族混合（或以白人为主）的大学和居民区，以及在种族混合的地方工作。

因此，我们可以看到，废除种族隔离有时会改善种族态度，但有时，特别是存在焦虑或感知到威胁时则不会。这种差异激起了科学家们的好奇心。我们应该如何解释这种差异呢？到目前为止，我们提到了各种废除种族隔离的做法。然而，废除种族隔离的有效方法需要分情况讨论。

种族融合何时能改善种族态度？

不能改善种族态度的情况：自我隔离

观看其他种族的面孔是否会增加对该种族陌生人的喜爱呢？泽布罗维茨和同事在给白人被试观看亚洲人和黑人面孔时发现，事实确实如此。

研究人员调查了数十所废除种族隔离的学校，观察了特定种族的孩子会与他人一起进餐、交谈和游戏的情况。结果发现，种族的不同影响了孩子们之间的接触。白人孩子更倾向于与白人孩子交往，黑人孩子则倾向于与黑人孩子一起玩。在南非一个废除种族隔离的海滩上，也能看到同样的自我隔离现象。正如迪克森和杜尔海姆在一个仲夏的下午所记录的黑人、白人和印度人在海滩游玩的位置时发现的那样（见图29-2）。

图 29-2　废除种族隔离并不意味着接触[1]

废除种族隔离的社区、咖啡厅和餐厅可能创造不出无种族界限的互动。在学校餐厅中，人们可能会想："为什么所有黑人孩子都坐在一起？"（白人孩子也是如此）研究者在一项现场研究中观察

---

[1] 在废除种族隔离之后，南非的斯科茨堡海滩成为"开放性"海滩，但黑人（用黑色圆点表示）、白人（用白色圆点表示）和印度人（用灰色圆点表示）还是倾向于和自己种族的人聚集在一起。

了开普敦大学的26个讨论小组在119个上课时段的表现，每个小组平均有6个黑人学生和10个白人学生。研究人员通过统计发现，平均而言，如果要实现完全的融合，需要给71%的黑人学生调换座位。

即使在同一种族内部，人们也会存在自我隔离的倾向。北爱尔兰阿尔斯特大学的研究人员在观察课堂上天主教和新教学生的座位时发现了这一现象。

促进接触有时有助于改善种族态度，但有时也无济于事。一个信奉天主教的年轻人在北爱尔兰的学校进行交换学习后解释道："我希望有一天我们能够成立一些只有新教徒的学校，因为学校本来应该是融合性的，但现实中很少会真的融合。这不是因为我们不想接触，只是真的很尴尬。"缺乏接触的一部分原因在于一孔之见。许多白人和黑人表示他们希望有更多的接触，却误以为对方不愿意。

能改善种族态度的情况

与之相反，早期对店员、士兵和邻里关系的研究结论得到了理想的结果，因为有大量的种族间的接触，这足以减少群体间最初接触时产生的焦虑。其他研究也表明，当涉及长时间的个人接触时，结果也是积极的，例如黑人囚犯和白人囚犯之间，跨种族夏令营中的黑人女孩和白人女孩之间，大学里黑人室友和白人室友之间，黑人、有色人种和南非白人之间，以及美国土著和移民之间。同样的情况也发生在北爱尔兰、塞浦路斯和波斯尼亚的群体间接触项目中。一个项目将以色列和巴勒斯坦青年带到美国参加为期三周的夏令营,该项目中的青年对种族态度产生了明显而持久的改善。

那么,群体间接触是如何减少偏见,并增加对种族平等的认同呢?群体间接触可以通过以下方式实现这一目标:

○ 减少焦虑(更多的接触会带来更大的安慰)。
○ 增加共情(接触帮助人们换位思考)。
○ 增进了解(使人们发现彼此的相似之处)。
○ 减轻威胁感(缓解被夸大的恐惧感,增加信任)。

在德国或英国留学的美国学生中,与当地人接触得越多,他们对当地人的态度就越积极。寄宿家庭也会因为有交换生的经历而发生态度的改变;他们对新鲜的体验有更加开放的态度,更有可能从对方的文化视角看待事物。

对大约 4000 个欧洲人的调查显示,友谊是成功接触的关键:如果你有一个来自少数群体的朋友,你更可能对这个朋友所属的群体表现出共情和支持,甚至会在一定程度上支持该群体的移民。这不仅适用于德国人对土耳其人的态度,还适用于法国人对亚洲人和北非人、荷兰人对苏里南人和土耳其人、英国人对西印度人和亚洲人的态度,以及北爱尔兰新教徒和天主教徒对彼此的态度。

提倡种族融合的社会心理学家并不认为所有的接触都会改善态度。积极的接触可以增加好感,而消极的接触会增加厌恶感。尽管积极的接触更加普遍,但消极的接触会产生更大的影响。

△ 如果人们认为朋友既是一个个体，又是属于群体的成员，那么跨种族的友谊就能减少偏见。"我看不到你的肤色"这种说法不仅不准确，且往往适得其反。

图 29-3

　　社会心理学家认为，当人们认为接触是充满竞争性的、缺乏支持且双方不平等时，结果会很糟糕。在 1954 年之前，许多有偏见的白人经常与黑人接触，例如黑人擦鞋工和家庭用人。正如我们所看到的，不平等的接触只会让白人认为这种种族不平等是合理的。因此，接触必须是地位平等的接触才有效，就像店员、士兵、邻居、囚犯和夏令营的孩子们之间。

第 29 章 和平的缔造者

合作

尽管地位平等的接触是有益的,但有时这还不足以改善我们的态度。正如我们在第 28 章中讨论的那样,穆扎弗尔·谢里夫阻止了"雄鹰"组和"响尾蛇"组之间的竞争,让两个群体一起参加非竞争性的活动,比如看电影、放烟花和吃东西,但并没有起到任何有益的作用。他们此时的敌对情绪仍然非常强烈,简单的接触只会为他们提供互相嘲讽和攻击的机会。当一个"雄鹰"组的成员被"响尾蛇"组的成员推搡时,他的队友们会支持他去反击。显然,消除这两个群体之间的隔离基本上无法促进他们的社会整合。

面对根深蒂固的敌意,怎样才能达成和解呢?回想一下过去那些成功和不成功的废除种族隔离的努力。美军步枪连的种族融合,不仅让黑人和白人可以进行地位平等的接触,还使他们相互依赖。他们追求共同的目标,一起对抗共同的敌人。

这是否表明存在第二个因素可以预测废除种族隔离的效果?是不是竞争性的接触会导致分裂,而合作性接触会促进团结?想一想那些一起面对共同困境的人会怎么做。在各个层面的冲突中,无论是夫妻间、竞争团队间还是国家间,共同的威胁和目标都会带来团结。

共同的外部威胁创造凝聚力

你是否曾经和别人一起被困在暴风雪中?是否曾经和同学一起受到老师的惩罚?是否和他人一起因为你们的社会身份、种族身份或宗教身份而受到迫害或嘲笑？如果是这样，你或许可以回忆起那些与你共同面对困境的人给你带来的亲近感。也许在你们相互帮助一起扫雪，或者同仇敌忾，一起应对共同敌人的过程中，你们之间的社会障碍就消失了。共同经历苦难或极端危机的人，比如爆炸事件的幸存者，通常报告称他们感受到了合作和团结的精神，而不是只有恐慌。

在面临共同威胁时，这种友好会变得更加普遍。兰泽塔通过一个实验证明了这一点。他给四人一组的海军预备役军官候选人安排了一项解决问题的任务，并通过扩音器告诉他们：他们的答案是错误的，他们的效率非常低，而且想法很愚蠢。其他小组则没有收到这种反馈。兰泽塔观察到，受到批评的小组成员彼此变得更加友好、更合作，以及更少出现争论和竞争。他们团结在一起，形成了一种凝聚力。最新的实验揭示了被上司辱虐的积极面：那些受到上司辱虐的人会变得更加团结。正所谓，患难见真情。

在许多实验中，有一个共同的敌人可以增强团体的凝聚力。仅仅提醒人们外部群体的存在（比如与你们竞争的学校），就会增强他们对自己群体的认同感。察觉到其他人对自己种族或宗教群体的歧视，也会让人们的关系更加紧密，并且相互之间更加认同。意识到有共同的被歧视的经历，会促进两个群体之间关系的建立。当我们敏锐地意识到"他们"是谁时，我们同样也能明确知道"我们"是谁。

在战争期间面临明确的外部威胁时，我们的归属感会飙升。因此，公民组织的成员数量会激增。共同威胁还会在政治上产生"聚旗效应"。在"9·11"恐怖袭击事件之后,《纽约时报》报道称:"旧的种族敌意消失了。"18岁的路易斯·约翰逊回忆"9·11"事件之前的生活时说:"之前我认为自己只是个黑人,但现在我比以往任何时候都更加觉得自己是一个美国人。"甚至纽约市的离婚率在"9·11"事件之后也出现了下降趋势。研究者对比了"9·11"事件前后的对话样本,以及纽约市市长朱利安尼在"9·11"事件前后的新闻发言,结果发现,在"9·11"事件之后"我们"这个词的使用频率比事件之前增加了1倍。

超级目标促进合作

与面对外部威胁时产生的凝聚力密切相关的另一个凝聚力量是超级目标,即能够使群体的所有成员团结起来,合作实现目标。为了促成敌对营员之间的和解,谢里夫引入了这样的目标。第一次,他制造了一个露营地供水问题,需要两个组通过合作来修复水管,于是两个组合作了。然后,他又提供了一次租借影碟的机会,他给出了非常高的价格,以至于两个组必须共同出钱才能租借,于是他们再次选择了合作。还有一次,在出游时一辆卡车"抛锚"了,一名工作人员故意将一根拔河绳放在附近,于是一个男孩提议大家一起用绳子拉动卡车。当卡车重新启动时,所有的成员互相击掌,庆祝他们在"与卡车的拔河比赛"中取得了胜利。

经过几次共同完成超级目标的活动后,男孩们开始在一起吃饭,并在篝火旁一起玩耍。友谊跨越了团体界限,敌意迅速消失了。在最后一天,男孩们决定共同乘坐一辆巴士回家。在旅途中,他们不再按照团体分开坐。当巴士驶近他们俄克拉荷马州的家乡时，他们自发地唱起俄克拉荷马州的州歌，然后彼此道别。通过隔离和竞争，谢里夫让陌生人成为敌人。然而，通过共同的超级目标，他又使敌人成为朋友。

谢里夫的实验只是小孩子的游戏吗？通过共同努力实现超级目标在相互冲突的成年人中是否也有同样的益处呢？布雷克和莫顿对此非常好奇。因此，在一系列为期两周的实验中，包含150个不同组的1000多名高管，他们重现了"响尾蛇"组和"雄鹰"组所经历的情境。每个组首先独立开展活动，然后与另一组进行竞争；接着，再与另一组合作，努力实现共同选择的超级目标。他们的结果提供了"确凿的证据，即成年人的反应与谢里夫实验中的孩子们的反应一致"。敌对变成团结的现象同样出现在国家选举中。当被提名的候选人与对方政党的候选人竞争时，党内候选人之间的激烈竞争基本上就消失了。

多维迪奥和合作者拓展了这些研究结果。他们发现协同工作对于引导人们解散旧有的小群体，建立包容性的新群体有重要的作用。当两个群体的成员围坐在一张桌子周围（而不是在桌子两边对着坐），再给他们的新群体取一个名字，然后在一个良好的氛围下一起工作时，一个群体对另一个群体的偏见减少了。"我们"和"他们"就变成了"我们"。

在国际贸易中，国家之间的经济依赖也会促进和平（在有关贸易立法的经济成本和效益的辩论中，这一点经常被忽视）。舍尔默指出："商品可以跨越边境，而军队不能。"由于中国经济与西方经济紧密联系，它们之间的经济依赖减少了双方发生战争的可能性。

合作学习改善种族态度

到目前为止，我们发现在缺少友谊的情感纽带和地位不平等的情况下，废除种族隔离只能带来有限的社会利益。而我们也注意到，两个敌对群体的成员成功地进行合作接触可以带来显著的社会利益。因此，一些研究团队想知道：在不牺牲学业成就的情况下，是否可以将竞争性的学习环境转变为合作性的学习环境，以此来促进种族间的友谊？考虑到研究方法的多样性——所有这些方法都是让学生组成融合的学习小组，有时还与其他小组竞争——结果非常出乎意料，也很令人欣慰。

由阿伦森领导的一个研究团队使用"拼图"的方法进行了类似的小组合作研究。在得克萨斯州和加利福尼亚州的小学中，研究人员根据种族和成绩将孩子们分成六个小组。然后，将课程分成六个主题单元，每个小组的学生将成为其所在主题的专家。在有关智利的一个单元中，一个学生是智利历史方面的专家，另一个学生是智利地理方面的专家，还有智利文化方面的专家。首先，各组的"历史学家""地理学家"等聚在一起学习研究他们的材料。然后他们回到各自的小组中，将这些知识教给其他的同学。也就是说，每个小组成员都持有拼图的一部分。因此，自信满满的学生也必须倾听那些平时沉默寡言的学生进行讲述，并向他们学习，而后者很快就会意识到他们对同伴的重要性。

通过合作学习，学生不仅学到了材料中的知识，还学到了其他经验。跨种族的友谊也逐渐建立起来。少数族裔学生的考试成绩甚至有所提高（也许是因为得到了同伴的支持）。实验结束后，许多教师会继续使用合作学习的方法。种族关系专家麦克纳希写道："很明显，合作学习是迄今为止我们所知道的在废除种族隔离的学校里改善种族关系最有效的做法。"

总结起来，合作性、地位平等的接触对夏令营的男孩、行业高管和在校学生都产生了积极的影响。这个原则是否适用于人际关系的所有层面？如果让全家一起参加种植劳动、修理房屋或者驾驶帆船，大家会变得更亲密、更团结吗？是否可以通过一起建设谷仓、合唱或为橄榄球队加油的方式使人们形成集体认同？国家之间的理解是否可以通过国际科学和太空合作、共同努力解决全球粮食和资源保护问题，以及不同国家人民之间友好的个人接触而得到改善？种种迹象表明，所有问题的答案都是肯定的。因此，这个分裂的世界面临的一项重要挑战是如何找到一个共同的超级目标，并通过合作来实现它。

沟通

冲突双方可以通过其他方式来解决分歧。当夫妻之间、劳资双方或国家之间存在分歧时，他们可以直接进行谈判；也可以请第三方通过提议或促进协商的方式进行调解；或者将双方的分歧提交给第三方，通过研究和强制解决的方式进行仲裁。

谈判

如果你想买或卖一辆车，你是选择进行一场激烈的谈判——以一个极端的报价开始，然后再寻求妥协，还是一开始就给出一个合理的价格？

实验表明，这个问题没有统一的答案。一方面，那些出高价的人通常卖得也更多。激烈的谈判可能会降低对方的期望，从而使对方愿意降价。但是，激烈的谈判有时也可能适得其反。很多时候我们面对的并不是一个固定不变的机会，如果冲突持续，机会会越发渺茫，时间延迟往往会导致双输的局面。如果持续罢工，工人会失去工资，管理层也会失去收入。因此，僵持是一种潜在的双输。如果对方采取同样强硬的立场，双方可能都因为顾及面子而僵持不下。

调解

第三方调解人可以为冲突双方提供建议，使冲突各方做出让步，同时保全面子。如果我的让步是针对调解人，而我的对手也针对调解人做出了同样的让步，那么我们都不会认为自己的让步是软弱地屈服。

将"非输即赢"转变为"双赢"

调解人可以通过促进双方的建设性沟通来解决冲突。他们的首要任务是引导各方重新思考冲突，并了解对方的利益所在。通常，双方都倾向于认为"非赢即输"：如果对方对结果感到不满意，我方就算成功了；如果对方对结果感到满意，我方就算失败了。调解人的目标是敦促双方暂时搁置冲突中的自身需求，换位思考对方的需求、利益和目标，进而将"非输即赢"的导向转变为合作性的"双赢"导向。

一个经典的"双赢"故事来自争夺橙子的两姐妹。最终，她们对彼此妥协，并将橙子分成两半，其中一个女孩将她的半个橙子榨成了橙汁，另一个女孩则用她的半个橙子皮做了蛋糕。如果两人事先解释了她们为什么想要这个橙子，她们很可能会同意分享它，让一个姐妹拥有全部的果肉，而另一个姐妹拥有全部的果皮。这就是一个整合性协议的例子。在妥协中，每个当事人都会牺牲一些重要的东西，整合性协议与妥协相比更持久。因为它们是相互满足，因此会带来更持久的关系。

用克制的沟通消除误会

沟通有助于减少自我实现预言的误解。也许你与这个大学生有过类似的经历：

> 通常情况下，如果较长一段时间不交流，我会把玛莎的沉默解读为她不喜欢我。她则认为我的沉默是因为我生气了。我的沉默引发了她的沉默，而这又使我更加沉默……直到某个我们必须交流的意外事件发生，这种滚雪球效应才会被打破。一旦开始交流，我们对彼此的所有误解就解开了。

研究冲突的学者报告称，预防或解决冲突需要信任。如果你相信对方是善意的，你更有可能透露自己的需求和关注点。但是，如果缺乏信任，你就可能担心你的坦诚会让对方找到攻击你的破绽。即使是简单的行为也可以增进信任。在谈判实验中，参与者被要求模仿他人的举止，就像天生善于共情的人常常做的那样，结果他们获得了更多的信任，并且更容易发现彼此间的共同利益，并形成相互满意的交易。与人面对面交流，通过他们的声音（而不是书面形式）听到对方的观点，会使人们更通人情。

当两个对立方之间互不信任，并且进行无效的沟通时，第三方调解者——婚姻咨询师、劳资调解员、外交官——有时可以提供帮助。通常，调解者是冲突双方都信任的人。在20世纪80年代，一个阿尔及利亚的穆斯林在伊朗和伊拉克之间充当了冲突调解人的角色；同样，罗马教皇化解了阿根廷和智利之间的领土纷争。

在说服冲突双方重新思考他们原本认为的"非赢即输"的冲突后，调解者通常会要求双方确认各自的目标，并按重要性对目标进行排序。如果目标是一致的，那么双方就可以在一些次要目标上做出让步，以便双方都能实现他们的首要目标。例如，南非的黑人和白人认可了彼此最重要的利益——用多数决定原则取代种族隔离制度，并确保白人的安全、福利和权利，南非就实现了内部和平。

如果劳资双方彼此信任，并且管理者提高生产效率和利润的目标与劳动者争取更高的薪资和更好的工作条件的目标相一致时，他们就可以共同寻求一个"双赢"的解决方案。

当冲突各方聚在一起时，他们不会天真地认为只要见面就能轻松地解决冲突。在冲突带来的威胁感和高压下，激动的情绪往往会阻碍人们换位思考。快乐和感激可以增加信任，但愤怒也会减少信任。因此，越是在需要沟通的时候，往往越难以沟通。

这种情况下，就需要调解者将冲突各方组织起来，促进双方的互相理解。调解者可能会要求冲突各方将争论仅限于对事实的陈述上，包括陈述他们对对方某种行为的感受和反应。比如，"我喜欢音乐。但当你大声播放音乐时，我很难集中注意力，这让我心烦意乱"。为了增加共情，调解者可能会要求人们角色互换，去讨论对方的处境或想象和理解对方的感受。调解者可能会要求冲突双方在描述自己的感受前先重述对方的处境："当我放音乐而你在学习时，这确实会打扰到你。"

实验证明，换位思考并引发共情可以减少刻板印象，并增加合作。听到一个外群体成员批评自己的群体——如以色列犹太人听到巴勒斯坦人批评巴勒斯坦人——可以拓宽人们的外群体视角。这有助于将对方人性化，而非妖魔化。年长者通常更容易做到这一点，因为他们的人生智慧能够帮助他们理解多种不同的观点，并承认自己的知识的局限性。有时候，我们的长辈更年长、更有智慧，能够更好地应对社会冲突。

当双方的沟通（可能两个同事或两个合作伙伴）陷入僵局时，一个简单的策略就是一起出去走走……去散步。一起散步，就像其他的同步行动一样，让人们可以共同关注周围的环境，并且保持步调一致。这样做有助于增加共情，融洽关系，打破人与人之间的界限，促进合作。

中立的第三方也可以提出双方都能接受的建议。但是，如果这些建议是由任何一方提出的话，都可能会被对方自动驳回。当苏联提出解除核武器的建议时，美国表示拒绝接受，但如果该建议由一个中立的第三方提出，似乎会变得更容易被接受了。同样，人们通常会自动驳回竞争对手提出的让步，例如认为"他们肯定不在乎这一点让步"，而当同样的让步由第三方提出时，人们就不会认为这仅仅是象征性的虚假姿态了。

这些调停原则，有的建立在实验研究的基础上，有的基于实践经验，它们对调解国际和商业冲突起到了重要的作用。社会心理学家凯尔曼带领的一支由阿拉伯裔和犹太裔美国人组成的研究团队，开展了一系列的研讨会，这些研讨会聚集了许多有影响力的阿拉伯人和以色列人。为了消除误解，凯尔曼和他的同事们让参与者们主动寻求对双方都有利的解决方案。参与者在单独的情况下可以自由地与对手直接交流，不用担心他们的委托人会对他们的言论进行揣测。结果如何呢？结果就是，双方都能够逐渐理解对方的观点，并且知道他们的行为会给对方带来什么反应。

仲裁

有些冲突非常复杂，双方存在巨大的利益分歧，难以达成令双方都满意的解决方案。比如在牵涉到孩子监护权的离婚争端中，父母双方无法都获得孩子的监护权。类似情况还有租户的维修费用争议、运动员的薪酬问题和国家领土争端等。在这种情况下，第三方调解人可能会发挥作用，尽管并非总是成功的。

如果调解无法解决冲突，当事人可以通过调解员或另一个第三方仲裁来强制解决。当事人通常希望在不进行仲裁的情况下解决分歧，这样可以保留对结果的控制权。麦吉利卡迪等人在一项争议解决中心的实验中发现了这种倾向。当人们知道如果调解失败将面临仲裁时，他们会更加努力地通过调解来解决问题，并且表现出更少的敌意，从而更有可能达成协议。

在一些分歧巨大、难以调和的事件中，即使在面临仲裁时，冲突的双方也依然会坚守各自的立场，希望仲裁者能选择一个对自己有利的折中方案。为了消除这种倾向，一些争议（例如涉及棒球运动员个人薪资的争议）采用了"最后提议仲裁"的方法，即第三方在最后提议的两个方案中选择一个。最后提议仲裁促使矛盾双方提出相对合理的解决方案。

然而，通常情况下，如果双方不能克服自我服务偏见，试图站在对方的角度理解他们的提议，那么他们可能会认为最终提议仲裁是不合理的。谈判研究人员报告称，大多数争议者都会表现出"乐观的过度自信"。当双方都坚信自己有三分之二的胜算时，调解往往会面临困难。

和解

有时冲突双方都处于高度紧张和怀疑的状态，以至于连基本的沟通都无法进行，更不可能解决问题。双方都可能会威胁、强迫或报复对方。更糟糕的是，这些行为会相互影响，导致冲突进一步升级。那么，我们能否通过无条件的合作来安抚对方，以得到一个令人满意的结果呢？通常是不行的。在实验室的游戏中，那些百分之百愿意合作的人通常会被利用。在政治上，单方面的和平主义通常是行不通的。

社会心理学家奥斯古德提出了第三种解决方案，这种方案既能促成和解，又能强硬地避免自身的利益被侵犯。奥斯古德称之为"逐步（Graduated）、互惠（Reciprocated）、主动（Initiative）、减少紧张（Tension reduction）"，简写为 GRIT（grit 的英文含义是坚毅）。这个名字也暗示了它所需要的决心。GRIT 旨在通过缓和的互惠方式将冲突逐步降级，从而避免冲突升级。这个理论中利用了社会心理学的概念，如"互惠规范"和"动机归因"。

GRIT 要求一方在宣布其和解的意图后，主动采取一些缓和的方式降低冲突。发起行动的一方在每次采取和解行动之前都先声明其减少冲突的主张，并邀请对手也做出一些行动作为回应。这些声明可以构建一个框架，帮助双方正确解读对方的真实意图，而不是把对方的行动误解为软弱或狡诈。这些声明还可以给对手施加舆论压力，促使他们遵循互惠规范（更多信息请看第 30 章）。

接下来，发起者会按照之前的声明做出一些实际的和解行动，以建立自身的信誉和表达自己的真诚。这进一步给对方施加了压力，促使对方做出回报行为。和解行动可以是多种多样的——例如，提供医疗帮助、关闭军事基地或解除贸易禁令等——但是不要让发起者在任何领域做出巨大的牺牲,并且让对手能够自主地选择回报的方式。如果对手自愿进行回报,那么其自身的和解行为就会缓和其对立的态度。

GRIT 具有和解性,但并不是"战略投降"。这一策略可以通过"保留反击的能力"来维护双方的利益。双方在最初的和解行动上可能需要承担一定的风险,但并不会危及任何一方的安全;相反,这种策略可以缓和双方的紧张关系,避免事态升级。例如,如果一方采取攻击行动,那么另一方为了明确表示自己不会容忍对方侵犯自己的利益,就会以同样的方式回击。而这种相互之间的回击并不是过度反应,也不会导致冲突升级。如果对手提出自己的和解建议,我们可以以相匹配的方式或者略超出对方的方式做出回应。莫顿·多伊奇在为谈判者提供建议时,指出了 GRIT 的精髓:"坚定、公平、友善。"坚定是指坚决抵制恐吓、剥削和卑鄙的手段;公平是指坚持自己的道德原则,面对不道德的挑衅,绝不以相同的方式回应;友善是指愿意发起和回报合作行为。

GRIT 是否真的有效?在俄亥俄大学进行的一系列实验中,林德斯科尔德和同事发现了支持 GRIT 策略的强有力的证据。在实验室的游戏中,宣布合作意图确实能够促进合作。重复性的和解和慷慨的行为也确实有助于培养更多的信任。保持权力的平等确实可以防止自身的利益被侵犯。

类似 GRIT 的策略在实验室之外时常得到运用,并取得了不错的结果。对许多人来说,GRIT 最著名的一次尝试就是肯尼迪实验。1963 年 6 月 10 日,肯尼迪总统发表了一次重要演讲——《和平战略》。他指出:"我们的问题都是人为造成的,并且可以由人来解决。"然后肯尼迪宣布了他的第一个和解行动:美国停止一切大气核试验,除非其他国家也进行此类试验,否则美国将不会再继续该试验。苏联媒体刊登了肯尼迪的演讲全文。5天后,赫鲁晓夫做出回应,宣布他已停止生产战略导弹。很快双方又实现进一步的互惠:美国同意向苏联出售小麦,苏联同意在两国之间开通"热线",并且两国很快达成了"停止核试验"的协议。在一段时间内,这一系列的和解举措让两国的关系趋于缓和。

和解是否同样有助于缓和个体之间的紧张关系?我们有充分的理由相信它可以。当两个人处于关系紧张、难以沟通的状态时,有时只需要一个和解的姿态——一个温和的回应、一个温暖的微笑、一个轻柔的触摸——紧张的关系就会被缓和,双方就能重新开始接触、合作和沟通。

专有名词

- **地位平等的接触**
  在平等的基础上进行接触。正如地位不平等的人际关系会产生不平等的态度,地位平等的人际关系会产生平等的态度。因此,为了减少偏见,理想情况是,不同种族之间的接触应该是地位平等的人之间的接触。

○ **超级目标**
一种需要合作努力的共同目标；一种让人们跨越个体/群体差异的目标。

○ **谈判**
通过直接协商解决冲突的协议。

○ **调解**
中立的第三方通过促进沟通和提供建议来解决冲突的方式。

○ **仲裁**
一种解决冲突的方式，由中立的第三方对双方的冲突进行研究并强制执行解决方案。

○ **整合性协议**
将双方的利益调和为互惠互利的"双赢"协议。

○ **GRIT**
一种旨在缓解国际紧张局势的策略。

第30章
人们何时会帮助他人？

1964年3月13日，28岁的酒吧经理吉诺维斯在凌晨3点下班回到纽约皇后区的公寓房时，被一名男子持刀袭击。她惊恐地尖叫着，恳求帮助："哦，我的上帝，我被刺伤了！请帮帮我！请帮帮我！"她的嘶吼惊动了附近的一些邻居。据推测，一些人走到窗户边观望，他们目睹了袭击者离开后又返回再次袭击受害人。直到袭击者第二次离开，才有人报警。然而，这名年轻女子最终还是不幸去世了。

对于《纽约时报》最初的报道，后续的分析提出了疑问。该报道称有38名目击者看到这起谋杀案，但都无动于衷——实际的目击者数量可能是12人，其中确实有2名目击者报了警。然而，最初的报道激发了研究者对旁观者不作为的关注，该现象在其他事件中也得到了印证。布拉德利在购物时绊了一跤，摔断了腿。她头晕目眩，疼痛难忍，坐在地上恳求路人帮忙。然而，在40分钟的时间里，人行道上的路人只是从她身边匆匆而过。最后，一个出租车司机把她送到了医院。

或者，再想象一下，如果你看到有人从地铁站台上跌落，摔到轨道上，而地铁正在驶近，你会作何反应。2012年，在拥挤的纽约地铁站台上，一名男子被推到轨道上后被地铁撞死，但周围的人毫无反应。这种情况下，你也会有类似的反应吗？或者你会像卡普佐一样挺身而出吗？2017年，他看到一名男子跌落到铁轨上，立即跳下去帮助那个人。

在耶路撒冷的山坡上，约有2000棵树形成了一片正义的花园。每棵树下都矗立着一块纪念牌，上面刻着在纳粹大屠杀期间为犹太人提供庇护的人的名字。这些"正义的非犹太人"知道，一旦暴露，根据纳粹的规定，收容人将和难民承受一样的残酷命运。尽管如此，仍有许多人义无反顾地行动起来。

其中一位英雄是苏格兰教会的传教士海宁，她负责照看一个拥有近400名犹太女孩的教会。在战争爆发前夕，教会为了她的安全着想，命令她回家躲避。但是她拒绝了，她坚定地说："如果这些孩子在阳光灿烂的日子里需要我，那么她们在黑暗的日子里更需要我。"据报道，她甚至将自己的皮箱剪碎了给女孩们做鞋底。1944年4月，海宁指责一名厨师吃了原本为女孩们准备的有限的食物。然而，这名厨师其实是一名纳粹党成员，他向德国秘密警察告发了她，秘密警察以她曾为犹太人工作为由逮捕了她。当她亲眼看到女孩们被迫穿上黄色星章的衣服时，她流下了眼泪。几周后，她被送往奥斯维辛集中营,与数百万犹太人一样,在那里,她遭受了悲惨的命运。

很多不经意的日常行为都是在帮助他人,诸如安慰、关怀和同情。我们还会不求回报地为别人指路、捐钱、献血、做志愿者。我们为什么会帮助他人?何时会做出帮助行为?怎样才能减少冷漠,增加帮助?

"利他主义"是"自私自利"的反义词。一个利他主义的人会在即使没有得到任何好处或者不期望任何回报的情况下,关心和帮助别人。

人们为什么会帮助他人

是什么因素在驱动利他主义?其中一种解释被称为社会交换理论。该理论认为,在提供帮助之前,人们会进行成本效益分析,权衡帮助的成本和收益。作为利益交换的一部分,帮助者的目的是收益最大化和成本最小化。例如,献血时,个体会考虑到不便和身体不适的成本,以及社会认可和高尚感的收益。如果预期的回报超过成本,人们就更有可能提供帮助。

你可能会对此提出反对意见,认为社会交换理论把无私奉献从利他主义中剥离出来了。也就是说,某些帮助行为似乎并不是真正的利他主义;当奖赏不明显时,我们可能将这种帮助行为称为利他主义。但是,如果我们知道某些帮助行为的背后动机只是为了减轻内疚感或获得社会认可，我们可能会质疑其利他的真实性。只有当我们无法用其他的功利动机解释他人的帮助行为时，我们才会称赞其为真正的利他主义。

然而，从婴儿时期开始，人们有时会表现出一种天然的同理心。这种同理心使人们在看到别人陷入困境时，自己也感到痛苦；而当他人的痛苦结束时，自己也会感到宽慰。慈爱的父母（不像虐待儿童者和其他施暴者）会在孩子受苦时备受煎熬，并为孩子的快乐而感到高兴。实验表明，有些帮助行为可能是为了获得回报或减轻内疚感，但大多数帮助行为是为了增进他人的福祉，而自己的满足感只是附带的。在这些实验中，只有当帮助者相信对方确实会得到所需的帮助，并且不在乎受惠者是否知道是谁提供了帮助，同理心才会诱发利他主义。

社会规范也会激发帮助行为。社会规范规定了我们应该如何行事。互惠规范教导我们应该回报那些帮助过我们的人。因此，我们期望那些接受我们恩惠（如礼物、邀请、帮助）的人能够在未来回报我们。互惠规范也让我们意识到某些人不能进行互惠的给予和回报。因此，我们还会感受到一种社会责任规范，即我们应该帮助那些真正需要帮助的人，而不是只考虑未来的交换。当我们为拄着拐杖的人捡起掉在地上的书时，我们不期望得到任何回报。

这些对帮助行为的解释在生物学上是合理的。父母对孩子和其他亲属的同理心促使了他们共同基因的存活。同样，进化心理学家说，小群体中的互惠利他主义有利于群体中每个人的生存。

人们何时会帮助他人

社会心理学家对旁观者不作为的现象感到好奇和担忧。因此，他们进行了实验，研究人们何时会在紧急情况下提供帮助。然后，他们将问题扩大到"谁更有可能在非紧急情况下提供帮助——如捐钱、献血或贡献时间等行为"。

在他们的答案中，有以下特征的人往往更愿意做出帮助行为：

○ 感到愧疚，通过利他的方式缓解内疚或修复自我的良好形象。
○ 心情好。
○ 虔诚的宗教信仰（以更高的慈善捐赠和志愿服务比例为证）。

社会心理学家也研究了能增加帮助行为的情境。在这些情境中，我们帮助别人的可能性会增加：

○ 我们刚刚看到过其他人的帮忙行为。
○ 我们在当前没有急事。
○ 受害者看起来有需求，并值得帮助。
○ 受害者与我们相似。
○ 我们在小城镇或农村地区。
○ 周围几乎没有其他人。

旁观者的数量

在突发事件中,旁观者的无动于衷让社会评论家哀叹人们的"疏远""冷漠""无情"和"无意识的残酷冲动"。人们往往会将在突发事件中的不作为归因于旁观者的个人特征,并且安慰自己"我是有同理心的人,如果是我,我一定会提供帮助的"。然而,那些旁观者就真的如此没有人性吗?

社会心理学家拉塔内和达利对此并不认同。他们巧妙地设计了一个危急情境,并从中发现一个导致人们在突发事件中不作为的情境因素,那就是旁观者在场。到1980年,他们进行了48项实验,比较了自己单独在场和有其他旁观者在场的两种情况下,个体提供帮助的可能性。结果发现,群体中的旁观者比单独的旁观者更不愿意提供帮助,这就是所谓的旁观者效应。这种效应在互联网的交流中也存在,如果人们认为自己是唯一一个收到求助请求(例如询问校园图书馆的链接)的人,就更有可能提供帮助或做出有帮助的回应。

有时候,在更多人在场的情况下,受害者实际上更少有机会得到帮助。拉塔内和145名合作者设计了一个情境,他们在乘坐电梯时"不小心"掉落一枚硬币或一只铅笔。最终,他们测试了1497次,并得出结论,当电梯里只有1位乘坐者时,他们得到帮助的概率为40%;而当电梯里有6位乘坐者时,他们得到帮助的概率不到20%。一项汇集了105项研究的元分析发现,在危急情况下,多人在场的情况降低了人们提供帮助的可能性。甚至5岁的儿童在其他儿童在场的情况下，提供帮助的可能性也更低。

为什么有时旁观者在场会抑制帮助行为？拉塔内和达利推测，随着旁观者数量的增加，任何一个旁观者对事件的关注都会更少，更不太可能将事件解释为一个重大的问题或紧急情况，也更不太可能认为自己有责任采取行动（见图30-1）。

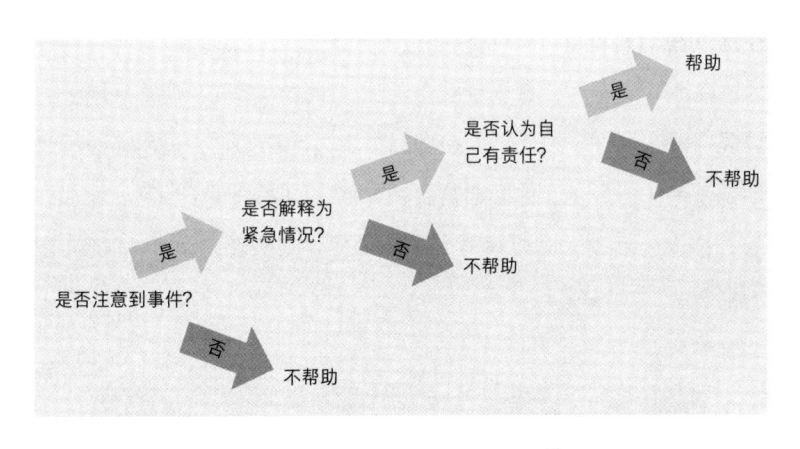

图 30-1　拉塔内和达利的决策树[1]

注意

一个名叫埃布拉德利的女子在拥挤的城市人行道上不小心摔断了腿，20分钟后，你刚好经过这里。你边走边盯着前面行人的后背（一般来说，盯着来往的行人看是不礼貌的），你的脑子里还在

---

[1] 决策树上只有一条路径能到达提供"帮助"。在每一个分岔口，在场的其他旁观者都会使人走向不帮忙的结果。

回想白天发生的一些事情。这时，你会注意到路边受伤的女子吗？如果此时路上几乎没有其他行人，你是否会更容易注意到受伤的女子呢？

为了找出答案，拉塔内和达利邀请哥伦比亚大学的男生参与了一个填写调查问卷的实验。参与实验的男生们被随机分为两组，一组需要自己单独在房间里完成问卷，另一组则要和两个陌生人一起在房间里填写问卷。研究者通过单向玻璃可以观察参与者们的行为。在填写问卷时，参与者们会遇到一个紧急情况：烟雾从墙上的通风口涌入房间。独自一人在房间里填写问卷的学生通常会时不时地扫视周围的环境，他们通常会在 5 秒之内就发现了烟雾。而那些与其他人一起在房间里填写问卷的学生，则需要约 20 秒才能注意到烟雾。

△ 是浓烟还是浓雾？是野火还是在安全范围内的人为焚烧？如果你在高速公路上看到这一幕，其他车辆似乎都若无其事地经过，并不在意这个情况，你会报警吗？

图 30-2

解释

一旦我们注意到模棱两可的事件，我们就会去解释它。如果让你和两个陌生人共处一室，而房间里充满了烟雾，虽然你很担心，但你也不想因为表现得过于慌张而让自己难堪。你通常会观察其他人的反应。如果他们看起来都很平静，对此毫不在意，那么你就会认为一切都正常。于是，你耸耸肩，继续手头的工作。此时，另一个人也注意到了烟雾，但是他看到你表现得无动于衷，他也做出了类似的反应。这是信息影响的另一个例子（见第20章）。

拉塔内和达利的实验中也得到了相同的结论。当那些独自一人的参与者注意到烟雾时，他们通常会犹豫一下，然后立即站起来，走到通风口，感受一下，闻一下，尝试挥手驱散烟雾，再犹豫一下，然后去报告实验者。与之形成鲜明对比的是，那些三人一组的参与者却无动于衷。在8个小组的24名男生中，只有一人在4分钟内报告看到了烟雾（见图30-3）。在实验持续了6分钟后，烟雾已经浓烈到遮蔽了人们的视线，参与者们被呛得又揉眼睛又咳嗽。尽管如此，在8个小组中，只有3个小组中各有一个人去报告了这个问题。

同样有趣的是，群体的被动性影响了其成员对事件的解释。对于为什么会有烟雾的问题，参与者们的答案是："空调设备泄漏了""大楼里的化学实验室""蒸汽管道问题""瓦斯气体"，但没有一个人觉得这是"火灾"。组内其他成员的无动于衷，影响了成员们对情境的解释。

这种实验困境与我们在现实生活中面临的困境相似。外面的尖叫声是恶作剧的行为，还是有人被侵犯时发出的绝望呼喊？男孩们

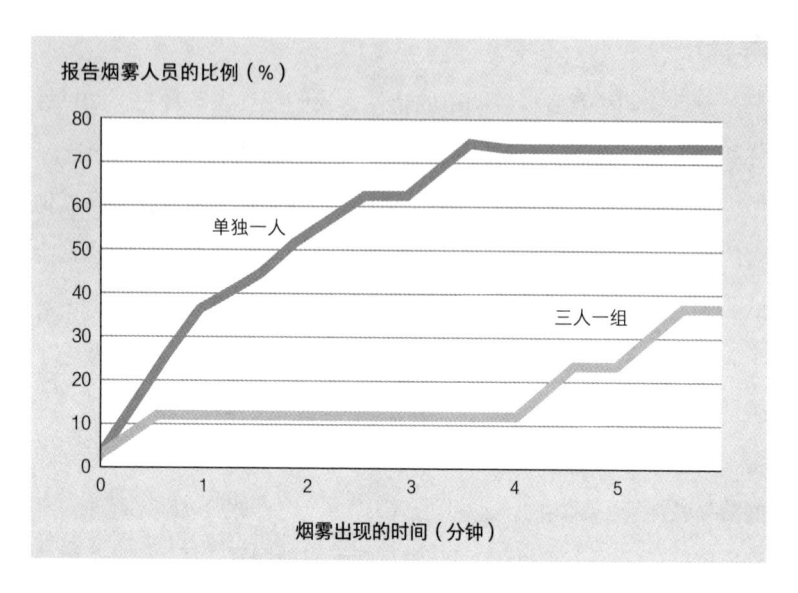

图 30-3　充满烟雾的房间实验[1]

扭打在一起是因为嬉戏打闹还是恶意打斗？瘫坐在门口的人是睡着了，还是滥用药物了，抑或是病得很重，比如糖尿病昏迷？

判断责任

未能引起注意和误解并不是旁观者效应的全部原因。有时，紧急情况是非常明确的。根据最初的报道，那些看到和听到吉诺维斯求助的人正确地解释了当时发生的事情。但邻居的灯光和窗边的侧影又告诉他们，其他人也在看。这就分散了他们采取行动的责任。

---

[1] 与三人一组的人相比，单独在一个房间的人更有可能报告烟雾涌入了实验室。

第 30 章 人们何时会帮助他人？

我们中很少有人目睹过谋杀。但是，当他人在场时，我们对他人求助的反应都会比较慢。相比于在乡村公路，我们不太可能在车流不息的高速公路上为一辆抛锚的车提供帮助。为了解释在明确的紧急情况下旁观者不作为的现象，达利和拉塔内模拟了吉诺维斯事件。他们把人们安排在单独的房间里，让参与者听到受害者的呼救声。为了创造这样的情境，达利和拉塔内让一些纽约大学的学生通过实验室对讲机讨论他们在大学生活中的问题。研究人员告诉学生，为了保证他们的匿名性，没有人看到他们，实验人员也不会偷听。在随后的谈话中，参与者听到一个人的声音，在讨论进行中，对方突然癫痫发作，随后他说话越来越困难，病情似乎越来越严重，他开始恳求有人来帮助他。

在那些相信自己是唯一一个与癫痫学生交谈的参与者中，85%的人离开房间去寻求帮助。在那些认为有另外 4 个人也听到了受害者声音的人中，只有 31% 的人去寻求帮助。那些没有回应的人是否就是冷漠的呢？并非如此。当实验者宣布实验结束时，大多数人立即表达了自己的担忧。许多人双手颤抖，手掌出汗。他们相信发生了紧急情况，但还没有决定是否采取行动。

实验结束后，拉塔内和达利问参与者，他人在场是否影响了他们。我们知道他人在场会产生巨大的影响。然而，参与者几乎无一例外地否认了这种影响。他们通常会回答："我知道有其他人在场，但如果他们不在那里，我的反应也会是一样的。"这种反应强化了一个很常见的观点：我们通常不知道自己所作所为的真正原因。而这就是我们做实验的意义——揭示问题的本质。在真正的紧急情况发生后，无动于衷的旁观者会在事后调查中掩盖旁观者效应。

在前面的章节中，我们同样提到了人们无法预测自己行为的其他例子。尽管大学生们预测他们的道德感会让他们勇敢地回应性别歧视和种族歧视，并在看到有人盗窃手机时挺身而出，但真正遇到类似的情况时，很少有学生会勇敢地站出来。因此，我们需要通过研究来了解人们实际上是怎么做的。

正如2017年开始的美国反性骚扰运动所表明的那样，在旁观者什么都不做的情况下，性骚扰往往会持续数年之久。然而，一些人试图通过培训来缓解这种趋势。大学生通过"引入旁观者"项目学习相关干预措施后，他们会在目睹可能导致性暴力的行为时，更加积极地伸出援手（比如看到一个喝醉的人被一群人带进卧室）。同样的项目在军队中也很有效，参与项目的士兵比没有参与项目的士兵更有可能从行动上阻止性侵犯或跟踪狂。

即使旁观者没有直接干预，他们也可以通过其他方式来发挥自己的作用，例如立即报告事件、与潜在受害者交谈来打断互动或者只是分散注意力。在纽约地铁上，一名男子利用分散注意力的方法起到了重要的作用：他站在一对正在争吵的男女中间，平静地吃着薯片——这让他获得了"吃货"的绰号。

重新审视研究伦理

关于旁观者干预的实验引出了一个伦理问题。强迫不知情的人无意中听到有人明显的崩溃声是正确的吗？在癫痫发作的实验中，研究人员强迫人们决定是否中断讨论来报告问题，这样做是否道德？会反对参加这样的研究吗？请注意，研究者不可能在实验前获得你的"知情同意"，因为这样做会破坏实验的保密性。

研究人员总是仔细地向实验参与者进行事后解释。在解释了癫痫发作实验（可能是最让人有压力的实验）之后，研究者让被试填写一份问卷调查；100%的人认为实验中的欺骗是合理的，他们愿意在将来参加类似的实验。没有人对实验人员感到愤怒。其他研究人员也证实，绝大多数参与这类实验的人都认为他们的参与是有益的，而且是符合伦理的。在现场实验中，如果没有其他人帮助受害者，就会有一名研究助手去提供帮助，从而使旁观者更为确信实验的真实性。

请记住，社会心理学家有双重的道德义务：保护参与者，以及通过发现影响人类行为的因素来增进人类福祉。这些研究发现可以提醒我们留意不利的影响因素，并告诉我们如何发挥积极的作用。伦理原则似乎是：在保护参与者的福祉的基础上，社会心理学家通过让我们深入了解自己的行为来履行他们对社会的责任。

了解抑制利他主义的因素，能够减少这些因素对利他的影响吗？津巴多提出了"英雄主义项目"，旨在增强人们的勇气和同情心，他认为成为英雄的第一步是认识到可能阻止你作为一个旁观者采取行动的社会压力。

比曼和同事在蒙大拿大学的学生中开展的实验表明，一旦人们理解了为什么旁观者在场会抑制帮助行为，他们在群体情境下利他的可能性就会增加。研究人员通过讲座告诉一部分学生，旁观者的不作为如何影响个体对紧急情况的解释和责任感。另外一部分学生听到的是不同的讲座，还有一部分学生根本没有听讲座。两周后，参与者在另一个地点参加另一项实验时会从一个瘫倒在地的人或躺在自行车下面的人身边经过。同时，参与者身边还有一个假扮被试的实验助手，这个假被试会表现得无动于衷。结果发现，在那些没有听过利他讲座的人中，只有四分之一的人会停下来提供帮助；而在那些听过利他讲座的人中，停下来提供帮助的人数是前者的2倍。

阅读本章后，也许你会有所改变。当你了解了影响人们反应的因素后，你能保持态度和行为的一致吗？巧合的是，我们两位作者都有过类似的经历。我曾在社会心理学课上提到过旁观者效应的研究。后来，有个学生告诉我，有一次他看到一个年轻女子在教室外面晕倒了。他想起这个研究中提到没有人会帮忙，于是他打了911急救电话，并陪在她身边。在我第一次写这一页前不久，一个我以前的学生来拜访我。她提到，前不久她发现一名男子不省人事地躺在人行道上，一群行人一起从他身边匆匆走过："这让我想起了我们的社会心理学课，以及为什么人们在这种情况下不提供帮助。我想：'好吧，如果我也走过去了，谁来帮他呢？'"于是她拨打了紧急求助电话，与那名晕倒的男子——以及后来加入她的其他旁观者一起等待救援的到来。

那么，学习善与恶的社会影响会对你产生什么影响呢？你获得的知识会影响你的行动吗？我们希望如此。

专有名词

- **利他主义**
  一种增进他人福祉,而不考虑自身利益的动机。

- **社会交换理论**
  人类互动是一种交换,旨在实现个人收益最大化和成本最小化。

- **互惠规范**
  人们会帮助那些曾帮助过他们的人,而不是伤害对方。

- **社会责任规范**
  一种期望,认为人们会帮助那些需要帮助的人。

- **旁观者效应**
  当一个人发现有其他旁观者在场时,就不太可能提供帮助。

第31章
社会心理学与可持续发展的未来

"我们不是从祖先那里继承了地球,而是从*子孙*那里借来的。"

——海达族(北美土著)谚语

想象一下,你乘坐着一艘巨大的宇宙飞船,穿越银河系。为了维持飞船上的生态系统,飞船上不仅种了植物,还饲养了动物。通过废物回收和资源管理,飞船至今仍然在履行着它的使命。

这艘宇宙飞船的名字是地球,它的乘客数量不断增加,已经达到了70多亿人。然而,不幸的是,我们消耗资源的速度已经不利于地球的可持续发展,甚至超出地球承载能力的50%。人类仅需8个月就能消耗掉地球1年生产的资源。人口增长和资源消耗加速,产生了一系列的问题,包括森林过度砍伐、野生鱼类资源枯竭和气候不稳定等。有些地球上的"乘客"对资源的需求尤其高,比如美国人。如果全世界所有人都达到美国人的平均生活水平，那么人类想要生存下去至少需要 4 个地球。

在 1960 年，地球上有 30 亿人口和 1.27 亿辆机动车。如今，地球拥有大约 70 多亿人口和超过 10 亿辆机动车。机动车排放的温室气体，以及燃煤和石油发电、供暖所产生的温室气体，正在改变地球的气候。为了确定气候变化的程度和速度，全球数千名科学家正通过联合国政府间气候变化专门委员会（IPCC）的合作，创建和审查相关证据。该委员会的科学评估委员会前任主席约翰·霍顿报告称，他们的结论是基于人类历史上最为"深入的科学研究和审查"，获得了全球 11 个最发达国家的国家科学院的支持。

联合国政府间气候变化专门委员会、美国科学促进会和美国联邦气候科学专题报告提供了大量有关气候变化的证据，如图 31-1 所示。

- 温室气体排放不断增加。自工业革命以来（1750 年以来），人类活动所排放的二氧化碳大约有一半仍停留在大气中。此外，大气中的二氧化碳和甲烷分别比工业时代增加了 45% 和 157%。随着永久冻土的融化，释放出的甲烷会加剧这一问题。
- 海洋和大气温度上升。这些数字和事实没有任何政治倾向。根据美国的总结报告，自 1901 年以来，全球平均气温升高了 1℃。过去 17 年中，有 16 年的气温突破历史最高温度，且最近每年都在刷新记录（见图 31-2）。如果全球气候没有变暖，随机天气变化所产生的最高温和最低温的记录数量应该是均等的。而实际情况是，创纪录的高温次

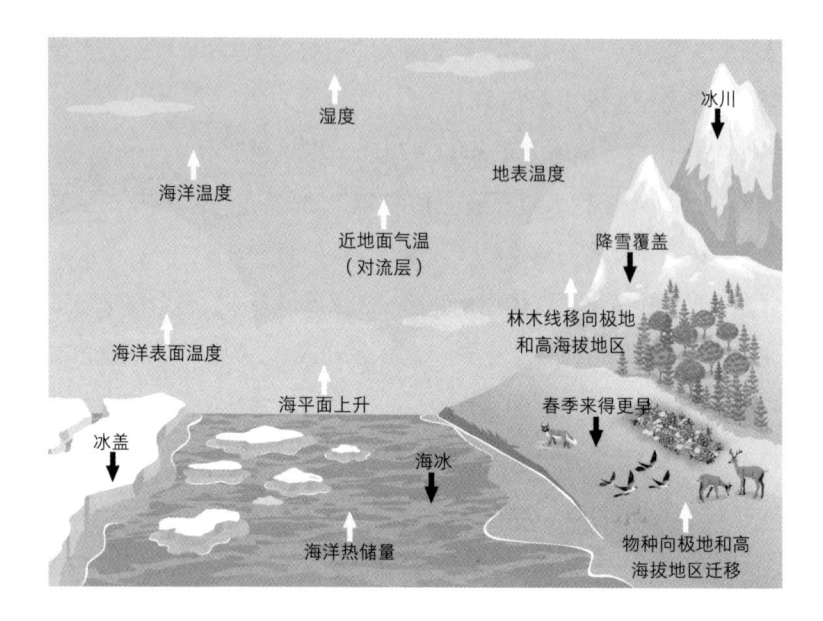

图 31-1 全球气候变化科学指标总览

数远远多于创纪录的低温次数。在 2016 年的美国，创纪录的高温次数与低温次数的比例接近 6∶1。同样，在澳大利亚，创纪录的高温次数远远多于低温次数。

○ 大量动植物正在迁移。为了应对变暖的世界，它们逐渐向较高的海拔和地球的两极迁徙，这将导致生物多样性损失。

○ 冰川和积雪正在融化。夏末的北极冰层覆盖面积已经大幅缩小（见图 31-3），对北极熊的生存产生了巨大的影响。大部分国家公园的冰川正在消失，格陵兰岛的冰川也正在缩小。随着冰川和积雪的减少，夏季的冰雪融化和灌溉用水也会减少。

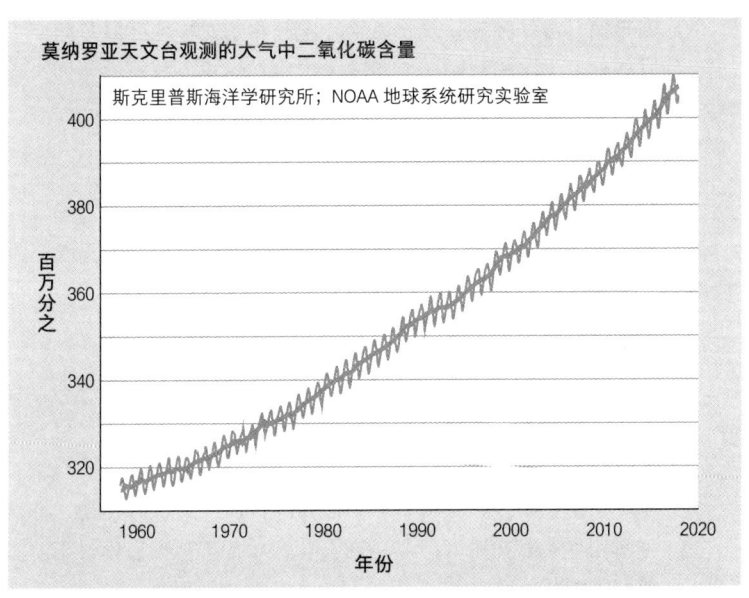

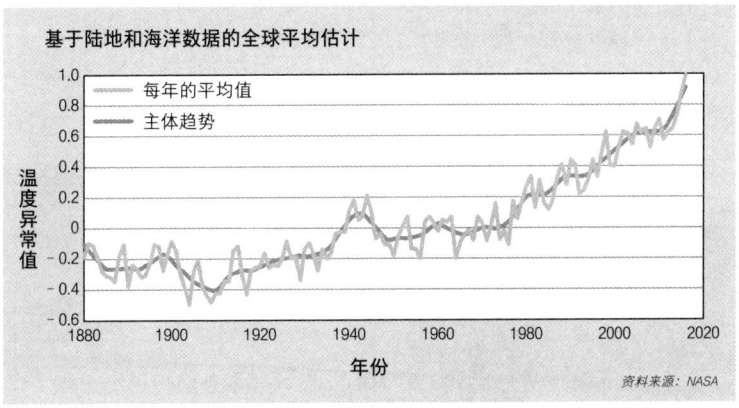

图 31-2　全球气候剧烈变化 [1]

---

[1] 随着大气中二氧化碳浓度的增加，全球气温也在上升。

- 海平面升高。预测显示,海平面上升将给北极地区以及巴基斯坦、中国南部和印度洋、太平洋岛屿等沿海和低洼地区带来严重问题。在美国,每日潮汐洪水正在 25 个大西洋和墨西哥湾沿岸城市加速发生。
- 极端天气事件增多。任何一个单独的天气事件——比如某地的高温或飓风——都不能归因于气候变化。奇怪的天气总会发生。但是,现在这种情况发生的频率越来越高,甚至已经"超出了自然变化的范围"。2017 年美国在天气灾害中损失 10 亿美元,这个记录创下了历史新高。全球范围内,越来越多的极端天气事件致使自然灾害相关的保险赔偿不断增加。此外,气候学家报告称,气候变化会增加高温、干旱、山火、飓风和洪水的强度,造成更多农作物、牲畜和生命财产损失。自 1995 年以来,因天气灾害导致死亡的人数超过 60 万人,且这一数字还在持续增加,因此,气候变化是一个比恐怖主义更值得关注的生命权利问题。

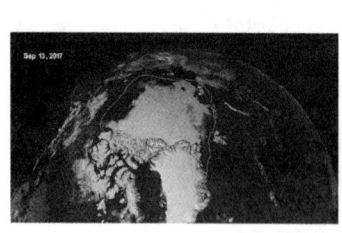

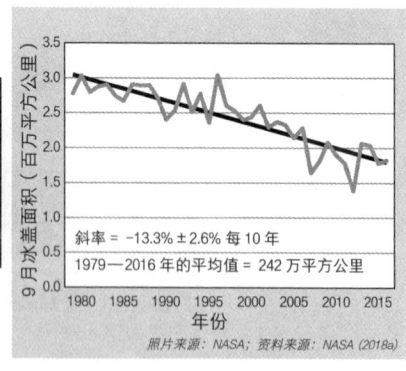

图 31-3 冰盖正在缩小

… 第 31 章 社会心理学与可持续发展的未来

心理学与气候变化

纵观历史，社会心理学家研究了许多社会时事中的问题。例如，在美国民权运动中，研究了刻板印象和偏见；在社会动荡和犯罪激增的年代，研究了攻击行为；在女性运动时期，研究了性别发展和性别相关的态度。现在，全球气候变化被认为是"全世界面临的最大问题"，而心理科学也开始关注以下问题：全球气候变化对人类行为的影响；公众对气候变化的看法，以及如何调整人类的行为来应对气候变化。

气候变化的心理学效应

有人认为这是一个关乎国家安全问题：恐怖分子的炸弹和气候变化都是大规模杀伤性武器。散文作家尼古拉斯·克里斯托夫曾说："如果我们得知基地组织正在秘密开发一种新的恐怖主义技术，这种技术可以破坏全球的水供应，迫使数千万人流离失所，并可能危及整个地球，我们将会陷入疯狂，并不惜一切代价去消除这个威胁。然而，现在我们正在用温室气体制造这种威胁，请考虑人类的后果。"

流离失所与创伤

有人预计 21 世纪的气温将升高 2～4℃，如果现实真的如此，那么我们将会面临一系列的变化，包括水资源、农业、灾害风险和海平面等，这些变化将迫使人类不得不大规模移民。当干旱或洪水迫使人们离开他们原有的土地、住所和工作时（例如，撒哈拉以南非洲的农田和放牧地变成沙漠），往往会导致贫困和饥荒的加剧、人均寿命的缩短和文化认同的缺失。如果极端天气事件或气候变化切断了你与某个地方以及那个地方的人们的联系，你可能会感到悲伤、焦虑和失落。因此，气候问题对于社会和心理健康至关重要。

气候与冲突

气候问题会导致战争吗？这样的情况确实经常发生。许多人类的困境，从经济衰退到战争，归根结底都与气候波动相关。当气候变化时，农业很容易受到影响，进而导致饥荒和流行病的发生，人们全都陷入痛苦之中。资源有限的贫穷国家最容易受到气候变化的影响。而当人们身处困苦之中时，他们更容易对政府和彼此产生愤怒的情绪，从而爆发战争。气候问题对于社会稳定非常重要。

一个针对60项实证研究的分析显示，在整个人类历史中，全世界的气候事件都会导致冲突激增。结论是：高温和极端降雨，如旱灾和洪涝，预示着会发生更多地家庭暴力、种族侵略、领土入侵和内部冲突。研究人员估计，温度每上升2°C（预计到2040年），群体冲突可能会增加超过50%（见图31-4）。

公众对气候变化的态度

地球是否正在变暖？人类是否负有责任？这是否会影响我们的子孙后代？气候学家给出的答案是肯定的，**97%的气候学家**（根据多次调查的结果）认为气候变化正在发生，并且这是由人类引起

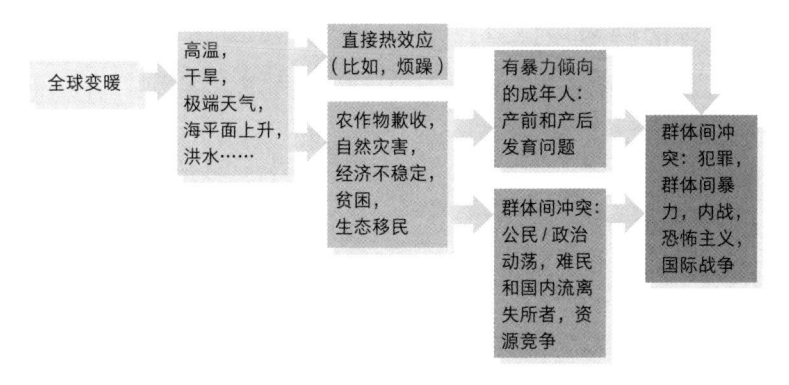

第 31 章 社会心理学与可持续发展的未来

资料来源：Miles-Novelo & Anderson (2019)

图 31-4　天气变化增加暴力和冲突的三条路径

的。正如《科学》杂志中的一篇报告所解释的，"几乎所有的气候学家对全球变暖带来的威胁都持有一致的观点：全球变暖是真实的，也是危险的，全世界需要立即采取行动"。

然而，许多民众并不了解这种科学共识。2013 年，只有 42% 的美国人知道"大多数科学家认为全球变暖正在发生"，44% 的人认同有"确凿证据"表明全球变暖是人为引起的。2018 年，73% 的人认同全球变暖正在发生，69% 的人对此至少"有些担心"。

对于气候变化问题，科学界和美国公众之间巨大的认知差距引起了社会心理学家的兴趣。为什么会存在这种差距？为什么全球变暖没有获得更多关注？如何使科学认知与公众认知保持一致？

亲身经历与易得性直觉

现在，我们都已深知：生动的近期经历通常比抽象的统计数据更有说服力。尽管我们知道被鲨鱼袭击和飞机失事的发生率都很低，但由于这些事件的图像生动鲜明，往往会给我们留下深刻的印象，从而激发我们的情绪反应并影响我们的判断。在易得性直觉的影响下，我们会做出直觉判断，因此我们的关注点可能是错误的。如果航空公司弄丢了我们的行李，我们很可能会夸大当时的感受，并忽略航空公司整体的行李丢失率（其实很低），进而降低对航空公司的评价。我们的大脑会更关注眼前的情况，而忽略那些无形数据和遥不可及的危险。我们的经验往往比分析更重要。

同样，人们经常混淆短期局部天气和长期全球气候变化的概念。例如，一个气候怀疑论者宣称一场创纪录的东海岸暴风雪能够对全球变暖产生"致命的一击"。在2011年5月的一项调查中，47%的美国人同意"今年冬天，美国东部的暴风雪让我质疑全球是否真的在变暖"。2014年11月18日，脱口秀主持人科尔伯特在推特上发文称："全球变暖并不存在，因为今天我感到好冷！还有个好消息：世界饥荒结束了，因为我刚刚已经吃饱了。"

但是当接下来的炎热夏季到来时，67%的美国人同意全球变暖加剧了"2011年美国创纪录的夏季高温"。2018年，74%的美国人表示，过去5年的极端天气——洪水、极端高温和山火——影响了他们对气候变化的看法。美国和澳大利亚的研究发现，在比平常更热或更冷的日子里，人们更加相信全球变暖的说法，并且更愿意给改善全球变暖的气候慈善机构捐款。在生活中的许多领域，我们的

第 31 章 社会心理学与可持续发展的未来

△ 生动的图像：在融化的浮冰上的北极熊，往往比统计数字更能给人留下深刻的印象

图 31-5

局部经验会歪曲我们对全局的判断。

说服

今天的局部天气会让人们对未来全球变暖的理解产生偏颇，但这只是公众对气候变化持怀疑态度的原因之一。对气候科学的抵制还源于简单的错误信息和动机推理。

错误信息

一些人之所以对气候威胁论持怀疑态度，可能因为他们是天生的乐观主义者，或者因为他们混淆了温度以及海平面上升程度的不确定性和气候变化事实的不确定性。尤其是在美国，一些团体试图通过各种方式来散播气候行动的怀疑论，例如抹黑科学家，或者强调采取气候行动的短期成本而掩盖不采取行动所导致的长期成本。此外，质疑其他科学发现的人往往也会怀疑气候科学领域的共识。

新闻报道中的"虚假平衡"可能会进一步歪曲公众的认知。例如，在一项研究中，人们被告知一个观点明确的结论，比如经济学专家以近 50∶1 的比例，对"碳排放税对控制二氧化碳排放的成本效益优于汽车燃油的经济标准"的结论基本达成共识，但是如果同时告知他们一个兼顾各方对立观点的结论，他们更可能会记住一个模棱两可的专家意见。同样，假设人们在听到医学专家一致认为疫苗不会导致自闭症这一说法的同时，还听到一个兼顾了支持疫苗和反对疫苗两种对立观点的说法，我们可以预知的是，"虚假平衡"会误导人们，降低人们对医学共识的信任度。

动机推理

我们渴望避免恐惧等负面情绪的出现，这种倾向可能会促使我们否认气候威胁。此外，我们更倾向于相信现状并为其辩护。我们喜欢习以为常的出行方式、饮食习惯以及房间的供暖和制冷方式。当感到舒适时，我们不想改变熟悉的事物。并且验证性偏差使我们更加关注那些可以证实我们先前观点的数据。因此，如果解决气候问题需要付出的代价过于昂贵，就会使人们选择否认气候问题的存在。

那么，为了克服错误信息、动机推理和人们以个人经验代替分析的倾向，教育者可以如何使用社会心理学的原理呢？

第 31 章 社会心理学与可持续发展的未来

- **将信息与受众的价值观联系在一起。** 政治价值观会影响人们的观点。2018 年的调查显示，75% 的美国民主党人和 25% 的共和党人认同全球变暖的主要原因是人类活动。那么如何说服民主党和共和党的受众呢？支持民主党的受众可能更加关注气候变化对世界贫困的影响，支持共和党的受众可能更加关注如何通过使用清洁能源，减少对外部能源的依赖，进而提升国家安全。

- **使用可信度高的传播者。** 人们更愿意接受身份和背景与自己相似的人，因为他们更信任和尊重这类人。"反酒驾母亲协会"通过安排一些母亲进行交流，在制止酒后驾车方面取得了成功。

- **因地制宜的思考。** 尽管气候变化是一个全球性问题，但人们对近期或周边的威胁会有更多的关注。在澳大利亚、得克萨斯州或加利福尼亚州，干旱恶化更容易引发关注；而在佛罗里达州或荷兰，海平面上升问题似乎与人们的生活更为相关。

- **使信息生动形象、容易被记住。** 考虑到易得性直觉以及禁烟警示图片的有效性，信息表达的生动性很重要。与其警告人们"未来气候的变化"，不如解释为"地球发烧了"。

- **鼓励人们使用"绿色默认设置"。** 除非是单面打印的特殊需求，鼓励人们尽可能将打印机设置为双面打印。当运动传感器检测不到人时，自动关闭建筑物的灯光。默认提供素食套餐，给想要吃肉的人提供肉食选择。

- **以有效的方式构建风险意识。** 与其描述成"温室效应"，不如将其比喻成"捂住热量的毯子"。与其提供气候变化的"理论"，不如给出"有关气候变化如何运作的理解"。

555

与其提出征收不受欢迎的"碳税",不如直接建议"碳补偿"。将风险管理比作人们日常生活中的决定——为住所购买火灾保险和购买汽车责任保险,并系好安全带——以避免最糟糕的结果。

- **以引人注意的方式构建节能理念。**强调节能的长期效果。与其说"这款能源之星冰箱每年能为您省下120美元的电费",不如说"在未来20年中,它将为您节省2400美元的能源费用"。

可持续发展的生活方式

我们应该如何面对未来?是活在当下,沉浸在吃喝玩乐的快感中,坐等未来的毁灭,还是忧心忡忡地面对社会繁荣和人类繁衍所带来的灾难,并发誓绝不将孩子带到这样不幸的未来?或者是像社会困境博弈中的许多人一样,以追求自身利益为先,却在不经意间对集体利益造成损害?

从长远来看,如果我们都采取可持续发展的生活方式,我们会过得更好。不过我个人所消耗的能源在全球范围内简直微不足道;这些能源使我的生活更加舒适,但几乎不会给世界造成什么影响。

为了实现可持续发展的生活方式,那些对未来持乐观态度的人提出了两个途径:提高科学技术水平和农业生产力;控制消费并减少人口数量。

第 31 章 社会心理学与可持续发展的未来

新技术

到 2050 年,世界人口预计将增加 25 亿,越来越多的人希望过上北美人的生活。因此,世界面临的一个重大挑战是如何在不加重污染和全球变暖的情况下为人类的未来提供能源。

促进未来可持续发展的途径之一是改进技术。我们已经用节能灯替代了白炽灯,用电子邮件和电子商务取代了印刷信件和纸质商品目录,用远程办公取代了公路通勤。

现在中年人驾驶的汽车的油耗比他们年轻时驾驶的汽车的油耗节省了一半,排放的污染物也仅为以前的 5%。此外,新型混合动力汽车和新能源电动汽车也提供了更高的能效。

有利于可持续发展的未来技术还包括:可以持续发光 20 年的二极管;不需要水、热量和肥皂的超声波洗衣机;可循环使用的可降解塑料;使用氢氧燃料电池并排放水蒸气的汽车;比钢铁更轻、更硬的材料;可以作为太阳能收集器的路面;可以调节温度的椅子等。

减少消费

实现可持续发展的第二个途径是控制消费。随着贫穷国家的发展,他们的消费将会增加。在此过程中,发达国家必须减少消费。

由于家庭计划的实施,世界人口增长率已经大大放缓,尤其是在发达国家。即使在欠发达国家,当粮食安全得到改善、妇女可以接受教育并获得较多的权利时,生育率也会下降。但是,即使现在全世界的生育率立即降至每位女性平均有 2.1 个孩子的水平,考虑到人口结构中的青年人口比例,人口增长的势头仍会持续几年。地球这艘

"宇宙飞船"在经历了数万年的人口繁衍后，1960年全球人口数量突破30亿，这个数字略低于人口学家预测的21世纪人口增长数量。

当前的人口规模已经超出了地球的承载能力，因此我们更需要在消费中考虑可持续性。随着物质需求的不断增加，越来越多的人想要拥有个人电脑、冰箱、空调、航空旅行。我们应该如何控制过度消费呢？

激励措施

一种方法是通过公共政策来限制购买的欲望。通常情况下，对某个事项征税会减少这类活动的进行，而对某个事项给予奖励则会增加该活动的进行。在交通拥堵的高速公路上，可以利用快速车辆通道来鼓励拼车，减少单独驾车。欧洲率先鼓励人们乘坐公共交通和骑自行车，减少私家车的使用频率。除了通过高燃油税来限制使用小型车辆外，维也纳、慕尼黑、苏黎世和哥本哈根等城市关闭了许多市中心街道，禁止小型车辆通行。伦敦、斯德哥尔摩、新加坡和米兰的司机在进入市中心区域时需要支付交通拥堵费。阿姆斯特丹是自行车的天堂。德国的许多城市设有"环保区"，只允许二氧化碳排量低的车辆进入。

一些自由市场的拥护者反对征收碳税，因为这是一项税收。其他人则认为，无论是否作为所得税抵免，碳税只是对今天的健康和未来的环境所受损害的补偿。如果现在的二氧化碳排放者不支付这笔钱，那么谁为未来的洪水、龙卷风、飓风、干旱和海平面上升造成的损失买单呢？

△ 拼车似乎更有吸引力，因为它意味着可以绕过拥挤的市区道路（如洛杉矶）。

图 31-6

给予反馈

另一种鼓励人们建设环保家庭和环保企业的方法是利用即时反馈的力量，可以安装"智能电表"向消费者提供实时的用电量和费用显示。关闭电脑显示器或者空房间的灯光，电表会显示出减少消耗的瓦数。打开空调，你立刻就知道使用的电量和费用。研究表明，当能源供应商在家庭能源账单上贴上"笑脸"或"哭脸"，以表示消费者的能源使用低于或高于周边平均水平时，能源使用量就会减少。通过应用这样的社会心理学知识，一家公司现在向全球超过6000万个家庭提供个性化的反馈报告，将他们的能源使用量与相似家庭或最节能的邻居相对比。

身份认同

一项调查发现，人们购买混合动力汽车的主要原因是它"代表了我的个人形象"。事实上，克朗普顿和卡瑟认为，我们对"我们是谁"的认知，即我们的身份认同，会对我们与气候相关的行为产生深远的影响。我们的社会身份，即界定我们关注范围的内群体，是仅包括我们自己身边的人，还是也包括我们视线范围之外的弱势群体、我们的后代或未来人类，甚至是地球上的其他生物？

支持新能源政策需要转变公众意识，就像20世纪60年代的民权运动和70年代的妇女运动一样。耶鲁大学环境科学院院长斯佩思呼吁扩大我们的身份认知，他倡导一种对人类的"新意识"：

- 将人类视为自然的一部分；
- 认识到自然的内在价值，并且意识到我们必须对自然进行管理；
- 像重视现在一样来重视未来的生活和居民；
- 用"我们"的思考方式代替"我"，重视人类之间的相互依存关系；
- 从关系和精神的角度定义生活质量，而不仅仅关注物质生活；
- 重视公平、正义和人类共同体。

人类是否有希望将优先考虑的事项从追求财富转向寻求意义，从过度消费转向促进和谐呢？英国政府在实现可持续发展的计划中强调，要促进个人福祉和社会健康。

对此，社会心理学可以提供一些帮助，具体包括：

○ 提供减少消费的方法；
○ 剖析物质主义，并让人们相信经济增长并不会自动提升人类的精神面貌；
○ 帮助人们理解为何物质主义和金钱无法满足内心的需求；
○ 鼓励培养替代性的内在价值。

物质主义和财富的社会心理学

尽管最近发生了经济衰退，但对于大多数国家的人们来说，生活依旧是美好的。平均而言，人们享受着过去几个世纪连王室都不曾拥有的奢侈品：热水浴、冲水马桶、中央空调、微波炉、喷气式飞机、冬季的新鲜水果、大屏幕数字电视、电子邮件和智能手机。金钱和奢侈品能够买到幸福吗？很少有人会回答"是的"。但是，换一种问法——"更多的财富会让你更加快乐吗？"大多数人会回答"是的"。我们相信，财富和幸福之间存在一定的联系。

日益盛行的物质主义

物质主义会破坏人们对环境友好的态度。物质主义还削弱了人们的共情能力，使人们倾向于将他人视为物品。

然而，物质主义在美国最为盛行。现在的美国梦是生活、自由和购买幸福。高等教育研究所对大约25万大学新生进行的年度调查为他们提供了物质主义增长的证据。调查发现，2016年，82%的大学新生认为"经济上非常富裕"的人生目标对他们来说"非常重要或必要"，而这个数值在1970年只有39%（见图31-7）。相反，认为"培养一种有意义的人生理念"的人生目标"非常重要或必要"的人却在急剧减少。可见，物质主义在激增，而精神需求却在下降。

人们的价值观发生了多么大的变化！在列出的19个人生目标中，最近几年进入大学的美国人将"经济上非常富裕"排在了第

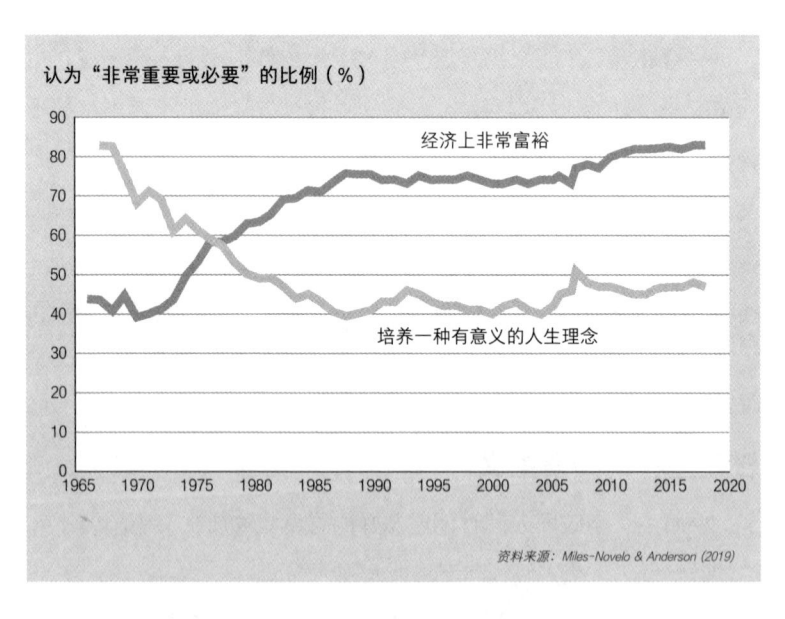

资料来源：Miles-Novelo & Anderson (2019)

图31-7 变化中的物质主义

一位。这不仅超过了培养人生理念，还超过了"成为本领域的权威""帮助遇到困难的人"和"养家糊口"。

财富和幸福感

不可持续的消费真的能给人们带来"美好生活"吗？经济富裕能否带来心理幸福感？如果人们可以用简朴的生活方式取代奢华的生活方式——生活在富丽堂皇的环境中、去阿尔卑斯山滑雪度假、享受高端旅行，他们会更幸福吗？如果你中了一个大奖并可以从奖品（12 米长的游艇、豪华房车、设计师量身定做的全套服装、豪华汽车及私人管家）中随意选择，你会更幸福吗？社会心理学的理论和证据为此提供了答案。

富裕国家的人民更快乐吗？

我们可以通过提问的方式来探讨财富和幸福感之间的关系。我们的第一个问题是，富裕国家是不是更幸福的地方？事实上，国家财富和幸福感（以自我报告的幸福感和生活满意度来衡量）之间确实存在一定的相关性。北欧人一直都是富裕和幸福的；而保加利亚人则不是。富裕国家和地区的人均寿命通常也更长。但是，在人均 GDP 超过 2 万美元之后，更多的国家财富并不能预测生活满意度的增加。

富裕的人更快乐吗？

我们的第二个问题是，是否在任何一个国家内，富人都更幸福？开着宝马车上班的人比坐公交车上班的人更幸福吗？

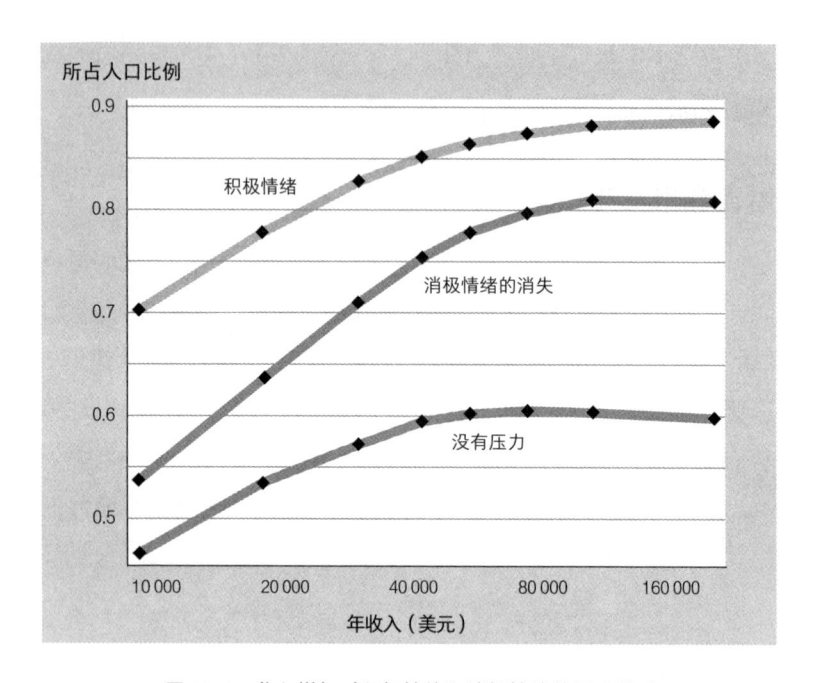

图 31-8　收入增加对积极情绪和消极情绪的影响递减

在低收入威胁到基本需求的贫穷国家，相对富裕确实可以预测更多的幸福感。在富裕的国家，大多数人都能负担得起基本生活的必需品，富裕（和财务满足感）仍然重要——部分原因在于有钱人认为他们可以掌控自己的生活。

然而，在达到适当的收入水平后，金钱增加带来的长期回报会递减。根据盖洛普在2008年和2009年对超过45万美国人进行的调查显示，日常积极情绪（幸福感、愉悦、经常微笑和大笑）会随收入增加，但仅限于年均收入低于7.5万美元的人，当收入超过这一数目时，日常积极情绪便不再增加。一旦成为百万富翁，积累更多的财富只会给幸福感带来微小的提升。即使是超级富豪——《福布斯》评选的 100 位最富有的美国人，他们的幸福感也只比平均水平稍微高一点。

经济增长会提升幸福感吗？

我们的第三个问题是，随着时间推移，文化中的幸福感是否会随着富裕程度的提高而上升？我们的集体幸福感是否会随着经济的蓬勃发展而提升？

1957 年，当经济学家加尔布雷思将美国描述为富裕社会时，美国的人均收入为（换算为 2012 年的美元）12 300 美元。如图 31-9 所示，今天的美国是一个 "3 倍富裕的社会"，即金钱所能购买的东西是以前的 3 倍。随着经济发展，富人和普通人的财富都有所提升。但是，经济发展对富人更有利，因此富人的财富明显提升更多。此外，由于已婚妇女的就业率激增，人们的消费能力也翻了一番。我们现在人均汽车保有量和外出就餐的次数均为过去的 2 倍，并且我们还享有全新的科技世界。自 1960 年以来，拥有洗碗机的家庭占比从 7% 上升到 69%，拥有烘干机的家庭占比从 20% 上升到 83%，拥有空调的家庭占比从 15% 上升到 89%。

因此，相信 "经济上非常富裕" 的人生目标 "非常重要且必要" 且已经富裕起来的美国人真的更幸福吗？拥有意式咖啡机、智能手机和万向轮行李箱的他们比以前更幸福吗？

事实并非如此。自 1957 年以来，认为自己 "非常幸福" 的美

图 31-9 经济的增长是否会改善人们的精神面貌？[1]

国人的比例略有下降：从 35% 下降到 30%。他们的财富翻了一番，但显然没有变得更幸福。其他许多国家也有类似的情况。中国经济经历了 10 年的飞速增长——从少数人拥有手机、40% 的家庭拥有彩色电视，到如今大多数人都拥有这些电子产品——盖洛普调查显示，对"现在的生活状况"感到满意的中国人的比例反而减少了。

这些研究结果令人震惊，因为它们挑战了现代物质主义：经济

---

[1] 虽然在排除了通货膨胀的影响后，人均收入确实有所增加，但是个体自我报告的幸福感却没有增强。

增长似乎没有明显地改善人们的精神面貌。我们善于谋生，却不擅长经营生活；我们庆祝经济的繁荣，却又追求生活的意义；我们珍视自由，却又渴望与他人建立关系。

永不知足的物质主义

富裕国家的经济增长并未带来人民生活满意度和幸福感的提高，这一现象令人感到震惊。更为惊人的是，那些努力追求财富的个人往往生活得更不幸福。莱恩指出，这种物质主义与不满意的关联在"我所研究的每种文化中都非常明显"。

追求外在目标，如财富、美貌、人缘、知名度或其他外部奖励与认可，可能会使人更容易出现焦虑、抑郁和其他心理疾病。过分专注于金钱会减低个体对他人的关注，使人变得冷漠无情。

蒂姆·卡瑟总结说，相反，那些追求内在目标的人，如"追求亲密关系、个人成长和对社区的贡献"，会体验到更高质量的生活。卡瑟后来还补充说，内在价值可以提高个人和社会的幸福感，并帮助人们抵制物质主义价值观。人们能够从关注亲密关系、从事有意义的工作和关心他人中获得一种内在奖励，而这种感受是关注物质、地位和个人形象的人体会不到的。

思考一下：在过去的一个月里，你觉得最令人满意的事是什么？肯农·谢尔顿和同事向大学生提出了这个问题（以及过去一周和一个学期内最令人满意的事件）。然后他们让大学生评价在令人满意的事件中，10种不同的需求得到满足的程度。学生们认为令人满意的事件满足了他们的情感需求，其中最强烈的情感需求是自尊、关系需求（与他人建立联系的感觉）和自主性（控制感）。在可以预测满意度的因素中，金钱和奢侈品排在最后。

物质主义者常常说，他们的理想和现实之间存在巨大的差距，并且他们更少体验到亲密而满意的人际关系。富人和周游世界的旅行者也无法享受生活中的简单乐趣。在他们眼中，与财富带来的快乐相比，简单的乐趣——与朋友一起喝茶、品尝巧克力或完成一个项目——可能显得微不足道。

卡瑟报告说，专注于外部目标和物质的人"对保护地球的关注也较少"。随着物质主义价值观的兴起，人们对自然的关注越来越少。当人们一心一意追逐财富、形象和地位时，就更不可能参加自行车骑行、废物回收再利用等对生态有益的活动。

为什么以前的奢侈品（比如空调）迅速地变成了今天的必需品？有两个原则驱动着这种消费心理：我们的适应能力和比较需求。

人类的适应能力

适应水平现象是指我们倾向于根据先前的经验的中立水平来判断我们现在的体验（例如声音、温度和收入）。我们根据经验不断调整自己的中立水平——在这一水平上，声音不大也不小，温度不热也不冷，事情不悲也不喜。然后，我们会注意到偏离这一水平的变化，并做出反应。

因此，当我们的成就超越过去的水平时，我们会感到成功和满足。当我们的社会声望、收入或家庭条件有所改善时，我们会感到喜悦。然而，不久之后，我们就会适应新的水平。曾经感觉不错的事情现在变得感觉一般，过去感觉一般的事情现在变得感觉很差。

那么，我们能否创造一个社交天堂呢？坎贝尔的回答是否定的：如果明天醒来，你发现自己进入一个乌托邦——那是一个没有账单、没有疾病的世界，那里的人会无条件地爱你——你会感到欣喜若狂。但是不久之后，你会重新调整自己的适应水平：时而感到满足（当成就超出期望时），时而感到郁闷（当成就低于期望时），时而感到麻木。

当然，我们不一定会完全适应某些事情，比如配偶的死亡，因为丧失感会持续很久。那些因脊髓损伤而瘫痪的人的痛苦会逐渐减少，最终恢复到接近正常人的水平，只是偶尔会有一些悲伤或沮丧。获得我们想要的东西（如财富、好成绩、国家队赢得世界杯）会给我们带来喜悦，但是这种喜悦的消散速度比我们预期的要快。

我们有时也会有"错误的渴望"。在大一新生进行选宿舍抽签前，研究者让他们对各种影响住宿满意度的因素进行预测，结果他们都将注意力集中在物质条件上。许多学生认为，"能住在位置方便且环境舒适的宿舍是最幸福的"。但他们错了。邓恩1年后与这些学生联系时发现，社会特征，如团体归属感，才是预测幸福的重要因素。

其他调查和实验反复证实，积极的体验会让我们更幸福，尤其是那些可以建立关系、培养意义感和身份认同，且不会被社会比较影响的经历。相比于物质购买，体验购买可以给我们提供与他人进行交流的话题。甚至购买时间（如乘坐出租车，支付别人代劳的报酬）带来的幸福感也要多于物质购买。生活中最重要的东西并不是物质。

我们社会比较的倾向

生活中的许多事情都围绕着社会比较展开，从两个徒步旅行者遇到一只熊的笑话中可以看出这点。一个徒步旅行者从背包中拿出一双运动鞋。另一个人问道："为什么要穿运动鞋？你不可能比熊跑得快。"第一个人回答说："我不需要比熊跑得快，我只需要跑得比你快就行了。"

幸福感与我们和他人的比较有关，尤其是和同一群体内的人进行比较。正如讽刺作家门肯开玩笑所说，富人是指收入"至少比妻子的姐夫多 100 美元"的人。

我们感觉的好坏取决于我们与谁进行比较。只有在觉得别人聪明伶俐时，我们才会感到自己愚蠢笨拙。如果一个职业运动员签订了一份年薪 1500 万美元的新合同，那么年薪 800 万美元的队友可能会感到不满。坎贝尔在《弟兄蜻蜓》中回忆道："我们的贫困变成了现实。不是因为我们拥有得更少，而是因为我们的邻居拥有得更多。"也许你还记得自己坐在静止的火车上，旁边的火车启动时给你带来的后退的感觉。收入固定的人群也有类似的经历，当他们看到周围的人变得更富有时，他们会感觉自己更贫穷。

当我们努力走向成功或富裕时，我们通常会与水平和自己相同或比我们更高的同龄人进行比较，而不是与比我们差的人进行比较。和富裕的居民生活在同一社区的人倾向于向上比较，从而感到嫉妒和不满。"比较偷走了快乐"的说法也适用于上行社会比较，当你将自己的日常生活与朋友幸福的社交媒体帖子进行比较时，你会感受到这一点。

发达地区和新兴经济体的收入不平等问题不断加剧。在 34 个经济合作与发展组织的成员国中，前 10% 最富有的人的收入是后 10% 最贫困的人的 9.5 倍。收入不平等较大的国家不仅存在严重的健康和社会问题，并且心理疾病的发病率也更高。同样，在美国收入不平等程度较高的州，居民患抑郁症的比率也更高。随着时间的推移，较高水平的收入不平等——以及由此产生的不公平感和缺乏信任——与低收入人群的幸福感减少有关。

虽然人们通常偏爱当地的经济政策，但一项全国调查发现，美国人普遍偏爱图 31-10 右侧的收入分配情况（而受访者并不知道这恰好是瑞典的收入分配情况），而不是左侧的收入分配（美国的收入分配情况）。此外，人们希望（在一个理想的世界中）前 20% 的富人的收入占总收入的 30%～40%（而不是实际的 84%）。共和党和民主党一致同意这个观点，而年收入低于 5 万美元和超过 10 万美元的人也是如此。

一项后续研究提出了不同的问题——例如，询问美国人他们认为收入低于 3.5 万美元的人在总人口中所占的百分比是多少——结果发现人们普遍高估了贫困和收入不平等的比例。但还有其他的结果：另一项涵盖 40 个国家 55 238 人的研究发现，人们极大地低估了不平等的现象。通常生活在富裕地区的富人更容易低估贫困的现象，并反对旨在减少不平等的政策。

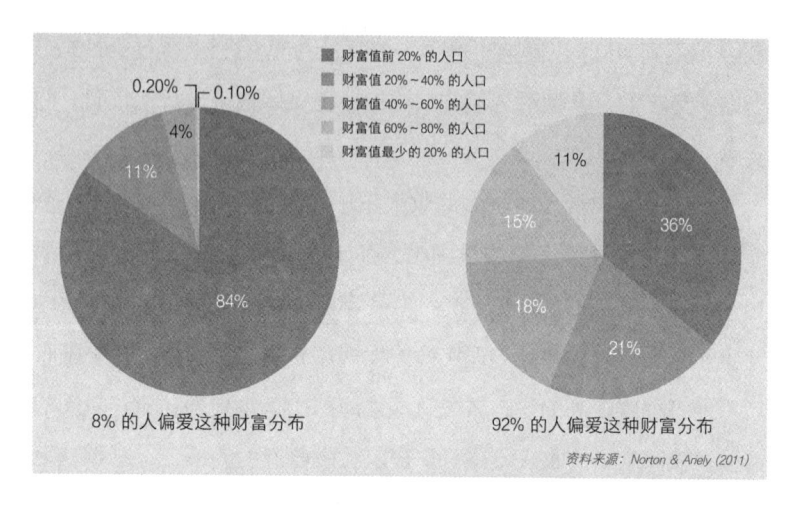

图 31-10 在一个理想的社会中，收入不平等的程度是多少？[1]

此外，人们想象中的大公司首席执行官和非技术工人之间的理想薪酬差距远低于实际差距。例如，在美国，标准普尔 500 指数公司的首席执行官与非技术工人的实际工资比率（354∶1）远远超过估计的比率（30∶1）和理想的比率（7∶1）。研究人员得出的结论是："不论社会地位如何，世界各地的人们都希望缩小富人和穷人之间的收入差距。"让人们了解收入不平等的程度有助于增加他们对日益扩大的收入差距的关注，但对收入再分配支持程度的影响较小。

即使在中国，收入不平等也在增加。这解释了为什么不断提升

---

[1] 一项针对美国人的调查展示了一个令人惊讶的共识，即人们更偏爱相对平等的财富分配方式（如右图所示，是瑞典的分配方式），而不是美国的财富分配现状。

的经济水平并没有带来更多的幸福感——无论是在中国还是其他任何地方。不断增加的收入不平等使更多的人身边出现了富裕的邻居,这就是为什么经济增长并没有增加整体幸福感。适应水平和社会比较现象给我们带来更深层次的思考。它们意味着通过物质上的成功追求幸福的人需要不断地积累更多的财富。它们还帮助我们理解为什么我们经常觉得富人不够慷慨,还缺乏同理心和共情能力(相对于收入而言,没钱的人对没钱的人最慷慨)。

但好消息是,对简朴生活的适应也可以使我们感到快乐。如果我们主动选择或被迫减少消费,最初可能会有一些不适,但这种痛苦可能很快就会消失。事实上,由于我们具备适应能力和调整社会比较的能力,生活中的重大事件(如失业甚至致残事故)给我们的情绪带来的影响往往比我们想象中消散得快得多。

可持续发展和生存

不管是个人还是社会,都面临着棘手的社会和政治问题。一个民主的社会如何引导人们树立幸福比物质更重要的价值观呢?一个繁荣的市场经济如何既要促进经济繁荣,又要采取限制措施维持一个适宜人类居住的地球?替代性能源等技术创新可以在多大程度上减少我们对生态的破坏?实现为子孙后代维护一个宜居的地球的崇高目标,我们每个人应该做出多少自我约束行为,例如开私家车、焚烧垃圾和随意丢垃圾?

公众、政府和企业可以通过措施促使人们的价值观向后物质主义价值观转变：

- 直面人口和消费增长对气候变化和环境破坏的影响。
- 认识到物质主义价值观会让我们的生活更不幸福。
- 找到生活中能够实现人类可持续繁荣的东西，并努力推动它们。

捷克诗人哈维尔曾说过："如果世界想要变得更好，人类意识必须有所改变。"我们必须意识到"对世界有更深层次的责任感，意味着我们要对一些比自己更重要的事情负责"。如果人们开始相信，越来越大的房子、装满不常穿衣服的衣柜和停满豪车的车库并不能定义美好的生活，那么是否会真正转变观念？炫耀性消费是否不再是社会地位的象征，而被视为一种愚蠢的表现？

社会心理学对可持续发展的贡献，部分通过对适应水平和社会比较的认知和理解来实现。这些认知和理解来自一些实验，比如降低人们的比较标准，有助于减少人们对奢侈品的热情，恢复人们的满足感。在两个实验中，德默尔和同事将大学女生置于虚构的剥夺情境中。在观看了1900年密尔沃基的人们凄凉的生活画面，或者在想象和写下自己被烧伤和毁容的情境后，这些女生对自己当前的生活表现出更高的满意度。

在另一个实验中，克罗克和加洛发现，与那些填补"我希望我是……"句子的人相比，填补五个"我很高兴我不是……"句子的人会表现出更低的抑郁倾向和更高的生活满意度。意识到他人的处境更糟糕有助于我们珍惜眼前的幸福。波斯谚语说:"我因为没有鞋子而哭泣,直到我遇到一个没有脚的人。"因此,下行社会比较会提升满足感。

与想象中较差的自己进行向下比较也能提高满足感。敏京库和同事邀请人们写下他们可能再也无法见到自己爱人的场景。与那些被要求写下可以与爱人见面的参与者相比,想象自己再也不能拥有那种浪漫关系的人表达出更高的满意感。你能想象一些好的经历在你的生活中可能永远不会发生吗?我很容易想象,如果不是偶然结识一位朋友,我就不会被邀请写这本书。想到这一点就让我记住要珍惜眼前的幸福。

社会心理学还通过探索美好生活对可持续的未来做出贡献。如

△ **生命中最美好的东西不是物质。** 研究表明,幸福感的增长更多地来自体验消费,而不是物质消费——尤其是当人们把钱花在预期的、后来又回忆起来的、能培养人际关系和认同感的体验上,比如我和两个孩子一起徒步苏格兰西高地之路,或者一起在海滩上消磨时间。

图 31-11

果物质主义并不能提高生活质量，那么是什么在影响我们的生活质量呢？

- **支持性的亲密关系。**我们对归属感的强烈需求可以通过支持性的亲密关系得到满足。那些被亲密的友谊或稳定的婚姻支持的人更有可能认为自己"非常幸福"。
- **有信仰的社区和志愿组织通常是社会联系的来源，也是意义感和希望的来源。**这解释了全美民意调查中心自1972年以来对超过5万名美国人进行调查的结果：很少或从不参加宗教活动的人中有26％认为自己非常幸福，而每周参加多次宗教活动的人中有48％表示自己非常幸福。在大多数贫穷国家中，虔诚的宗教信仰使他们的人民生活得非常有意义。
- **积极的思维习惯。**乐观主义、自尊、知觉到的控制感和外向性也是幸福体验和幸福生活的标志。一项研究综合了638项研究的结论，覆盖63个国家超过42万人，结果显示，相比于财富，自主感（感到自由和独立）对幸福感的影响程度更大。
- **感受大自然。**相比那些在校园走廊或繁忙街道上匆匆走过的大学生，那些被随机分配到校园附近的森林中散步的大学生表示自己感受到更多的快乐、更少的焦虑和更多的专注。这个结果出乎所有人的预料。日本的研究人员报告称，"森林浴"（在树林中散步）有助于降低应激激素和血压。
- **全神贯注。**在工作和娱乐中施展自己的技能，也是一种幸福的标志。在焦虑和麻木之间还存在着一种状态，那就是一种全神贯注的心流状态。心流是一种最佳状态，即人们沉浸于一项活动中，对自我和时间失去意识。一项调查显示，人最快乐的状态不是毫无意识的被动状态，而是全身心地投入到专注的状态。事实上，一种休闲活动所花费的成本越低（通常参与度也越深），人们在进行这项活动时会感觉越快乐。与驾驶快艇相比，大多数人在园艺活动中更快乐；与朋友交谈比看电视更快乐。因此，低消费的休闲活动最令人快乐。

这确实是一个好消息。那些造就真正美好生活的东西——亲密的人际关系、基于信仰的社会联系、积极的思维习惯、全身心投入的活动——都是长久而可持续的。

专有名词

○ **适应水平现象**
指个体倾向于适应给定的刺激水平，因此会注意到该水平的变化并做出反应。

○ **社会比较**
通过将自己与他人进行比较来评估自己的能力和观点。

作者简介

戴维·迈尔斯（David Myers）

获得惠特沃思大学学士学位和爱荷华大学博士学位之后迈尔斯一直在密歇根州的霍普学院教授心理学课程。霍普学院的学生邀请他担任毕业典礼的演讲嘉宾，并选举他为"杰出教授"。

在国家科学基金会的支持下，迈尔斯已经在30多本科学书籍和期刊上发表自己的研究成果，包括《科学》《美国科学家》《心理科学》《美国心理学家》。

他曾在40多家杂志上传播心理学知识，如《今日教育》《科学美国人》；他还出版了17本著作，包括《追求幸福》《迈尔斯直觉心理学》。

迈尔斯的研究成果和著作曾获得奥尔波特奖、大脑和行为科学联合会授予的"杰出科学家"奖，以及人格-社会心理学协会颁发的杰出贡献奖。

他曾担任人际关系委员会主席，帮助当地创办了为贫困家庭提供服务的中心，并在数百个大学和社区团体发表演讲。他努力推动美国社会为听力受损人群提供助听设施，为了表彰他的杰出贡献，美国听力学院、美国听力损失协会和听力行业都为他颁发了奖项。

迈尔斯和他的夫人卡罗有三个孩子。

作者简介

珍·特吉（Jean M. Twenge）

圣迭戈州立大学的心理学教授，发表了 150 多篇文章，涵盖了代际差异、文化变迁、技术与幸福感、社交排斥、性别角色、自尊和自恋等多个领域。她的研究成果曾被广泛报道，出现在《时代》《新闻周刊》《纽约时报》《今日美国》《美国新闻与世界报告》和《华盛顿邮报》上；她还曾接受《今日》《早安美国》《CBS 早间新闻》《福克斯和朋友》《NBC 晚间新闻》《NBC 纪实》和国家公共广播电台等媒体的采访。

她出版了一系列的著作，包括《i 世代》《唯我一代》《自恋流行病》。她还在多个网站和杂志上撰写科普文章，其中一篇入围了美国国家杂志奖。她经常通过演讲和研讨会向大学教师、高中生及其父母、军人、企业高管等群体传播有关代际差异的研究成果。

特吉博士在明尼苏达州和得克萨斯州长大。她拥有芝加哥大学的学士和硕士学位，以及密歇根大学的博士学位。她曾在凯斯西储大学进行社会心理学的博士后研究。她与丈夫和三个女儿生活在圣地亚哥。

人名索引（按章节）

第1章

Melville 梅尔维尔
Sartre 萨特
Darwin 达尔文
Alan Leshner 艾伦·莱什纳
Poincare 庞加莱
Lewin 勒温
Douglas Carroll 道格拉斯·卡罗尔
Davey Smith, G. 史密斯
Benneet, P. 贝内特
William Damon 威廉·戴蒙
Robyn Dawes 罗宾·道斯
Mark Leary 马克·利里
Seligman 塞利格曼
Baumeister 鲍迈斯特
John Tierney 约翰·蒂尔尼
Jean Twenge 珍·特吉
Chris Boyatzis 克里斯·博亚特兹

第2章

Watson 华生
Holmes 福尔摩斯
Cullen Murphy 卡伦·墨菲
Arthur Schlesinger Jr. 小阿瑟·施莱辛格
Lazarsfeld 拉扎斯菲尔德
Kierkegaard 克尔恺郭尔
Karl Teigen 卡尔·泰根
Bin Laden 本·拉登
Mark Twain 马克·吐温

第3章

Timothy Lawson 蒂莫西·劳森
Barry Manilow 巴瑞·曼尼洛
Heejung Kim 金希贞
Hazel Markus 黑兹尔·马库斯
Shinobu Kitayama 北山忍
C. S. Lewis 刘易斯
Tara MacDonald 塔拉·麦克唐纳

人名索引

Michael Ross 迈克尔·罗斯
Woodzicka 伍德茨卡
LaFrance 拉弗朗斯
David Schkade 戴维·斯卡迪
Daniel Kahneman 丹尼尔·卡尼曼
Timothy Wilson 蒂莫特·威尔逊
Daniel Gilbert 丹尼尔·吉尔伯特

第 4 章

Anne Wilson 安妮·威尔逊
Michael Ross 迈克尔·罗斯
Dave Barry 戴夫·巴里
Freud 弗洛伊德
Williams 威廉姆斯
Gilovich 基罗维奇
H. Jackson Brown 杰克逊·布朗
Neil Weinstein 尼尔·温斯坦
Adam Smith 亚当·斯密
Julie Norem 朱莉·诺姆
Dunning 邓宁
Robyn Dawes 罗宾·道斯
Daniel Batson 丹尼尔·巴特森
Mark Leary 马克·利里

第 5 章

Baumeister 鲍迈斯特
Hitler 希特勒
Jennifer Crocker 詹妮弗·克罗克
Park 帕克
Johnny Chapman 约翰尼·查普曼

Kristin Neff 克里斯汀·内夫
Brad Bushman 布拉德·布什曼
Frank Wright 弗兰克·赖特
Bandura 班杜拉

第 6 章

Edward Jones 爱德华·琼斯
Victor Harris 维克托·哈里斯
Fidel Castro 菲德尔·卡斯特罗
David Napolitan 戴维·纳波利塔
George Goethals 乔治·戈瑟尔斯
Lee Ross 李·罗斯
Bertram Malle 伯特伦·马莱
Daniel Lassiter 丹尼尔·莱西特
Kimberly Dudley 金伯利·达德利

第 7 章

Daniel Kahneman 丹尼尔·卡尼曼
Pascal 帕斯卡
Elizabeth Loftus 伊丽莎白·洛夫特斯
Mark Klinger 马克·克林格
Michael Gazzaniga 米歇尔·加扎尼加
Amos Tversky 埃莫斯·特沃斯基
Kruger 克鲁格
Dunning 邓宁
Deanna Caputo 迪安娜·卡普托
Robert Vallone 罗伯特·瓦洛内
Hitler 希特勒
Lyndon Johnson 林登·约翰逊
George W. Bush 乔治·布什

581

Hernandez 埃尔南德斯
Jesse Preston 杰西·普雷斯顿
Wixon 威尔森
James Laird 詹姆斯·莱尔德
George Vaillant 乔治·瓦利恩特
Terence Mitchell 特伦斯·米切尔
Leigh Thompson 利·汤普森
Cathy McFarland 凯西·麦克法兰
Michael Ross 迈克尔·罗斯
Holmberg 霍姆伯格
Holmes 霍姆斯
Anthony Greenwald 安东尼·格林沃尔德
George Orwell 乔治·奥威尔
Michael Conway 迈克尔·康韦
Lee Ross 李·罗斯

第 8 章
Robert Vallone 罗伯特·瓦洛内
Lee Ross 李·罗斯
Mark Lepper 马克·莱珀
Geoffrey Munro 杰弗里·芒罗
Hillary Clinton 希拉里·克林顿
William Ward 威廉·沃德
Herbert Jenkins 詹金斯
Amos Tversky 埃默斯·特沃斯基
Daniel Kahneman 丹尼尔·卡尼曼
Rosenthal 罗森塔尔
Robert Feldman 罗伯特·费尔德曼
Prohaska 普罗哈斯卡
David Jamieson 戴维·贾米森

Sandra Murray 桑德拉·默里
Mark Snyder 马克·斯奈德
Richard Miller 理查德·米勒
Slovic 斯洛维奇
Madeleine L'Engle 马德琳·恩格尔

第 9 章
Emerson 爱默生
Disraeli 迪斯雷利
Zimbardo 津巴多
Higgins 希金斯
Andy Martens 安迪·马滕斯
Jonathan Freedman 乔纳森·弗里德曼
Benjamin Franklin 本杰明·富兰克林
Schein 沙因
Hitler 希特勒
Grunberger 格伦伯格
Festinger 费斯廷格
Saddam 萨达姆
Frank Luntz 弗兰克·伦茨
Tavris 塔夫里斯
Aronson 阿伦森
Lyndon Johnson 林登·约翰逊
George W. Bush 乔治·布什
Anne Frank 安妮·弗兰克
Daryl Bem 达里尔·贝姆

第 10 章
Chapman 查普曼
David Rosenhan 戴维·罗森汉恩

Mark Snyder 马克·斯奈德
Russell Fazio 拉塞尔·法齐奥
Harold Renaud 哈罗德·雷诺
Floyd Estess 弗洛伊德·埃斯蒂斯
Browning 勃朗宁
Paul Meehl 保罗·米尔
Daniel 丹尼尔
Robyn Dawes 罗宾·道斯

第11章
Lauren Alloy 劳伦·阿洛伊
Lyn Abramson 林恩·艾布拉姆森
Shelley Taylor 谢利·泰勒
Edward Hirt 爱德华·伊尔特
Colin Sacks 科林·萨克斯
Bugental 布根塔尔
Hoeksema 霍克西玛
Seligman 塞利格曼
Peter Lewinsohn 彼得·卢因森
Pipher 皮弗
Danu Stinson 达努·斯廷森
Schlenker 施伦克尔
Mark Leary 马克·利里
Kowalski 科瓦尔斯基
Susan Brodt 苏珊·布罗特
Zimbardo 津巴多
Haemmerlie 黑默利
Montgomery 蒙哥马利
Mary Anne Layden 玛丽·安妮·莱登

第12章
Arthur Schlesinger Jr. 小阿瑟·施莱辛格
Donald Brown 唐纳德·布朗
Steven Pinker 史蒂文·平克
Darwin 达尔文
Dennett 丹尼特
David Barash 戴维·巴拉什
David Buss 戴维·巴斯
Paul Ehrlich 保罗·埃利希
Feldman 费尔德曼
Baumeister 鲍迈斯特
Ronald Inglehart 罗纳德·英格尔哈特
Christian Welzel 克里斯蒂安·韦尔策尔
Ian Robertson 伊恩·罗伯逊
Willem Koomen 威廉·库门
Anton Dijker 安东·迪耶克
Michael Argyle 迈克尔·阿盖尔
Monika Henderson 莫妮卡·亨德森
Wendy Wood 温迪·伍德
Alice Eagly 艾丽斯·伊格里

第13章
Rich Harris 里奇·哈里斯
Ethan Zell 伊桑·泽尔
Eleanor Maccoby 埃莉诺·麦科比
Joyce Benenson 乔伊丝·贝内森
Shelley Taylor 谢利·泰勒
Kay Deaux 凯·迪奥克斯
Marianne LaFrance 玛丽安娜·拉弗朗斯
Judith Hall 朱迪思·霍尔

Erick Coats 埃里克·科茨
Feldman 费尔德曼
John Williams 约翰·威廉斯
Deborah Best 德博拉·贝斯特
Peter Hegarty 彼得·赫加蒂
Marshall Segall 马歇尔·西格尔
Donald Symons 唐纳德·西蒙斯
Baumeister 鲍迈斯特
Kathleen Vohs 卡特勒恩·福斯
Barry 巴里
Alice Eagly 艾丽斯·伊格里
Wendy Wood 温迪·伍德

第 14 章
Asch 阿施
Elijah 以利亚
Bert Hodges 伯特·霍奇斯
Anne Geyer 安妮·盖耶
Rosander 罗桑德
Eriksson 埃里克松
Unkelbach 翁克尔巴赫
Memmert 梅莫特
Milgram 米尔格拉姆
Lee Ross 李·罗斯
Jerry Burger 杰里·伯格
Susan Fiske 苏珊·菲斯克
Adolf Eichmann 阿道夫·艾希曼
William Calley 威廉·卡利
George Mastroianni 乔治·马斯特罗扬尼
Allan Fenigstein 艾伦·费尼格斯坦

Ervin Staub 欧文·斯托布
Janet Swim 雅内·斯威姆
Lauri Hyers 劳里·赫尔斯
Hitler 希特勒
Bin Laden 本·拉登

第 15 章
Richard Petty 理查德·佩蒂
Shelly Chaiken 谢利·恰肯
Alastair 阿尔斯泰尔
Angus 安格斯
Donald Trump 唐纳德·特朗普
Barack Obama 巴拉克·奥巴马
Beyoncé 碧昂斯
Shakespeare 莎士比亚
Lysander 莱桑德
Lord Chesterfield 洛尔·切斯特菲尔德
Madelijn Strick 马德林·斯特里克
Melanie Tannenbaum 梅拉妮·坦嫩鲍姆
Levy-Leboyer 利维·勒博耶
Sara Banks 萨拉·班克斯
Peter Salovey 彼得·萨洛维
Robert Cialdini 罗伯特·恰尔迪尼
Bernie Sanders 贝尼尔·桑德斯
David Sears 达维德·西尔斯
Reagan 里根
George W. Bush 乔治·布什
James Davis 詹姆斯·戴维斯
Howard Schuman 霍华德·舒曼
Jacqueline Scott 杰奎琳·斯科特

人名索引

Stanley Strong 斯坦利·斯特朗
Martin Heesacker 马丁·希萨克
Dave 戴夫
Pascal 帕斯卡尔

第 16 章

William McGuire 威廉·麦圭尔
Robert Cialdini 罗伯特·恰尔迪尼
Sander van der Linden 范德·林德
Robert Levine 罗伯特·莱维纳

第 17 章

Norman Triplett 诺曼·特里普利特
Robert Zajonc 罗伯特·扎荣茨
Thomas H. Huxley 托马斯·亨利·赫胥黎
Peter Hunt 彼得·亨特
Joseph Hillery 约瑟夫·希勒里
James Michaels 詹姆斯·迈克尔斯
Allen 艾伦
Jones 琼斯
Jonathan Freedman 乔纳森·弗里德曼
Gary Evans 加里·埃文斯
Dinesh Nagar 迪内希·纳加尔
Janak Pandey 贾纳克·潘迪
Nickolas Cottrell 尼古拉斯·科特雷尔
Glenn Sanders 格伦·桑德斯
Robert Baron 罗伯特·巴伦
Danny Moore 丹尼·穆尔

第 18 章

Max Ringelmann 马克斯·林格尔曼
Alan Ingham 艾伦·英厄姆
Bibb Latané 比布·拉塔内
Kipling Williams 基普林·威廉斯
Stephen Harkins 斯蒂芬·哈金斯
John Sweeney 约翰·斯威尼

第 19 章

Festinger 费斯廷格
Albert Pepitone 艾伯特·佩皮通
Theodore Newcomb 西奥多·纽科姆
William Golding 威廉·戈尔丁
Zimbardo 津巴多
Patricia Ellison 帕特里夏·埃利森
Ed Diener 迪纳
Robert Watson 罗伯特·沃森
Andrew Silke 安德鲁·西尔克
Robert Johnson 罗伯特·约翰逊
Leslie Downing 莱斯利·唐宁
Tom Postmes 汤姆·波斯特姆斯
Russell Spears 拉塞尔·斯皮尔斯
Steven Prentice-Dunn 史蒂文·普伦蒂斯·邓恩
Ronald Rogers 罗纳德·罗杰斯

第 20 章

James Stoner 詹姆斯·斯托纳
Helen 海伦
Roger 罗杰

585

Serge Moscovici 瑟奇・莫斯科维奇
Marisa Zavalloni 玛丽莎・扎瓦洛尼
George Bishop 乔治・毕索
Jessica Keating 杰西卡・基廷
Barack Obama 巴拉克・奥巴马
George W. Bush 乔治・布什
Eleanor Maccoby 埃莉诺・麦科比
David Schkade 大卫・斯凯德
Cass Sunstein 卡斯・桑斯坦
David Brooks 戴维・布鲁克斯
David Lykken 戴维・莱肯
Bonita Veysey 博妮塔・维齐
Steven Messner 史蒂文・梅斯纳
Robert Wright 罗伯特・赖特
Clark McCauley 克拉克・麦考利
Ariel Merari 阿里尔・莫拉里
Jerrold Post 杰罗尔德・波斯特
Festinger 费斯廷格
Irving Janis 欧文・贾尼斯
John Kennedy 约翰・肯尼迪
Fidel Castro 菲德尔・卡斯特罗
Lyndon Johnson 林登・约翰逊
Kimmel 基梅尔
Arthur Schlesinger Jr. 小阿瑟・施莱辛格
J. William Fulbright 威廉・富布赖特
Bill Moyers 比尔・莫伊斯
Albert Speer 阿尔伯特・斯佩尔
Hitler 希特勒
Robert Kennedy 罗伯特・肯尼迪
Dean Rusk 迪恩・腊斯克

Ben Newell 本・纽厄尔
David Lagnado 大卫・拉格纳多
Saddam Hussein 萨达姆・侯赛因
Charlan Nemeth 查兰・奈米斯

第 21 章

Romeo 罗密欧
Juliet 朱丽叶
Seppo Iso-Ahola 塞波・伊索・阿霍拉
Tom Searcy 汤姆・瑟西
Silvia Bellezza 西尔维娅・贝莱扎
C. R. Snyder 斯奈德
Peggy Orenstein 佩姬・奥伦斯坦
Rebecca 丽贝卡
Hillary 希拉里
Hillary Clinton 希拉里・克林顿
Emma 艾玛
Mia 米娅
Harper 哈珀
Max 马克斯
Rose 露丝
Sophie 索菲
William McGuire 威廉・麦圭尔
Emerson 爱默生
Copernicus 哥白尼
Galileo 伽利略
Martin Luther King Jr. 马丁・路德・金
Susan B. Anthony 苏珊・安东尼
Mandela 曼德拉
Rosa Parks 罗莎・帕克斯

Robert Fulton 罗伯特·富尔顿
Arthur Schlesinger Jr. 小亚瑟·施莱辛格
Kennedy 肯尼迪
Serge Moscovici 塞尔日·莫斯科维奇
Charlan Nemeth 查兰·内梅斯
Spencer Silver 斯宾塞·西尔弗
Art Fry 阿特·弗赖伊
Joel Wachtler 乔尔·瓦赫特勒
John Levine 约翰·莱文
Anne Maass 安妮·马斯
Henri Tajfel 亨利·泰菲尔
Roald Amundsen 罗尔德·阿蒙森
Robert Falcon Scott 罗伯特·斯科特
Peter Smith 彼得·史密斯
Monir Tayeb 穆尼尔·塔伊布
Dean Keith Simonton 迪恩·基斯·西蒙顿
Churchill 丘吉尔
Lincoln 林肯

第 22 章

Ted Cruz 特德·克鲁兹
Lee Jussim 李·尤西姆
Patrick McDougall 帕特里克·麦克杜格尔
Said Al-Rahman 赛义德·阿勒-拉赫曼
Tyrell Jackson 蒂勒尔·杰克逊
Jake Mueller 杰克·米勒
DeShawn Jackson 德肖恩·杰克逊
Yoav Marom 约阿夫·马若姆
Muhammed Yunis 穆罕默德·尤尼斯

Barack Obama 巴拉克·奥巴马
Meghan Markle 梅根·马克尔
Kenneth Clark 肯尼斯·克拉克
Mamie Clark 玛米·克拉克
Emily 艾米丽
Greg 格雷格
Lakisha 拉基莎
Jamal 贾马尔
Johnny 约翰尼
Kent Harber 肯特·哈伯
Joshua Correll 乔舒亚·戈雷尔
Anthony Greenwald 安东尼·格林沃尔德
Amadou Diallo 阿马杜·迪亚洛
Greenwald 格林沃尔德
Eric Schuh 埃里克·舒
Erickson 埃里克森
McBride 麦克布莱德
Goldstein 戈尔茨坦
Siegel 西格尔
Janet Swim 珍妮特·斯维姆
John Williams 约翰·威廉姆斯
Alice Eagly 爱丽丝·伊格里
Geoffrey Haddock 杰弗里·哈多克
Mark Zanna 马克·赞纳
Peter Glick 彼得·格利克
Susan Fiske 苏珊·菲斯克
Hillary Clinton 希拉里·克林顿

第 23 章

Helen Mayer Hacker 海伦·迈耶·哈克

Theresa Vescio 特蕾莎·韦肖
Theodor Adorno 西奥多·阿多尔诺
William James 威廉·詹姆斯
Gordon Allport 戈登·奥尔波特
Michael Ross 迈克尔·罗斯
Thomas Clarkson 托马斯·克拉克森
William Wilberforce 威廉·威尔伯福斯
Thomas Pettigrow 托马斯·佩蒂格鲁
Donald Trump 唐纳德·特朗普
Wiktor Soral 维克托·索拉尔
Chris Crandall 克里斯·克兰德尔
Mark White 马克·怀特
Bernard Shaw 萧伯纳
John Turner 约翰·特纳
Michael Hogg 迈克尔·霍格
Henri Tajfel 亨利·塔季费尔
Kurt Vonnegut 库尔特·冯内古特
Michael Billig 迈克尔·比利格
Paul Klee 保罗·克利　保罗·克莱
Wassily Kandinsky 瓦西里·坎金斯基
David Wilder 大卫·怀尔德
George W. Bush 布什
Julius 朱利叶斯
Lori Nelson 洛瑞·尼尔森
Dale Miller 戴尔·米勒　戴尔
Ellen Lange 埃伦·兰格
Lois Imber 洛伊丝·安贝
Robert Kleck 罗伯特·克莱克
Angelo Strenta 安杰洛·斯特伦塔
Ichiro Suzuki 铃木一郎

Hideki Matsui 松井秀城
Yu Darvish 达尔维斯
David Hamilton 大卫·汉密尔顿
Robert Gifford 罗伯特·吉福德
John 约翰
Allen 艾伦
Ben 本
Melvin Lerner 梅尔文·勒纳
Juvenal 尤维纳尔
Linda Carli 琳达·卡拉利
William Ickes 威廉·伊克斯
Gordon Allport 戈登·奥尔波特
Carl Word 卡尔·沃德
Mark Zanna 马克·赞纳
Joel Cooper 乔尔·库珀
Claude Steele 克劳德·斯蒂尔
Steven Spencer 史蒂文·斯宾塞
Steel 斯蒂尔
Joshua Aronson 乔舒亚·阿伦森
Jeff Stone 杰夫·斯通

第24章

Hitler 希特勒
Rousseau 卢梭
Thomas Hobbes 托马斯·霍布斯
Sigmund Freud 西格蒙德·弗洛伊德
Konrad Lorenz 康拉德·洛伦茨
Adrian Raine 阿德里安·雷恩
Paul Ryan 保罗·瑞安
Jeffrey Swanson 杰弗里·斯旺森

人名索引

Kirsti Lagerspetz 克利斯季·拉格斯佩茨
Bernard Gesch 伯纳德·格施
Rupert Brown 鲁伯特·布朗
Eduardo Vasquez 爱德华多·瓦斯克斯
Saddam 萨达姆
Friedman 弗里德曼
Richard Cheney 理查德·切尼
Leonard Berkowitz 伦纳德·伯科维茨
Carlson 卡尔森
Milgram 米尔格拉姆
Paul Marsden 保罗·马斯登
Sharon Attia 沙伦·阿蒂亚
Jeffrey Rubin 杰弗里·鲁宾
Thatcher 撒切尔
Albert Bandura 阿尔伯特·班杜拉
Richard Nisbett 理查德·尼斯比特
Dov Cohen 多夫·科恩
Nathan Azrin 内森·阿兹林
William Griffitt 威廉·格里夫特
Craig Anderson 克雷格·安德森
Fritz Perls 弗里茨·珀尔斯
Aristotle 亚里士多德
Brad Bushman 布拉德·布什曼
John Darley 约翰·达利
Adam Alter 亚当·阿尔特
Sandra Jo Wilson 桑德拉·乔·威尔逊
Mark Lipsey 马克·利普西
Leonard Eron 伦纳德·埃龙
Rowell Huesmann 罗韦尔·休斯曼
Natalie Angier 纳塔莉·安吉尔

Steven Pinker 史蒂文·平克

第 25 章

Neil Malamuth 尼尔·马拉穆斯
James Check 詹姆斯·切克
William Belson 威廉·贝尔森
Howard Muson 霍华德·穆森
Leonard Eron 伦纳德·埃龙
Albert Bandura 阿尔伯特·班杜拉
Richard Walters 理查德·沃尔特斯
Leonard Berkowitz 伦纳德·伯科维茨
Russell Geen 罗素·吉恩
Dolf Zillmann 多尔夫·齐尔曼
James Weaver 詹姆斯·韦弗
Lynette Friedrich 莱内特·弗里德里希
Aletha Stein 阿莱莎·斯坦
Craig Anderson 克雷格·安德森
Douglas Gentile 道格拉斯·金泰尔
Tobias Greitemeyer 托比亚斯·格雷特迈尔
Neil McLatchie 尼尔·麦克拉奇
Leland Yee 利兰·伊
Christopher Ferguson 克里斯托弗·弗格森
John Kilburn 约翰·基尔伯恩

第 26 章

Elaine Hatfield 伊莱恩·哈特菲尔德
William Walster 威廉·沃尔斯特
Mitja Back 米蒂亚·巴克
John Darley 约翰·达利

Ellen Berscheid 埃伦·贝尔沙伊德
Robert Zajonc 罗伯特·扎荣茨
Brett Pelham 布雷特·佩勒姆
Matthew Mirenberg 马修·米伦堡
John Jones 约翰·琼斯
Bush 布什
Gore 戈尔
Williams 威廉斯
Murdoch 默多克
Suzie 苏齐奇
Uri Simonsohn 乌里·西蒙森
Mauricio Carvallo 毛里西奥·卡尔瓦洛
Angela Merkel 安吉拉·默克尔
Keith Callow 基思·卡洛
Charles Johnson 查尔斯·约翰逊
Cicero 西塞罗
Bertrand Russell 伯特兰·罗素
Patricia Roszell 帕特里夏·罗兹尔
Irene Hanson Frieze 艾琳·汉森·弗里泽
Hamermesh 哈默梅什
Bernard Murstein 伯纳德·默斯汀
Gregory White 格雷戈里·怀特
Karen Dion 卡伦·迪翁
Doris Bazzini 多丽丝·巴齐尼
Michael Kalick 迈克尔·克利克
Tolstoy 托尔斯泰
Judith Langlois 朱迪思·朗格卢瓦
Jamin Halberstadt 雅明·哈尔伯施塔特
David Buss 大卫·巴斯
Norman Li 诺曼·李

Alan Gross 艾伦·格罗斯
Christine Crofton 克里斯蒂娜·克罗夫顿
Rowland Miller 罗兰·米勒
Jeffry Simpson 杰弗里·辛普森
Lakesha 莱克沙
Les 莱斯
Dan 丹
Donn Byrne 唐·伯恩
Samantha Joel 萨曼莎·乔尔
Robert Winch 罗伯特·温奇
Larry L. King 拉里·金
Hecato 赫卡托
Emerson 爱默生
Carnegie 卡内基
Aristotle 亚里士多德
Francis 弗朗西斯
Kipling Williams 基普林·威廉姆斯
Steve Nida 史蒂夫·尼达
Wouter Wolf 沃特·沃尔夫

第27章

Browning 勃朗宁
Robert Sternberg 罗伯特·斯滕伯格
Zick Rubin 齐克·鲁宾
Hatfield 哈特菲尔德
Stanley Schachter 斯坦利·沙赫特
Jerome Singer 杰尔姆·辛格
Donald Dutton 唐纳德·达顿
Arthur Aron 亚瑟·阿伦
Ellen Berscheid 埃伦·贝尔沙伊德

人名索引

Richard Lewis 理查德·刘易斯
Mark Twain 马克·吐温
Margaret Clark 玛格丽特·克拉克
Judson Mills 贾德森·米尔斯
Robert Schafer 罗伯特·谢弗
Patricia Keith 帕特里夏·基思
Bratslavsk 布拉茨拉夫斯基
Carl Rogers 卡尔·罗杰斯
Sidney Jourard 西德尼·朱拉德
Mathias Mehl 马蒂亚斯·梅尔
Scneca 塞内加
Kate Millett 凯特·米利特
Arthur Aron 阿瑟·阿伦
Elaine Aron 伊莱恩·阿伦
Richard Slatcher 理查德·斯莱彻
James Pennebaker 詹姆斯·佩内贝克
Putnam 帕特南
Guiness 吉尼斯
Eli Finkel 伊莱·芬克尔
Baumeister 鲍迈斯特
Sara Wotman 萨拉·沃特曼
Caryl Rusbult 卡里尔·鲁斯布尔特
John Gottman 约翰·戈特曼
Ted Huston 泰德·休斯顿
William Swann 威廉·斯旺
Joan Kellerman 琼·凯勒曼
James Lewis 詹姆斯·刘易斯
James Laird 詹姆斯·莱尔德

第 28 章

Morton Deutsch 莫顿·多伊奇
Garrett Hardin 加勒特·哈丁
KaoriSato 佐藤香织
Robin Dunbar 罗宾·邓巴
Muzafer Sherif 穆扎弗尔·谢里夫
William Golding 威廉·戈尔丁
Urie Bronfenbrenner 乌列·布朗芬布伦纳
Morton Deutsch 莫顿·多伊奇
Daniel Kahneman 丹尼尔·歌德尔曼
Jonathan Renshon 乔纳森·伦肖恩
Cynthia Frantz 辛西娅·弗兰茨

第 29 章

Morton Deutsch 莫顿·多伊奇
Mary Collins 玛丽·柯林斯
Walter Stephan 沃尔特·斯蒂芬
Leslie Zebrowitz 莱斯利·泽布罗维茨
John Dixon 约翰·迪克森
Kevin Durrheim 凯文·杜尔海姆
John Lanzetta 约翰·兰泽塔
Robert Blake 罗伯特·布雷克
Jane Mouton 简·莫顿
John Dovidio 约翰·多维迪奥
Michael Shermer 迈克尔·舍尔默
John McConahay 约翰·麦克纳希
Herbert Kelman 赫伯特·凯尔曼
Neil McGillicuddy 尼尔·麦吉利卡迪
Charles Osgood 查尔斯·奥斯古德
Svenn Lindskold 斯文·林德斯科尔德

第 30 章

David Capuzzo 戴维·卡普佐
Jane Haining 简·海宁
Latané 拉塔内
Darley 达利
Beaman 比曼

第 31 章

John Houghton 约翰·霍顿
Nicholas Kristo 尼古拉斯·克里斯托夫
Stephen Colbert 斯蒂芬·科尔伯特
Tom Crompton 汤姆·克朗普顿
Tim Kasser 蒂姆·卡瑟
James Speth 詹姆斯·斯佩思
Ryan 莱恩
Kennon Sheldon 肯农·谢尔顿
Donald Campbell 唐纳德·坎贝尔
Will Campbell 威尔·坎贝尔
H. L. Mencken 门肯
Vaclav Havel 瓦茨拉夫·哈维尔
Marshall Dermer 马歇尔·德默尔
Jennifer Crocker 詹妮弗·克罗克
Lisa Gallo 丽莎·加洛
Minkyung Koo 敏京库

激发个人成长

多年以来,千千万万有经验的读者,都会定期查看熊猫君家的最新书目,挑选满足自己成长需求的新书。

读客图书以"激发个人成长"为使命,在以下三个方面为您精选优质图书:

1. 精神成长
熊猫君家精彩绝伦的小说文库和人文类图书,帮助你成为永远充满梦想、勇气和爱的人!

2. 知识结构成长
熊猫君家的历史类、社科类图书,帮助你了解从宇宙诞生、文明演变直至今日世界之形成的方方面面。

3. 工作技能成长
熊猫君家的经管类、家教类图书,指引你更好地工作、更有效率地生活,减少人生中的烦恼。

每一本读客图书都轻松好读,精彩绝伦,充满无穷阅读乐趣!

认准读客熊猫

读客所有图书，在书脊、腰封、封底和前后勒口都有"**读客熊猫**"标志。

两步帮你快速找到读客图书

1. 找读客熊猫

2. 找黑白格子

马上扫二维码，关注**"熊猫君"**

和千万读者一起成长吧！